Heinrich Pehle

Das Bundesministerium für Umwelt, Naturschutz und
Reaktorsicherheit: Ausgegrenzt statt integriert?

Heinrich Pehle

Das Bundesministerium für Umwelt, Naturschutz und Reaktorsicherheit: Ausgegrenzt statt integriert?

Das institutionelle Fundament der deutschen Umweltpolitik

 Springer Fachmedien Wiesbaden GmbH

Die Deutsche Bibliothek - CIP-Einheitsaufnahme

Pehle, Heinrich:
Das Bundesministerium für Umwelt, Naturschutz und Reaktorsicherheit: ausgegrenzt statt integriert? : das institutionelle Fundament der deutschen Umweltpolitik / Heinrich Pehle. - Wiesbaden : DUV, Dt. Univ.-Verl., 1998
  (DUV : Sozialwissenschaft)
  Zugl.: Erlangen, Nürnberg, Univ., Habil.-Schr 1998

Alle Rechte vorbehalten
© Springer Fachmedien Wiesbaden 1998
Ursprünglich erschienen bei Deutscher Universitäts-Verlag GmbH, Wiesbaden 1998
Lektorat: Frank Schindler

Der Deutsche Universitäts-Verlag ist ein Unternehmen
der Bertelsmann Fachinformation GmbH.

Das Werk einschließlich aller seiner Teile ist urheberrechtlich geschützt. Jede Verwertung außerhalb der engen Grenzen des Urheberrechtsgesetzes ist ohne Zustimmung des Verlages unzulässig und strafbar. Das gilt insbesondere für Vervielfältigungen, Übersetzungen, Mikroverfilmungen und die Einspeicherung und Verarbeitung in elektronischen Systemen.

http://www.duv.de

Gedruckt auf säurefreiem Papier

ISBN 978-3-8244-4291-1   ISBN 978-3-663-08325-2 (eBook)
DOI 10.1007/978-3-663-08325-2

Vorwort

Bei vorliegender Studie handelt es sich um die gekürzte und geringfügig überarbeitete Fassung meiner Habilitationsschrift, die im Wintersemester 1997/98 von der Philosophischen Fakultät I der Friedrich-Alexander Universität Erlangen-Nürnberg angenommen wurde.

Viele haben geholfen, mein Vorhaben zu realisieren. Herr Bundesminister a.D. Prof. Dr. Klaus Töpfer erteilte die Genehmigung zur Befragung seiner Beamten. War schon dies gewiß keine Selbstverständlichkeit, so noch weniger das Engagement und die Offenheit letzterer bei der Bearbeitung des Fragebogens und den zahlreichen Interviews. Die BMU-Beamten haben mir ihre beiden wichtigsten Ressourcen - Zeit und Informationen - eröffnet. Ich danke ihnen dafür herzlich.

Erwin Brandl und Michael Lappler, in der Endphase auch Werner Schuler, leisteten unentbehrliche Hilfe bei der Erstellung des Fragebogens und der Datenanalyse. Die beiden Erstgenannten haben zusammen mit Christine Sommer mit großem Geschick auch bei der Realisierung der Interviews im Umweltministerium mitgewirkt. Finanziell unterstützt wurde das Vorhaben vom Universitätsbund Erlangen-Nürnberg e.V., dem dafür ebenfalls Dank gebührt.

Zu Beginn des Jahres 1995 wurde mein Projekt vom Sozialwissenschaftlichen Forschungszentrum der Universität Erlangen-Nürnberg aufgenommen. Martin Unfried hat sich dort bei der Analyse der Interviews und der Durchführung weiterer Expertengespräche mehr als nur verdient gemacht. Die Erstellung der Druckvorlage schließlich wäre ohne das aufmerksame Lektorat von Holger Reise und die gewohnt kompetente Zuarbeit von Monika Viehfeger für mich gewiß zu einem äußerst mühevollen Geschäft geworden. Und ohne die Rückendeckung und das Verständnis, das meine Frau Gisela Pehle und unser Sohn Martin aufgebracht haben, hätte ich vielleicht nicht durchgehalten. Beiden ist dieses Buch deshalb gewidmet.

Heinrich Pehle

Inhaltsverzeichnis

    Abkürzungsverzeichnis   IX
    Tabellenverzeichnis   XI

1. *Einleitung*   1

1.1 Institutionalisierung als Erfolgsbedingung von Umweltpolitik   1
1.2 Merkmale der Ministerialorganisation   16
1.3 Zur methodischen Anlage der Untersuchung   20

2. *Die Gründung des Bundesministeriums für Umwelt, Naturschutz und Reaktorsicherheit: Übereilte Modernisierung der Umweltpolitik?*   27

2.1 Integration versus Konzentration umweltpolitischer Kompetenzen: Die politische und wissenschaftliche Diskussion im Vorfeld   27
2.2 Die Gründung des Bundesumweltministeriums als Element eines Landtagswahlkampfs   34
2.3 Das BMU in der Gründungsphase: Improvisation, Anfangseuphorie und erste Kritik   41
2.4 Die Entscheidung für ein Umweltministerium: "Grundsatzkritik im eigenen Haus"   47

3. *Die Umweltpolitik im Zusammenspiel der Bundesministerien*   53

3.1 Die halbherzige Konzentrationslösung   53
3.2 Konsens oder Konflikt? Das BMU im interministeriellen Abstimmungsprozeß   60
3.3 Die asymmetrische Koordination der Umweltpolitik   71
3.4 Ungenutzte Potentiale: Die Spiegelreferate der anderen Ressorts   81
3.5 Interministerielle Arbeitsgruppen: Königsweg oder Sackgasse für die Integration der Umweltpolitik?   88
3.6 Exkurs: Verschlossene Potentiale: Die Abgeordneten im Umweltausschuß des Deutschen Bundestages   99

4. *"Der Minister kann nicht kämpfen ..." Zum Verhältnis von Arbeitsebene und politischer Führung*   107

4.1 Die Funktion der Leitungsebene und die Selektivität politischer Konfliktbereitschaft   107
4.2 Die Qualitäten eines Ministers: Fachwissen versus Durchsetzungsvermögen   118

5.	*Das BMU als Querschnittsressort ohne Querschnittscharakter?*	127
5.1	Die Binnendimension der Querschnittsproblematik	127
5.2	Das Ministerium "zweiter Klasse": Ein Ressort in acht Häusern	134
5.3	Probleme der vertikalen Koordination: Das BMU und sein Behördenunterbau	138
6.	*Das Umweltministerium und die Verbände*	153
6.1	Die Neubelebung des Kooperationsprinzips im Lichte politikwissenschaftlicher Verbändeforschung	153
6.2	Verbändemacht im "Kooperativen Umweltstaat"	172
6.3	Ungenutzte Potentiale: Die Umweltverbände	183
7.	*"Wenn es ernst wird, stehen wir doch immer allein..." Das BMU zwischen den Interessen der Länder und den Anforderungen europäischer Umweltpolitik*	199
7.1	Die umweltpolitische Innenwelt des Föderalismus	199
7.2	Die Proceduralisierung des europäischen Umweltrechts als Herausforderung für die Umweltpolitik im Bundesstaat	217
7.3	Die Europaskepsis im BMU und ihre Gründe	239
7.4	Europa als Chance? Zur Instrumentalisierung von Umweltrichtlinien im Bundesstaat	259
8.	*Reformen und Reformvorschläge*	267
8.1	Umweltschutz als Staatsziel: Stärkung des BMU in der interministeriellen Konkurrenz?	267
8.2	Vetorecht des BMU im Kabinett: Ein neues "Superministerium"?	275
8.3	Umweltbeauftragte als Agenten des BMU in fremden Revieren?	283
8.4	Der innerministerielle Reformbedarf und seine Hemmnisse	289
9.	*Ein zusammenfassender Ausblick auf die institutionelle Zukunft der Umweltpolitik*	295
	Literaturverzeichnis	311

Abkürzungsverzeichnis

ABl.	Amtsblatt
ACK	Amtschefkonferenz
AK	Arbeitskreis
ARA	Arbeitskreis Recht der Abfallwirtschaft
BAM	Bundesanstalt für Materialforschung
BBU	Bundesverband Bürgerinitiativen Umweltschutz
BDI	Bundesverband der Deutschen Industrie
BfU	Beauftragter für den Umweltschutz
BGBL.	Bundesgesetzblatt
BImSchG	Bundesimissionschutzgesetz
BLAU	Bund-Länder-Arbeitsgemeinschaft Umweltchemikalien
BMA	Bundesministerium für Arbeits- und Sozialordnung
BMBau	Bundesministerium für Raumordnung, Bauwesen und Städtebau
BMF	Bundesministerium der Finanzen
BMFT	Bundesministerium für Forschung und Technologie
BMI	Bundesministerium des Innern
BMJFFG	Bundesministerium für Jugend, Familie, Frauen und Gesundheit
BML	Bundesministerium für Ernährung, Landwirtschaft und Forsten
BMU	Bundesministerium für Umwelt, Naturschutz und Reaktorsicherheit
BMV	Bundesministerium für Verkehr
BMVg	Bundesministerium der Verteidigung
BMWi	Bundesministerium für Wirtschaft
BMZ	Bundesministerium für wirtschaftliche Zusammenarbeit
BNatSchG	Bundesnaturschutzgesetz
BUND	Bund für Umwelt und Naturschutz Deutschland
BVerfGE	Entscheidungen des Bundesverfassungsgerichts
CO_2	Kohlendioxyd
COREPER	Comité des Représentants Permanents (Ausschuß der Ständigen Vertreter)
DBV	Deutscher Bauernverband
DIHT	Deutscher Industrie- und Handelstag
DKR	Deutsche Kunstoff Recycling GmbH
DNR	Deutscher Naturschutzring
DSD	Duales System Deutschland
EG	Europäische Gemeinschaft
EU	Europäische Union
EuGH	Europäischer Gerichtshof
EWG	Europäische Wirtschaftsgemeinschaft
FCKW	Fluorchlorkohlenwasserstoff
GD	Generaldirektion
GFAV	Großfeuerungsanlagenverordnung
GG	Grundgesetz
GGO I	Gemeinsame Geschäftsordnung der Bundesministerien, Allgemeiner Teil
GGO II	Gemeinsame Geschäftsordnung der Bundesministerien, Besonderer Teil
GOBReg	Geschäftsordnung der Bundesregierung
IMA	Interministerielle Arbeitsgruppe
IPA	Interparlamentarische Arbeitsgemeinschaft
IPPC	Integrated Prevention Pollution Control
IVA	Industrieverband Agrar
IVU	Integrierte Vorbeugung und Vermeidung von Umweltverschmutzung
LAGA	Länderarbeitsgemeinschaft Abfall
LAI	Länderarbeitsgemeinschaft Immissionsschutz
LANA	Länderarbeitsgemeinschaft Naturschutz
LAWA	Länderarbeitsgemeinschaft Wasser
NABU	Naturschutzbund Deutschland

OECD	Organization for Economic Cooperation and Development
PCP	Pentachlorphenol
PRVR	Projektgruppe Regierungs- und Verwaltungsreform
PVS	Politische Vierteljahresschrift
SRU	Rat von Sachverständigen für Umweltfragen
STALA	Ständiger Abteilungsleiterausschuß
UBA	Umweltbundesamt
UMK	Konferenz der Umweltminister
UNESCO	United Nations Educational, Scientific and Cultural Organization
UVP	Umweltverträglichkeitsprüfung
VCI	Verband der Chemischen Industrie
WWF	World Wildlife Fund
ZParl	Zeitschrift für Parlamentsfragen

Tabellenverzeichnis

1.1	Durchschnittliche Referatsgröße (Stellen des höheren Dienstes)	21
1.2	Repräsentativitätsschätzung nach Abteilungszugehörigkeit	22
1.3	Repräsentativität der Stichprobe nach Berufsausbildung	23
2.1	Einverständnis mit dem Gründungszeitpunkt	47
2.2	Grundsätzliches Einverständnis mit der Errichtung des Umweltministeriums	48
2.3	Verbesserung des Status der Umweltpolitik nach Gründung des BMU	49
3.1	Beurteilung des kompetenziellen Zuschnitts des BMU	55
3.2	Ministerien, deren umweltpolitische Zuständigkeiten dem BMU zugewiesen werden sollten	56
3.3	Auftreten fachlicher Konflikte beim interministeriellen Abstimmungsprozeß	64
3.4	Auftreten fachlicher Konflikte beim interministeriellen Abstimmungsprozeß nach Abteilungen	66
3.5	Durchsetzungschancen gegenüber anderen Ministerien	67
3.6	Zusammenhang zwischen Konflikthäufigkeit und Durchsetzungspotential	67
3.7	Substantielle Abstriche der Vorlagen des BMU im interministeriellen Abstimmungsprozeß	68
3.8	Substantielle Abstriche der Vorlagen des BMU im interministeriellen Abstimmungsprozeß nach Abteilungen	69
3.9	Einschätzung der Einflußmöglichkeiten des BMU auf die anderen Ressorts	70
3.10	Einschätzung der Einflußmöglichkeiten auf andere Ressorts nach Abteilungen	70
3.11	Beurteilung des Beteiligungsverhaltens der anderen Ministerien bei der Gesetzesvorbereitung	72
3.12	Abteilungsspezifische Beurteilung des Beteiligungsverhaltens der anderen Ministerien bei der Gesetzesvorbereitung	73
3.13	Ressortbezogene Beurteilung des Beteiligungsverhaltens nach Abteilungen	74
3.14	Zeitpunkt der Information über umweltrelevante Vorhaben anderer Ressorts	77
3.15	Zeitpunkt der Information durch andere Ressorts nach Abteilungen	77
3.16	Bedeutung der Zusammenarbeit mit dem Umweltausschuß des Deutschen Bundestages	101
3.17	Praktizierung der Zusammenarbeit mit dem Umweltausschuß des Deutschen Bundestages	102
3.18	Praktizierung der Zusammenarbeit mit dem Umweltausschuß des Deutschen Bundestages nach Abteilungen	102
3.19	Anregungen für die Arbeit der BMU-Beamten aus dem Deutschen Bundestag	105
3.20	Anregungen für die Arbeit der BMU-Beamten aus dem Deutschen Bundestag nach Abteilungen	105
4.1	Zusammenhang zwischen der Einschätzung der Unterstützung durch die politische Leitung und des allgemeinen Konfliktpotentials	110
4.2	Zusammenhang zwischen der Einschätzung der Unterstützung durch die politische Leitung und der Einflußmöglichkeiten auf andere Ressorts	111
4.3	Unterstützung durch die politische Leitung	113
4.4	Abteilungsspezifische Einschätzung der Unterstützung durch die politische Leitung	114
5.1	Allgemeine Relevanz der Zusammenarbeit mit den nachgeordneten Behörden	140
5.2	Bedeutung der Zuarbeit der nachgeordneten Behörden für die Gesetzesvorbereitung	140
5.3	Behördenunterbau als Gegengewicht zum Verbändeeinfluß?	151
5.4	Abteilungsspezifische Beurteilung des Behördenunterbaus als Gegengewicht gegen den Einfluß von Verbänden	151
6.1	Beurteilung des Verbändedrucks	175
6.2	Abteilungsspezifische Beurteilung des Verbändedrucks	176
6.3	Verhinderung von Vorhaben des BMU aufgrund des Einflusses von Interessengruppen	176
6.4	Verhinderung von Vorhaben der verschiedenen Abteilungen aufgrund des Einflusses von Interessengruppen	177
6.5	Einschätzung der Wirtschafts- und Industrieverbände	178
6.6	Vergleich des Einflusses von Verursacher- und Umweltinteressen	182

6.7	Abteilungsspezifischer Vergleich des Einflusses von Verursacher- und Umweltinteressen im Vergleich nach Abteilungen	183
6.8	Einschätzung der Umweltverbände	187
6.9	Abteilungsspezifische Einschätzung der Umweltverbände	188
6.10	Sollte den Umweltverbänden generell ein stärkeres Gewicht zukommen?	190
6.11	Abteilungsspezifische Beurteilung einer Stärkung der Umweltverbände	191
6.12	Ausbaufähigkeit der Beziehungen zwischen BMU und Umweltverbänden	192
6.13	Abteilungsspezifische Beurteilung der Ausbaufähigkeit des Verhältnisses zwischen BMU und Umweltverbänden	193
6.14	Beurteilung der Verbandsklage für Umweltverbände	196
6.15	Abteilungsspezifische Beurteilung der Verbandsklage für Umweltverbände	196
7.1	Beurteilung der umweltpolitischen Gesetzgebungskompetenzen des Bundes	203
7.2	Abteilungsspezifische Beurteilung der Gesetzgebungskompetenzen des Bundes	204
7.3	Einfluß der Abstimmung mit den Ländern auf die Qualität der Gesetzentwürfe des BMU	309
7.4	Kommen von seiten der Länder weiterführende umweltpolitische Initiativen?	210
7.5	Abteilungsspezifische Beantwortung der Frage nach weiterführenden Initiativen der Länder	210
7.6	Beurteilung des Stellenwertes der Umweltpolitik in der EG	241
7.7	Abteilungsspezifische Bewertung des Stellenwerts der Umweltpolitik innerhalb der EG	242
7.8	Beurteilung der These von der Wirtschaftslastigkeit der EG-Umweltpolitik	247
7.9	Abteilungsspezifische Beurteilung der "Wirtschaftslastigkeitsthese"	247
7.10	Behindert die EG die deutsche Umweltpolitik?	248
7.11	Abteilungsspezifische Beurteilung der Behinderung deutscher Umweltpolitik durch die EG	248
7.12	Beurteilung des Einflusses der EG auf die deutsche Umweltpolitik	262
8.1	Stärkung des BMU durch eine Staatszielbestimmung Umweltschutz?	269
8.2	Stärkung des BMU durch ein Vetorecht im Kabinett?	279
8.3	Beurteilung einer Einsetzung von Umweltbeauftragten in allen Ressorts	285

1. Einleitung

1.1 Institutionalisierung als Erfolgsbedingung von Umweltpolitik

Die vorliegende Studie verfolgt das Ziel, das Bundesministerium für Umwelt, Naturschutz und Reaktorsicherheit, kurz Bundesumweltministerium (BMU), das am 5. Juni 1986 durch einen Organisationserlaß des Bundeskanzlers gegründet wurde, einer detaillierten Analyse zu unterziehen. Das Ministerium wird im folgenden hinsichtlich seiner Entstehungsbedingungen (Kapitel 2), seiner Beziehungen zu den anderen Bundesministerien (Kapitel 3), seiner internen Probleme einschließlich seines Zusammenspiels mit dem "Behördenunterbau" (Kapitel 4 und 5), seinem Verhältnis zu den Interessenorganisationen (Kapitel 6) sowie seiner Beziehungen zu den Ländern einerseits und zu den Institutionen der Europäischen Union andererseits (Kapitel 7) untersucht. Diese Ressortanalyse ist allerdings nicht Selbstzweck. Es verbindet sich mit ihr vielmehr der Anspruch, wesentliche "Erfolgsbedingungen" zu ermitteln, denen die heutzutage allgemein als selbstverständlich akzeptierte Staatsaufgabe Umweltschutz unterliegt.

Die Hoffnung, das bereits vorhandene Wissen über dieses Politikfeld dadurch erweitern zu können, daß das zuständige Ministerium in den Mittelpunkt der Analyse gestellt wird, ist gewiß nicht selbstverständlich. Doch legt die politikwissenschaftliche Diskussion, die seit einigen Jahren zum Thema geführt wird, diese Herangehensweise durchaus nahe. Diese Diskussion, die im folgenden kurz rekonstruiert werden soll, knüpft an die bisherige Leistungsbilanz der (bundes)deutschen Umweltpolitik an. Sie kann sich im internationalen Vergleich, wie Weidner (1991: 148f.) resümiert, durchaus sehen lassen:

> "Stehen Umweltqualitätsentwicklung, Emissionsentwicklungen und der Einsatz emissionsmindernder Techniken im Zentrum des internationalen Vergleichs, dann rechtfertigen die umweltpolitischen Leistungen der konservativ-liberalen Regierung eine Einordnung ihrer Umweltpolitik in das Spitzenfeld, zu dem nur wenige Nationen gehören (etwa Japan, Schweden, Schweiz, Niederlande). Die Spitzenstellung im *europäischen* Vergleich beruht unter anderem auf der Verbreitung von Emissionsminderungstechniken: Kein anderes Land hat auch nur annähernd so große Kapazitäten zur Senkung von Schwefeldioxid- und Stickoxidemissionen aufgebaut; alle europäischen Länder zusammengenommen haben nicht so viele schadstoffarme PKW [...] wie allein in der Bundesrepublik vorhanden sind; der Anteil an bleifreiem Benzin ist höher als in jedem anderen Land Europas; die Emissionsgrenzwerte für Luftschadstoffe zählen in der Regel zu den strengsten [...]. Im *weltweiten* Vergleich liegt sie mit diesen Maßnahmen im Feld der progressiven Staaten. Eine Spitzenstellung nimmt sie zusätzlich in der Abwasserreinigung ein; der Grenzwert für Dioxin aus Abfallverbrennungsanlagen setzt weltweit Maßstäbe für die Umwelttechnik [...]."

Dieser Positivkatalog gründet auf der Tatsache, daß es trotz der kurzen Geschichte der Umweltpolitik, mit deren Entwicklung erst im Jahre 1969 begonnen wurde,[1] gelungen ist, "ein mehr oder weniger geschlossenes System von umweltrechtlichen Vorschriften" zu entwickeln. "Sowohl die Schutzgüter - Luft, Wasser, Boden, Mensch, Flora, Fauna - als auch die Gefahrenquellen sind relativ vollständig in Gesetzen erfaßt" (Hagenah 1996: 11). Gleichwohl "[...] besteht unter wissenschaftlichen Experten weitgehendes Einvernehmen darüber, daß es in der deutschen Umweltpolitik noch einige schwerwiegende Strategie-, Regelungs- und Vollzugsdefizite gibt", wobei insbesondere die Vernachlässigung präventiv wirkender Maßnahmen, das Fehlen eines "integrativen", d.h. andere Politikbereiche einbeziehenden Konzeptes sowie der "insgesamt bürokratisch-unflexible Regelungsansatz" kritisiert werden (Weidner 1996a: 539f.). Roßnagel (1996: 9f) geht gar so weit, der Umweltpolitik zwar einen formalen Erfolg zu bescheinigen - immerhin sei es gelungen, das Umweltrecht innerhalb von 25 Jahren zu einem eigenständigen, hochgradig differenzierten Rechtsgebiet zu entwickeln -, inhaltlich jedoch ein komplettes Versagen der Umweltpolitik zu konstatieren: "Das Umweltrecht hat den von ihm erwarteten Schutz der Umwelt nicht erreicht."[2] Auch wer diese Kritik für überzogen hält, wird einräumen müssen, daß die deutsche Umweltpolitik bis heute von einem reaktiven Ansatz geprägt ist, der das oft beschworene "Vorsorgeprinzip" so gut wie vollständig überlagert. Und auch der ökologischen Reaktionsfähigkeit des politisch-administrativen Systems sind offenkundig Grenzen gesetzt. Die Geschichte der Umweltpolitik in Deutschland lehrt

---

1   Schmidt (1992: 164f.) spricht diesbezüglich von einer "verspäteten Politiksteuerung", denn in den USA, Japan und Schweden habe man sich schon wesentlich früher als hierzulande dazu verstanden, eine "moderne Umweltpolitik" zu etablieren. Die umweltpolitische Verspätung Deutschlands fiel allerdings weniger gravierend aus als Schmidt suggeriert. Das japanische "Basisgesetz zur Verhütung von Umweltschäden" wurde im Juli 1967 verabschiedet (Tsuru 1985: 33), in Schweden trat das Umweltschutzgesetz im Jahre 1969 in Kraft (Pehle 1991c: 20) und der "National Environmental Policy Act" der USA datiert vom Januar 1970 (Mayda 1994: 2593). In diesem Jahr legte auch die Bundesregierung ihr erstes "Sofortprogramm" für den Umweltschutz auf. Stellt man das Ausmaß der seinerzeit namentlich in Japan erreichten Umweltschäden in Rechnung, die einen ausländischen Beobachter zu der treffenden Formulierung vom drohenden "ökologischen Harakiri" inspirierten (Weidner 1996a: 27), müßte sich Japan zudem weit eher den Vorwurf verspäteter politischer Reaktion gefallen lassen als Deutschland.

2   Auch bei der deutschen Bevölkerung genießt die Umweltpolitik ein schlechtes Image: 47 % aller westdeutschen Wahlberechtigten bezeichneten im Jahr 1993 die Umweltverhältnisse in den alten Bundesländern als schlecht bzw. sehr schlecht, wobei sich das Lager der "Umweltkritiker" auch auf die Wählerschaft von CDU und CSU erstreckte - 31 % ihrer Anhänger beurteilten die westdeutsche Umweltsituation negativ. Insgesamt 65 % aller westdeutschen Wahlberechtigten hielten die Umweltschutzgesetze für nicht ausreichend und 82 % monierten eine unzureichende Kontrolle der Einhaltung derselben (ipos 1994). Die Konsistenz dieser Kritik ist allerdings schon deshalb fragwürdig, weil dem Umweltbewußtsein der Bevölkerung keineswegs die Bereitschaft zu entsprechendem Verhalten gegenübersteht (SRU 1996: 66f.).

deutlich, daß es in Zeiten ökonomischer Krisen um die Handlungsfähigkeit der Umweltpolitik schlecht bestellt ist.[3] Der Befund der "Konjunkturabhängigkeit" der Umweltpolitik, der auch von Müller (1986: 45ff.) für die Zeit der sozial-liberalen Koalition herausgearbeitet wurde, muß durchaus wörtlich genommen werden, denn auch im internationalen Vergleich zeigt sich, daß der Gewinn ökologischer Handlungsspielräume regelmäßig unter der Bedingung wirtschaftlicher Prosperität steht. Jänicke (1990: 222) spricht diesbezüglich von einer "Ambivalenz von ökologischer Notwendigkeit und Möglichkeit", denn hohe Wirtschaftsleistung habe zwangsläufig (relativ) hohe Umweltbelastungen zur Folge, eröffne aber auf der anderen Seite erst die finanziellen und materiellen Möglichkeiten zu Gegenmaßnahmen. Fehlten dagegen die materiellen Ressourcen infolge ökonomischer Krisen, wirke sich dies, so Jänicke, regelmäßig negativ auf das umweltpolitische Verhalten aus.

Wenngleich dieser Zusammenhang als empirisch hinreichend belegt gelten darf, ist damit noch nicht gesagt, daß umweltpolitisches Verhalten ausschließlich und unmittelbar von der ökonomischen Entwicklung bestimmt wird: "Umweltpolitik ist leider nirgendwo als schöne Idee entstanden, sondern Folge schwerer Umweltschädigungen" (Jänicke 1990: 221). Nun ist "ökologischer Schaden" gewiß notwendige, keineswegs aber hinreichende Bedingung für Umweltpolitik. Objektive Umweltschädigungen gleich welchen Ausmaßes führen nicht per se zu Gegenmaßnahmen; zuvor müssen sie subjektiv als Problemdruck wahrgenommen werden, der als solcher der Vermittlung in das politisch-administrative System hinein bedarf. Die "verspätete Politiksteuerung" im Umweltbereich könnte dieser Einsicht entsprechend interpretiert werden. Trotz objektiv hoher Umweltbelastung existierte bis Ende der sechziger Jahre keine "politisch wirksame, massenhaft verbreitete Nachfrage nach Umweltschutzpolitik", so daß sich die seinerzeitige Untätigkeit der Politik in diesem Bereich prima facie als - demokratietheoretisch durchaus akzeptable - Widerspiegelung der Präferenzen des Publikums deuten ließe. Eine solche Interpretation verriete allerdings theoretische Naivität insofern, als sie unhinterfragt ein Gleichgewicht zwischen gesellschaftlicher Nachfrage und politischem Angebot unterstellt (Schmidt 1992: 166). Daß Angebot und Nachfrage auf dem politischen Markt häufig eben nicht im Gleichgewicht sind, hat sich im ersten Vierteljahrhundert deutscher Umweltpolitik von Beginn an besonders deutlich gezeigt. Die politisch-administrative Elite agierte hinsichtlich der Problemdefinition und der Erarbeitung von Lösungsmodellen

---

3   Vgl. dazu die in dem von Schmidt/Spelthahn (1994) edierten Band erschienenen Beiträge.

während der Etablierungsphase der Umweltpolitik weitgehend unabhängig von innergesellschaftlichen "inputs", bereitete durch ihre eigenen Aktivitäten jedoch den Boden für jene gesellschaftliche Nachfrage, die im späteren Verlauf für mancherlei Angebotsengpässe verantwortlich war. Solche Angebotsengpässe bzw. Nachfrageüberhänge - auch dies lehrt die Geschichte deutscher Umweltpolitik mit Nachdruck - entwickeln sich zwar durchaus auf der Grundlage eines längerfristigen Bewußtseinswandels, kulminieren jedoch offensichtlich punktuell. Mit anderen Worten: Die (Umwelt-)Politik ist wenig sensibel für "schleichende Katastrophen" (Böhret 1990), erweist sich jedoch als relativ reaktionsfreudig bezüglich plötzlicher, unerwarteter Ereignisse. In zynischer Überspitzung ließe sich sagen, daß die deutsche Umweltpolitik für die Erweiterung und Verbesserung ihres Instrumentariums geradezu der medienwirksam vermittelten Katastrophen bedurfte. Beispiele wären etwa das zu Beginn der achtziger Jahre intensiv diskutierte "Waldsterben", auf das mit der Durchsetzung der Großfeuerungsanlagenverordnung reagiert wurde, die Chemieunfälle am Rhein, in deren Gefolge die "Störfallverordnung" durchgesetzt werden konnte, die Reaktorkatastrophe von Tschernobyl, die nicht nur den Anlaß zur Gründung des BMU, sondern auch zur Verabschiedung des Strahlenvorsorgegesetzes lieferte, das Robbensterben in der Nordsee, das Anfang der 90er Jahre Anlaß gab, ein umfangreiches Programm zur Sanierung und Nachrüstung von Kläranlagen aufzulegen, oder schließlich die Entdeckung des Ozonlochs und seiner Umweltfolgen, die zur FCKW-Verbotsverordnung führte[4]. So ist nicht nur das Instrumentarium der Umweltpolitik weitgehend auf reaktive und kurative Maßnahmen und Instrumente zugeschnitten, sondern die "Konjunkturen" des gesamten Politikfeldes erweisen sich in gewisser Weise als "katastrophendeterminiert".

---

4 Um Mißverständnissen vorzubeugen: Erstens implizieren diese Hinweise keine Aussage über den "realen Gehalt" bzw. die Auswirkungen der genannten Ereignisse. Daß die Einstufung bestimmter Ereignisse oder Entwicklungen als "Katastrophe" immer interpretations- und damit tendenziell auch interessenabhängig ist, zeigt z.B. die durch ein Gutachten des Europäischen Forstinstituts über "Growth Trends in European Forests" ausgelöste Kontroverse über die Frage, ob das Waldsterben denn überhaupt stattgefunden habe (Süddeutsche Zeitung, 7./8. und 14./15. September 1996, jeweils S. I). Wichtig ist in diesem Zusammenhang lediglich, daß ein bestimmtes Ereignis bzw. eine bestimmte Beobachtung sozio-politisch als "Katastrophe" bewertet und entsprechender Reaktionsbedarf eingefordert wird. Zweitens wird nicht behauptet, daß die angedeuteten Reaktionen des politisch-administrativen Systems in jedem Fall problemadäquat gewesen seien. So läßt sich beispielsweise mit guten Gründen argumentieren, daß der "FCKW-Ausstieg" aufgrund der Zählebigkeit von Chlorverbindungen viel zu spät kam, oder daß das "Robbensterben" wenig bis nichts mit den über Kläranlagen verlaufenden Schadstoffeinträgen in die Nordsee zu tun hatte.

Das stete "Hinterherhinken" der Politik hinter den ökologischen Hiobsbotschaften (Hoppe/ Beckmann 1989: V) wird verschiedentlich als einer von mehreren Belegen für die generelle Schwäche deutscher Politik gewertet, "[...] auch ernsthaft gewollte Veränderungen wirklich durchzusetzen" (Scharpf 1989: 125). Warum, so fragt Scharpf, sei es beispielsweise während der weltwirtschaftlichen Krise der siebziger Jahre in Österreich und Schweden gelungen, den Anstieg der Arbeitslosigkeit zu verhindern, während die sozialliberale Koalition in Bonn diese Aufgabe nicht zu meistern imstande war? Und warum habe die konservative Wendepolitik der achtziger Jahre in den USA und Großbritannien greifbare Folgen gezeigt, während die deutsche "Koalition der Mitte" kaum einschlägige Erfolge vorweisen konnte, obwohl sie doch die Ziele Deregulierung, Privatisierung und Abgabenentlastung mit gleichem Nachdruck propagiert habe wie die Regierungen Reagan und Thatcher? Und weiter stellt er fest: "Auch bei ökologischen Gefahren lassen wir uns von niemandem an Problembewußtsein überbieten, aber wenn es um die Durchsetzung des Umweltschutzes gegen ökonomische Interessen geht, bleiben wir in vielen Bereichen hinter Japan und den Vereinigten Staaten weit zurück" (Scharpf 1989: 123). Die Innovationsbarrieren, die dem politisch-administrativen System Deutschlands eigen sind, werden meist auf das Zusammenwirken folgender vier Faktoren zurückgeführt (in Anlehnung an Scharpf und in bezug auf die Umweltpolitik beispielsweise Pehle 1991c: 17f., Weidner 1996a: 557):

(1) Auf den aus dem (modifizierten) Verhältniswahlrecht resultierenden Zwang zur Bildung von Koalitionsregierungen, denen Kompromißlösungen eigen sind, die auf eine "Politik des mittleren Weges" hinauslaufen;

(2) auf die Modalitäten der politischen Willensbildung, Entscheidungsfindung und Implementation im deutschen Föderalismus, betreffend nicht nur die Mitwirkung des Bundesrates an der Gesetzgebung, sondern auch die Kooperation der Länder untereinander sowie zwischen Bund und Ländern (Stichworte: "dritte" und "vierte Ebene", Politikverflechtung);

(3) auf die im internationalen Vergleich ungewöhnliche Ausweitung des richterlichen Prüfungsrechts, betreffend nicht nur die Gerichtskontrolle des Verwaltungshandelns, sondern auch die verfassungsgerichtliche Kontrolle des Gesetzgebers;

(4) auf den guten Zugang primär als Inhaber von "Vetomacht" agierender wirtschaftlicher und gesellschaftlicher Interessengruppen zum Zentrum der politischen Entscheidungsfindung.

Wenn die relative Innovationsschwäche deutscher Politik als systemisch-institutionell bedingt verstanden wird, verliert die von Jänicke vertretene "Belastungs-Reaktions-Hypothese", die oben überspitzt als "Katastrophendeterminiertheit" deutscher Umweltpolitik rezipiert wurde, hinsichtlich der Entwicklung der Umweltpolitik an Erklärungskraft. Dies behauptet zumindest von Prittwitz (1990a: 13ff.), der postuliert, daß sich das Ausmaß umweltpolitischer Aktivität und Verregelung antizyklisch zum Ausmaß ökologischer Schäden und Bedrohungen entwickle. Als "Katastrophenparadox" bezeichnet er den von ihm anhand weniger empirischer Beispiele illustrierten Sachverhalt, daß gezieltes umweltpolitisches Handeln bei "Umweltkatastrophen" häufig ausgeblieben sei bzw. anlaßgebende Ereignisse und das Einsetzen politischen Handelns zeitlich so weit auseinanderlägen, daß die Annahme eines direkten Zusammenhangs beider nicht plausibel sei. Deshalb seien weder das Ausmaß der Umweltbelastung noch der von der gesellschaftlichen Organisation von Umweltinteressen ausgehende Handlungsdruck die entscheidenden Bestimmungsgrößen von Umweltpolitik, sondern die jeweils gegebene "umweltpolitische Handlungskapazität". Aufgrund ihrer Empirieferne - es gibt eben wesentlich mehr Beispiele, die für die "Belastungs-Reaktions-Hypothese" sprechen, als die von Prittwitz gegen sie angeführten - und ihrer partiellen Inkonsistenz und mangelnden analytischen Trennschärfe (vgl. List 1992: 143[5]) hat sich zwar das Theorem vom "Katastrophenparadox" als solches nicht durchsetzen können. Als wissenschaftlich weitgehend akzeptiert darf allerdings Prittwitz' Hinweis auf die entscheidende Rolle der Handlungs- oder, wie Jänicke sie nennt, Modernisierungskapazität gelten: "Ist die Modernisierungsfähigkeit hoch, so kann auch ein geringerer ökologischer Problemdruck zu Maßnahmen führen. Ist die Fähigkeit zur Modernisierung gering, so können auch extreme ökologische Degenerationserscheinungen folgenlos bleiben" (Jänicke 1990: 222).

Worin besteht nun die umweltpolitische Handlungskapazität? Von Prittwitz (1990b: 7) resümiert wie folgt:

> "Stehen große technisch-ökonomische Handlungskapazitäten (Befriedigung materieller Grundbedürfnisse, Flexibilität technischer Anlagen und Verfahren, gute Konkurrenzposition), politisch-

---

5   So räumt von Prittwitz (1990a: 234) beispielsweise selbst ein: "Wird umweltpolitischer Druck "von unten" als politische Äußerungsform zunehmender objektiver Umweltbelastung interpretiert, so ergibt sich ein Übergang zur [...] Belastungs-Reaktions-Hypothese." Indem also, wie auch List feststellt, der von den Organisationen der "Betroffeneninteressen" ausgehende Handlungsdruck im besonderen bzw. die umweltpolitische Lernfähigkeit des politischen Systems im allgemeinen unter die umweltpolitische Handlungskapazität subsumiert wird, ergibt sich letztlich nur ein scheinbarer Widerspruch zur These Jänickes.

institutionelle Handlungskapazitäten (Mechanismen vitaler Demokratie, flexibler Verwaltungsapparat) und konzeptionelle Handlungskapazitäten (Wissen über Lösungsmöglichkeiten) zur Verfügung, so werden Umweltbeeinträchtigungen vergleichsweise sensibel wahrgenommen und politisch bearbeitet."

Auch Jänicke (1990: 222) arbeitet anhand einer breit angelegten, international vergleichenden Studie heraus, daß strukturelle Rahmenbedingungen ökonomischer, politischer und soziokultureller Art die nationalen Umweltpolitiken in starkem Maß erklären. Vier Faktoren bilden nach seiner Analyse ein sich gegenseitig verstärkendes "Modernisierungssyndrom":

"1) die *Wirtschaftsleistung*
2) die *Innovationsfähigkeit*, als Summe aller Entfaltungsmöglichkeiten für Innovateure und Vertreter neuer Interessen
3) die *Strategiefähigkeit*, als politische Fähigkeit eines Landes, langfristige Ziele koordiniert und über längere Zeiträume durchzusetzen, und
4) die *Konsensfähigkeit*, als Fähigkeit eines Landes, über einen kooperativen Politikstil zu ausgehandelten Lösungen zu gelangen" (Hervorhebungen im Original).

Zwar ist beiden Positionen gemeinsam, daß sie die umweltpolitische Handlungsfähigkeit bzw. -kapazität nicht auf Bestimmungsfaktoren eingrenzen, die auf das jeweilige politisch-administrative System selbst begrenzt wären, sondern ökonomische, technische und wissenschaftliche Ressourcen sowie kurzfristig wirkende, situative Handlungsbedingungen als erklärende Variablen mitberücksichtigen. Doch arbeitet Jänicke wesentlich pronconcierter heraus, welchen Niederschlag die genannten Rahmenbedingungen auf den gesamten "Staatsapparat", soll heißen politisch-administrative Institutionen, Verfahren und Handlungsstile, haben bzw. haben müssen, um die ökologische Modernisierungsfähigkeit zu befördern. So kann er beispielsweise zeigen, daß parteipolitische Faktoren die Umweltpolitiken vergleichsweise wenig beeinflussen, ein Befund, der sich auch hinsichtlich der vom Regierungswechsel 1982/83 unbeeinflußten Kontinuität deutscher Umweltpolitik (Weidner 1989: 27) bestätigt. Wesentlich wichtiger hingegen sei der Aspekt der Institutionalisierung von Umweltpolitik, also etwa die Einrichtung zentraler Umweltbehörden und -ministerien, die Verankerung des Umweltschutzes in der Verfassung, der Erlaß von "Umweltgrundlagengesetzen" und die Aufbereitung und amtliche Veröffentlichung von Umweltinformationen in Form nationaler Umweltberichte.

Unter den insgesamt 32 untersuchten Industrieländern identifiziert Jänicke (1990: 216) Japan, die USA und Schweden als eindeutige "institutionelle Vorreiter" des Umweltschutzes, Länder also, die umweltpolitisch einen "relativ guten Ruf" hätten. Gleichwohl gelte die "Institutionalisierungshypothese des umweltpolitischen Erfolges/Mißerfolges" nur mit Abstrichen, denn solange man sie nur auf den Zeitpunkt beziehe, gebe es zu viele Ausnahmen von der Regel, d.h. Länder, die zwar die entsprechenden Institutionalisierungsschritte relativ frühzeitig unternommen hätten, in der umweltpolitischen Erfolgsbilanz jedoch weit hinten rangierten, wie etwa die DDR, Polen, Ungarn und Großbritannien. Deshalb gelte es, die entsprechenden Einrichtungen zu gewichten. Hierzu greift Jänicke auf das im "Neo-Institutionalismus" gängige Petitum zurück, demzufolge der Institutionenbegriff nur gelten soll für "auf Dauer gestellte, durch Internalisierung verfestigte Verhaltensmuster und Sinnorientierungen mit regulierender sozialer Funktion", welche dahingehend bestimmt wird, "[...] daß die Adressaten ihre Erwartungshaltung, bewußt oder unbewußt, auf den ihr innewohnenden Sinn ausrichten" (Göhler 1987: 17). "Ministerien ohne Bedeutung und Kompetenz, Verfassungsartikel, die nicht einklagbar sind, Gesetze, die niemand kennt, die jedenfalls keine Spuren im Sozialverhalten hinterlassen, haben in diesem strengen Sinne keine institutionelle Bedeutung" (Jänicke 1990: 217).[6]

Wird diese Relativierung als plausibel akzeptiert, so lassen sich die oben angesprochenen Institutionalisierungsschritte - wie die Umweltschäden, die erst den Anlaß zu staatlichem Handeln geben - als weitere notwendige Voraussetzung, nicht aber hinreichende Bedingung erfolgreicher Umweltpolitik verstehen. Diese Bedingungen versucht Jänicke anhand seines vierfaktoriellen "Modernisierungssyndroms" näher auszuleuchten. Mit Ausnahme des Faktors "Wirtschaftsleistung", der analytisch als intervenierende Variable konzipiert wird, welche sowohl auf den umweltpolitischen Handlungsbedarf als auch auf die Handlungsressourcen wirkt, sind bestimmte Dimensionen der "Innovations-, Strategie- und Konsensfähigkeit", dies deuten Jänickes Ausführungen zumindest an und wird hier postuliert, nun wiederum auch von der Intensität der umweltpolitischen Institutionalisierung beeinflußt. So zum Beispiel bindet Jänicke (1990: 223ff.) die Konsensfähigkeit weitgehend an das Vorhandensein neokorporatistischer Strukturen, welche die Mitwirkung staatlicher Akteure ja per definitionem implizieren. Gleichermaßen macht er die Innovationsfähigkeit an der "Offenheit staatlicher und vorstaatlicher Institutionen" gegenüber neuen Interessen fest. Auch die Strategiefähigkeit schließlich "[...] betrifft vor allem den Staatsapparat", denn: "Um komplexe Ziele durchsetzen zu können,

---

6   Ein auf den Vergleich von 32 Nationen bezogenes Resümee muß zwangsläufig ohne "Binnendifferenzierungen" auskommen. So bedeutet z.B. die Einklagbarkeit von Verfassungsartikeln nicht unbedingt einen umweltpolitischen Fortschritt, wie anhand der in Kapitel 8 thematisierten Diskussion über die Staatszielbestimmung Umweltschutz noch deutlich werden wird. Auch die "Bedeutung und Kompetenz" von (Umwelt)Ministerien variiert von Land zu Land, was für die nationalspezifische Operationalisierung der Institutionalisierungshypothese natürlich von Relevanz ist.

müssen zuständige Verwaltungen über klare Kompetenzen und kalkulierbare Verantwortlichkeiten verfügen. Es geht ferner um Ressourcen, um Finanzen und Personal". In der Summe stellt sich also die Frage nach der "Institutionalisierungstiefe", an welcher sich das Schicksal des Umweltschutzes als Querschnitts- und Präventionspolitik (mit)entscheidet.

Mit der Aufnahme und Weiterverfolgung des von Jänicke propagierten Ansatzes ist mithin der Versuch verbunden, "[...] die Aufmerksamkeit wieder auf politische Institutionen als einen der entscheidenden Faktoren für Politikergebnisse" (Göhler 1987: 8) zu richten. Obwohl dieser Ansatz durch den Begriff des "Neo-Institutionalismus" symbolisiert wird, ist dies nichts unbedingt Neues. Vor allem Mayntz und Scharpf machten bereits Anfang der siebziger Jahre das politisch-administrative Entscheidungssystem im engeren Sinne zum Gegenstand ihrer Untersuchungen zur politischen Interessenberücksichtigung, Problem- und Kapazitätsbearbeitung, weil sie davon ausgingen, daß die empirische Antwort auf die Frage nach der "Autonomie des politischen Systems" auch "innerhalb des Entscheidungssystems selbst gesucht werden" müsse (Scharpf 1973: 76). Das weitgehende Scheitern der Reformpolitiken während der siebziger Jahre gab zwar Anlaß zur Revidierung der ursprünglichen, optimistischen Annahmen bezüglich der Ermöglichung "aktiver Politik" durch primär binnenadministrative Reformen, nicht jedoch zur Aufgabe des grundsätzlich institutionell-entscheidungstheoretischen Ansatzes. Er erfuhr jedoch insoweit eine gewisse Modifikation, als Scharpf deutlicher als vorher nunmehr "den Staat" als eine "Vielzahl und komplexe Vielfalt von Interaktionsbeziehungen zwischen spezialisierten Akteuren in Politik, Verwaltung und Wirtschaft" konzipierte (Scharpf 1979: 28).

Daß dieses Verständnis es erlaubt, die Binnenstruktur des Entscheidungssystems, also die auch von Scharpf frühzeitig (1973: 76) thematisierten "within-puts", erfolgversprechend als relevante Determinante des politischen "outputs" zu thematisieren (Schmidt 1993: 381), stellte bezüglich der Umweltpolitik insbesondere die von Müller (1986) vorgelegte Studie über die "Innenwelt" der sozial-liberalen Umweltpolitik unter Beweis. Wenngleich Müller (1986: 12) die politisch-administrative Organisation, deren (relative) Autonomie sie wiederholt betont, als unabhängige Variable behandelt, bemüht sie sich gleichwohl, die Interdependenz "[...] zwischen dem politischen, administrativen und gesellschaftlichen Raum" zu berücksichtigen (ebenda), und so Scharpfs "Plädoyer für einen aufgeklärten Institutionalismus" (Scharpf 1985a) gerecht zu werden. Dieser umreißt sein Konzept wie folgt:

> "Struktur, Prozeß und Funktion können nur in ihrer Wechselbezüglichkeit definiert und analysiert werden, und das gleiche gilt für die korrespondierenden Konzepte der politischen Institutionen (Polity), politischen Prozesse (Politics) und Politikinhalte (Policy) [...]. Soweit die sozio-ökonomische Wirklichkeit vom politischen System überhaupt beeinflußt wird, geschieht dies durch Policies. Diese sind das unmittelbare Resultat von politischen Prozessen (Politics), die sich aus der unmittelbaren oder mittelbaren Interaktion des politischen Verhaltens von Individuen und Gruppen ergeben. Die Vermutung, daß institutionelle Strukturen (Polity) auf beides wesentlichen Einfluß haben könnten, ist nicht selbstverständlich [...]. Aber schon aus dieser Herleitung folgt, das [sic!] der institutionelle Ansatz der Politikforschung seinen herausgehobenen Stellenwert nur aus seiner Bezogenheit auf die Politics- und die Policy-Perspektive gewinnen kann. Für sich genommen jedenfalls blieben institutionalistische Untersuchungen auf der Ebene der bloßen Beschreibung und Klassifikation, mit Ergebnissen, die eher phänomenologische als erklärungsorientierte Erkenntnisinteressen befriedigen könnten. Wenn der institutionelle Ansatz der Politikforschung aber über die phänomenologische Deskription hinaus will, dann muß er sich entweder in der Erklärung von politischem Verhalten oder von Politikinhalten bewähren" (Scharpf 1985a: 165f., ohne die Hervorhebungen des Originals).

Scharpf ergänzt seinen Verweis auf die wechselseitige Abhängigkeit von politischen Institutionen, Prozessen und Inhalten und die daraus zu entwickelnde Erklärungskraft ersterer für letztere um eine weitere, für die umweltpolitische Forschung wichtige Einsicht, nämlich die, daß der "[...] Zusammenhang zwischen institutionellen Bedingungen auf der einen und den Indikatoren [...]politischen Erfolgs oder Mißerfolgs auf der anderen Seite nicht unmittelbar besteht, sondern durch die jeweils gewählte [...]politische Strategie vermittelt wird." Mit anderen Worten: Die Relevanz politischer Institutionen entscheidet sich nicht zuletzt an den jeweils präferierten Strategien und Instrumenten.

Dieser Sichtweise entspricht gleichsam spiegelbildlich Jänickes Hypothese von der "Nachrangigkeit" der Instrumentenwahl gegenüber den materiellen, institutionellen und soziokulturellen Kapazitäten bezüglich der Erfolgsbedingungen von Umweltpolitik, die er durch seine Vergleichsstudie erhärtet sieht (Jänicke 1990: 213). Denn die Kritik am "umweltpolitischen Instrumentalismus"[7] wird institutionell rückgebunden: "Die Instrumentenwahl ist generell für den Ausgang wenig erklärungsfähig, wenn die Stärke, Konfiguration oder Kompetenz der Akteure, ihre strategische Langzeitorientierung, ihre situativen und strukturellen Handlungsbedingungen und der Charakter des Problems ausgeklammert werden" (Jänicke 1996: 11). Umgekehrt gilt damit aber auch, daß die Handlungsfähigkeit von Institutionen ohne die

---

7   Diese Kritik kann sich mittlerweile auch auf die Evaluation von 24 "Erfolgsfällen" des Umweltschutzes (Jänicke/Weidner 1995) stützen, die Jänicke (1996: 11) zufolge sämtlich die "Unangemessenheit eines mechanistischen Zweck-Mittel-Verständnisses von Umweltpolitik" stützen.

Analyse der verfügbaren Instrumente und der zu lösenden Probleme nicht erklärbar ist, und daß auch die konkrete Instrumentenwahl wiederum als institutionell vermittelt und determiniert verstanden werden muß: "Polity läßt sich ohne Policy nicht analysieren" und umgekehrt, und dies gilt insbesondere angesichts der Ausweitung und Differenzierung der Staatsfunktionen, die sich nicht mehr auf ein einziges, ganz bestimmtes "Policy-Repertoire" reduzieren lassen (Scharpf 1985a: 167).

Wenn Jänicke (1996: 12) pointiert resümiert, daß umweltpolitische Mißerfolge weniger auf falsche Instrumentenwahl als auf unzureichende Handlungsbedingungen zurückgingen, so meint er offenbar gerade dies, nämlich den komplexen wechselseitigen Zusammenhang der verschiedenen "Erfolgsbedingungen" von Umweltpolitik, eine Erkenntnis, die ihn veranlaßt, vor "einseitiger Staatsfixierung" zu warnen und in Anlehnung an das von Sabatier (1993: 116ff.) entwickelte Konzept der "advocacy-coalitions" hervorzuheben, "[...] daß häufig Koalitionen von Individuen ganz unterschiedlicher Institutionen den Entscheidungsverlauf bestimmen" (Jänicke 1996: 14). Wenngleich also als wichtige "Einflußträger des Umweltschutzes" neben staatlichen Institutionen vor allem die Umweltverbände, die Medien sowie umweltbewußte Unternehmen identifiziert werden, ergibt das Gesamtbild dieser vier Einflußfaktoren doch einen empirisch gesicherten, "klaren Vorrang des Staates" (ebenda: 15).[8] Dieser Primat des Staates bezüglich der Handlungsorientierung der Adressaten von Umweltpolitik ist allerdings nicht gleichzusetzen mit der Vorstellung, daß die staatlichen Akteure immer und automatisch eine dominante Position gegenüber den gesellschaftlichen Handlungsträgern einnähmen. Dies bleibt eine empirisch von Fall zu Fall zu klärende Frage; immerhin aber "[...] verfügen die öffentlichen Akteure über die exklusive Möglichkeit der Rechtssetzung und können daher institutionelle Handlungsressourcen neu verteilen, indem sie beispielsweise formale Entscheidungsregeln verändern oder Klagerechte einführen" (Héritier 1993: 16). Ob und inwieweit von diesen Optionen Gebrauch gemacht wird (bzw. werden kann), entscheidet sich jedoch nicht zuletzt an den jeweils konkreten Interessen- und Akteurskonfigurationen, die im Konzept der "Policy-Netzwerke" eine prominente Rolle spielen, denn Politik entsteht "[...]

---

8   Jänicke (1996: 15 und 17) verweist auf Unternehmensbefragungen in Deutschland, Schweden, Norwegen und Finnland, die übereinstimmend den staatlichen Einfluß als "zentralen externen Druckfaktor des Umweltschutzes" ergeben hätten, sowie auf eine Expertenbefragung über die im Umweltschutz einflußreichsten Organisationen in Deutschland, in der ebenfalls die staatliche Exekutive an erster Stelle rangierte.

oft in einem Prozeß, in den eine Vielzahl von sowohl öffentlichen als auch privaten Organisationen eingebunden ist" (Mayntz 1993: 40).

Zusammengefaßt bedeuten die vorstehenden Erwägungen zunächst folgendes:

(1) Aufgrund der Ergebnisse intensiv betriebener, international vergleichend angelegter Politikfeldanalyse darf als empirisch gesichert gelten, daß staatliche Umweltinstitutionen "[...] eine wichtige Bedeutung für die staatliche Motivation und Fähigkeit [haben], Umweltprobleme zu erkennen und zu lösen" (Jänicke 1996: 16).

(2) Jänickes Begriff der "Umweltinstitutionen" ist breit angelegt und umfaßt sowohl Organisationen (nationale Umweltministerien und -ämter) als auch Verfahrensregeln (Verfassungsbestimmung zum Umweltschutz, "Umweltgrundlagengesetz") und sozial normierte Verhaltensmuster. Es ist jedoch gerechtfertigt, erstere in bezug zu letzteren als unabhängige Variable zu konzipieren, denn das politisch-administrative System kreiert die Verfahrensregeln.[9] Es scheint daher sinnvoll, von einem engeren Institutionenbegriff auszugehen, der an das herkömmliche, auf ganz bestimmte soziale Gebilde im Sinne "zentraler politischer Einrichtungen" bezogene Verständnis anknüpft (Mayntz/Scharpf 1995: 42).

(3) Der Institutionenbegriff erfährt damit einen genuin akteursbezogenen Akzent; "[...] politische Institutionen sind in ihrer Funktion zwar überpersönlich, realiter aber zumeist Organisationen und vor allem durch das Verhalten angebbarer Personen bestimmt" (Göhler 1987: 17), für welche die institutionellen Faktoren wiederum einen Handlungskontext definieren, der sich auf ihr Handeln "stimulierend, ermöglichend oder auch restringierend" auswirken kann. D.h. daß Institutionen sowohl als abhängige wie auch als unabhängige Variablen betrachtet werden müssen (Mayntz/Scharpf 1995: 43).

(4) Bei der Analyse der in diesem Sinne verstandenen (umwelt)politischen Institutionen gilt es zu berücksichtigen, daß die traditionelle "top-down-Perspektive" staatlicher Steuerung im Licht der Ergebnisse der neueren Policy-Forschung als überholt gelten muß. Staatliche Akteure agieren nicht "über" der Gesellschaft, sondern sind eingebunden in "Policy-Netzwerke", die entstehen, "[...] weil auf der einen Seite gesellschaftliche Akteure eine Beteiligung am politischen Prozeß anstreben, während umgekehrt eine Zusammenarbeit

---

9 "In diesem Sinne sind politische Institutionen Regelsysteme der Herstellung und Durchführung allgemeinverbindlicher Entscheidungen" (Göhler 1987: 17, ohne die Hervorhebung des Originals).

mit ihnen für den Staat die Möglichkeit eröffnet, sich Informationen zu beschaffen; darüber hinaus kann dadurch auch die Akzeptanz politischer Entscheidungen erhöht werden" (Mayntz 1993: 41).

(5) Die Analyse staatlicher Umweltinstitutionen steht damit vor der Aufgabe, sowohl deren Binnen- als auch Außenwelt gleichgewichtig zu erfassen (vgl. auch Weidner 1996a: 57).

Genau dies ist jedoch noch nicht geleistet. Jörgens (1996: 111) resümiert den diesbezüglichen Stand der Forschung wie folgt:

> "Zusammenfassend kann gesagt werden, daß die Schaffung spezialisierter Institutionen ein wichtiger Faktor für das Zustandekommen staatlicher Umweltpolitik ist. Zur Erklärung umweltpolitischen Erfolges ist die Institutionalisierungshypothese jedoch nur dann tauglich, wenn die Institutionalisierung detaillierter, d.h. nicht nur auf den formalen Akt der Einrichtung einer Behörde oder der Verabschiedung eines Gesetzes bezogen, beschrieben und zu den umweltpolitischen Erfolgen oder Mißerfolgen in Beziehung gesetzt werden kann. Dies konnte in einem sämtliche Industrieländer umfassenden Vielländervergleich nicht geleistet werden."

Empfohlen und angeregt wird daher eine detaillierte Analyse umweltpolitischer Institutionen, welche die grundlegenden nationalen "Systemmerkmale" berücksichtigt (ebenda: 110). Dieses Forschungsdesiderat in bezug auf die Bundesrepublik Deutschland schließen zu helfen, ist das zentrale Anliegen vorliegender Studie.

Die deutsche Umweltpolitik ist wesentlich durch einen bürokratisch-regulativen, "polizeirechtlichen" Ansatz charakterisiert, der sich zu einem "immer dichteren, undurchschaubaren Geflecht von Vorschriften, Richtlinien, Ge- und Verboten" (Weidner 1996a: 550f.) entwickelt hat. Im Rechtsstaat Bundesrepublik Deutschland manifestiert sich die "Umweltstaatlichkeit" primär durch Gesetze und untergesetzliche Normen (Verordnungen und Verwaltungsvorschriften). In Verbindung mit dem Umstand, daß das Umweltrecht maßgeblich vom Bundesgesetzgeber geprägt wird (Storm 1987: 36), hat die Festlegung auf die regulative Strategie eine spezifische Gewichtung der für die Umweltpolitik relevanten Institutionen zur Folge. Auch die Umweltpolitik ist von der Dominanz der Regierung im Rechtsetzungsprozeß charakterisiert. Die Erarbeitung und Durchsetzung von Gesetzgebungsprogrammen wird der Regierung als Hauptaufgabe zugeschrieben (Bryde 1989: 863). Selbstverständnis und Praxis aller bisherigen Bundesregierungen entsprechen dieser Zuschreibung, wie schon aus dem bekannten Umstand erhellt, daß die Anzahl der sogenannten Regierungsvorlagen diejenige der von Bundestag und Bundesrat eingebrachten Gesetzesentwürfe während aller Legislaturperioden überstieg (Busse 1996: 446).[10] Formeller Gesetzgeber sind zwar Bundestag und Bundesrat. Doch niemand bestreitet, daß die "Führungsinitiative" bei der Regierung liegen soll, deren Apparat bei der Gesetzesvorbereitung angesichts der Komplexität der zu regelnden Materien unverzichtbar geworden ist (Hesse/Ellwein 1992: 222ff., Sontheimer 1989: 217). Die für die Gesetzgebung erforderlichen Spezialisten, die sich auf Dauer mit der ihnen zugewiesenen Materie beschäftigen können, finden sich in der Ministerialbürokratie, die faktisch als "informeller Gesetzgeber" fungiert (Achterberg 1984: 1100). Diese Fremdbeschreibung macht sich die Ministerialbürokratie durchaus zu eigen (Cupei 1988: 46f.).[11] Ihr Gewicht ist im Umweltbereich ganz besonders hoch, denn die Rechtfertigung für Verordnungsermächtigungen ist hier auf Grund des technischen Charakters des Umweltrechts in besonderem Ausmaß gegeben. Die deutsche Exekutive hat hier, wie der internationale Vergleich verdeutlicht, "bemerkenswert freie Hand" (Rose-Ackermann 1995: 112). Da also das "Schwergewicht umweltpolitischer Initiativen bei der Ministerialverwaltung" liegt (Hucke 1990: 396), ist es hinsichtlich der deutschen Umweltpolitik gerechtfertigt, die Institutionenanalyse im Schwerpunkt eben dort anzusiedeln.[12]

---

10   Legt man die von Bundestag und Bundesrat schließlich verabschiedeten Gesetzesentwürfe zugrunde, so ergibt sich für den Zeitraum von 1949 bis einschließlich 1994, daß 76.2 % aller dieser Entwürfe von der Bundesregierung eingebracht worden sind. 18.4 % gingen auf Bundestagsinitiativen zurück. Auch von ihnen wurde eine allerdings nicht näher quantifizierbare Vielzahl letztlich von der Regierung vorbereitet und nur aus taktischen Gründen - in diesen Fällen entfällt nämlich der erste Durchgang beim Bundesrat - von einer der Regierungsfraktionen eingebracht (Schindler 1995: 561).

11   Die Charakterisierung der Ministerialbürokratie als "informeller Gesetzgeber" rechtfertigt sich nicht nur aus ihrer "Vorentscheidungsmacht" über die Gesetzesvorlagen der Regierung, sondern auch aus dem bereits angedeuteten Umstand, daß "[...] sachkundige Mitarbeiter einzelner Ressorts nicht selten wesentlichen Einfluß auf die Erbeitung von Gesetzentwürfen [haben], die nicht als Initiative der Bundesregierung, sondern als solche aus der Mitte des Bundestages eingebracht werden" (Busse 1996: 446).

12   Vergleicht man die von Jänicke identifizierten "institutionellen Vorreiter" der Umweltpolitik - Japan, die USA und Schweden - mit der Bundesrepublik Deutschland, wird schnell deutlich, wie sich die Strukturen des politischen Systems einerseits und die jeweils gewählten umweltpolitischen Strategien andererseits auf das Gewicht der "Umweltinstitutionen" auswirken. Bezüglich eines Landes wie *Japan*, das seine umweltpolitischen Erfolge vor allem dezentralen, auf kommunaler Ebene mit einzelnen Industriebetrieben ausgehandelten Umweltschutzvereinbarungen sowie der durch Richterrecht hergestellten "Waffengleichheit" zwischen Umweltverschmutzern und -opfern verdankt (Weidner 1996a: 522ff., 536ff.) wird man die Institutionalisierungshypothese anders zu operationalisieren haben als für die Bundesrepublik. In den *USA* existiert kein Umweltministerium. Einmal abgesehen von der herausragenden Rolle des Kongresses im Gesetzgebungsprozeß unterscheidet sich das institutionelle Arrangement der Umweltpolitik in den USA von seinem deutschen Pendant dadurch, daß dem Büro des Präsidenten ein "Council on Environmental Quality" (CEQ) angegliedert ist, der wichtige Funktionen für die nationale Umweltberichterstattung wahrnimmt. Die andere wichtige Institution ist die 1970 eingerichtete "Environmental Protection Agency" (EPA), der insbesondere in Verbindung mit der Umweltverträglichkeitsprüfung wirksame Ein-
(Fortsetzung...)

Die Analyse des Ressorts wird in der Form erfolgen, daß die Institution, also die in ihr agierenden Personen, "für sich selbst sprechen" werden. Das diesem Vorgehen zugrundeliegende Konzept deckt sich mit den von Mayntz und Scharpf angestellten Überlegungen zum "akteurszentrierten Institutionalismus", welcher Institutionen als korporative Akteure begreift:

> "Korporative Akteure sind [...] handlungsfähige formal organisierte Personenmehrheiten, die über zentralisierte, also nicht mehr den Mitgliedern individuell zustehende Handlungsressourcen verfügen, über deren Einsatz hierarchisch (zum Beispiel in Unternehmen oder Behörden) oder majoritär (zum Beispiel in Parteien oder Verbänden) entschieden werden kann [...]. Individuelle und korporative Akteure (Organisationen) stehen in einem Inklusionsverhältnis zueinander: alle korporativen Akteure haben individuelle Akteure als Mitglieder. Gewöhnlich werden jedoch bei der Erklärung des strategischen Handelns korporativer Akteure Vorgänge auf der Mikroebene ihrer Mitglieder vernachlässigt [...]. Der Preis dafür ist ein Verlust an Tiefenschärfe; organisationsinterne Vorgänge sind wichtige Determinanten der Situationswahrnehmung und Strategiewahl von Organisationen" (Mayntz/Scharpf 1995: 49f.).

Die "Selbstbeschreibung" des korporativen Akteurs "Umweltministerium" durch seine individuellen Mitglieder basiert auf einer schriftlichen und einer anschließenden mündlichen Befragung der Ministerialbürokratie. Die auf diese Weise zustandegekommene Eigendarstellung des Ministeriums wird, wo es angezeigt ist, mit den jeweils korrespondierenden "Fremdbildern" des Ministeriums - also Einschätzungen seiner Kapazitäten und Aktionen durch "externe" Akteure,[13] die mit dem Umweltressort interagieren - konfrontiert. Auf dieser Grundlage wird die Institutionalisierungshypothese für die Durchsetzungsfähigkeit des Umweltschutzes auf den nationalen Prüfstand gelegt. Dem voraus geht zunächst ein knapper Exkurs. Er dient dazu, das formale innerorganisatorische Beziehungsgeflecht zu skizzieren, in welchem die Befragten agieren, um darauf aufbauend kurz die methodische Anlage der empirischen Untersuchung darlegen zu können.

---

12 (...Fortsetzung)
flußmöglichkeiten auf das Entscheidungsverhalten anderer Behörden eröffnet sind (Mayda 1994: 2610). Auch in *Schweden* schließlich trifft die Institutionalisierungshypothese auf andere Bezüge. Die dortigen Ministerien sind relativ kleine Stabsstellen, deren Beteiligung an der Gesetzesvorbereitung eher redaktioneller Natur ist. Die eigentliche Gesetzesvorbereitung erfolgt in sogenannten Untersuchungskommissionen, die korporatistisch zusammengesetzt sind (Jann 1981: 377ff.). Auch ist, anders als in der Bundesrepublik, die zentrale Umweltschutzbehörde (Statens Naturvardsverk) nicht an Weisungen des Ministeriums gebunden. Schließlich spricht auch die umweltpolitische Strategie, für die man sich in Schweden entschieden hat, dagegen, dem dortigen Umweltministeriums besondere Bedeutung beizumessen, denn die Gesetze enthalten meist nur unverbindliche Richtwerte, die von den zuständigen Behörden auf lokaler bzw. regionaler Ebene mit den Anlagenbetreibern "verhandelt" werden (Pehle 1991c: 20f.).

13   Mit dem Begriff der "externen Akteure" sind hier sowohl Ministerialbeamte aus anderen Ressorts, Mitarbeiter aus nachgeordneten Behörden, wie auch Vertreter gesellschaftlicher Organisationen gemeint.

1.2 Merkmale der Ministerialorganisation

Artikel 65 Satz 2 GG bestimmt, daß jeder Bundesminister seinen Geschäftsbereich selbständig und unter eigener Verantwortung leitet. Damit fällt die innere Organisation der Ressorts in den Verantwortungsbereich der Minister. Ihrer institutionellen Phantasie sind allerdings durch die formalen Vorschriften des Allgemeinen Teils der Gemeinsamen Geschäftsordnung der Bundesministerien (GGO I) Grenzen gezogen. Auch wenn sich die Ministerien hinsichtlich ihrer Größe und Aufgabenstellung voneinander unterscheiden, findet sich daher in allen Ressorts ein und dasselbe Organisationsschema. "Danach präsentieren sich die Ministerien intern als horizontal und vertikal stark ausdifferenzierte Systeme organisatorischer Teileinheiten mit hierarchisch-pyramidenförmigem Aufbau" (Benzner 1989: 86).[14]

Dominierendes Element im organisatorischen Aufbau der Bundesministerien sind die Abteilungen. Sie gliedern sich in Unterabteilungen und Referate auf. Die größten und wichtigsten innerministeriellen Arbeitseinheiten, eben die Abteilungen, können in solche mit Querschnitts- und mit Fachaufgaben unterschieden werden. Querschnittscharakter tragen zunächst einmal die in allen Ressorts vorfindlichen Zentralabteilungen, denen Personal-, Haushalts- und Organisationsangelegenheiten übertragen sind. Daneben ist es seit den siebziger Jahren weitgehend üblich geworden, als weitere Querschnittsorganisationen sogenannte "Grundsatz-" oder "Planungsabteilungen" einzurichten, die sich ebenfalls fachübergreifender Aufgaben annehmen. Die Anzahl der Abteilungen variiert nach Ressortgröße. "Großministerien" wie das Innenministerium verfügen über mehr als zehn Abteilungen, im "Normalfall" bewegt sich ihre Zahl zwischen fünf und neun. Die Abteilungen sollen nach § 4 Absatz 1 GGO I nur dann in Unterabteilungen untergliedert werden, "[...] wenn es nötig ist und dabei mindestens je fünf Referate zusammengefaßt werden." Trotz dieser Einschränkung stellt sich die Ausdifferenzierung der Abteilungen in zwei oder drei Unterabteilungen, denen unterschiedliche Sachbereiche zugewiesen werden, seit längerem als organisatorischer Regelfall dar. Dies erklärt sich daraus, daß anders die "Kontrollspanne" der Abteilungsleiter überfrachtet würde (Mayntz 1985: 189).

---

14 Zur Ministerialorganisation vgl. neben Benzner (1989: 85ff.) und Mayntz (1985: 187ff.) auch Müller 1986: 15ff.) und Rudzio (1996: 282ff.).

Die Unterabteilungen wiederum gliedern sich in Referate auf. Sie sind nach § 4 Absatz 2 GGO I "[...] die tragende Einheit im organisatorischen Aufbau des Ministeriums. Jede Arbeit in einem Ministerium muß einem Referat zugeordnet sein." Die Binnenstruktur der Referate ist in der Geschäftsordnung mit Ausnahme der Bestimmung, daß sie von einem Beamten (oder Angestellten) des höheren Dienstes geleitet werden, die die ihren Referaten zugewiesenen Aufgaben in eigener Verantwortung verwalten, nicht näher festgelegt. "So kennt die bundesstaatliche Ministerialbürokratie vom kleinsten "Ein-Mann-Referat" bis hin zu Mammutgebilden mit zwanzig Angehörigen alle Referatsgrößen, wenngleich auch in den meisten Ministerien die sog. Kleinreferate mit einem Personalbestand von drei bis fünf Mitgliedern zahlenmäßig überwiegen" (Benzner 1989: 88). Mit den von Benzner angesprochenen "Mammutgebilden" sind wohl vor allem die seit den siebziger Jahren in den Bundesministerien vermehrt anzutreffenden Arbeitsgruppen gemeint. Sie sind in der Geschäftsordnung nicht explizit vorgesehen. Rudzio (1991: 279) definiert die Arbeitsgruppen über das Merkmal der Zusammenarbeit mehrerer "gleichrangiger" Beamter. Solche Arbeitsgruppen werden indes adhoc gebildet. Die in ihnen mitwirkenden Beamten verbleiben trotz der Mitarbeit in der Arbeitsgruppe in ihren angestammten Referaten. Dies ist bei Arbeitsgruppen, die auf Dauer eingerichtet werden, anders. Sie erscheinen in den Geschäftsverteilungsplänen als den Referaten formal gleichgeordnete und gleichrangige "Kästchen", unterscheiden sich von ihnen jedoch durch ihre üppigere Personalausstattung, welche in der Regel durch die ihnen zugewiesenen, sachgebietsübergreifenden Aufgaben gerechtfertigt wird. In den Referaten mit "Normalgröße" sind dem Referatsleiter ein oder zwei Referenten (ebenfalls Beamte oder Angestellte des höheren Dienstes) und dem gehobenen Dienst angehörende Sachbearbeiter zugewiesen.

Die Aufgliederung der Ministerien in organisatorische Untereinheiten wird durch das Prinzip der Hierarchie überlagert. Dem Minister als dem Leiter des Ressorts direkt untergeordnet ist der (beamtete) Staatssekretär, der den Minister vertritt.[15] Neben dem Staatssekretär, "[...] der Tradition nach ein Laufbahnbeamter, der für die Kontinuität der administrativen Leitung des Ressorts angesichts wechselnder Minister sorgen sollte [...]" (Mayntz 1985: 188), stehen der bzw. die 1967 eingeführten Parlamentarischen Staatssekretäre. Anders als die beamteten Staatssekretäre, die den Geschäftsbetrieb der Ministerien leiten (§ 6 Abs. 1 GGO I), stehen die

---

15   In Großministerien finden sich mitunter zwei oder drei Staatssekretäre, die den Minister in ihrem jeweiligen Geschäftsbereich vertreten.

Parlamentarischen Staatssekretäre gewissenmaßen außerhalb der Hierarchie, d.h. sie haben kein Weisungsrecht gegenüber den nachgeordneten Einheiten. Sie werden nach politischen Kriterien, etwa dem "Fraktionsproporz", ausgewählt und müssen Mitglieder des Bundestages sein. Welche Aufgaben ein Parlamentarischer Staatssekretär im einzelnen wahrnehmen soll, bestimmt der Bundesminister. Die solchermaßen konstituierte "politische Leitung" der Bundesministerien wird nur von einem sehr kleinen Stab unmittelbar unterstützt. § 3 Absatz 5 GGO I bestimmt diesbezüglich: "Für den Minister, den Parlamentarischen Staatssekretär und den Staatssekretär kann je ein Beamter (Angestellter) des höheren Dienstes als persönlicher Referent bestellt werden." Komplettiert wird der sogenannte Leitungsbereich gewöhnlich durch ein "Ministerbüro" und besondere Referenten für Presse- und Öffentlichkeitsarbeit, Kabinetts- und Parlamentsangelegenheiten.

Die "Führungszwischenschicht" bilden die Abteilungs- und Unterabteilungsleiter. Insbesondere den Abteilungsleitern kommt die zentrale Rolle der Vermittlung zwischen der Fachebene und der politischen Führung zu. Aufgrund dieser Mittlerfunktion an der "Nahtstelle" zwischen Politik und Verwaltung - die Abteilungsleiter fungieren faktisch als "Ratgeber" des Ministers (Müller 1986: 16) - sind die Abteilungsleiter der Bundesministerien ausnahmslos politische Beamte (Kugele 1978: 107). Sie können wie auch die Staatssekretäre also jederzeit ohne Angabe von Gründen in den einstweiligen Ruhestand versetzt werden.[16] Die ebenfalls der Führungszwischenschicht zugerechneten Unterabteilungsleiter hingegen sind "normale" Laufbahnbeamte. Da die bereits angesprochenen Arbeitsgruppen in der GGO nicht explizit vorgesehen sind, müßte inhaltlich von Fall zu Fall nach dem jeweiligen Gewicht der Arbeitsgruppe und der Nähe ihres Leiters zu politischen Führung entschieden werden, ob man die "Gruppenleiter" ebenfalls zur Zwischenschicht zählen oder sie der Ebene der Referatsleiter zurechnen will. Im Gegensatz zu Benzner (1989: 89), der sich generell für die erste Variante entscheidet, werden die Leiter der Arbeitsgruppen in dieser Studie formal wie Referatsleiter behandelt, weil die Arbeitsgruppen im Geschäftsverteilungsplan den Referaten gleichgestellt sind.

Rechnet man die den Referatsleitern zugeordneten Referenten und Sachbearbeiter in den formal-hierarchischen Aufbau mit ein, was aufgrund der ihnen üblicherweise zugewiesenen

---

16 Vgl. § 31 Beamtenrechtsrahmengesetz.

besonderen Aufgabengebiete üblich ist, lassen sich in den Bundesministerien mithin sieben Hierarchieebenen identifizieren. Sie sind durch ein formales System vertikaler Kommunikation, den "Dienstweg", miteinander verbunden. Dieser ist nach § 12 Abs. 1 GGO I für den "gesamten mündlichen und schriftlichen Dienstverkehr" zwingend vorgeschrieben. § 12 Abs. 2 konkretisiert diese Vorschrift wie folgt: "Entwürfe, Berichte, Vorlagen, Meinungsäußerungen u.ä. sind dem nächsten Vorgesetzten zuzuleiten oder vorzutragen, wenn der Weitergebende nicht selbst entscheidet." Dem liegt ersichtlich die Vorstellung zugrunde, daß ohne Intitiative oder zumindest Zustimmung der jeweils zuständigen Leitungsebene nichts geschehen dürfe. Aufgrund der von der personellen Ausstattung her knappen Kapazitäten der oberen und mittleren Leitungsebene ist diese Vorstellung jedoch nicht realisierbar. In der Praxis erweisen sich die Referate als die für die Aufgabenerledigung zuständigen, "eigentlichen" Arbeitseinheiten der Ministerien (Mayntz 1985: 189). Noch immer gilt der von Scharpf (1973: 79) formulierte Befund:

> "Auf der Referatsebene finden sich jene Informationsbestände und jenes Hintergrundwissen, jene Problem- und Lösungskenntnis und jene differenzierten Umweltkontakte, die die Ministerialorganisation insgesamt in die Lage versetzen, ihre Funktion im Problemlösungsprozeß im derzeitigen Umfang wahrzunehmen."

Der inhaltliche Primat der sogenannten Arbeitsebene schließt allerdings nicht aus, daß die Vorlage eines Referatsleiters auf ihrem Wege über Unterabteilungs- und Abteilungsleiter und den zuständigen Staatssekretär bis zum Minister "gefiltert" und modifiziert wird, denn die jeweils höhere Ebene kann jederzeit Änderungen vornehmen, ohne die bearbeitenden unteren Instanzen davon zu unterrichten (Benzner 1989: 90). Bei wichtigeren Angelegenheiten, etwa Gesetzesentwürfen, dürfte allerdings die mit einem entsprechenden Vermerk versehene Zurückverweisung an die Arbeitsebene, sprich das federführende Referat, das üblichere Verfahren sein.[17] Die fachliche Kapazität eines Ministeriums erschließt sich dem Beobachter, so kann zusammengefaßt werden, also vor allem durch die Betrachtung der nach Sachaufgaben ausdifferenzierten "Arbeitsebene".

---

17 Die zentrale Stellung der jeweils federführenden Fachreferate für die inhaltliche Arbeit wird durch den Umstand verstärkt, daß für das in der Geschäftsordnung normierte vertikale Kommunikationssystem kein horizontales Pendant existiert (Benzner 1989: 90). Der "Eindimensionalität" der formalen Kommunikationswege (ebenda) wirkt § 21 GGO I mit der Verpflichtung auf die Beteiligung "aller in Betracht kommenden Stellen" innerhalb des Ministeriums - die sogenannte Mitzeichnung - nur bedingt entgegen.

1.3 Zur methodischen Anlage der Untersuchung

Die empirische Untersuchung, die dieser Studie zugrundeliegt, setzte mit einer schriftlichen Befragung der Ministerialbürokratie des BMU ein, die im Juni 1993 mit der Überstellung der Fragebögen an das Organisationsreferat des Ministeriums begann.

Nach verschiedenen ressortinternen Umorganisationen präsentierte sich das BMU im siebten Jahr seines Bestehens als ein Bundesministerium durchschnittlicher Größe und herkömmlichen Zuschnitts. Es gliederte sich in sechs Abteilungen und vierzehn Unterabteilungen: Die Abteilung Z mit den Unterabteilungen Z I ("Verwaltung") und Z II ("Planung, Kabinett- und Parlamentangelegenheiten, Öffentlichkeitsarbeit, Bürgerbeteiligung"), die Abteilung G ("Grundsätzliche und wirtschaftliche Fragen der Umweltpolitik, internationale Zusammenarbeit") mit zwei entsprechend benannten Unterabteilungen, die Abteilung WA ("Wasserwirtschaft, Abfallwirtschaft, Bodenschutz, Altlasten") mit drei auf die genannten Bereiche spezialisierten Unterabteilungen, die Abteilung IG ("Umwelt und Gesundheit, Immissionsschutz, Anlagensicherheit und Verkehr, Chemikaliensicherheit") mit zwei Unterabteilungen, deren eine die Bereiche Immissionsschutz, Anlagensicherheit und Verkehr bearbeitete, während die andere mit dem Komplex "Umwelt und Gesundheit" und der Chemikaliensicherheit befaßt war, die Abteilung N ("Naturschutz und Ökologie") mit zwei entsprechend benannten Unterabteilungen und die Abteilung RS ("Sicherheit kerntechnischer Einrichtungen, Strahlenschutz, nukleare Ver- und Entsorgung") mit drei Unterabteilungen.

Die genannten Einrichtungen gliederten sich weiter in insgesamt achtzig Referate und drei Arbeitsgruppen. Die im August 1990 eingerichtete "Außenstelle Berlin" erschien im Geschäftsverteilungsplan des Ministeriums in Form von vierzehn "Arbeitsbereichen", die jeweils einer Unterabteilung zugeordnet waren. Faktisch umfaßte die Außenstelle sieben Teilreferate, die formal trotz ihrer Auslagerung nach Berlin in das Bonner Organisationsgefüge integriert waren.

Auch hinsichtlich der Personalausstattung handelte es sich um ein "normales" Bundesministerium. Der Einzelplan 16 des Bundeshaushaltsplans wies für das BMU 840 Beschäftigte aus. Damit rangierte das Umweltressort unter den damals achtzehn Bundesministerien an neunter

Stelle.[18] 299 dieser Stellen waren zum Zeitpunkt der schriftlichen Befragung mit Mitarbeitern des höheren Dienstes besetzt, davon arbeiteten neun im Leitungsbereich. Bringt man zusätzlich die zwanzig Abteilungs- und Unterabteilungsleiterstellen in Abzug, standen der "Arbeitsebene" mithin 270 Stellen für Referatsleiter und Referenten zur Verfügung. Daraus ergibt sich eine durchschnittliche Besetzung der einzelnen Referate mit 3.25 Stellen des höheren Dienstes, oder anders ausgedrückt: Ein Referatsleiter im BMU verfügte im Durchschnitt über 2.25 Referentenstellen. Die durchschnittliche Referatsgröße variierte indes von Abteilung zu Abteilung, wie die folgende Tabelle ausweist.

Tabelle 1.1: Durchschnittliche Referatsgröße (Stellen des höheren Dienstes)

Abteilung	Z	G	WA	IG	N	RS	alle
Durchschnittliche Referatsgröße	3.2	3.7	4.0	3.5	2.9	3.3	3.25

Zielgruppe der schriftlichen Befragung war die solchermaßen konstituierte Arbeitsebene des BMU einschließlich der Abteilungs- und Unterabteilungsleiter. Aus naheliegenden Gründen konnten die einzelnen Adressaten des Fragebogens nur über einen hausinternen "Verteiler", nämlich das Organisationsreferat, erreicht werden. Dies machte es notwendig, die Gruppe der Befragten über den formalen Status "höherer Dienst" zu definieren, obwohl die Befragung damit auf eine etwas größere Gruppe als eigentlich erstrebt ausgedehnt werden mußte. Denn die Ministerialbürokratie im eigentlichen Sinne, wie sie oben als derjenige Personenkreis vorgestellt wurde, dem in hierarchischer Abstufung die eigenverantwortliche Bearbeitung von Fachaufgaben des Ministeriums zugewiesen ist, ist etwas kleiner als die gesamte Gruppe der im höheren Dienst Beschäftigten. Der Fragebogen wurde gezwungenermaßen also auch solchen Mitarbeitern zugestellt, die mit fachunspezifischen, "unpolitischen" Aufgaben betraut waren, wie etwa dem Bibliothekswesen oder dem Sprachendienst. Dies beeinflußte die Rücklaufquote (154 von 299, mithin 50 %) naturgemäß negativ. Wie eine Übersicht über die Berufsausbildung der seinerzeit im Ministerium tätigen Abteilungs- und Unterabteilungsleiter, Referatsleiter und Referenten ergibt, die dem Verfasser vom Organisationsreferat zugänglich

---

18 Vgl. die Übersicht bei Rudzio (1991: 278), wo allerdings der Personalbestand des BMU mit 834 Beschäftigten angegeben wird.

gemacht wurde, hätte der eigentliche Adressatenkreis des Fragebogens nur 275 Personen umfaßt. Darauf bezogen hätte sich eine Rücklaufquote von 56% ergeben.

Versehen mit einem Begleitschreiben des Ministers, in welchem dieser seine Mitarbeiter um Mitwirkung an der Erhebung bat, wurden die 299 Fragebögen, die jeweils 77 Fragen umfaßten, am 1. Juli 1993 per Hauspost an alle Mitarbeiter des höheren Dienstes versandt.[19] Davon wurden 154 bearbeitet und per beigefügtem Freiumschlag zurückgesandt. Vier Fragebögen konnten aufgrund ihres verspäteten Eingangs nicht mehr berücksichtigt werden. Es wurden mithin 150 Fragebögen ausgewertet, von denen sieben aufgrund fehlender einschlägiger Angaben keiner Abteilung des Ministeriums zugeordnet werden konnten. Die nach Abteilungen ausdifferenzierten Rücklaufquoten beziehen sich demzufolge auf 143 von 299 Fragebögen. Sie war am niedrigsten in den Abteilungen G mit 31.7 % (13 von 41) und RS mit 38,1 % (24 von 63). Im Mittelfeld lagen die Abteilungen Z (21 von 42) und N (16 von 32) mit jeweils 50 %. Mit 60.4 % (26 von 43) bzw. 62.3 % (43 von 69) war die Rücklaufquote der Abteilungen IG und WA am höchsten. Was diese abteilungsspezifischen Rücklaufquoten für die Repräsentativität der Stichprobe bedeuten, verdeutlicht die folgende Tabelle.

Tabelle 1.2: Repräsentativitätsschätzung nach Abteilungszugehörigkeit

Abteilung	Z	G	WA	IG	N	RS	gesamt
Anzahl Stellen höherer Dienst	42	41	69	43	32	63	290[20]
Anteil am Gesamtvolumen	14.6%	14.1%	23.8%	14.8%	11.0%	21.7%	100%
Anteil an der Stichprobe	14.4%	9.5%	30.0%	18.6%	11.6%	15.9%	100%

Es ergibt sich also, daß insbesondere die Abteilung RS in der Stichprobe unterrepräsentiert ist. In etwas schwächerem Maße gilt dies auch für die Abteilung G, während die Abteilungen N und Z in der Stichprobe weitgehend ihrem "Organisationsanteil" entsprechend vertreten sind. Die Abteilungen IG und insbesondere WA hingegen sind in der Stichprobe mit höheren

---

19 Mit der Legitimierung der schriftlichen Befragung durch die Behördenleitung, der Verteilung der Fragebögen über die Hierarchie und der Sicherstellung des direkten Rücklaufs wurden die allgemein als unverzichtbar geltenden "Spielregeln" empirischer Verwaltungsforschung (vgl. Derlien 1982: 127) eingehalten.
20 Die neun im Leitungsbereich angesiedelten Stellen sind hier nicht berücksichtigt.

Anteilen vertreten als in der Grundgesamtheit. Für die Aufbereitung und Interpretation der Daten bedeutete dies, daß einem etwaigen abteilungsspezifischen Antwortverhalten besonderes Augenmerk geschenkt werden mußte.

Möglich wäre, daß die jeweilige Berufsausbildung das Antwortverhalten beeinflußt hat. Ein diesbezüglicher Vergleich zwischen Grundgesamtheit und Stichprobe[21] weist, wie die folgende Tabelle zeigt, ein ausgeglichenes Bild aus.

Tabelle 1.3: Repräsentativität der Stichprobe nach Berufsausbildung

Ausbildung	gesamt		Stichprobe	
Juristen	(104)	37.8%	32.9%	
Ingenieure	(24)	8.7%	14.6%	
Naturwissenschaftler	(95)	34.2%	35.0%	
Wirtschaftswissenschaftler	(18)	6.5%	6.3%	
Forst-, Agrarwissenschaftler	(12)	4.4%	4.9%	
Politikwissenschaftler	(5)	1.8%	2.8%	
Sonstige	(17)	6.6%	3.5%	
gesamt	(n=275)	100.0%	100.0%	(n=143)

Es zeigt sich, daß die Juristen, die im übrigen im Umweltministerium wohl aufgrund des teilweise naturwissenschaftlich-technischen Charakters der zu bearbeitenden Materie kein "Monopol" haben, in der Stichprobe geringfügig unterrepräsentiert sind, während diejenigen, die über eine ingenieurwissenschaftliche Ausbildung durchlaufen haben, überproportional vertreten sind, was allerdings wegen ihrer relativ geringen Gesamtzahl nicht sonderlich ins Gewicht fällt. Da die anderen Berufsgruppen in der Stichprobe repräsentativ vertreten sind, sind diesbezüglich keine Verzerrungen zu erwarten.

Zur Abschätzung der Repräsentativität der Stichprobe ist schließlich die Position der Befragten in der Hierarchie von Bedeutung. Bezüglich der Grundgesamtheit stellt sich das Positionsgefüge wie folgt dar: 83 der insgesamt 299 Stellen waren zum Zeitpunkt der Befragung durch

---

21 Dieser Vergleich basiert auf der bereits angesprochenen Übersicht, die das Organisationsreferat des Ministeriums erstellt hat. Sie berücksichtigt nur 275 Personen, schließt also den Leitungsbereich und bestimmte "hausinterne Dienstleister" wie die Mitarbeiter des Sprachendienstes, die formal auch dem höheren Dienst angehören, nicht mit ein.

Referatsleiter besetzt, daß entspricht einem Anteil von 27.7 %. Auf die "Führungszwischenschicht" entfielen 20 Stellen, also 6.7 %. Aufgrund einer Intervention des Datenschutzbeauftragten des Ministeriums vor Verteilung der Fragebögen mußten die Befragten in einem kurzen Begleittext zum Fragebogen darauf hingewiesen werden, daß die Beantwortung bestimmter personenbezogener Fragen nicht erforderlich sei. 46 Teilnehmer an der Befragungsaktion machten von dieser datenschutzgeleiteten Einschränkung Gebrauch, so daß die hierarchiebezogene Repräsentativität der Stichprobe nur aufgrund von 104 Fragebögen geschätzt werden kann. Unterstellt, daß sich die Inanspruchnahme des Datenschutzes gleichmäßig auf die Hierarchieebenen verteilte, ergibt sich dabei folgendes Bild: Sieben Befragte identifizierten sich als Abteilungs- bzw. Unterabteilungsleiter. Die Führungszwischenschicht ist damit in der Stichprobe mit 6.7 % exakt entsprechend ihrem Anteil an der Grundgesamtheit vertreten. 38 Fragebögen waren von Referatsleitern bearbeitet worden, was einem Anteil von 36.5 % entspricht. Es ist also wahrscheinlich, daß die Gruppe der Referatsleiter in der Stichprobe leicht überrepräsentiert ist. Für die Datenanalyse wurde daraus die Konsequenz gezogen, daß ein eventuell unterschiedliches Antwortverhalten von Referenten und Referatsleitern bei "hierarchiesensiblen" Fragen auszuweisen und zu interpretieren ist.

Für die Verwaltungsforschung wird seit längerem die Kombination quantitativen und qualitativen Vorgehens empfohlen (Derlien 1987: 79ff.). Bislang ist die Forschung ganz eindeutig von qualitativen Veröffentlichungen dominiert, weil man, wie Derlien hervorhebt, davon ausging, daß sich Institutionen mit qualitativen Methoden weitgehend befriedigend analysieren ließen. Wenn man indes mit der Einsicht Ernst macht, daß Institutionen nicht nur durch formale Regeln, sondern durch das Handeln und das Selbstverständnis der in bzw. mit ihnen agierenden Personen bestimmt werden, ändert sich die Ausgangslage, denn wo Personen die "Aussageeinheiten" sind, drängt sich die Erhebung quantifizierbaren Materials geradezu auf. "Möglicherweise wäre das Bild, daß wir heute von ministeriellen Entscheidungsprozessen haben, zu modifizieren, wenn das Datenmaterial einer quantitativen Analyse unterzogen würde [...]", schreibt Derlien und meint damit: "Sollen [...] Prozesse in diesen Institutionen erhoben, Initiativen, Steuerung, Konflikthäufigkeit oder Kommunikationsstrukturen und -intensitäten ermittelt werden, ist eine quantifizierende Datenerhebung unumgänglich, wenngleich die Analyse des Materials durchaus im Qualitativen verharren mag oder nur punktuell zu quantifizierenden Aussagen gelangt." Damit werden jedoch "qualitative Daten" nicht überflüssig. Im

Gegenteil können und sollen sie als "Zitate, Fall- oder Ereignisbeschreibungen" die quantitative Analyse erläuternd ergänzen. Durch diese Verknüpfung beider Vorgehensweisen ist die "Vorsicht beim Generalisieren", die Derlien (ebenda: 83) der Verwaltungsforschung mit guten Gründen anrät, am ehesten gewahrt, denn die Klassifizierung von bestimmten Erwartungshaltungen und Verhaltensmustern als "typisch" wird anhand der quantitativen Daten der intersubjektiven Überprüfbarkeit zugänglich gemacht, ohne daß dabei die nur qualitativen Daten eigene Tiefenschärfe verloren geht.

Eine solche Verbindung quantitativen und qualitativen Vorgehens war bei der hier vorliegenden Studie von vornherein intendiert, weshalb der Fragebogen abschließend die Bereitschaft der Befragten zu einem vertiefenden Interview erkundete. 47 der 150 Ministerialbeamten, also ein knappes Drittel derer, die die (ausgewerteten) Fragebögen bearbeitet hatten, bekundeten entsprechendes Interesse.

Basierend auf einer ersten Analyse der Daten wurde deshalb ein Leitfaden erarbeitet, auf dessen Basis in einem ersten Durchgang einunddreißig Interviews von durchschnittlich etwa einer Stunde Dauer mit Unterabteilungs- und Referatsleitern und Referenten geführt werden konnten.[22] Hinzu kam ein ca. halbstündiges Expertengespräch mit dem damaligen Staatssekretär. Die Einbeziehung "externer Akteure", deren Aussagen die Selbstbeschreibung der Ministerialbürokratie kontrastieren und ergänzen sollten, vollzog sich anschließend in Form von sechs Leitfadeninterviews, die mit Mitarbeitern des Umweltbundesamtes am 12. und 13. April 1995 geführt werden konnten.[23] Zwischen 29. und 31. August 1995 fanden sieben Interviews in für das BMU wichtigen "Spiegelreferaten"[24] in den Bundesministerien für

---

22 Neun dieser Interviews, von denen neunundzwanzig zwischen 8. und 10. März und zwei am 14. und 15. September 1994 durchgeführt wurden, wurden von Mitarbeitern der Abteilung IG bestritten, sieben fanden in der Abteilung WA statt, jeweils fünf in den Abteilungen Z und RS, vier in der Abteilung N und eines in der Abteilung G. Ein vorab durchgeführter Vergleich des Antwortverhaltens der Untergruppe "Interviewpartner" bei der Bearbeitung des Fragebogens ergab im übrigen dessen weitgehende Übereinstimmung mit der Gesamtheit. D.h. es handelte sich um eine diesbezüglich absolut repräsentative Auswahl aus der Stichprobe und nicht etwa um eine besonders kritisch gestimmte Personengruppe.
23 Anläßlich dieses Berlinaufenthaltes wurde an den beiden Vortagen anhand von sieben Interviews versucht, die Außenstelle Berlin des Umweltministeriums etwas näher auszuleuchten.
24 Der Begriff "Spiegelreferat" entstammt dem Sprachgebrauch der Ministerialbürokratie. Es handelt sich dabei um "[...] Referate, die den Gesamtaufgabenbereich eines anderen Ressorts beobachten und die Mitwirkung der verschiedensten Fachreferate des eigenen Ressorts an den fremden Ressortaufgaben organisieren und koordinieren" (Müller 1986: 17), in unserem Fall also um verschieden benannte "Umweltreferate" in den genannten Ministerien.

Landwirtschaft, Verkehr, Wirtschaft, Gesundheit, im Bau- und im Forschungsministerium statt. Im Vormonat (zwischen 10. und 12. Juli) schließlich wurden nochmals sechs Interviews im Umweltministerium selbst realisiert, die sich insbesondere auf den Wechsel in der Ressortleitung vom November 1994 und dessen Konsequenzen bezogen. Die Tonbandmitschnitte aller genannten Interviews wurden großteils vollständig, bei weniger ergiebigen Gesprächen in ihren relevanten Teilen, transkribiert.[25] Um die Anonymität der Gesprächspartner zu wahren, wird aus diesen Interviewtranskripten nur unter Angabe des Gesprächsdatums zitiert und darauf verzichtet, die jeweilige Organisationseinheit, in denen die Interviewpartner tätig waren, namhaft zu machen.[26] Die Interviews hatten den Charakter von Expertengesprächen. Angesprochen wurde nicht nur die institutionelle Entwicklung im Umweltbereich seit 1969, sondern auch inhaltliche Fragen staatlicher Umweltpolitik kamen zur Sprache.

---

25 Lediglich die beiden Gesprächspartner aus dem Wirtschaftsministerium, die gemeinsam für ein Interview zur Verfügung standen, verweigerten einen Tonbandmitschnitt des Gesprächs. In diesem Fall wurde ein (teilweise auf stenographischer Mitschrift basierendes) Gedächtnisprotokoll angefertigt.
26 Da der Verfasser mit der hier vorgelegten Untersuchung einschlägige frühere Bemühungen wieder aufnimmt (Pehle 1988a, 1988b), wird zusätzlich auf mehrere Interviews zurückgegriffen, die bereits im April und Oktober des Jahres 1987 im Umweltministerium geführt werden konnten.

2. Die Gründung des Bundesministeriums für Umwelt, Naturschutz und Reaktorsicherheit: Übereilte Modernisierung der Umweltpolitik?

2.1 Integration versus Konzentration umweltpolitischer Kompetenzen: Die politische und wissenschaftliche Diskussion im Vorfeld

"Kontinuität statt Wende" attestierte Weidner (1989: 27) der Umweltpolitik der Koalitionsregierung unter Kanzler Kohl. Dieser Befund bezog sich auf die programmatische Orientierung der Umweltpolitik der beiden von Weidner verglichenen Regierungsbündnisse.[1] Er trifft indes auch die institutionelle Ausgestaltung des Politikfeldes bis ins Jahr 1986, denn die "Koalition der Mitte" beließ es bezüglich des Umweltschutzes bei der in der sozial-liberalen Koalition eingeübten Kompetenzverteilung: Umweltpolitik blieb die Summe der Tätigkeit sieben verschiedener Ressorts. Neben dem Bundesministerium des Innern (BMI), das mit seiner umfassenden Zuständigkeit für den "technischen Umweltschutz" in der Öffentlichkeit weitgehend als *das* für Umweltpolitik zuständige Ministerium schlechthin wahrgenommen wurde, ressortierten Umweltaufgaben vor allem im Bundesministerium für Ernährung,

---

1 Die Kontinuitätsthese gilt, obwohl die umweltpolitische Arbeit der neuen Regierung gleichsam mit einem Paukenschlag, nämlich der Verabschiedung der Großfeuerungsanlagenverordnung, begann. Diese Verordnung, mit der es erstmals gelungen war, "[...] den einflußreichen Machtblock der Energieversorgungsunternehmen zu überwinden" (Weidner 1991: 138f.), zwang der genannten Branche im Endeffekt ein Investitionsvolumen von mehr als 50 Milliarden DM auf (Umwelt Nr.6/1986: 1), weil sie sich auch auf die Sanierung von Altanlagen erstreckte. Trotz dieser grundlegenden Neuorientierung in der Luftreinhaltepolitik kann von programmatischer Kontinuität gesprochen werden, denn der neue Innenminister hatte den Verordnungsentwurf bereits fertig vorgefunden. Was auch in der Rückschau erstaunlich bleibt, ist, daß es dem Innenminister gelang, eine Verordnung, an der die Vorgängerregierung fünf Jahre lang gearbeitet hatte, nach nur neun Monaten in Kraft zu setzen, obwohl damals noch keine gesicherten wissenschaftlichen Erkenntnisse über die wirklichen Ursachen des Waldsterbens vorlagen. Dieser Erfolg verdankte sich wohl primär der Tatsache, daß sich ein massiver öffentlicher Handlungsdruck formiert hatte, dem zu folgen die Regierung sich erlauben konnte, weil sie zu Beginn ihrer Amtszeit großen öffentlichen Kredit genoß. Auch dem Bundesverband der Deutschen Industrie war deshalb schnell deutlich geworden, daß eine grundsätzliche Opposition gegen die Verordnung nicht mehr sinnvoll war (Mann 1994: 238). Diese Einschätzung wird auch von einem seinerzeit im Innenministerium mit dem Umweltschutz befaßten Beamten gestützt: "Vieles von dem, was 1982 passierte bzw. erstmal nicht passierte, nämlich die Regelungen zur Großfeuerungsanlagenverordnung, alle Regelungen, die das Waldsterben betrafen, hatte auch mit dem allgemeinen Ansehen der Regierung zu tun. Die Regelungen waren ja alle fertig. Aber man merkte, die Regierung ist am Kippen, und deshalb machte man ihr auch keine Konzessionen mehr. Die bewahrte man sich auf. Die gab man dann Herrn Zimmermann. Also, ab Sommer 1982 lief gar nichts mehr. Mancher Industrieverband hätte wahrscheinlich gerne noch schnell dem Herrn Baum eine Konzession gemacht, denn es kam ja nachher, aufgrund des öffentlichen Drucks, noch viel fürchterlicher in Sachen Luftreinhaltung. Aber da mußten wir eben erkennen, daß die Regierung zu diesem Zeitpunkt sozusagen politisch schon nicht mehr kreditwürdig war" (Interview BMU, 10.03.1994).

Landwirtschaft und Forsten (BML), dem der Bereich Naturschutz und Landschaftspflege zugeordnet war. Belange des Naturschutzes wurden zudem durch die Zuständigkeit des Bundesministeriums für Raumordnung, Bauwesen und Städtebau (BMBau) für die Siedlungsentwicklung berührt. Dem Bundesministerium für Verkehr (BMV) kamen Umweltschutzaufgaben nicht nur hinsichtlich des Verkehrswegebaus und der Bekämpfung verkehrsinduzierter Umweltbelastungen zu, sondern es zeichnete auch für den Meeresumweltschutz verantwortlich. Auch das damalige Bundesministerium für Jugend, Familie und Gesundheit (BMJFG) erfüllte wichtige umweltpolitische Aufgaben, da es sowohl für die human- und veterinärmedizinischen Aspekte des Umweltschutzes zuständig war, als auch das gesamte Chemikalienrecht federführend bearbeitete. Dem Bundesministerium für Wirtschaft (BMWi) kamen umweltpolitische Zuständigkeiten in Form der Rohstoff- und Energiepolitik zu. Wegen seiner Verantwortung für die gesamte Umweltforschung zählte schließlich auch das Bundesministerium für Forschung und Technologie (BMFT) zu den "Umweltressorts".[2]

Um die umweltpolitischen Aktivitäten der genannten Ministerien koordinieren zu können, hatte die Bundesregierung im Jahr 1971 den "Kabinettsausschuß für Umweltfragen" eingerichtet, dessen Tätigkeit durch den "Ständigen Abteilungsleiterausschuß für Umweltfragen" (STALA) unterstützt werden sollte. Entsprechend seiner hervorgehobenen Stellung in der Umweltpolitik wurden dem Bundesminister des Innern der geschäftsführende Vorsitz im Kabinettsausschuß sowie der ständige Vorsitz im STALA zugesprochen. Trotz des von Innenminister Genscher zur Schau getragenen Optimismus hinsichtlich der dadurch erreichten "Sicherstellung einer wirkungsvollen Zusammenarbeit der Bundesministerien auf dem Gebiet des Umweltschutzes"[3] zeigte sich, daß der Entwicklung des Umweltschutzes zur innergouvernementalen Querschnittspolitik massive Hindernisse entgegenstanden. Für die Umweltpolitik galt die allgemeine Erfahrung, daß "positive Koordination" im Sinne der gegenseitigen

---

2   Diese Skizze folgt Hartkopf/Bohne (1983: 145).
3   Das Zitat entstammt einer vom Innenministerium verfaßten Antwort der Bundesregierung auf eine Kleine Anfrage der CDU/CSU-Fraktion vom 20.10.1971 (Bundestag-Drucksache 6/2749). Die Oppositionsrolle legt offenbar die Forderung nach Organisationsreformen nahe. Diesbezüglich ist nicht nur aufschlußreich, daß die Unionsfraktion in der zitierten Anfrage auf die Gründung eines Umweltministeriums anspielte. Auch die Tatsache, daß die SPD fast unmittelbar nach dem Verlust der Regierungsverantwortung, nämlich seit dem Frühjahr 1983, für die Einrichtung eines Umweltministeriums eintrat, die sie selbst während des sozial-liberalen Regierungsbündnisses schon aus Rücksicht auf die "Koalitionsarithmetik" eben nicht realisiert hatte (Müller 1984: 130), weist in diese Richtung.

Ergänzung und Verstärkung der Handlungsspielräume organisatorisch getrennter Handlungseinheiten nur schwer realisierbar ist (vgl. schon Mayntz/Scharpf 1973: 212), aufgrund der extremen Zuständigkeitszersplitterung im besonderen Maße. "Negative Koordination" im Sinne der Vermeidung wechselseitiger Störungen und des Schutzes eigener Zuständigkeiten vor Einmischungen anderer Ressorts dominierte die Umweltpolitik. Daran konnte auch der "Kabinettsausschuß für Umweltfragen" wenig ändern, denn, wie schon Böckenförde (1964: 178) herausgearbeitet hat, verhindert die aus Art. 65 GG abzuleitende Ressortgleichheit und -selbständigkeit der einzelnen Minister, daß Kabinettsausschüsse echte Koordinationszuständigkeiten wahrnehmen können: "Ihre von der grundgesetzlichen Organisationsstruktur der Regierung zugelassene Tätigkeit kann nur vorbereitender und vorberatender Art sein [...]. Ein Kabinettsausschuß kann daher auch keinen Minister an seine Beschlüsse binden, weder in Ressortsachen noch für sein Verhalten im Kabinett." Zudem hatte sich der STALA sehr schnell zum "ausschließlichen Vorbereitungsgremium für die Haltung des Bundes in der Umweltministerkonferenz (Konferenz der Umweltminister von Bund und Ländern)" (Müller 1984: 128) entwickelt. Der bundesstaatlich bedingte Koordinationsbedarf der "Vierten Ebene" unterlief also gleichsam die Abstimmung der umweltpolitischen Aktivitäten zwischen den beteiligten Bundesministerien.

Aus den genannten Gründen kam es nur selten zu Bündnissen der verschiedenen "Umweltressorts" untereinander; potentielle Synergieeffekte blieben ungenutzt. Über die grundlegende Problematik der Kompetenzenzersplitterung hinaus erwies es sich als besonders nachteilig, daß die Zuständigkeit für den Naturschutz und die Landschaftspflege im Bundesministerium für Ernährung, Landwirtschaft und Forsten angesiedelt war, so daß die Konkurrenz zwischen der Landwirtschaft einerseits und dem Arten- und Biotopschutz sowie dem Grundwasser- und Bodenschutz andererseits ressortintern ausgetragen werden mußte. Aus diesen Gründen, die durch koalitionsinterne Profilierungsversuche der Koalitionspartner verstärkt wurden (Müller 1984: 130ff.), gelang es nicht, eine medienübergreifende Umweltschutzkonzeption zu entwikkeln. Beispielsweise "[...] setzte der technische Umweltschutz den Naturschutz nicht für seine Ziele ein und umgekehrt. So wurde in der Wasserwirtschaft das Instrument der Wasserschutzgebiete z.B. nicht auch zum Arten- und Biotopschutz genutzt und der Naturschutz unterließ es, offensiv die Ziele der Luftreinhaltung zu unterstützen" (Müller 1984: 129). Fehlte es hier an positiver Koordination zwischen Innen- und Landwirtschaftsministerium, ergab sich ein ähnliches Desiderat auch für den Bereich der Umweltchemikalien. Das Innenministerium konnte eine positive Koordination mit dem Ministerium für Jugend, Familie und Gesundheit, die die Chance zur Formulierung einer ursachenbezogenen, also von Schadstoffen ausgehenden Umweltpolitik eröffnet hätte, nicht erzwingen, denn die Ressortzuständigkeiten verhinderten einschlägige Initiativen des Innenministers. Weil man in den beiden SPD-geführten Ministerien für Gesundheit und Arbeit zudem wenig Anlaß sah, durch eine Integration des Umweltschutzgedankens die Position des FDP-Innenministers weiter zu stärken, blieb es im Chemikalienbereich bei der herkömmlichen Gesundheits- und Arbeitsschutzkonzeption (Schneider 1992: 119).[4]

Die angeführten Beispiele aus der Zeit der sozial-liberalen Koalition sollten genügen, um die vor allem von Umweltverbänden seit Mitte der siebziger Jahre vorgetragene Kritik an der umweltpolitischen Zuständigkeitsverteilung innerhalb der Bundesregierung verständlich zu machen. Ihre Forderung nach Errichtung eines eigenständigen Umweltministeriums (Müller 1984: 130) wurde seit 1983 auch von den Grünen, der SPD und der FDP unterstützt. In der wissenschaftlichen Literatur indes dominierte gegenüber dieser Sichtweise Skepsis.

Die Diskussion wurde eröffnet durch eine kleine Schrift von Kunz, die sich mit der Frage nach der Zweckmäßigkeit der Einrichtung von Umweltministerien auf Landesebene auseinandersetzte. Kunz (1979: 37) kam zu dem Ergebnis, daß die Einrichtung eigenständiger Umweltministerien nicht zu empfehlen sei, denn: "Der Aufgabenbestand der sich aus der Konzentration von Umweltbefugnissen ergibt, trägt weder fachlich noch politisch eine solche selbständige Verwaltungseinheit." Damit sei jedoch nicht ausgeschlossen, für die "Kernbereiche des Umweltschutzes Aufsichts- und Exekutivbefugnisse in einem Schwerpunktressort" zu verankern. Hierfür, so Kunz, böten sich die Innenministerien an, denn nur sie könnten dem

---

[4] In Schneiders detaillierter Rekonstruktion der Entstehungsgeschichte des Chemikaliengesetzes, mit dessen Erarbeitung im Jahr 1976 begonnen und das im Jahr 1980 verabschiedet wurde, wird deutlich, daß die letztlich erfolgreiche Strategie der "BMJFG-BMA-Koalition" institutionell v.a. auf der wechselnden Federführung zwischen Innen- und Gesundheitsministerium basierte. Sowohl die erste, als auch die endgültige Kabinettsvorlage waren im Gesundheitsministerium erarbeitet worden. Das zwischenzeitlich federführende Innenministerium, vertreten durch Staatssekretär Hartkopf, hatte zwar versucht, eine "Gegenöffentlichkeit" aus Umweltverbänden und Bürgerinitiativen zu mobilisieren, konnte sich damit aber gegen die konkurrierenden Ressorts, die vom Verband der Chemischen Industrie massiv unterstützt wurden, nicht durchsetzen.

Umweltschutz jenen politischen Stellenwert garantieren, der für seine Durchsetzung gegenüber konkurrierenden "Sonderinteressen" nötig sei.

Die entgegengesetzte Position vertrat Michelsen (1979: 166f.). Er empfahl die Einrichtung selbständiger Umweltministerien auf Bundes- und Landesebene, in denen die "traditionellen" Umweltbereiche (Abfall, Luft und Lärm, Naturschutz, Wasserhaushalt) zusammengefaßt werden sollten. Zusätzlich solle man den Umweltressorts weitere umweltrelevante Arbeitsbereiche aus den Gesundheits-, Raumordnungs-, Landwirtschafts- und Innenministerien angliedern. Solchermaßen "erweiterte" Umweltministerien würden, so Michelsen, nicht nur der gesellschaftlichen und politischen Bedeutung des Umweltschutzes Rechnung tragen, sondern hätten auch das notwendige politisch-administrative Gewicht, eine angemessene Berücksichtigung des Umweltschutzes bei der Regierungsarbeit zu sichern.

Eben diese Vermutung stellten Hartkopf und Bohne (1983: 150f.) nachdrücklich in Zweifel. Sie gingen zwar ebenfalls davon aus, daß "[...] die bisher bestehende Zuständigkeitszersplitterung eine Schwächung des Umweltschutzes" bewirkt habe, befürchteten aber, "[...] daß sich ein Bundesumweltministerium in dem durch Tauschbeziehungen geprägten politischen Entscheidungsprozeß kaum gegenüber anderen Interessen durchsetzen könnte. Denn mangels anderer wichtiger Aufgaben befände sich das Umweltministerium stets in der Rolle des Bittstellers, ohne anderen Ressorts oder externen Organisationen Vorteile gewähren oder Nachteile zufügen zu können." Ein derartiges Ministerium könne nur ein minimales Durchsetzungspotential auf sich vereinigen, weshalb - von der Organisationsstruktur her betrachtet - ein Bundesumweltministerium einer "wirksamen Umweltverwaltung" nur zum Schaden gereichen könne.[5] Ebenso falsch sei es, ein Ressort mit der Federführung für Umweltaufgaben zu betrauen, "[...] das schon von seiner inneren Struktur her ständig Zielkonflikte zwischen der Umweltabteilung und anderen Fachabteilungen des gleichen Hauses produziert. Der Umweltschutz könnte dann schon im Vorfeld abgewürgt und das Ressort von Anbeginn

---

5   Hartkopf (1986: 107ff.) formuliert ein pointiertes Resumee dieser Argumentation, das insofern beachtenswert ist, als Hartkopf, der nicht nur "Umwelt-Staatssekretär" im BMI, sondern auch Präsidiumsmitglied im Deutschen Naturschutzring (DNR) war, hier die Übereinstimmung seiner Position mit derjenigen der Umweltverbände reklamiert. Dies ist jedoch völlig unzutreffend, da sowohl der DNR als auch der Bund für Umwelt und Naturschutz Deutschland (BUND) sich für die Einrichtung eines Umweltministeriums eingesetzt hatten. Zum "besonderen Verhältnis" Hartkopfs zu den Umweltverbänden vgl. auch Kapitel 6.1.

an seiner Glaubwürdigkeit beraubt werden."[6] Die Autoren votierten aus diesen Gründen für die Zusammenfassung aller wichtigen Umweltschutzaufgaben im Innenministerium, dem zusätzlich zu seinen bereits bestehenden Umweltaufgaben die entsprechenden Kompetenzen aus den anderen Ressorts übertragen werden sollten. Für die BMI-orientierte Konzentrationslösung spräche neben der traditionellen Stärke dieses Ministeriums die Tatsache, daß es zugleich andere wichtige Aufgaben wahrnehme, die nicht mit dem Umweltschutz kollidierten, wie z.B. die innere Sicherheit oder das Recht des öffentlichen Dienstes. Hierdurch verfüge es über eine beachtliche politische "Tauschmasse", die zugunsten des Umweltschutzes eingesetzt werden könne. Weiterhin könne es sich auf potente externe Bündnispartner stützen und sei nicht ausschließlich den Pressionen potentiell umweltbelastender Interessengruppen ausgesetzt wie das BML, BMWi oder BMV.

Die gewissermaßen "pro domo" vorgetragenen Behauptung, daß durch die Zusammenfassung aller Umweltschutzaufgaben im Bundesinnenministerium "[...] die Durchsetzungsmöglichkeiten für Umweltbelange erheblich verbessert und das Fehlen gut organisierter gesellschaftlicher Umweltschutzinteressen teilweise kompensiert" werden könnten (Hartkopf/Bohne 1983: 151), wurde in dieser Form von Müller bestritten. Zwar vertrat auch sie die Auffassung, daß sich während der sozial-liberalen Regierungszeit die fehlende organisatorische Konzentration als hinderlich für den Umweltschutz erwiesen habe. Die Aufsplitterung umweltschutzrelevanter Kompetenzen habe "[...] möglicherweise dazu beigetragen, daß der Umweltschutz in den 70er Jahren weitgehend Symptome kurierte, nicht aber die Ursachen für Umweltbelastungen beseitigen konnte" (Müller 1984: 127). Diese Vermutung gelte für die Trennung des technischen Umweltschutzes sowohl von der Zuständigkeit für Biozide und Umweltchemikalien als auch von der für Naturschutz und Landschaftspflege. Was die Vergangenheit betraf, war das Fazit der Autorin mithin eindeutig: 1969 - im Geburtsjahr bundesdeutscher Umweltpolitik - sei eine falsche Entscheidung getroffen worden (hierzu und zum folgenden Müller 1986: 501ff.), weil für die konzeptionelle Arbeit an Fachprogrammen eine Konzentration entsprechender Kompetenzen vorteilhaft gewesen wäre. Jedoch sei es nicht sinnvoll, ein Anfang der 70er Jahre richtiges Konzept anderthalb Jahrzehnte später nachholen zu wollen, da sich die

---

6 Hier hatten die Autoren wohl v.a. die damalige Situation der Naturschutzabteilung im BML vor Augen, deren Konzepte bei strukturellen Differenzen mit den Interessen der Landwirtschaft häufig keine Chance hatten, in der Öffentlichkeit gehört und diskutiert zu werden, da sie bereits bei der Formulierung der "Hausmeinung" unterlagen.

Aufgaben der Umweltpolitik entscheidend gewandelt hätten: "Umweltpolitische Fachprogramme waren ein zentrales Instrument, solange die "Nachsorge" im Vordergrund stand, d.h. die Eindämmung akuter Gefahren und die Beseitigung vorhandener Umweltschäden. Für die Zukunft müssen Bedingungen geschaffen werden, die die Verwirklichung einer Umweltvorsorgepolitik erleichtern, d.h. Organisationsreformen müssen sich das Ziel setzen, den Umweltschutz als Querschnittspolitik in die Lage zu versetzen, die Ursachen von Umweltbeeinträchtigungen zu beseitigen." Dieses Ziel sei nur zu erreichen, wenn sich alle potentiellen Verursacher von Umweltbeeinträchtigungen die Sorgen der Umweltpolitik zu eigen machten:

> "Deshalb darf man nicht die Verantwortung für die Umweltpolitik auf die Schulter nur eines Ministers oder der Ministerialbeamten eines Ressorts legen. Eine nur auf ihre eigenen Kompetenzen und die von günstigen "Konjunkturen" abhängige politische Macht eines Ministers angewiesene Umweltpolitik wird vielleicht zeitweilig über Konfrontationsstrategien im interministeriellen Konfliktaustragungsprozeß Überraschungserfolge verbuchen können, sie wird jedoch wegen der Problemdefinitionsmacht und des Verweigerungspotentials der für umweltbelastende Fachprogramme zuständigen anderen Ministerien nicht in der Lage sein, die konzeptionellen Grundlagen dieser "Verursacher"-Politiken zu verändern."

Deshalb teilte Müller zwar den Befund von Hartkopf und Bohne, daß ein "reinrassiges" Umweltministerium die erforderliche Durchsetzungsmacht nicht würde mobilisieren können und seine Einrichtung deshalb kontraproduktiv sei. Sie widersprach jedoch deren auf das BMI gemünztem Konzentrationskonzept für den Umweltschutz und plädierte stattdessen dafür, die "Integration von Teilaufgaben des Umweltschutzes in die Ressortzuständigkeiten von Verursacherbereichen für Umweltbelastungen" beizubehalten. Ob man dabei dem BMI weiterhin die Federführung für die Koordination der Umweltpolitik belasse oder nicht, sei hingegen zweitrangig. Wichtig sei allein, daß man nicht aus den bedeutenden "Verursacherressorts" - BML, BMV und BMWi - Umweltaufgaben herauslöse, und daß dem für die Koordination der Umweltpolitik federführenden Minister ein "Veto-Recht" im Kabinett analog denen des Finanz- und Justizministers zugesprochen werde,[7] um seine Verantwortung für die Realisierung der Querschnittsaufgabe Umweltschutz institutionell abzusichern.[8]

---

7 Die Problematik eines solchen Vetorechts wird in Kapitel 8.2 ausführlich diskutiert.
8 Unterschiedliche Positionen waren im übrigen auch hinsichtlich der Einrichtung eines Ausschusses für Umweltfragen im Deutschen Bundestag auszumachen. Die Forderung, der Beratung umweltpolitischer Angelegenheiten in einem eigenständigen Umweltausschuß zu bündeln, ist älter als der Ruf nach Gründung eines entsprechenden Ministeriums, und sie wurde auch von Autoren erhoben, die sich in bezug auf letzteres skeptisch zeigten. So forderte Lottmann (1979: 233ff.) im Einklang mit dem Rat von Sachverständigen für Umweltfragen (1978: 578f.) einen ständigen Umweltausschuß, von dem er sich eine Intensivierung der Gesetzesberatung bei gleichzeitiger Entlastung des stark beanspruchten Innenausschusses, eine verbesserte Wahrnehmung der parlamentarischen Kontrollfunktion und eine Rangsteigerung im öffentlichen Bewußtsein versprach.

(Fortsetzung...)

2.2 Die Gründung des Bundesumweltministeriums als Element eines Landtagswahlkampfs

Die wissenschaftliche Kontroverse um einen der Umweltpolitik angemessenen Ressortzuschnitt zeigt beispielhaft, daß eine allgemein akzeptierte "Theorie der Ressortgliederung" nicht existiert (Becker 1989: 678, zustimmend auch Derlien 1996: 548). Aber auch wenn es eine solche gäbe, müßte die Politik sich ihr natürlich nicht unbedingt fügen. Anders als in der wissenschaftlichen Diskussion galt es auf politischer Ebene jedenfalls spätestens seit Mitte der achtziger Jahre weitgehend als ausgemacht, daß der Verzicht auf ein eigenständiges Umweltministerium nicht mehr zeitgemäß sei. Nicht nur, weil verschiedene Landesregierungen die Einrichtung von Umweltministerien bereits vorexerziert hatten,[9] sondern wohl auch, weil derartige Einrichtungen zumindest in den Industrienationen weltweit mehr oder weniger üblich geworden waren,[10] und nicht zuletzt, weil Bundesinnenminister Zimmermann (CSU) innerhalb der Koalition als umweltpolitisch nicht mehr "vermittelbar" eingestuft wurde,[11] galt die Struktur des Bundeskabinetts - wie Bundeswirtschaftsminister Bangemann (FDP) formulierte - als "überlebt". Die Überlegungen im Bundeskanzleramt waren denn auch auf eine entsprechende Umstrukturierung des Kabinetts nach der Bundestagswahl vom Januar 1987 gerichtet. Als aussichtsreichster Kandidat für das neue Amt eines Umweltministers wurde öffentlich der damalige Bundesforschungsminister Riesenhuber (CDU) gehandelt (Süddeutsche Zeitung, 21.05.1986: 1).

8(...Fortsetzung)
    Nachhaltig befürwortet wurde ein Umweltausschuß des Bundestages aus ähnlichen Gründen auch von Müller (1986: 539ff.), die damit der Befürchtung von Hartkopf/Bohne (1983: 157) entgegentrat, daß ein Umweltausschuß lediglich als "Bittsteller oder Bremser" würde auftreten können und für einflußreiche Abgeordnete wohl wenig Attraktivität entfalten würde.

9   Das erste Umweltministerium auf Landesebene wurde durch einen Beschluß des Landtags vom 08.12.1970 in Bayern eingerichtet. Vgl. hierzu Mauritz (1995: 158ff.).

10   Vgl. hierzu die detaillierte Übersicht bei Jänicke (1990: 216).

11   Im Umkreis des Bundeskanzlers hatte man intern bereits seit Sommer 1985 Überlegungen angestellt, wie man Zimmermann von seinen Aufgaben als "Umweltminister" entbinden könne: "Man kam zu dem Schluß, Zimmermann sei ein "Defizit", wenn es um Umweltschutz gehe. Er könne ökologisch interessierten Wählern nicht vermitteln, daß die Regierung aktiven Umweltschutz betreibe." (Süddeutsche Zeitung, 04.06.1986: 3) Hintergrund dieser Kritik war die gescheiterte Initiative Zimmermanns zur Einführung des Katalysatoautos in der Europäischen Gemeinschaft.

Aufgrund dieser Zeitplanung überraschte die Ernennung des seinerzeitigen Frankfurter Oberbürgermeisters Walter Wallmann zum Bundesminister für Umwelt, Naturschutz und Reaktorsicherheit, die am 06. Juni 1986 erfolgte, selbst Bonner "Insider". Auch in den betroffenen Ministerien hatte niemand mit der Gründung eines neuen Ministeriums nur acht Monate vor Ende der Legislaturperiode gerechnet.

Die organisatorische Neugliederung, so Bundeskanzler Kohl, entspreche Überlegungen, die er seit geraumer Zeit angestellt habe (Süddeutsche Zeitung 04.06.1986: 1). Konkret jedoch begründete er seine Entscheidung als ad-hoc-Maßnahme, nämlich mit den aus seiner Sicht notwendigen Konsequenzen aus den "Erfahrungen mit dem sowjetischen Reaktorunglück" von Tschernobyl: "Innerhalb - und das ist eine der Erfahrungen - der Bundesregierung müssen wir die Zuständigkeiten zusammenfassen."[12] Der Organisationserlaß des Bundeskanzlers ordnete gemäß § 9 der Geschäftsordnung der Bundesregierung die Bildung eines Ministeriums für Umwelt, Naturschutz und Reaktorsicherheit an. Dem Ministerium wurden übertragen:

"1. aus dem Geschäftsbereich des Bundesministers des Innern die Zuständigkeiten für
   a) Umweltschutz,
   b) Sicherheit kerntechnischer Anlagen, Strahlenschutz,
2. aus dem Geschäftsbereich des Bundesministers für Ernährung, Landwirtschaft und Forsten die Zuständigkeit für Umwelt, Naturschutz,
3. aus dem Geschäftsbereich des Bundesministers für Jugend, Familie und Gesundheit die Zuständigkeiten für gesundheitliche Belange des Umweltschutzes, Strahlenhygiene, Rückstände von Schadstoffen in Lebensmitteln, Chemikalien."[13]

"Ohne Tschernobyl hätte es das Umweltministerium und den Umweltminister Wallmann nicht gegeben", meinte der Abgeordnete Schäfer (SPD) vor dem Deutschen Bundestag (Stenographische Berichte 10/220. Sitzung: 17037), aber, so mutmaßten nicht nur Oppositionsabgeordnete, ausschlaggebend für die Schaffung des Umweltministeriums zum damaligen Zeitpunkt

---

12 Presse- und Informationsamt der Bundesregierung, Bulletin Nr. 63 vom 05.06.1986:529. Zur politisch-administrativen Reaktion auf den radioaktiven "Fallout" im April/Mai 1986 vgl. auch Czada 1992.
13 Presse- und Informationsamt der Bundesregierung, Bulletin Nr. 66 vom 11.06.1986:560 (= BGBl. 1986 I: 864).

war letztlich die bevorstehende Landtagswahl in Niedersachsen,[14] die bereits "vor Tschernobyl" unter bundespolitischen Vorzeichen gestanden hatte, denn ein Wahlsieg der SPD hätte die Bundesratsmehrheit der unionsregierten Länder in eine Minderheitenposition verwandelt. "In dem anhaltenden Streit über die Folgen von Tschernobyl ging es den Wahlkampfmanagern aller Parteien [...] letztlich darum, die entstandene Betroffenheit und Emotionalisierung im Hinblick auf die Wahlentscheidung in Niedersachsen zu kanalisieren, taktisch einzubinden und in die jeweils gewünschte Richtung zu lenken." (Roth 1987: 9) Für die CDU war es dabei nach dem administrativen Desaster beim Management der Folgen des Reaktorunfalls, das ja vom Bundesinnenminister wesentlich zu verantworten gewesen war, besonders wichtig, das Gesetz des Handelns zurückzugewinnen, um die von der Demoskopie ermittelten, massiven Kompetenzverluste in der Umweltpolitik zu kompensieren. Die mit der Gründung des BMU durch Bundeskanzler Kohl knapp zwei Wochen vor der Wahl in Niedersachsen demonstrierte Führungskompetenz würdigte beispielsweise DIE ZEIT (vom 20.06.1986: 1) als "fast genialen Schachzug". Dessen Urheberschaft wurde dem damaligen CDU-Generalsekretär Geißler zugeschrieben (Süddeutsche Zeitung, 04.06. 1986: 3/DER SPIEGEL, Nr. 22/1987: 18), und zwar zu Recht, wie dieser sieben Jahre später bestätigte:

> "Tschernobyl wurde gefährlich für die Union [...] mit voraussehbar negativen Auswirkungen auf die [...] bevorstehenden Landtagswahlen in Niedersachsen. Ich ging damals zum Bundeskanzler und riet ihm, ein eigenes Umweltministerium zu bilden und Walter Wallmann, der damals noch Oberbürgermeister in Frankfurt war, zum neuen und ersten Umweltminister der Bundesrepublik zu machen. Das war ein deutliches Signal, das uns, davon bin ich überzeugt, half, die Landtagswahl in Niedersachsen, wenn auch mit einer hauchdünnen Mehrheit zu gewinnen" (Geißler 1993: 281).[15]

Der kritisch gemeinte Einwand des Abgeordneten Vahlberg (SPD) vor dem Deutschen Bundestag, daß das Umweltministerium letztlich ein "Geschenk der Demoskopie" gewesen sei (Stenographische Berichte 10/224. Sitzung: 17366), war mithin nicht unberechtigt. Er tangiert allerdings nicht die grundsätzliche Berechtigung des Bundeskanzlers, sein Kabinett auch

---

14 Vgl. die Ausführungen des Abgeordneten Schulte (Grüne) vor dem Deutschen Bundestag (Stenographische Berichte 10/220. Sitzung: 17040).
15 Was für die Person Walter Wallmann als Umweltminister sprach, ist nach wie vor unklar. Wie er selbst wiederholt betonte, war er alles andere als ein Experte in Umweltfragen, weshalb das BMU auch nicht sein "Wunschministerium" gewesen sei (DIE ZEIT 18.07.1986: 2). Offenbar hatte Wallmann jedoch schon seit längerem innerparteilichen Anspruch auf einen Ministerposten angemeldet (ebenda). Gleichzeitig hatte er seine Absicht deutlich gemacht, bei der hessischen Landtagswahl im Jahr 1987 als Spitzenkandidat der CDU, deren Landesvorsitz er im Jahr 1982 übernommen hatte, anzutreten. Anläßlich seiner Vereidigung als Umweltminister erklärte er, an dieser Kandidatur festhalten zu wollen (Das Parlament Nr. 24-25, 14./21.06. 1986: 3). Es liegt daher die Vermutung nahe, daß sich mit der Ernennung Wallmanns zum Umweltminister des Bundes auch der Versuch verband, seine Wahlchancen in Hessen zu verbessern.

kurzfristig umzustrukturieren, denn als "Konstrukteur der Regierung" kann er "[...] neue Ministerien errichten, alte abschaffen, die Kompetenzen einzelner Ministerien erweitern oder einschränken. So bestimmt es die Geschäftsordnung der Bundesregierung,[16] die von ihr mit Zustimmung des Bundespräsidenten erlassen worden ist." (Eschenburg 1964: 36) Die Organisationsgewalt hinsichtlich der Errichtung von Ministerien steht dem Bundeskanzler als Ausfluß seines grundgesetzlich gesicherten, "materiellen Kabinettsbildungsrechts [...] unmittelbar,[17] kraft seiner verfassungsrechtlichen Stellung und Funktion innerhalb der Regierung zu" (Böckenförde 1964:141). Sie ist weit zu interpretieren: "Wieviele und welche Ressorts der Bundeskanzler schaffen will, ist im GG nirgends entschieden und steht daher ganz in seinem eigenen Ermessen." Dieses Ermessen bezieht sich auch auf Kabinettsumbildungen, deren Anlaß verfassungsrechtlich "völlig unerheblich" ist (Herzog 1983: Rdnrn. 4 und 17 zu Art. 64 GG).[18]

Nun ist völlig unbestritten, daß jede Regierungsbildung nicht nur unter "sachlichen" Gesichtspunkten - also der zweckmäßigen Bildung und Abgrenzung ministerieller Aufgabenbereiche nach Maßgabe der Gewichtung der jeweiligen Regierungsaufgaben - erfolgt, sondern auch genuin politischen Kalkülen zu folgen hat, unter denen die Befriedigung der Ansprüche der Koalitionsparteien und die Aufnahme bestimmter Politiker oder Führer parteiinterner Gruppen die wichtigsten sein dürften (Schneider/Zeh 1989: 1316f.). Wenn, so Böckenförde (1964: 194), sachliche und politische Aspekte nicht zur Deckung zu bringen seien, habe erfahrungsgemäß die politische Notwendigkeit die stärkere Kraft. Dies ist der Grund, weshalb auch dann, wenn man die organisatorische Ermessensfreiheit des Bundeskanzlers nicht in Zweifel zieht und die Frage nach der Legitimität "politischer" Erwägungen bei Organisationsentscheidungen grundsätzlich bejaht, das Problem der Konvergenz politischer Rücksichtnahmen und sachlicher Erfordernisse im Einzelfall virulent bleibt. Theodor Eschenburg (1964: 36) hat dies bereits hinsichtlich der politischen Praxis der fünfziger Jahre formuliert: "Vor allem besteht die Sorge, daß die Änderung der Regierungsorganisation [...] nicht nach institutions-

---

16 Vgl. § 9 GO/BRG: "Der Geschäftsbereich der einzelnen Bundesminister wird in den Grundzügen durch den Bundeskanzler festgelegt."
17 D.h. sie könnte auch durch eine Änderung der Geschäftsordnung in der Sache nicht zurückgenommen werden.
18 Lediglich die drei im Grundgesetz ausdrücklich erwähnten Ministerien sind nach Herzog (1983: Rdn. 5 zu Art. 64 GG) gleichsam mit einer Bestandsgarantie versehen. Es handelt sich um das Bundesfinanzministerium (vgl. Art 108, 112 GG), das Bundesjustizministerium (vgl. Art. 96 GG) und das Bundesverteidigungsministerium (vgl. Art. 65a GG).

und sachgerechten, sondern nach momentanen partei- und verhandlungstaktischen Bedürfnissen erfolgt und zu erheblichen Störungen der Regierungs- und Verwaltungstätigkeit führt." "Parteitaktische Improvisationen" bei Organisationsänderungen innerhalb der Regierung, so Eschenburg weiter, erlaubten in sachlicher Hinsicht erfahrungsgemäß allenfalls "taktisch bedingte Zufallstreffer".

Auch der umweltpolitische "Befreiungsschlag", als der die Gründung des Bundesumweltministeriums einzustufen ist, trug, einmal ganz abgesehen von der wahlkampftaktischen Motivlage, deutliche Züge parteipolitisch geprägten Koalitionsmanagements. Bundeskanzler Kohl gab seine Entscheidung am Dienstag, dem 3. Juni 1986, vor der Presse bekannt. Sie war sozusagen übers Wochenende gefallen, und die meisten Kabinettsmitglieder einschließlich des von der Organisationsreform primär betroffenen Innenministers wurden vom Kanzler erst am Montag unterrichtet (Süddeutsche Zeitung, 04.06.1986: 1). Die wesentliche Erfolgsvoraussetzung für dieses beinahe handstreichartige Vorgehen bestand darin, daß vom Koalitionspartner FDP keinerlei Widerstand zu gewärtigen war, denn die Einrichtung des Umweltministeriums entsprach einer langjährigen Forderung dieser Partei und - wichtiger noch - kein FDP-geführtes Ressort mußte Kompetenzen an das neue Ministerium abgeben. Abstimmungsbedarf bestand mithin lediglich mit der Führung der CSU, denn zwei von Mitgliedern dieser Partei geleitete Ministerien (BMI und BML) mußten nach den Vorstellungen des Kanzlers - bzw. des Generalsekretärs der CDU - Zuständigkeiten abtreten. Der damalige Parteivorsitzende der CSU, Strauß, der seinem Parteifreund Innenminister Zimmermann bereits seit geraumer Zeit distanziert gegenüberstand, gab sein Einverständnis offenbar ohne längeres Zögern, wobei der bundespolitischen Bedeutung der bevorstehenden Landtagswahl in Niedersachsen wohl das ausschlaggebende argumentative Gewicht zugekommen sein dürfte.[19] Die Tatsache, daß Innenminister Zimmermann auch aus Sicht seiner eigenen Parteiführung angesichts der ökologischen Sensibilisierung der Bevölkerung nach der Reaktorkatastrophe in der Ukraine als Umweltpolitiker nicht mehr zu halten war,[20] dürfte eine weitere, entscheidende Erfolgs-

---

19   Nach außen dokumentierte die CSU, vertreten durch ihren damaligen Bonner Landesgruppenvorsitzenden Waigel, Neutralität. Waigel beschränkte den Kommentar aus Sicht der CSU auf ein knappes: "Wir akzeptieren es" (Süddeutsche Zeitung, 04.06.1986: 2).

20   Der Innenminister selbst, der dem Umweltschutz seit seinem Amtsantritt hohe Priorität eingeräumt hatte, sah dies "trotz Tschernobyl" anders. Für ihn, der erst am Vortag der Entscheidung über die BMU-Gründung eine Broschüre mit dem Titel "Innenpolitische Leistungsbilanz 1982-1986" aufgelegt hatte, in welcher der Umweltschutz, nicht der Bereich Innere Sicherheit, an erster Stelle

(Fortsetzung...)

bedingung für die überraschende Gründung des BMU gewesen sein. Und für Bundeslandwirtschaftsminister Kiechle galt, daß er sich mit der ihm übertragenen Zuständigkeit für den Naturschutz niemals öffentlich hatte profilieren wollen und können. Er gab seine Unterabteilung für Naturschutz und Landschaftspflege mit Billigung der Parteiführung deshalb kampflos auf (Frankfurter Allgemeine, 05.06.1986: 3).[21]

Gleichwohl erhielt das Umweltministerium nicht jenen kompetenziellen Zuschnitt, der für den Fall seiner Gründung im Rahmen einer kompletten Regierungsneubildung nach der Bundestagswahl von 1987 allgemein erwartet worden war. So berichtete die Süddeutsche Zeitung (06.06.1986: 2), daß der neue Umweltminister "zum Erstaunen vieler Experten" auf die Zuständigkeit für Raumordnung verzichten mußte, lieferte die Begründung für diese fachlich in der Tat schwer nachvollziehbare Entscheidung[22] jedoch selbst mit: "Eine Ausgliederung dieses Bereichs hätte die Auflösung des von dem CSU-Politiker Oscar Schneider geführten Ressorts für Städtebau bedeutet." Mit anderen Worten: Der CSU konnte mehr als die Kompetenzabtretungen zweier von ihr geführter Ressorts nicht abverlangt werden. Die sachlich eigentlich gebotene Auflösung eines Ressorts im Zuge der Organisationsreform hätte parteipolitisch zugunsten der CSU kompensiert werden müssen, was nur im Rahmen eines umfassenden Kabinettsrevirements möglich gewesen wäre. Die von Eschenburg (1964: 36) beschworenen "momentanen partei- und verhandlungstaktischen Bedürfnisse" dominierten auch in diesem Falle die Entscheidungslogik; die "politische Notwendigkeit", deren Berücksichtigung unter einer demokratisch-parlamentarischen Verfassung nota bene durchaus legitim ist (Böckenförde 1964: 194), hatte stärkere Kraft als langfristig orientierte, strukturbezogene Überlegungen.

20(...Fortsetzung)
    rangierte, bedeutete die Abtretung seiner gesamten umweltpolitischen Zuständigkeiten denn auch einen "schmerzlichen Verlust" (Frankfurter Allgemeine, 04.06.1986: 3).
21 Und wahrscheinlich nicht einmal ungern, weil er sich für die Zukunft eine "ungestörtere" Landwirtschaftspolitik in seinem Ressort versprechen konnte.
22 Daß der Raumordnung entscheidende Bedeutung für den Umweltschutz zukommt und deswegen zu den "natürlichen" Aufgaben eines Umweltministeriums gehören sollte, ist in Fachkreisen völlig unbestritten (Hartkopf/Bohne 1983: 145). Der "materielle Kern", aus dem heraus in Bayern das erste deutsche Umweltministerium gegründet wurde, bestand daher auch nicht zufällig aus der Landesentwicklung und Raumplanung (Mauritz 1995: 158ff.).

Seiner formellen organisatorischen Machtfülle zum Trotz konnte der Bundeskanzler der "Schwesterpartei" Kompetenzabtretungen ihrer Ministerien offenbar nur deshalb abringen, weil die CSU-Führung seine Argumentation vom politischen Krisenfall akzeptierte und weil die personelle Konstellation sein Vorhaben begünstigte. Weil aber Zeitdruck das Handeln bestimmte, beschränkte sich das Krisenmanagement auf das "symbolisch Notwendige". Dies galt auch hinsichtlich von Ressorts, die von Ministern der Partei des Kanzlers geführt wurden.

Während der Innenminister durch Kompetenzenentzug für seine politischen Fehler beim Management der Folgen der Katastrophe von Tschernobyl "bestraft" werden konnte und der Landwirtschaftsminister die Umressortierung eher "lästiger" Zuständigkeiten wenn schon nicht öffentlich begrüßte, so doch umstandslos akzeptierte, bestätigte sich insbesondere bezüglich des von der CDU-Politikerin Rita Süssmuth geführten Ministeriums für Jugend, Familie und Gesundheit der alte Erfahrungssatz von der Kompensationsbedürftigkeit von Kompetenzabtretungen.[23] Nicht zuletzt aufgrund ihrer großen öffentlichen Popularität und einer positiven gesundheitspolitischen Leistungsbilanz konnte sie erfolgreich gegen die vollständige Abgabe ihrer umweltpolitischen Kompetenzen opponieren. Sie gab zwar die Zuständigkeit für das Chemikalienrecht und für Schadstoffe in Lebensmitteln ab, behielt jedoch diejenige für Schadstoffe in Arzneien und Pflanzenschutzmitteln.[24] Darüber hinaus gelang es ihr, gleichsam im Tausch gegen ihre umweltpolitischen Zuständigkeiten ein neues Politikfeld zu erobern, nämlich das der Frauenpolitik, welches zudem mit verfahrensrechtlichen Privilegien ausgestattet wurde.[25] Ein weiteres CDU-geführtes Ressort, das potentiell von der Gründung des Umweltministeriums betroffen war, nämlich das Bundesforschungsministerium, blieb "wie durch ein Wunder ungeschoren" (Frankfurter Allgemeine, 05.06.1986: 3). Über die Gründe,

---

23 Das derzeit aktuellste Beispiel hierfür liefert die Entscheidung des Bundeskanzlers über die Konsequenzen aus der Ende 1997 erfolgten Auflösung des Bundespostministeriums. Die Regulierungsbehörde für Post- und Telekommunikation wurde nicht, wie allgemein erwartet, dem Bundesministerium für Forschung und Technologie unterstellt, sondern dem Wirtschaftsministerium, "[...] weil die Position von Wirtschaftsminister Günter Rexrodt nicht beschädigt werden dürfe." Im "Gegenzug" bekam das Forschungsministerium vom Wirtschaftsressort die Aufsicht über die Bundesanstalt für Materialforschung (Süddeutsche Zeitung, 29.01.1996: 1).

24 Auch hier handelte es sich um eine fachlich letztlich nicht haltbare Entscheidung. Zur Begründung und den Konsequenzen vgl. Kapitel 3.3.

25 Dabei handelt es sich im Kern um ein suspensives Veto im Kabinett. § 21 Absatz 4 der Geschäftsordnung der Bundesregierung wurde wie folgt gefaßt: "Der Bundesminister für Jugend, Familie, Frauen und Gesundheit oder dessen Vertreter kann die Absetzung von der Tagesordnung verlangen, wenn es sich um eine frauenpolitische Angelegenheit von besonderer Tragweite handelt und er bei der Vorbereitung der Kabinettsvorlage nicht hinreichend beteiligt worden ist, es sei denn, daß der Bundeskanzler die sofortige Beratung für notwendig hält." Weitere Sonderrechte für die "Frauenministerin" wurden in § 15 a der Geschäftsordnung fixiert. Ausführlich hierzu Busse 1988.

warum die Zuständigkeit für die Umweltforschung nicht auf das neue Ressort übertragen wurden, läßt sich nur spekulieren. Plausibel erscheint die Vermutung, daß der Bundeskanzler das Forschungsministerium aus der Organisationsreform aussparte, weil keine "Tauschmasse" verfügbar war, mit der der Zuständigkeitsverlust hätte ausgeglichen werden können. Wenn diese Vermutung zutrifft, so ist allerdings zu konstatieren, daß der Bundeskanzler hier einen Akt "vorauseilenden Gehorsams" praktizierte, der schlicht überflüssig war. Die Frankfurter Allgemeine (05.06.1986:3) jedenfalls zitierte Bundesforschungsminister Riesenhuber mit der Aussage, daß er sich gegen eine entsprechende Kompetenzabtretung nicht gesperrt hätte, "[...] weil er eine Einbeziehung der Umweltforschung in die Umweltpolitik für sinnvoll halte."

2.3 Das BMU in der Gründungsphase: Improvisation, Anfangseuphorie und erste Kritik

25 Jahre vor Gründung des Bundesumweltministeriums findet sich mit der Einrichtung des Bundesministeriums für wirtschaftliche Zusammenarbeit (BMZ) unter dem ersten deutschen Entwicklungsminister Scheel ein Vergleichsfall. Die Vergleichbarkeit besteht darin, daß auch damals ein bereits von verschiedenen anderen Ressorts wahrgenommener Aufgabenbereich durch ein neues Ministerium übernommen werden sollte. Dennert (1968: 49ff.) deckte in seiner Untersuchung der bundesdeutschen Entwicklungspolitik die Schwierigkeiten eines völligen organisatorischen Neubeginns auf Ministeriumsebene auf: Der neue Minister verfügte anfangs im Grunde nicht wirklich über ein eigenes Ressort. Nicht nur fehlte ihm ein eigenes Dienstgebäude - es wird berichtet, daß der Minister mit seinen Mitarbeitern zeitweise im Bundestagsrestaurant tagte - und das notwendige Personal, sondern vor allem auch die entsprechenden Zuständigkeiten, die er sich erst nach und nach vom Wirtschafts- und Außenministerium erkämpfen mußte.[26]

---

26 Für Böckenförde (1964: 195) war noch drei Jahre nach Errichtung des BMZ "schwer ersichtlich", was angesichts der seinerzeit immer noch im Auswärtigen Amt und im Wirtschaftsministerium angesiedelten entwicklungspolitischen Kompetenzen und Kapazitäten an eigenen Ressortzuständigkeiten für das neue Ministerium verbleiben sollte.

Auch wenn der Umweltminister sich ebenfalls mit den aus dem Fehlen eines eigenen Dienstgebäudes resultierenden Problemen plagen mußte,[27] und ungeachtet der Tatsache, daß man sich im Umweltministerium durchaus eine "Abrundung" der Ressortzuständigkeiten hätte vorstellen können,[28] war der erste Bundesumweltminister in der Gründungsphase seines Ressorts doch besser gestellt als seinerzeit der Entwicklungsminister, weil die Einrichtung seines Ressorts im wesentlichen in der Zusammenführung bereits existierender Arbeitseinheiten bestand.[29] So konnte er nicht nur die im Titel seines Ressorts angesprochenen "Kernzuständigkeiten" sofort übernehmen, sondern gleichzeitig auch den zugehörigen administrativen Unterbau, denn die kompetenzabtretenden Ministerien stellten die entsprechenden Mitarbeiter sofort ab. Den Löwenanteil lieferte mit 247 Stellen das BMI, gefolgt vom BML mit 34,5 und dem BMJFFG mit 7 Stellen. Als eine Art zusätzlicher Starthilfe wurden dem BMU durch Einsparungen in anderen Ressorts weitere 50 Stellen zugeteilt (Mertes/Müller 1987: 459ff.). Ende August 1986 stand die Organisation des neuen Ministeriums schließlich fest. Sie ergab folgendes Bild: "Vier Abteilungen mit den Bezeichnungen Z ("Zentralabteilung", einzügig mit einer dem Abteilungsleiter unmittelbar zugeordneten "Arbeitsgruppe Umweltpolitik"), U ("Umweltschutz", drei Unterabteilungen), N ("Naturschutz und Gesundheit", zwei Unterabteilungen) sowie RS ("Sicherheit kerntechnischer Einrichtungen, Strahlenschutz", zwei Unterabteilungen)" (Mertes/Müller 1987: 460). Das bedeutet, daß man sich im neugegründeten Ministerium für das Prinzip der größtmöglichen Kontinuität entschieden hatte. Die Abteilung Umweltschutz blieb personell und organisatorisch zunächst völlig unberührt, gleiches galt für die Abteilung Reaktorsicherheit und Strahlenschutz. Auch die Unterabteilung Naturschutz blieb im wesentlichen unverändert, während in die Unterabteilung N II (Umwelt und Gesundheit, Bodenschutz und Chemikalien) die vom BMFFJG übernommenen Einzelreferate neu eingegliedert werden mußten (Interviews BMU, 14.04.1987/23.04.1987). Nachdem es einen planerischen Vorlauf angesichts der "Eilentscheidung" des Kanzlers nicht hatte geben können und dem neuen Umweltminister angesichts der erregten öffentlichen Meinung nach dem

---

27 Entgegen der optimistischen Prognose von Mertes/Müller (1987: 471) sollte sich dies aus verschiedenen Gründen als Dauerzustand entpuppen. Die Konsequenzen dieses auf den ersten Blick trivial anmutenden Problems werden in Kapitel 5.2 noch ausführlich diskutiert.

28 Dies betraf einmal den Bereich der gesundheitlichen Belange des Umweltschutzes, der ja zum Teil im BMFFJG verblieben war (Interview Parl. Staatssekretär Gröbl, 16.04.1987) sowie die Tatsache, daß die Zuständigkeit für den Meeresumweltschutz beim Verkehrsministerium belassen wurde (Interview Abt. U, 14.04.1987). Die Frage des kompetenziellen Zuschnitts wird ausführlich in Kapitel 4 diskutiert.

29 Zum Vergleich der Startbedingungen beider Ministerien vgl. auch Derlien (1996: 561).

Tschernobyler Reaktorunfall und den anschließenden Chemieunfällen im Rheingebiet keinerlei Schonfrist eingeräumt wurde (Mertes/Müller 1987: 460), fiel die Entscheidung, möglichst wenig in bereits existierende Organisationseinheiten einzugreifen, um den bruchlosen Fortgang der fachlichen Arbeit zu sichern, wohl mehr oder weniger zwangsläufig.

Mit Beginn des Jahres 1987 konnte der BMU ausweislich des Einzelplans 16 über 518 Planstellen verfügen. Der Großteil der dem Ministerium neu zugewiesenen Stellen kam einem Bereich zugute, der naturgemäß nicht von anderen Ressorts abgetreten werden konnte: Das BMU mußte gleichsam aus dem "Nichts" eine neue Zentralabteilung schaffen, die für die innere Organisation eines Ministeriums unentbehrlich ist.[30] Die hierfür erforderlichen Planstellen gingen indirekt zu Lasten der Fachabteilungen Umweltschutz und Naturschutz, denn diesen blieben die von ihnen erhofften und geforderten personellen Verstärkungen versagt (Interviews BMU, 14.04.1987/23.04.1987). Die Bundesregierung hatte im Zuge der Organisationsreform also den "administrativen Sachverstand" personell kaum verstärkt; immerhin aber war es offenbar gelungen, durch die Eingliederung kompletter, eingearbeiteter und "funktionierender" Arbeitseinheiten einen "Übergang ohne größere Reibungsverluste" sicherzustellen und "die Probleme, die jeder Neubeginn mit sich bringt, insgesamt recht gut zu bewältigen" (Interview BMU, 14.04.1987).

Am Ende der nur elf Monate währenden "Ära Wallmann" zog man im Ministerium also durchaus selbstbewußt und optimistisch Bilanz: Die für das Gründungsstadium charakteristischen Reibungsverluste hätten dank zunehmender Routine kontinuierlich abgenommen; die grundlegenden Personal- und Organisationsentscheidungen seien umgesetzt worden und aus der Synthese von Arbeitseinheiten verschiedener Herkunft habe sich schrittweise ein organisches Gebilde mit "Wir-Gefühl" entwickelt (Mertes/Müller 1987: 471). Dieses positive Selbstbild, das die beiden persönlichen Mitarbeiter des ersten Umweltministers zeichneten, entsprach wohl weitgehend der allgemeinen Stimmungslage der Beamtenschaft, die der

---

30 Mertes/Müller sprechen davon, daß 64 der vom BMI und 5 der vom BML im Juni 1986 abgetretenen Stellen dem "Infrastrukturbereich" zugehörten. Aus ihnen rekrutierte sich als Vorläufer der späteren Zentralabteilung ein "Aufbaustab", der zusammen mit dem persönlichen Büro des Ministers provisorisch im Palais Schaumburg, dem früheren Amtssitz des Bundeskanzlers, untergebracht wurde.

Anfangseuphorie entsprungen war, mit der die meisten Mitarbeiter ins Umweltministerium gegangen waren. Besonders hatte dies für die Naturschutzabteilung gegolten:

> "Wir sind mit großer Euphorie in das Umweltministerium gegangen, weil wir den Eindruck hatten, daß gerade für die Naturschützer im Landwirtschaftsministerium zu viele Hemmfaktoren waren; weil durch das gewachsene Umweltbewußtsein in der politischen Entscheidung die Umweltfaktoren etwas stärker berücksichtigt werden müßten, als wenn man intern in einer abgeschotteten Organisation Entscheidungen trifft, die überhaupt nicht das Licht der Öffentlichkeit erblicken" (Interview BMU, 23.04.1987).

Ganz ähnlich war die Einschätzung in den Referaten, die mit den inter- und supranationalen Aspekten der Umweltpolitik befaßt waren:

> "In der ganzen internationalen Szene war man doch lange Zeit sehr befremdet, daß die Bundesrepublik, die ja seit 1981/82 fortschrittlicher wurde, gleichwohl kein eigenes Umweltministerium hatte. Das wurde eigentlich nie richtig verstanden im Ausland [...]. Wir haben jetzt einen Minister, einen Staatssekretär und zwei Parlamentarische Staatssekretäre. Und die sind bereits ständig unterwegs, und zwar auch zu einem großen Teil im Ausland. D.h. wir sind jetzt besser in der Lage - und häufiger in der Lage -, im internationalen Bereich auf hoher politischer Ebene präsent zu sein [...]. Das politische Gewicht der Vertretung durch die Leitung des Hauses ist ein Element, das man nicht unterschätzen darf" (Interview BMU, 05.10.1987).

Gleichwohl gab es aber auch schon in der Gründungsphase durchaus kritische und skeptische Untertöne bei der Bewertung des neuen Arbeitsumfeldes. So wurden die eingespielten Arbeitsroutinen der früheren Abteilung U im Innenministerium von so manchem Mitarbeiter, der von dorther umgesetzt worden war, schon deshalb vermißt, weil die Verteilung des BMU auf acht verschiedene Dienstgebäude die Einübung der notwendigen Kooperationsbeziehungen innerhalb des neuen Ressorts zusätzlich erschwerte:

> "Solange wir im Innenministerium als Umweltschutzabteilung nur eine Abteilung waren, war die Koordination natürlich unter einem Abteilungsleiter leichter als jetzt, wo wir uns abzustimmen haben innerhalb des Ressorts [...]. Früher hatten wir uns abzustimmen wegen der Fragen mit dem Ernährungsministerium, wir hatten uns abzustimmen mit dem Gesundheitsministerium. Aber innerhalb eines Ministeriums sind die Abstimmungsprozesse doch dichter, und das ist manchmal auch eine Mehrbelastung [...]. Wenn man Schriftstücke in Bonn von einem Ministerium zu einem anderen transportieren muß und dann vielleicht noch zu einem dritten, dann kriegt man sie hoffentlich auch irgendwann wieder zurück mit der Mitzeichnung, die erforderlich ist bei einem Vorgang. Das hat auch Erschwernisse mit sich gebracht (Interview BMU, 14.04.1987).

Auch innerhalb der Naturschutzabteilung reifte schon bald die Erkenntnis, daß die prinzipiell begrüßte Ausgliederung aus der Hierarchie eines "Verursacherressorts" nicht nur Vorteile mit sich gebracht hatte:

> "Wenn der Konfliktbereich sehr hoch ist, dann ist man auch auf Informationen angewiesen, und diese Informationen werden geringer, wenn man in einem anderen Ministerium sitzt. Man erfährt nicht mehr, was im agrarpolitischen Bereich läuft, und das sind oft sehr, sehr naturschutzrelevante Dinge. Man ist nicht mehr so voll dran, als wenn man in die Informationsstränge eines Ministeriums voll einbezogen wird. Und wenn man die Informationen nicht hat, dann kann man auch nicht aktiv werden, dann kann man auch nicht einwirken. Und das ist doch ein gravierender Nachteil [...]. Nehmen wir einen Bereich, der sehr relevant ist, die Gemeinschaftsaufgabe zur Verbesserung der Agrarstruktur und des Küstenschutzes. Da sind schon von uns Versuche zu einer völligen

Umgestaltung gemacht worden, als wir noch im BML waren. Das ist aber gerade so in die Übergangsphase gefallen, und wir haben jetzt den Eindruck, daß wir auch da so ein bißchen außen vor sind. Der BML spricht mit den Ländervertretern aus dem agrarischen Bereich, da werden wir nicht mehr hinzugezogen. Früher wurden wir hinzugezogen und hätten also direkt konfrontiert mit diesen Leuten aus dem Länderbereich unsere Meinung vertreten können, mit der Zielrichtung, naturzerstörende Meliorationen zum Beispiel gar nicht mehr zu fördern" (Interview BMU, 23.04.1987).

Aufbruchstimmung im neuen Ressort also einerseits und Skepsis hinsichtlich der künftigen Wirkungsmöglichkeiten andererseits kennzeichneten das Innenleben des BMU in den ersten Monaten seiner Existenz. Auch in der selbstkritischen Rückschau der Ministerialbürokratie auf die Etablierung ihres Ressorts bestätigt sich dieses differenzierte Bild, das die mit der übereilten Ressortgründung verbundenen Probleme ebenso verdeutlicht wie diejenigen, die sich mit dem frühzeitigen Ministerwechsel von Wallmann zu Töpfer im Mai 1987 für ein noch nicht etabliertes und innerlich gefestigtes Ressort ergaben:

"Ich bin im Grunde genommen hergeholt worden 1986 bei der Errichtung des Ministeriums, um gleich zu Beginn meine Erfahrungen im administrativen Gebiet in den Aufbau dieses Ministeriums einzubringen. Als ich herkam war nichts da, weder Akten, noch Personal, noch sonst was. Wir haben natürlich dann Elemente aus dem Innenministerium, aus dem Landwirtschaftsministerium, die die Organisation und das Personal einschlossen, hierher überführt. Aber dann mußte man das Ministerium erst mal ins Laufen bringen. Und da hatten wir die Vorstellung, die Chance zu nutzen, einem neu zu errichtenden Ministerium mit einer zukunftsweisenden Aufgabe auch eine Verwaltung einzuziehen, die, sagen wir mal, vom herkömmlichen etwas abweicht, jedenfalls den modernen Anforderungen gewachsen ist. Ich muß Ihnen gleich sagen: Das ist nicht gelungen. Wir sind also ein Ministerium, das administrativ in den herkömmlichen Gleisen fährt. Die Absicht, oder die Idee, die Motivation der Mitarbeiter durch eigenverantwortliche Tätigkeiten und Aktivitäten zu steigern, d.h. also unter Führung im echten Sinne des Wortes hinzuführen, ist eigentlich nicht verwirklicht [...]. Man hat ja sehr schnell gesehen, daß die Errichtung des Umweltministeriums in der aktuellen Situation von Tschernobyl seinerzeit eine Alibifunktion gehabt hat. Der Kanzler wollte da etwas vorweisen, und deswegen wurde das Ministerium dann ruck-zuck gegründet. Von Anfang an haben wir nicht die Unterstützung gehabt, die ich angenommen hatte, daß sie diesem modernen Haus mit dieser modernen und zukunftsträchtigen Aufgabe zuteil werden od hätte zukommen müssen. Das fing mit harmlosen, geradezu kleinlichen Dingen an: Auseinandersetzungen mit dem Innenministerium über den Ausbau des Ministeriums, über die administrative Unterstützung. Da war nichts da, und wir kriegten ja die Masse des Personals vom Innenministerium. Also das war alles sehr, sehr unerfreulich, muß ich sagen [...]. Und dann der Weggang von Wallmann. Der Weggang von Wallmann war nicht nur ein Weggang des Ministers Wallmann, sondern ein Bruch in der gesamten Stabsführung des Ministeriums. Alles, was Wallmann gehabt hat, ist weggegangen bzw. weggeschickt worden - so muß man das sagen - und der neue Minister brachte einen völlig neuen Stab mit, der auch zunächst dem alten Stab distanziert gegenüber stand. Es sind also fast alle weg. Ich bin einer der wenigen, die damals geblieben sind [..]. Das war ein in der Öffentlichkeit und auch, glaube ich, in der politischen Hierarchie nicht registrierter, ganz entscheidender Bruch, der mit dem Weggang von Wallmann und mit dem Herkommen von Töpfer und insbesondere dem neuen Staatssekretär verbunden war. Denn - das hätte ich nie für möglich gehalten - Töpfer hat einen Stab mitgebracht, der in administrativen Dingen völlig unerfahren war. Und das ist ja immer so, in Verwaltungsdingen unerfahrene Leute stützen sich sehr gerne auf die hierarchischen Strukturen, weil ihnen das Sicherheit gibt. Und seitdem haben wir hier in diesem Hause einen zentralistischen Führungsstil, wie er sicherlich auch einem barocken Fürsten zur Ehre gereicht hätte. Das demotiviert die Mitarbeiter. Die Selbständigkeit im Handeln und Denken ist sehr stark herabgesetzt. Das schließt nicht aus, daß hier sehr tüchtige Leute sind, die auch ihre eigenen Ideen haben und immer wieder versuchen, etwas voranzubringen. Aber diese Eigenverantwortlichkeit, die eigentlich unser Ziel war, die ist nicht gegeben und wird eigentlich auch nicht gewünscht" (Interview BMU, 09.03.1994).

Die Kritik an der überstürzten Gründung des Umweltministeriums wird von anderen, erfahrenen Mitarbeitern des BMU geteilt:

"Der Gründungszeitpunkt war insofern ungünstig, als er mit einem zumindest in der Öffentlichkeit als Katastrophe angesehenen Ereignis in Verbindung gesetzt worden ist. Man hat sich zur Gründung des Umweltministeriums drängen lassen und hat nicht aus eigener Einsicht gesagt: "Um im Umweltschutz weiter voranzukommen, brauchen wir ein Umweltministerium." [...] Das macht sich noch immer bemerkbar. Die Dinge, die in traditionellen Ministerien eingefahren sind und auch gut laufen, beschäftigen uns hier immer noch. Also Organisation innerhalb des Hauses und solche Dinge. Die inneren Reibungsverluste im Hause sind noch immer sehr groß" (Interview BMU, 09.03.1994).

"Für mich ist das Thema insofern nicht fremd, als ich schon zehn Jahre lang im Bundeskanzleramt im Bereich Regierungsorganisation tätig war [...] und sich dort, das ist sicherlich kein Geheimnis, schon öfters die Frage gestellt hat, ob man ein Umweltministerium gründet oder nicht. Die Überlegungen, die man anstellt, bevor man eine Änderung in der Ressortzuständigkeit vornimmt, sind vielfältig [...]. Wenn man vorhat, ein Umweltministerium zu gründen, ist sicherlich der geeignete Zeitpunkt, dies am Anfang einer Legislaturperiode zu tun und zwar im Zusammenhang mit der Neuordnung aller Ressorts. Hier ist es aus besonderem Anlaß, nämlich wegen Tschernobyl, entstanden, und es war eine Aktion, die nur sehr kurz vorbereitet werden konnte. Damit hängen sicherlich auch viele Anlaufschwierigkeiten dieses Ressorts zusammen. Ich meine, man hätte das BMU durchaus bereits zu Beginn der damaligen Legislaturperiode installieren sollen" (Interview BMU, 08.03.1994).

Kern der hausinternen Kritik am Gründungszeitpunkt des Umweltministeriums ist also ganz offenbar die Tatsache, daß das Ressort in Folge der durch die politischen Rahmenbedingungen gebotenen Dringlichkeit der Organisationsreform nicht den Zuschnitt erhielt, der aus Sicht der Ministerialbürokratie sachlich angemessen gewesen wäre. Hinzu kommt, daß die überstürzte Einrichtung des Ministeriums detaillierte Vorüberlegungen über die ressortinterne Organisation unmöglich gemacht hatte,[31] was sich aus Sicht vieler Betroffener noch längerfristig als hinderlich für die Etablierung einer genuinen Ressortroutine erwies. Nach Ansicht der Beamten ist es eben schlicht unangemessen, ein neues Ressort über Nacht aus der Taufe zu heben,[32] weil "[...] kaum etwas die einschlägigen Regierungsgeschäfte für eine merkliche

---

31 Vgl. hierzu auch in vornehmer Zurückhaltung Mertes/Müller (1987:460): "Wer einmal erleben durfte, mit welcher Akribie in einem bereits vorhandenen Ministerium kleinere Umorganisationen vorbereitet werden, der mag sich einen ungefähren Begriff davon machen, welche Kräfte mobilisiert werden mußten, um gleich eine ganze Behörde zu installieren. Improvisationstalent war Trumpf, die Nichteinhaltung von Dienstwegen (sofern es diese bereits gab) eine Tugend." Noch zehn Monate nach der Gründung des Ministeriums sprach der Parlamentarische Staatssekretär Gröbl (Interview, 16.04.1987) davon, daß die Aufgabe, "[...] aus dem Wallensteinlager ein funktionierendes Ministerium zu machen", noch immer nicht bewältigt sei.
32 Derlien (1996: 561) belegt die Entstehung des BMU mit der Metapher von einer "Normalgeburt", was insofern berechtigt ist, als die Umweltpolitik vorher im Schoße des Innenministeriums reifen konnte. Die Umressortierung zweier funktionsfähiger Abteilungen stellt sich in dieser Sicht dann

(Fortsetzung...)

Zeit strukturell mehr beeinträchtigt als die Einrichtung eines neuen Ministeriums" (König 1990: 107). Deshalb ist die Kritik am Zeitpunkt der Einrichtung des BMU, wie Tabelle 2.1 verdeutlicht, im Hause weit verbreitet; sie wird von knapp zwei Dritteln der Befragten geteilt. Sie vertreten durchgängig die Ansicht, daß die Gründung des Umweltministeriums früher hätte erfolgen sollen.[33]

Tabelle 2.1: Einverständnis mit dem Gründungszeitpunkt

	absolut	v.H.
ja	22	14.7
eher ja	13	8.6
unentschieden	21	14.0
eher nein	51	34.0
nein	43	28.7
gesamt	150	100.0

2.4 Die Entscheidung für ein Umweltministerium: "Grundsatzkritik im eigenen Haus"

Die Kritik der Ministerialbürokratie am Zeitpunkt der Gründung des Umweltministeriums ist pragmatischer Natur. Die Organisationsreform vom Juni 1986 erscheint in dieser Sichtweise schlicht als Bruch mit der Konvention, daß Ressortneugründungen zu Beginn einer Legislaturperiode vorgenommen werden. Eine ganz andere Frage ist dagegen, wie die Entscheidung zur Einrichtung des Umweltministeriums als solche beurteilt wird. Auf den ersten Blick scheint es, als bewerteten die Befragten die grundsätzliche Entscheidung des Kanzlers zur Einrichtung eines eigenständigen Umweltministeriums beinahe einhellig positiv.

32(...Fortsetzung)
    als durchaus normale "Entbindung" dar. Betrachtet man jedoch den Geburtsvorgang als solchen etwas detaillierter, dann liegt es nahe, eine andere, verwandte Metapher zu wählen. Es handelte sich um eine Sturzgeburt.

33 Nur zwei derjenigen Befragten, die den Gründungszeitpunkt des BMU für verfehlt hielten, konnten sich hinsichtlich eines angemesseneren Datums nicht entscheiden. Alle anderen hätten es für richtig gehalten, das Ressort bereits vor 1986 einzurichten.

Tabelle 2.2: Grundsätzliches Einverständnis mit der Errichtung des Umweltministeriums

	absolut	v.H.
ja	129	86.0
eher ja	12	8.0
unentschieden	4	2.7
eher nein	2	1.3
nein	3	2.0
gesamt	150	100.0

Bei einer Zustimmungsquote von 94 % verwundert es nicht, daß die beiden im Vorfeld der BMU-Gründung diskutierten Alternativen deutliche Ablehnung verfahren. Nur neun Befragte (6 %) hätten es für günstiger befunden, die umweltpolitischen Kompetenzen entsprechend dem Vorschlag von Hartkopf/Bohne (1983: 151) im Innenministerium zu bündeln; 136 (90,6 %) verneinen diese Frage. Der von Müller (1986: 523 und 536) unterbreitete Vorschlag, die Zuständigkeiten für den Umweltschutz in den Verursacherressorts zu belassen, erfuhr mit 96,7 % noch deutlichere Ablehnung. Nur ein einziger der Befragten hätte diese Alternative für sinnvoll gehalten.

Es gilt indes, sich vor einer voreiligen Bewertung dieses Antwortverhaltens zu hüten, denn sie findet in der Beantwortung der späteren Fragen keine Begründung.[34] Dies zeigt sich beispielsweise bei der Antwort auf die Frage, ob sich die Stellung der Umweltpolitik in der Regierungsorganisation nach Gründung des BMU verbessert hat. Tabelle 2.3 zeigt, daß sich nur noch 103 Befragte, also 38 weniger als bei der vorausgegangenen Frage, zu einer positiven Antwort verstehen, wobei sich nur ein knappes Drittel (im Vergleich zu 86 % bei der vorausgegangenen Frage) für ein uneingeschränktes "Ja" entscheidet.[35]

---

34 Die im Kontext des gesamten Antwortverhaltens bei der schriftlichen Befragung auffallende "Zurückhaltung" bei der Beantwortung der Einstiegsfrage mag sich auch aus dem erklären, was die empirische Sozialforschung die "soziale Erwünschtheit" eines bestimmten Antwortverhaltens nennt (Friedrichs 1985: 152), denn der Fragebogen wurde den Adressaten zusammen mit einem Begleitschreiben des Ministers zugestellt, wodurch er gewissermaßen "offiziellen Charakter" erhielt. Zudem steht zu beachten, daß ein "Nein" auf die Frage nach dem Einverständnis mit der Gründung des Ressorts für die Bearbeiter des Fragebogens bedeutet hätte, die Grundlage der eigenen beruflichen Existenz in Frage zu stellen.
35 Statistisch auffällig ist der außerordentlich schwache Zusammenhang zwischen beiden Variablen. "Sommer's d", ein gängiges Maß für Beziehungen zwischen Variablen ordinalen Meßniveaus,
(Fortsetzung...)

Tabelle 2.3: Verbesserung des Status der Umweltpolitik nach Gründung des BMU

	absolut	v.H.
ohne Angabe	2	1.3
ja	46	30.6
eher ja	57	38.0
unentschieden	31	20.7
eher nein	10	6.7
nein	4	2.7
gesamt	150	100.0

Insbesondere der Vergleich mit den Arbeitsbedingungen in der früheren Umweltabteilung des Innenministeriums scheint viele Mitarbeiter des BMU nachdenklich zu stimmen. Berücksichtigt man den Faktor "Erfahrung" bei der Analyse der Antworten auf die Frage nach einer eventuellen Statusverbesserung der Umweltpolitik nach 1986, deutet sich dies bereits an. Die Abteilungs-, Unterabteilungs- und Referatsleiter[36] nämlich, die beinahe durchgängig bereits vor Gründung des BMU Erfahrungen in der "Umweltbürokratie" hatten sammeln können, antworten hier sehr viel häufiger mit "nein" bzw. "eher nein" (22.2 %) als die Referenten (5.1 %), die ihre Karriere in der Ministerialbürokratie großteils erst im Umweltministerium begonnen haben. Sprechen schon die vorgenannten Gründe in der Summe also durchaus dafür, der Ministerialbürokratie im BMU eine eher kritische Grundeinstellung zum "eigenen Haus" zu attestieren, so erhielt dieser Befund durch die mündliche Befragung eine überraschend deutliche Bestätigung. Achtzehn der insgesamt einunddreißig Gesprächspartner, mit denen im Anschluß an die Fragebogenaktion vertiefende Interviews geführt wurden, gaben ihre kritische

---

35(...Fortsetzung)
erreicht lediglich einen Wert von 0.24. Definiert man das Antwortverhalten auf die erste Frage als abhängige Variable, setzt also versuchsweise voraus, daß die Einschätzung, ob die Einrichtung des BMU eine "Verbesserung der Stellung der Umweltpolitik in der Regierungsorganisation" zur Folge hatte, das Antwortverhalten auf die Einstiegsfrage beeinflußt hat, sinkt "Sommer's d" auf 0.16. Ähnliches gilt im übrigen auch für die Antworten auf die speziellen Fragen nach den Konfliktstrukturen -und mechanismen zwischen dem BMU und anderen Ministerien. Mit anderen Worten: Die Vermutung, daß die am Anfang des Fragebogens plazierte "Grundsatzfrage" mehr oder weniger unreflektiert beantwortet wurde, läßt sich nur statistisch stützen.

36 Die Zuordnung der Abteilungs- und Unterabteilungsleiter zur "Führungszwischenschicht" (vgl. Kapitel 1.2) hindert nicht daran, sie in der Datenanalyse mit den Referatsleitern zusammenzufassen, denn hier es geht nicht um den formalen Status, sondern um den Faktor "Erfahrung".

Sicht zur Einrichtung des BMU zu Protokoll, und dies, ohne daß sie dazu aufgefordert worden wären, die Grundsatzentscheidung des Kanzlers zu kommentieren.[37]

Quer durch die Abteilungen des Ministeriums melden sich kritische Stimmen, wie die folgenden, die exemplarisch ausgewählt wurden. Sie bezweifeln grundsätzlich, daß sich die Gründung des BMU positiv für die Umweltverwaltung ausgewirkt hat. Ob eingestanden oder nicht, relativiert sich damit gegebenenfalls natürlich auch die Aussage, daß man das Ressort früher hätte gründen sollen, sinngemäß in Richtung auf ein "Wenn schon überhaupt ein Umweltministerium, dann hätte man es entweder von Anfang an oder zumindest zu Beginn der Legislaturperiode - also 1983 - einrichten sollen." Zumindest der erste der im folgenden zitierten Gesprächspartner ist sich dieses Zusammenhangs durchaus bewußt:

> "Ich hatte ja, glaube ich, in meiner schriftlichen Stellungnahme gesagt, daß ich mit der Situation im Innenministerium gut habe leben können. Der Umweltschutz hatte in dieser Zeit ein gutes Gewicht. Dieses Gewicht hat dadurch, daß es jetzt ein Umweltministerium gibt, nicht zugenommen [...]. Es ist für den Umweltschutz wichtig, das er von einem Minister vertreten wird, der selbst eine starke Position hat. Das ist tendenziell eher der Fall bei einem klassischen Ressort als bei einem Ministerium, das sich ausschließlich dieser Aufgabe verschreibt [...]. Wenn man allerdings sagen würde, es geht um den Symbolwert beispielsweise, dann hätte man das Umweltministerium natürlich schon zu Beginn der 70er Jahre gründen müssen, nämlich zusammen mit den ersten Umweltaktionsprogrammen"[38] (Interview BMU, 08.03.1987).

> "Mit der Gründung des BMU war auch eine deutliche Schwächung der Position des Umweltschutzes verbunden. Wir waren auf einmal kein klassisches Ressort mehr und waren nicht mehr die Nummer Zwei im Kabinett, sondern die Nummer Vierzehn. Es mag lächerlich klingen, diesen Unterschied zu machen. Es ist aber in Wahrheit für jemanden, der die Kabinettsarbeit etwas genauer kennt, ein großer Unterschied, ob ein klassisches Ministerium sich zu Wort meldet, oder ein sogenanntes "Für-Ministerium", wie wir es heute sind [...]. Meine Antwort heißt zuerst einmal, daß wir schwer verloren haben bezüglich des Standings im Kabinett [...]. Es war für Insider zunächst mal eine erhebliche Zurücksetzung, die erst langsam wieder aufgearbeitet wird. Aber ein klassisches Ressort werden wir niemals wieder" (Interview BMU, 10.03.1994).

> "Ich meine, daß die Effektivität des Umweltschutzes nicht unbedingt gestiegen ist durch die Gründung des Umweltministeriums. Es wurde auch schon vorher erfolgreich Umweltpolitik betrieben im Innenministerium, so daß die Frage, ob es zu spät gegründet worden ist, aus meiner Erfahrung nicht sehr erheblich ist" (Interview BMU, 10.03.1994).

> "Ich bin nicht der Ansicht, daß das BMU zu spät gegründet wurde. Ich habe immer noch Zweifel, ob es überhaupt richtig und notwendig war, es zu gründen [...]. Ich glaube, wir hätten noch

---

37 Die im folgenden wiedergegebenen Äußerungen entstammen sämtlich den Antworten auf die Frage nach dem Gründungszeitpunkt des BMU. Die grundsätzliche "Sinnfrage" wurde in den Interviews aufgrund der Sensibilität der Materie bewußt nicht gestellt.

38 In diesem Zusammenhang sei an den Befund von Müller (1986:501) erinnert, demzufolge in der Etablierungsphase der Umweltpolitik die Konzentration der umweltpolitischen Zuständigkeiten für die Erarbeitung der Fachprogramme vorteilhaft gewesen wäre, ein Nachholen dieser Entscheidung jedoch nicht zu empfehlen sei.

erfolgreicher sein können, wenn der hohe Stellenwert der Umweltpolitik, der ihr ja erst nachher zugewachsen ist, im Rahmen des Innenministeriums geblieben wäre" (Interview BMU, 09.03.1994)

"Ich bin nach den Erfahrungen, die ich gemacht habe in den letzten Jahren, sehr nachdenklich, ob nicht Herr Hartkopf, unser ehemaliger Staatssekretär, doch Recht gehabt hat, als er immer davor warnte, den Umweltschutz aus dem BMI auszugliedern [...]. Das Umweltministerium ist ein [...] ganz schwaches Ressort [...], ist in fast jeder Auseinandersetzung zweiter Sieger. Das sind alles Dinge, die mit einem Innenminister nicht möglich gewesen wären [...]. Das Innenministerium ist eines der klassischen Ministerien mit großem Gewicht, mit einigen Sonderrechten auch als Verfassungsministerium. Die Aufgabe seines Schutzes und seines Daches hat bezüglich der Durchsetzbarkeit von Umweltpolitik zu einer erheblichen Schwächung geführt" (Interview BMU, 08.03.1994).

Selbst im Vergleich mit der früheren Unterabteilung Naturschutz im Landwirtschaftsministerium, deren Stellenwert ja, wie gezeigt, nicht sonderlich hoch einzuschätzen war, schneidet das Umweltressort nicht unbedingt positiv ab. Dies hatte sich bereits kurz nach seiner Einrichtung angedeutet:

"Es gab, als wir noch im BML waren, einen Gesetzesentwurf zur Veränderung der Landwirtschaftsklausel im Naturschutzgesetz und zur Einführung der Verbandsklage im Naturschutz. Jetzt sind wir im Umweltministerium: Es steht fest, daß es die Verbandsklage in dieser Legislaturperiode nicht geben wird. Und hinsichtlich der Landwirtschaftsklausel: Wenn wir das schaffen, was damals in dem Regierungsentwurf stand, dann ist das schon ein Erfolg für das fachliche Anliegen, daß wir dabei haben" (Interview BMU, 23.04.1987).

Sieben Jahre später war die Novelle des Naturschutzgesetzes noch immer nicht realisiert. Wenig verwunderlich also, daß man auch in der Naturschutzabteilung kritische Vergleiche mit der Vergangenheit anstellt. Hierzu ein Kollege des seinerzeit interviewten Beamten:

"Ich bin grundsätzlich gar nicht sicher, ob die Belange des Umweltschutzes - und mich interessieren insbesondere die Belange des *Naturschutzes* - in einem Umweltministerium besser aufgehoben sind, als zum Beispiel früher, als sie noch beim Landwirtschaftsminister ressortiert haben [...]. Die acht Jahre, die es das Umweltministerium nunmehr gibt, haben meines Erachtens nicht den Beweis dafür geliefert, daß die Belange des Naturschutzes hier in einem eigenen Ministerium besser aufgehoben sind als in einem anderen, zum Beispiel dem Landwirtschaftsministerium" (Interview BMU, 08.03.1994).

Es scheint, als sei zumindest aus Sicht der betroffenen Ministerialbürokratie der "aus hohen Erwartungen und Vorschußwohlwollen geflochtene Lorbeerkranz" des Umweltministers tatsächlich so schnell verwelkt, wie von Müller (1986: 536) bereits vor dessen Ernennung prophezeit. Grund genug also, den Langzeitwirkungen, die der Gründungserlaß für das Bundesumweltministerium vom 06. Juni 1986 für die umweltpolitische Arbeit der Bundesregierung insgesamt hatte, im folgenden detailliert nachzugehen, und die Gründe für die Skepsis aufzudecken, mit der die BMU-Mitarbeiter ihr Ressort betrachten.

3. Die Umweltpolitik im Zusammenspiel der Bundesministerien

3.1 Die halbherzige Konzentrationslösung

Der moderne Staat ist nicht zuletzt "Gesetzgebungsstaat".[1] Dies manifestiert sich auch in der Aufgabenzuschreibung für die Regierung. Sie "[...] soll den politischen Willen einer parlamentarischen Mehrheit in die Form konkreter Gesetzesvorschläge bringen [...]. Aufgabe der Regierung ist es dabei, über Einzelentscheidungen hinaus eine konsistente Politik zu entwikkeln, welche sich im Rahmen der finanziellen Möglichkeiten bewegt und in sich einigermaßen widerspruchsfrei ist" (Rudzio 1991: 269). Ihrer "gubernativen", d.h. ihrer "konkret-handelnde[n], verwirklichende[n] und zweckhaft gestaltende[n] Funktion" (Böckenförde 1964: 86), kommt die Bundesregierung materiell also vor allem durch die Erarbeitung von Gesetzes- und Verordnungsentwürfen nach: "Die Ausarbeitung eines Gesetzgebungsprogramms und seine politische Durchsetzung [...] ist ihre Hauptaufgabe" (Bryde 1989: 863). Sieht man einmal vom Auswärtigen Amt und vom Verteidigungsministerium ab, die beide über einen breiten Unterbau "ausführender Verwaltung" verfügen (Thränhardt 1995: 64), sind die Bundesministerien deshalb im wesentlichen als "Vorschriftenwerkstätten"[2] konzipiert. Zur Gewährleistung einer konsistenten Politik gilt es, ihre Tätigkeit so optimal wie möglich zu koordinieren.[3]

Das Koordinationsproblem ist prinzipiell unaufhebbar: "Die Wahrnehmung öffentlicher Aufgaben muß arbeitsteilig organisiert werden; der Gegenstandsbereich öffentlicher Aufgaben, die gesellschaftlichen Problemzusammenhänge, folgen in ihrer Struktur jedoch nur ausnahms-

---

1 Der Begriff wird hier wertneutral gebraucht, ohne daß damit in Abrede gestellt wird, daß die einleitend bereits zitierte Kritik am "Wuchern staatlicher Normen und Bürokratien", das den "demokratischen Sozial- und Umweltschutzstaat" unserer Tage kennzeichne (Zippelius 1994: 199f.), gewiß einen rationalen Kern hat. Das zeigt sich daran, daß schon die bloße Quantifizierung der Umweltvorschriften Probleme bereitet. Die bayerische Staatskanzlei ermittelte mehr als 800 Umweltgesetze, 2770 Umweltverordnungen und ca. 4700 entsprechende Verwaltungsvorschriften (vgl. Nordbayerische Nachrichten, 24.10.1995: 15). Von diesen Zahlen ging auch der Bundestagsabgeordnete Lennartz (SPD) in einer schriftlichen Anfrage an die Bundesregierung aus. In seiner Antwort auf diese Anfrage hielt das BMU dem entgegen, daß hier offenbar gleiche oder zumindest ähnliche Regelungen der Bundesländer aufsummiert wurden (Umwelt Nr. 12/1995:441). Auf Bundesebene handele es sich "nur" um 233 Gesetze, 549 Verordnungen und 498 Verwaltungsvorschriften, die häufig nur zum Teil umweltrelevante Regelungen enthielten. Hinzu kämen 330 EU-Verordnungen mit unmittelbar bindender Wirkung.
2 Diese Begrifflichkeit ist von Mertes/Müller (1987: 463) übernommen.
3 Hieraus ergibt sich, wie Böckenförde (1964: 87) herausarbeitet, daß die Organisationsgewalt funktional notwendiger und integraler Bestandteil der vollziehenden Gewalt ist.

weise den Zuständigkeitsabgrenzungen innerhalb der staatlichen Organisation zwischen Referaten, Abteilungen und Ressorts [...]", weshalb die Hoffnung, Zuständigkeits- und Problembereiche durch Organisationsentscheidungen vollständig zur Deckung zu bringen und Kompetenzüberschneidungen grundsätzlich ausschließen zu können, utopisch bleiben muß (Scharpf 1973: 107f.). Das bedeutet jedoch nicht, daß jedwede "aktive Verwaltungspolitik" (Jann 1994: 15), die Organisationsentscheidungen zielgerichtet zur Reduzierung von Kompetenzüberschneidungen und Koordinationszwängen einzusetzen versucht, zwangsläufig zum Scheitern verurteilt wäre. Allerdings bedarf die Forderung nach einer "sauberen" Kompetenzabgrenzung zwischen den Ministerien weiterer Präzisierung. Die Projektgruppe für Regierungs- und Verwaltungsreform beim BMI (PRVR 1969: 10) orientierte sich hierzu zunächst am Grundsatz der prinzipiellen Gleichrangigkeit der Ministerien untereinander, welche eine "Ausgewogenheit" der den einzelnen Ressorts zugewiesenen Aufgabenbereiche notwendig mache. Dem zur Seite stellte die Projektgruppe das Gebot, den "Sachzusammenhang" der einzelnen Aufgabenbereiche zu wahren:

> "Die Vereinigung zusammenhängender oder sich gegenseitig beeinflussender Arbeitsgebiete in einem Ressort hat den Vorteil, daß die Koordination wesentlich erleichtert wird. Eine gewisse Schwierigkeit besteht allerdings darin, daß viele Staatsaufgaben Bezüge zu mehreren Bereichen haben. Es kommt daher darauf an, mit einiger Sicherheit zu ermitteln, wo der engste Sachzusammenhang besteht. Eine Hilfe kann dabei die Prüfung sein, inwieweit eine Identität der Ziele festzustellen ist, oder, wo diese in einem Spannungsverhältnis zueinander stehen, inwieweit das Informationsfeld das gleiche ist oder ob es sich um die gleiche Adressatengruppe handelt. Zwar sind auch diese Faktoren nicht meßbar, aber doch wenigstens abzuschätzen."

Die Operationalisierung der an den Zuschnitt der Ministerien anzulegenden Kriterien erweist sich als schwieriges Geschäft. Die Verwaltungswissenschaft ist diesbezüglich denn auch über die bereits in den sechziger Jahren entwickelten Überlegungen nicht wesentlich hinausgekommen (Derlien 1996: 564). Aus gutem Grund begnügt man sich deshalb mit eher bescheidenen Mindestanforderungen an die Regierungsorganisation. Diese sehen Hesse/Ellwein (1992: 266) in einer "zeitgemäße[n] Anpassung der Ministerialorganisation und der Regierungsarbeit insgesamt an die zu lösenden Problemstellungen", wobei zu beachten stehe, die "Geschäftsbereiche der einzelnen Ministerien einigermaßen deutlich gegeneinander abzugrenzen." Gelänge letzteres nicht, so die Autoren weiter, sei jeweils zu fragen, ob unüberwindbare sachliche Schwierigkeiten vorgelegen hätten, oder die Mängel in der Zuständigkeitsverteilung politisch bedingt seien. Die Antwort auf diese Frage wurde in bezug auf das Umweltministerium im vorigen Kapitel bereits vorweggenommen: Bei seiner Gründung diktierten die politischen Rahmenbedingungen die Entscheidung über die Kompetenzzuweisung ganz eindeutig.

Bei der Einrichtung des Ressorts wurden zwar Ad-hoc-Entscheidungen getroffen. Doch sie erwiesen sich als zählebig und schwer bzw. gar nicht korrigierbar, denn im politisch-administrativen Alltagsgeschäft ist jedes Ressort auf die Erhaltung seiner Kompetenzen bedacht. Eine "Abrundung" der Zuständigkeiten des Umweltministeriums, wie man sie sich dort in der Gründungsphase vereinzelt noch erhoffte, blieb deshalb bis heute aus. Das Umweltministerium ist nach wie vor nur für einen "Kernbereich" der Umweltnormen zuständig. Es bearbeitet nach eigenen Angaben (Umwelt, Nr. 12/1995: 441) federführend ca. 20 Gesetze, 61 Verordnungen und 25 Verwaltungsvorschriften. Im Vergleich mit der Gesamtzahl der umweltrelevanten Gesetze, Verordnungen und Verwaltungsvorschriften des Bundes ist dies ein durchaus bescheidener Ausschnitt aus der Gesamtmaterie.[4] Die folgende Tabelle zeigt, daß dies im Umweltministerium sehr kritisch beurteilt wird.

Tabelle 3.1: Beurteilung des kompetenziellen Zuschnitts des BMU

	absolut	v.H.
ohne Angabe	1	0.7
unzureichend	49	32.6
eher unzureichend	51	34.0
unentschieden	22	14.7
eher ausreichend	9	6.0
ausreichend	18	12.0
gesamt	150	100.0

Einhundert, also exakt zwei Drittel aller Befragten, sind also der Auffassung, daß dem BMU wichtige Fachkompetenzen fehlen.[5] Wo diese Kompetenzen verortet werden, verdeutlicht Tabelle 3.2. Sie zeigt, daß nach Auffassung der Ministerialbürokratie des BMU vor allem im Wirtschafts-, Landwirtschafts, Verkehrs-, Gesundheits- und Forschungsministerium noch

---

4   Deshalb arbeitet die von Weale u.a. (1996) vorgelegte Sechs-Länder-Studie zur Organisation der Umweltverwaltungen in bezug auf Deutschland leider mit einer falschen Prämisse, nämlich der, daß auf der Ebene des Bundes mit der Gründung des BMU eine vollständige Konzentration der umweltpolitischen Kompetenzen erfolgt sei.
5   Aus später in verschiedenen Zusammenhängen noch zu erörternden Gründen spielt die Abteilung RS (Reaktorsicherheit und Strahlenschutz) in vielerlei Hinsicht eine Sonderrolle. Läßt man die Antworten aus dieser Abteilung hier außer Betracht, steigt der Anteil der mit der Kompetenzenverteilung Unzufriedenen sogar auf 72 %. Ihr Anteil ist mit 88.5% am höchsten in der Abteilung IG, die u.a. den Immissionsschutz und das Chemikalienrecht bearbeitet, am niedrigsten mit nur 33.8 % eben in der Abteilung RS.

immer Zuständigkeiten für den Umweltschutz liegen, die man aus verschiedenen Gründen lieber im eigenen Hause sähe. Insbesondere in den Abteilungen für Wasser- und Abfallwirtschaft (WA) und für Immissions- und Gesundheitsschutz sowie Chemikalienrecht (IG) ist man mit der kompetenziellen Ausstattung des Ministeriums unzufrieden. Dies schlägt sich auch in der Nennung der konkreten Fachaufgaben, die im BMU für die eigene Zuständigkeit reklamiert werden, nieder. An der Spitze rangiert hierbei die Energiepolitik, die von achtunddreißig Befragten genannt wird, gefolgt vom Problembereich "Umweltaspekte der Verkehrspolitik" mit sechsundzwanzig Nennungen. Die Zuständigkeit für die Umweltgrundlagenforschung hätten zwanzig Ministerialbeamte lieber im eigenen Haus, und ebenso viele reklamieren den Arbeits- und Gesundheitsschutz einschließlich des Gefahrstoffrechts als genuin umweltpolitische Zuständigkeit. Schließlich vermissen vierzehn Befragte die Kompetenz zur Regelung des Pflanzenschutz- und Düngemittelrechts.

Tabelle 3.2: Ministerien, deren umweltpolitische Zuständigkeiten dem BMU zugewiesen werden sollten (Mehrfachnennungen möglich)

	Abt.G	Abt.IG	Abt.N	Abt.RS	Abt.WA	Abt.Z	keine Angabe	gesamt
BMWi	4	11	3	8	20	7	6	59
BML	3	5	5	1	13	6	4	37
BMV	3	5	3	2	10	4	2	29
BMG	2	6	1	3	6	6	1	25
BMFT	1	5	0	2	8	3	1	20
BMBau	1	2	0	4	2	2	0	11

Nun ist man sich im Umweltministerium durchaus bewußt, daß der kompetenzielle Ressortzuschnitt nicht grenzenlos erweitert werden kann, denn letztlich kommen jeder Fachpolitik Umweltaspekte zu:

"Der Umweltschutz, bezogen auf die Ressortzuständigkeiten, ist Querschnittspolitik. Wenn ich mit der Kritik an unseren beschränkten Zuständigkeiten wirklich Ernst machen würde, müßte ich aus allen Ressorts Zuständigkeiten herausbrechen. Das wäre sicherlich auch nicht im Sinne einer vernünftigen Regierungsordnung" (Interview BMU, 08.03.1994).

Das folgende Zitat offenbart eine ganz ähnliche Sichtweise, fügt aber einen wesentlichen Aspekt hinzu. Er bezieht sich auf die Vorteile des Initiativrechts und der Problemdefinitionsmacht, die mit der Federführung für einen bestimmten Sachbereich für das jeweilige Ressort verbunden sind. Schon die Projektgruppe Regierungs- und Verwaltungsreform hat darauf verwiesen, daß die herkömmliche Organisation der interministeriellen Zusammenarbeit für die "arbeitsteilige Entwicklung einer konzeptionellen Politik" nicht ausreiche, weil sie die mit dem Institut der Federführung verbundenen strategischen Vorteile bestenfalls zu mildern, nicht jedoch im ausreichenden Maße abzubauen vermöge.[6] Die Chance, inhaltliche Vorentscheidungen zu fixieren, wird natürlich auch von den Konkurrenten des BMU genutzt, was Anlaß gibt, zumindest Einzelkorrekturen der Verteilung umweltpolitischer Zuständigkeiten einzufordern:

> "Sie können nicht grundsätzlich sagen: Konfliktfälle sind immer zu regeln durch einen Kompetenzentransfer. Das geht nicht [...]. Trotzdem könnte man sich vorstellen, daß zum Beispiel die Düngeverordnung herausgenommen wird aus der Federführung des BML und an das Umweltministerium überführt wird. Da wäre natürlich die Situation dann ganz anders. Wir würden die Vorschläge machen, und andere müßten ablehnen. Nicht wir müßten pausenlos fordern, wie wir das in diesem Falle tun und wo wir möglicherweise in dem einen oder anderen Punkt gegen eine Wand laufen" (Interview BMU, 10.03.1994).[7]

Ähnlich argumentiert ein Referatsleiter in der Abteilung IG, und zwar besonders nachdrücklich in bezug auf das Arbeits- und das Gesundheitsministerium:

> "Es war ja im Chemikalienbereich so, daß mit der Gründung des Umweltministeriums der ganze Chemikalienbereich aus den Ministerien für Gesundheit und Landwirtschaft und aus dem Innenministerium zusammengeführt wurde. Was fehlt, ist aber der gesamte Arbeitsschutzbereich. Ich persönlich habe immer gesagt, daß es natürlich das Richtigste gewesen wäre, wenn man den Chemikalienbereich auch noch darum bereichert hätte, so daß dann nur noch ein Ressort - das BMU - für das gesamte Chemikalienrecht zuständig gewesen wäre. Statt dessen haben wir zur Zeit, um es ganz konkret zu sagen, immer wieder Überschneidungen und Ärger mit dem Arbeitsministerium über die ganzen Fragen der gesundheitlichen Einstufungen und Kennzeichnung von Stoffen und Zubereitungen. Es ist gar nicht einzusehen, warum das beim Arbeitsministerium läuft, aber das ist eben seit inzwischen fünfzehn Jahren so festgeschrieben. Und man kann jetzt schon

---

6 "Das auch für die interministerielle Zusammenarbeit geltende Institut der Federführung gibt dem Federführenden ein klares Übergewicht, die Herrschaft über das Verfahren und die Möglichkeit, die anstehenden Fragen mit Vorrang aus dem eigenen Blickwinkel zu behandeln und damit Richtung und Gewicht späterer Lösungen zu einem Zeitpunkt zu präjudizieren, zu dem die Informationsbasis insbesondere für die übrigen Beteiligten in aller Regel noch schmal ist. Das Institut der Federführung erweist sich damit in der interministeriellen Zusammenarbeit als nicht geeignet, die negativen Konsequenzen des Zuständigkeitsdenkens völlig auszuschließen" (PRVR 1969: 189).

7 Die pessimistische Prognose in bezug auf die Düngeverordnung hat sich im übrigen bewahrheitet. Die am 15. Dezember 1995 vom Bundesrat verabschiedete Verordnung charakterisierte beispielsweise die Süddeutsche Zeitung (03.03.1996: 2) zu Recht als vollen Erfolg für die Agrarlobby, die sich gegen die Umweltpolitiker in allen wesentlichen Punkten habe durchsetzen können. Auch Ellwein (1996: 18) verbucht sie als "weiteren Sieg Heeremanns über ökologische Notwendigkeiten."

voraussagen, daß sich das auf dem Sektor der Biozide in sicherlich schlimmer Form wiederholen wird" (Interview BMU, 08.03.1994).

Ein Fachkollege aus derselben Unterabteilung unterstützt diese Aussage. Er weiß allerdings in bezug auf die Vorbereitung des Biozidgesetzes noch ein wichtiges Detail zu ergänzen:

"Ganz wichtige Zuständigkeiten hat der BMA aus unserem Bereich, und zwar den Bereich der Kennzeichnung von gefährlichen Stoffen. Der ist unter dem Vorzeichen Arbeitsschutz sehr stark entwickelt worden, gehört aber inhaltlich wesentlich stärker zum Verbraucherschutz. Deshalb müßte das an sich 'rüber zu uns gehen. Und dann sind noch gewisse Zuständigkeiten beim BMG verblieben, an die man damals bei der Gründung des BMU nicht gedacht hat. Dadurch verlieren wir unheimlich viel Zeit mit diesen Ressortzuständigkeiten, müssen uns oft mit Streitereien abgeben. Zum Beispiel haben die Staatssekretäre eine gemeinsame Federführung, die es in der GGO gar nicht gibt, vereinbart für das neue Biozidgesetz, das geschaffen werden soll. Der Grund ist, daß hier bestimmte Zuständigkeiten noch beim BMG liegen, das Bedarfsgegenständegesetz jedoch bei uns ressortiert. Jeder, der Erfahrung mit der Verwaltung hat, der weiß, das geht nicht. Einer muß doch die Sitzungen leiten [...], und es muß einen geben, der einlädt. Man muß einfach wissen: Mit einer gemeinsamen Federführung, das kann nur Streit und Krach und Theater geben. Aber dafür können Sie den Staatssekretär nicht kritisieren, weil das eben von höherer Warte aus so beschlossen wurde. Und die haben natürlich einen Kompromiß geschlossen, d.h. sie haben das Problem ausgeklammert und auf morgen vertagt, weil sie sich nicht einigen konnten. Aber es ist nicht sonderlich opportun, daß oben so vorzutragen" (Interview BMU, 10.03.1994).

Mit der gemeinsame Federführung hat sich bereits die PRVR auseinandergesetzt. Auch sie kam zu dem Ergebnis, daß es sich hierbei um ein denkbar ungeeignetes Koordinationsinstrument handelt.[8] Deswegen überrascht es nicht, daß man auch im Gesundheitsministerium die kompetenzielle Überschneidung im Bereich Umwelt- und Gesundheit kritisch sieht. Hier allerdings würde man die partielle Umressortierung der "gesundheitlichen Belange des Umweltschutzes" in das BMU gern rückgängig machen:

"Ich halte diese Aufteilung, die man gemacht hat, um das Umweltministerium stark zu machen, für eine äußerst willkürliche Geschichte. Man hat den Gesundheitsschutz damals auseinandergerissen, denn man hat geglaubt, daß dieser Teil des Gesundheitsschutzes, also das Chemikalienrecht, besser im BMU aufgehoben wäre, weil die Nähe zum Umweltschutz dieses Thema beflügeln würde. Das hat sich als äußerst trügerisch erwiesen, denn man hat lange Zeit gebraucht, bis man sich dieser Thematik als eigenständiges Gebiet angenommen hat. Man mußte sich erst einarbeiten, habe ich das Gefühl. Und es kommt hinzu, daß diese Unterabteilung in einer Abteilung ist, in der auch noch andere, technische Referate des Umweltschutzes angesiedelt sind, und der Abteilungsleiter manchmal Konfliktsituationen auszuhalten hat [...]. Es nützt ja nichts, wenn bei Gesundheit und Luftreinhaltung große Forderungen aufgestellt werden, und dann kommen die Immissionsleute und sagen: "Das unterschreiben wir nicht." Das heißt, diese Konflikte würde man besser ausdiskutieren, wenn diese Bereiche in verschiedenen Ressorts lägen. Dann würde man klare Fronten haben. So aber wird viel im eigenen Saft geschmort und wir haben nicht die offene Diskussion, die wir brauchen. Wir müssen die Konflikte thematisieren, und zwar offen zwischen den Ministerien, aber so hat man Dinge zusammengeführt, die nicht glücklich miteinander sind" (Interview BMG, 29.08.1995).

---

8   "Die gemeinsame Federführung entspricht nicht der Forderung des Art. 65 GG, daß grundsätzlich nur ein Bundesminister für einen Sachbereich verantwortlich sein soll. Bei Angelegenheiten, die über einen Geschäftsbereich hinausgehen, sollte das andere Ressort nur beteiligt werden; eine weitergehende Kooperation in Form der gemeinsamen Federführung bringt neben erheblichen Arbeitserschwernissen auch Unklarheiten hinsichtlich der Verantwortlichkeit mit sich" (PRVR 1969: 50).

Der hier zitierte Vertreter des Gesundheitsministeriums nimmt eine Argumentationsfigur auf, die ebenfalls schon von der PRVR (1969: 11) formuliert wurde. Es geht um das Problem, daß grundsätzliche Zielkonflikte tunlichst nicht einem Ressort überlassen werden sollten, sondern daß sich hier eine geteilte Zuständigkeit empfiehlt. Auf wessen Seite man sich im hier interessierenden Fall schlagen will, sprich, ob man das Chemikalienrecht besser im Gesundheits- oder im Umweltministerium aufgehoben sieht, hängt also davon ab, ob man tatsächlich einen grundsätzlichen Zielkonflikt zwischen Immissions- und Gefahrstoffrecht diagnostizieren kann. Dafür gibt es zumindest aus Sicht der Betroffenen allerdings wenig Anlaß; niemand aus der Abteilung IG machte Probleme mit der jeweiligen "Schwester- Unterabteilung" namhaft. Gleichwohl dient das Beispiel hier nicht einer Parteinahme für das BMU, sondern zur weiteren Illustration des Umstands, daß das "Hauptziel" jeder Entscheidung über die Regierungsorganisation, nämlich "[...] klare Zuständigkeitsbereiche mit rationeller Abgrenzung zu schaffen" (PRVR), im Umweltbereich verfehlt worden ist.

Weil von der Erfüllung auch dieser Mindestanforderung an den Ressortzuschnitt also offensichtlich nicht die Rede sein kann, ist es mehr als der übliche Ressortegoismus, der die Beamten des BMU zur Fürsprechern einer kompetenziellen Flurbereinigung zugunsten des eigenen Hauses macht. Es geht, wie es ein Referatsleiter ausdrückt, "[...] keineswegs darum, willkürlich möglichst viele Aufgaben an Land zu ziehen" (Interview BMU, 09.03.1994). Die Beamten im BMU kritisieren mehrheitlich vielmehr den an den Rändern gleichsam "ausgefransten" Zuständigkeitsbereich ihres Ressorts, und zwar nicht nur, weil er einem effizienten Geschäftsgang entgegenstehe und unnötige Reibungsverluste erzeuge, sondern auch, weil er die Konsistenz der von der Bundesregierung insgesamt verfolgten Politik gefährde. Dies sei an zwei weiteren Beispielen illustriert:

"Mir fällt hier vor allem die Zuständigkeit des Arbeitsministers für die Röntgenverordnung und den medizinischen Strahlenschutz in diesem Bereich ein. Vielleicht gibt es auch Gründe, das Gegenteil für richtig zu halten, denn daß das beim Arbeitsminister liegt, ist Tradition. Aber man muß eben wissen: Die Röntgenverordnung ist im Inhalt praktisch deckungsgleich mit der Strahlenschutzverordnung und sie ist auch auf das Atomgesetz gestützt. Es läge also nahe, sie hier hereinzuholen, um eine einheitliche Ausrichtung der Gesamtpolitik zu sichern" (Interview BMU, 10.03.1994).

"Es geht mir um die Kennzeichnung von Gefahrguttransporten. Das Gefahrgutrecht ist eindeutig eine Domäne des Verkehrsministers. Das führt zu unserem Leidwesen dazu, daß die Kennzeichnung von problematischen Stoffen im Transportwesen ganz anders aussieht als hier im allgemeinen Chemikalienbereich. Das ist ein Punkt, der uns seit Jahren stört und der schwer zu bereinigen ist" (Interview BMU, 09.03.1994).

Neben die fachlichen Aspekte, die bei der Kritik an den Zuständigkeiten des Umweltministeriums zumeist hervorgehoben werden, tritt jedoch in den Augen manches Ministerialbeamten noch ein anderer, letztlich wichtigerer Gesichtspunkt, nämlich der der Durchsetzungsmacht des Ministeriums, den man nicht getrennt von den fachlichen Zuständigkeiten analysieren dürfe. Besonders pointiert kommt dies in folgender Interviewpassage zum Ausdruck:

"Was man machen könnte oder müßte, ist, dem Umweltministerium Bereiche zu geben, mit denen Verhandlungsmacht ins Ministerium kommt. Das wäre in erster und vorderster Linie die Energiewirtschaft. Es werden zwar auch andere Bereiche genannt wie Städtebau und Raumordnung, Forschung und Technologie, Gesundheit und so etwas. Das sind aber auch alles fußkranke und schwache Politikbereiche. Aus zwei Schwachen wird eben kein Starker. Mit der Energie wäre das etwas anderes, etwas qualitativ anderes. Vor allem die Bereiche Strom und Gas, denn das ist sozusagen die Schlüsselstellung des Industriesystems, was sich dort tut. Da würde eine Tauschmasse kommen, die auch einen Politiker sozusagen erster Machtgüte anzöge. Sehen Sie, in ein Innenministerium gehen Leute, die das auch als Lebensziel betrachten können oder aber als Durchgang zum Kanzler. In ein Umwelt-, Gesundheits- oder Forschungsministerium gehen entweder Fachleute, wie Herr Töpfer, oder verdiente Parteigenossen, die irgendwie auch mal belohnt werden müssen. Aber mit der Energie würde all das wahrscheinlich anders, das könnte Leute anziehen, die sehr machtorientiert sind. Es würde zwar neue Konflikte ins Haus bringen: Die Kosten wären, daß man dann die reine Seele des Umweltschutzes nicht wahren könnte. Man würde dann Konflikte austragen müssen, die vielleicht auch innerhalb des Hauses zum Nachteil des Umweltschutzes entschieden würden. Das war ja das Besondere des Innenministeriums, daß Innere Sicherheit und Beamtentum als Tauschmasse des Ressorts keinen unmittelbaren Konflikt mit dem Umweltschutz haben. Die Energie hat unmittelbare Konflikte, das ist keine Frage. Und deshalb würde dann vielleicht manchmal der Umweltminister auch mal wie ein Energie- und Industrieminister aussehen als wie ein Umweltminister [...]. Aber er würde meines Erachtens in der Summe dem Umweltschutz, der ja nicht sozusagen im politischen Vakuum existieren kann, bei allen Konflikten und Anfechtungen, denen er dann vielleicht in neuer Form unterworfen wäre, insgesamt viel mehr Macht geben. Er würde dann, das glaube ich schon, zum inneren Kreis der Regierung gehören. Aber genau diese Überlegungen bezeichnen auch die Gründe, weshalb das nie eintreten wird" (Interview BMU, 10.03.1994).

3.2 Konsens oder Konflikt? Das BMU im interministeriellen Abstimmungsprozeß

Daß innerhalb der Ministerialbürokratie der fachliche Aspekt der Ressortzuständigkeiten mit der genuin politischen Frage nach der Durchsetzungsmacht verknüpft wird, mag zumindest denjenigen überraschen, der das Bild des "klassischen" Beamten (Steinkämper 1974: 3ff.) pflegt, welcher hierarchische Entscheidungen zu respektieren weiß und sich der Regierung als ganzer verpflichtet fühlt. Die Argumentation des zitierten Beamten widerspricht jedoch auch einer Einschätzung, die im politik- und verwaltungswissenschaftlichen Schrifttum seit den Untersuchungen von Mayntz und Scharpf (1973) zu den Entscheidungen in der Ministerialorganisation weit verbreitet ist, nämlich der, daß die Abstimmungsprozesse innerhalb und zwischen den einzelnen Ministerien[9] im wesentlichen ohne Schwierigkeiten abliefen (Benzner 1989: 115). Hintergrund dieser Einschätzung ist der Umstand, daß die Programmentwicklung innerhalb der Bundesregierung weitgehend dezentralisiert ist, d.h. daß sie im wesentlichen von den einzelnen operativen Basiseinheiten, sprich den Fachreferaten, ausgeht, was diese zur "Selbstkoordination" zwinge. Für die horizontalen Verhandlungen zwischen den Referaten, Unterabteilungen und Abteilungen der einzelnen Ministerien gelte, so Scharpf, daß "einvernehmliche Entscheidungen" die Regel seien. Damit sei eine grundlegende Voraussetzung für eine funktionierende Regierungsarbeit gesichert, denn:

> "Die Minister und das Kabinett können ihre Funktionen überhaupt nur dann erfüllen, wenn die auf ihre Tagesordnung kommenden Entscheidungsvorschläge in aller Regel aus intra- und interministeriellen Entscheidungsprozessen hervorgehen, in denen bereits Einvernehmen zwischen den beteiligten Einheiten erreicht wurde. Das Überraschende ist, daß angesichts komplexer Interdependenzen und allfälliger Konflikte diese Übereinstimmung zwischen den Arbeitseinheiten in der Regel auch erreicht wird" (Scharpf 1993: 68).

Empirische Grundlage für dieses Urteil ist die Beobachtung, daß in der Regel auf "hierarchische Koordination", d.h. auf die Einschaltung der jeweiligen Leitungsebenen zur Konfliktschlichtung verzichtet werde: "Nur wenn die Abstimmungsprobleme [...] zu gravierend sind und nicht selbständig bereinigt werden können, wird entweder die Führungszwischenschicht, die Leitungsebene oder sogar das Kabinett eingeschaltet" (Benzner 1989: 115). Der Preis für die horizontalen, multilateralen Abstimmungsprozesse, die aus der Dezentralität der Programmentwicklung resultieren, sei allerdings, so der Tenor im vorliegenden Schrifttum, das sich bis heute durchgängig auf die von Mayntz/ Scharpf (1973) vorgelegten Ergebnisse beruft, daß "negative Koordination" das Alltagsgeschäft dominiere. Weil die zur Diskussion anstehenden Programmentwürfe von den jeweils zu beteiligenden Einheiten primär auf mögliche negative Auswirkungen für den eigenen Aufgaben- und Zuständigkeitsbereich hin geprüft würden, würden sie in der Regel "herunterkoordiniert", bis alle strittigen Punkte bereinigt seien. Inkrementalismus, also eine Politik der kleinen Schritte, sei mithin organisatorisch gewissermaßen vorprogrammiert (Benzner 1989: 115). Da aber die Abstimmungsprozesse häufig in bloßer Formalität bestünden, weil das jeweils programminitiierende Referat die Einwände der Mitzeichnungsberechtigten in der Regel antizipiere und bei der Erarbeitung ihres Vorschlages schon berücksichtige, werde insgesamt ein "durchaus brauchbares Niveau effektiver Programmkoordination" erreicht (Scharpf 1993: 70).

---

9   Hier intersssiert zunächst nur der zweite Aspekt. Zum Problem der ressortinternen Koordination im BMU vgl. Kapitel 5.

Die Programmkoordination schlägt sich im Normalfall darin nieder, daß die beteiligten Ressorts eine einvernehmliche Lösung erzielen, bevor das Kabinett mit der entsprechenden Vorlage befaßt wird. Zwar eröffnet Art. 65 Satz 3 GG ("Über Meinungsverschiedenheiten zwischen Bundesministern entscheidet die Bundesregierung") grundsätzlich die Möglichkeit, interministerielle Konflikte "streitig zu halten" und vom Kabinett mehrheitlich entscheiden zu lassen, doch kommt dieser Option für die Regierungspraxis offenbar nur geringe Bedeutung zu. Sie gilt, wie Herzog (1984: Rdn. 76) ausführt, für die "[...] Arbeit einer Regierung, die ja vom vertrauensvollen und reibungslosen Kooperieren ihrer Mitglieder schlechthin abhängig ist, als eine wenig wünschenswerte Modalität." Insbesondere für die Amtsführung durch Bundeskanzler Kohl, und das BMU hat bislang ausschließlich unter seiner Kanzlerschaft agiert, gilt, daß Angelegenheiten, über die noch Meinungsverschiedenheiten zwischen den beteiligten Ressorts bestehen, im Kabinett nicht beraten werden. Diese ständige Praxis hat dazu geführt, daß selbst langgediente Beamte um die prinzipielle Chance, Konflikte bis zum letzten streitig zu halten und es im Kabinett auf eine Mehrheitsentscheidung ankommen zu lassen, schlicht nicht wissen:

> "Ich weiß das jetzt gar nicht. Wie wird denn da entschieden? Mit Mehrheit? Nein, alle müssen sich einigen. Mehrheiten gibt´s da nicht [Zwischenbemerkung des Interviewers zur Geschäftsordnung]. Aha, ist mir noch gar nicht aufgefallen. Ich habe immer nur gehört, daß das Kabinett beschließt und daß das dann eigentlich alle sind. Na gut, das müßte einem nach 20 Jahren eigentlich schon aufgefallen sein. Aber im Umweltschutz dürfte das nun wirklich nicht relevant sein. Wenn da noch ein maßgebliches Ressort dagegen ist, wird im Zweifel nichts passieren. Und außerdem gibt es ja die Richtlinienkompetenz" (Interview BMU, 10.03.1994).

Es gilt "die goldene Regel, daß ins Kabinett nur kommt, was eh´ schon entschieden ist. Das mag wohl an der Konsensfreudigkeit des Kanzlers liegen, daß er eben nicht gerne Vorlagen hat, über die es noch Zoff gibt im Kabinett" (Interview BMU, 09.03.1994). Diese Entscheidungspraxis wird nicht von allen Ministerialbeamten positiv bewertet:

> "Im Kabinett Kohl gilt das Konsensprinzip vorab. Es gibt einen Grundsatz, daß nichts streitig ins Kabinett kommen soll. Das führt im Regelfall dazu, daß man sich dann schon auf Fachebene, spätestens auf Staatssekretärsebene auf den kleinsten gemeinsamen Nenner zu einigen hat. Damit wird Streit vermieden im Kabinett, aber es werden auch wichtige Richtungssetzungen vermieden. Ich halte dieses für sehr bedauerlich, denn der Sinn des Kabinetts und auch der Sinn des Eingreifens eines Bundeskanzlers soll es gerade sein, solche politischen Fragen auf dieser Ebene coram publico zu entscheiden" (Interview BMU, 08.03.1994).

Die Frage ist, ob aus dem formal erreichten Einvernehmen, welches letztlich jeder Kabinettsentscheidung über Gesetzes- und Verordnungsentwürfe zugrunde liegt, tatsächlich auf einen fairen inhaltlichen Kompromiß, in dem sich alle beteiligten Ressorts "wiederfinden" können, geschlossen werden darf, ob also die normativen Vorgaben der Gemeinsamen Geschäftsordnung der Bundesministerien tatsächlich erfüllt werden: "Enge Zusammenarbeit, die sich Sachkunde und Erfahrungen aller beteiligten Ministerien nutzbar macht, ist Voraussetzung für eine abgewogene Entscheidung. Sie sichert die Einheitlichkeit der Maßnahmen der Bundesregierung und ist zu einem möglichst frühen Zeitpunkt zu erstreben [...]" (§ 70 Abs. 1 GGO I). Nachdem die beteiligten Ministerien schon zu den Vorarbeiten hinzuzuziehen sind (§ 23 Abs. 1 GGO II), und zusätzlich die Beteiligung des Umweltressorts sogar eigens hervorgehoben wird - es ist immer zu beteiligen, "wenn Belange des Umweltschutzes berührt sein können, um die Prüfung der Umweltverträglichkeit (Vermeidung oder Ausgleich von Umweltbeeinträchtigungen) sicherzustellen" (§ 23 Abs. 2 Satz 4 GGO II) - ergibt sich zumindest formal eine recht komfortable Situation des Umweltministeriums. Zudem hatte die Bundesregierung mit Wirkung zum 22. August 1975 "Grundsätze für die Prüfung der Umweltverträglichkeit öffentlicher Maßnahmen des Bundes" beschlossen, mit der die zuständigen Behörden zu einer frühestmöglichen Prüfung der Umwelterheblich- und Umweltverträglichkeit geplanter Maßnahmen verpflichtet werden. In der Anlage zu diesen Grundsätzen heißt es, daß "[...] eine Beteiligung der mit Umweltaufgaben betrauten Ressorts so früh wie möglich bei der Entscheidungsvorbereitung stattfinden [sollte]." Schließlich gilt für alle innerhalb der Bundesregierung erstellten Entwürfe, daß das federführende Ministerium keine allgemein bindenden Richtlinien und Entscheidungen herausgeben darf, solange noch Meinungsverschiedenheiten bestehen (§ 70 Abs. 2 GGO I). Das Umweltministerium sollte also zumindest in der Lage sein, die Potentiale negativer Koordination zugunsten des Umweltschutzes zu nutzen. Welche Gründe gibt es also für die Ministerialbürokratie, die "Machtfrage" zu diskutieren, wenn doch die prinzipielle Gleichberechtigung aller Minister und Ministerien (Böckenförde 1964: 178) die dem Verhaltensmuster der negativen Koordination innewohnenden Veto-Optionen formal gleichmäßig über alle Ressorts verteilt?

Zunächst einmal ist festzuhalten, daß - wenig überraschend - Scharpfs Diktum von der Allfälligkeit der Konflikte innerhalb des Regierungsapparates auch die Situation des BMU kennzeichnet. Dies zeigt die in der folgenden Tabelle wiedergegebene Einschätzung der Ministerialbeamten.

Tabelle 3.3: Auftreten fachlicher Konflikte beim interministeriellen Abstimmungsprozeß

	absolut	v.H.
sehr häufig	40	26.7
relativ häufig	46	30.7
unentschieden	30	20.0
selten	32	21.3
nie	2	1.3
gesamt	150	100.0

Die Tatsache, daß 57,4 % der Ministerialbeamten im BMU zu Protokoll geben, daß bei ihrer Zusammenarbeit mit anderen Ressorts mehr oder weniger häufig fachliche Konflikte auftreten, kennzeichnet gewiß keine sonderlich dramatische Situation, sondern wohl eher den Normalzustand innerhalb eines Fachministeriums. Diesem Normalzustand dürfte auch entsprechen, daß sich das "Konfliktbewußtsein" um so ausgeprägter darstellt, je höher die Position der Befragten in der Hierarchie des Ministeriums angesiedelt ist. Immerhin knapp zwei Drittel (64.4 %) der Abteilungs-, Unterabteilungs- und Referatsleiter kennzeichnen das Verhältnis zu den anderen Ministerien als konfliktträchtig, während es hingegen unter den Referenten und sonstigen Mitarbeitern "nur" 54.2 % sind. Darin kommt zum Ausdruck, daß die horizontale Koordination zwischen den Ministerien hierarchisch geschichtet ist, d.h. daß Konflikte im Zweifelsfall "nach oben" weitergereicht oder unter Umständen dort erst entdeckt und thematisiert werden. Aus der Perspektive eines Referenten stellt sich dies wie folgt dar:

> "Es kommt natürlich immer darauf an, gegenüber wem man sich durchsetzen muß. Ein Referent muß sich mit anderen auseinandersetzen als ein Referatsleiter; wir arbeiten also erst einmal mit einer anderen Ebene. Und da ist es nun so, daß sich die Referenten wesentlich besser verstehen als die Referatsleiter. Also wenn zum Beispiel der Ressortkreis zum Thema Biozidrichtlinie der EG zusammenkommt, dann haben wir durchaus das Gefühl, jetzt kämen unsere Freunde. Und mit denen unterhalten wir uns. Aber wenn die Referatsleiter auch dazukommen, dann gibt es manchmal sehr großen Ärger" (Interview BMU, 09.03.1994).

Ein Referatsleiter aus derselben Unterabteilung bestätigt diese Einschätzung gleichsam im Umkehrschluß:

> "Als Referatsleiter hat man im allgemeinen schon mehr Frustrationen hinter sich als ein Referent im Laufe der Zeit vielleicht schon hat einstecken müssen. Und als Vorgesetzter muß man natürlich auch immer die Frage stellen, wie die Chancen sind, einen Vorschlag durchzusetzen. Die Referenten können sich fachlich natürlich noch verständigen. Aber ihre Referats- und Abteilungsleiter, die müssen immer fragen: "Wie sind die Realisierungschancen?" [...] Vielleicht gibt es da wirklich manchmal einen tollen Vorschlag, wie zum Beispiel den, ein Chemikalienregister bundesweit einzuführen, was wirklich gut wäre. Und wenn ich jetzt nicht frage: "Was sagt der Wirtschaftsminister? Wird uns der Kanzler unterstützen? Was wird der Verband der Chemischen Industrie

sagen?", sondern mit dieser Idee den Minister füttere, obwohl natürlich alle sofort dagegen sein werden, wie stehe ich dann da? Das muß ich natürlich auch bedenken" (Interview BMU, 10.03.1994).

Das alle Hierarchieebenen umfassende Gesamtbild schönt also in gewisser Weise die Situation, in der sich das BMU nach Auffassung seiner Mitarbeiter befindet. Erst recht liefert es keinen adäquaten Einduck der Probleme, denen sich die mit den "klassischen" Umweltaufgaben betrauten Abteilungen ausgesetzt sehen. In den Abteilungen N, WA und IG sind es nämlich, wie Tabelle 3.4 ausweist, ca. drei Viertel der Ministerialbeamten, die das Zusammenspiel mit den anderen Ressorts als konfliktträchtig kennzeichnen. Die Erklärung hierfür liegt nahe: Diese Einheiten sind es, denen im Regierungsalltag die Verteidigung bzw. Durchsetzung umweltpolitischer Positionen und Programme obliegt. Für die Abteilung Z erklärt sich der relativ niedrige Anteil derer, die den konfliktären Charakter der interministeriellen Abstimmungsprozesse bejahen, aus dem Umstand, daß ein Großteil der hier wahrgenommenen Aufgaben ausschließlich ressortinternen Charakter hat. Für die Abteilung G hingegen, die bei der Beschreibung der Abstimmungsprozesse eine Mittelposition einnimmt, gilt wohl vor allem, daß die Bearbeitung von grundsätzlichen Fragen der internationalen Zusammenarbeit weniger Detailabstimmungen mit anderen Ressorts erfordert als die Erarbeitung von Fachprogrammen. Daß der Anteil derjenigen, die fachliche Konflikte mit anderen Ministerien auszutragen haben, in der Abteilung RS deutlich am niedrigsten ist, ist der bereits angedeuteten Sonderrolle dieser Abteilung geschuldet. Sie läßt sich für den hier interessierenden Kontext kurzgefaßt so beschreiben, daß im Bereich der Reaktorsicherheit und des Strahlenschutzes so gut wie keine Kompetenzüberschneidungen samt der daraus erfahrungsgemäß resultierenden Zielkonflikte mit anderen Bundesministerien existieren.[10] Diese Einschätzung wird in der Abteilung RS bestätigt:

> "Bei uns ist es eben einfach so, daß wir in der Regel gemeinsam mit dem Wirtschaftsministerium, dem Außenministerium und mit dem Bundeskanzleramt marschieren. Dagegen kenne ich es aus meiner früheren Abteilung nur so, daß der BMWi also wirklich unser Feind war. Wann immer wir etwas wollten, beharrte der schlimmstenfalls auf dem Gegenteil, immer jedenfalls auf wesentlichen Abstrichen. Insofern ist das hier für mich auch ein völlig neues Gefühl gewesen, als auf einmal der BMWi einer meiner stärksten Verbündeten war. Das ist wirklich auffällig, daß unsere Abteilung in fast jeder Hinsicht eine Sonderrolle spielt" (Interview BMU, 09.03.1994).

> "Ich will es einmal so sagen: Für keine andere Abteilung gilt aus der Sicht des Wirtschaftsministeriums so stark wie für die Abteilung RS, daß der BMU Verbündeter einer modernen Wirtschaftspolitik ist und nicht ihr Feind. Wir liefern sozusagen den Flankenschutz für die Zukunft der Kernenergie, und da ist für den Bundeswirtschaftsminister, der ja auch der für die Kernenergie

---

10   Probleme ergeben sich für die Abteilung RS allerdings bei der "vertikalen Koordination", also den Abstimmungsprozessen mit den Landesregierungen, insbesondere mit jenen, die den "ausstiegsorientierten Gesetzesvollzug" im Bereich des Atomrechts zu praktizieren versuchen.

verantwortliche Minister ist, im Bereich der Energiepolitik ein Kooperationsverhältnis angesagt [...]. Es gilt als Pflichtaufgabe, einen anspruchsvollen Strahlenschutz zu machen, ob in der Medizin, ob in der Kernenergie, ob in der Industrie im übrigen. Das ist völlig gleichgültig. Das ist eine so unbestrittene Aufgabe, daß die Ressorts insgesamt, von kleineren Reibereien einmal abgesehen, hier gut mit dem BMU kooperieren" (Interview BMU, 10.03.1994).

Insofern ist es keine Überraschung, daß das in der folgenden Tabelle dokumentierte Antwortverhalten in der Abteilung RS sich deutlich von dem in den anderen Abteilungen abhebt.

Tabelle 3.4: Auftreten fachlicher Konflikte beim interministeriellen Abstimmungsprozeß nach Abteilungen[11]

	Abt.G	Abt.IG	Abt.N	Abt.RS	Abt.WA	Abt.Z	alle
sehr bzw. relativ häufig	53,8% (n=7)	76.9% (n=20)	75.0% (n=12)	16.7% (n=4)	74.4% (n=32)	38.1% (n=8)	58% (n=83)
unentschieden	0.0%	15.4% (n=4)	6.3% (n=1)	29.2% (n=7)	20.9% (n=9)	33.3% (n=7)	19.6% (n=28)
selten bzw. nie	46.2% (n=6)	7.7% (n=2)	18.8% (n=3)	54.2% (n=13)	4.7% (n=2)	28.6% (n=6)	22.4% (n=32)
gesamt	100.0% (n=13)	100.0% (n=26)	100.0% (n=16)	100.0% (n=24)	100.0% (n=43)	100.0% (n=21)	100,0% (n=143)

Nun besagt der bloße Umstand, daß es bei der genuin umweltpolitischen Programmarbeit häufig zu fachlichen Konflikten kommt, für sich genommen noch nichts über die Verteilung der Siegchancen. Wie also beurteilt die Umweltverwaltung ihre Durchsetzungschancen, wenn es mit den anderen Fachressorts zu inhaltlichem Dissens kommt? Darüber gibt die folgende Tabelle Auskunft.

---

11 Bei dieser und den im folgenden entsprechend aufbereiteten Tabellen reduziert sich die Gesamtzahl der Antworten auf 143, denn sieben der eingegangenen Fragebögen enthielten keine Angabe über die Abteilungszugehörigkeit des jeweiligen Befragten.

Tabelle 3.5: Durchsetzungschancen gegenüber anderen Ministerien

	absolut	v.H.
keine Angabe	2	1.3
gut	7	4.7
eher gut	47	31.3
unentschieden	33	22.0
eher schlecht	42	28.0
schlecht	19	12.7
gesamt	150	100.0

Läßt man die Abteilung RS außer Betracht, finden sich nur noch zwei Befragte, die ihr Durchsetzungspotential uneingeschränkt als "gut" bezeichnen, und der Anteil derer, die sich für "eher gut" entscheiden, sinkt von 31.3 % auf nur noch 28.1 %. Eine weitere Aufschlüsselung nach Fachabteilungen erscheint überflüssig, denn, wie die nächste Tabelle zeigt, besteht ein recht deutlicher Zusammenhang zwischen der positiven Beantwortung der Frage nach der Konfliktträchtigkeit der Kooperationsbeziehungen und der negativen Beschreibung der eigenen Durchsetzungschancen. Mit anderen Worten: Insbesondere in den Bereichen, die sich aus Sicht der Umweltbürokratie als besonders konfliktbeladen darstellen, steht es um deren Durchsetzungspotential entsprechend schlecht, und umgekehrt stufen sich diejenigen Beamten, die selten Konflikte austragen müssen, insgesamt als durchsetzungsfähiger ein.

Tabelle 3.6: Zusammenhang zwischen Konflikthäufigkeit und Durchsetzungspotential

Konflikthäufigkeit / Durchsetzungspotential

	gut	eher gut	unent-schieden	eher schlecht	schlecht	gesamt
sehr häufig	0	4	7	18	11	40
relativ häufig	2	15	7	15	5	44
unentschieden	1	11	10	6	2	30
selten	2	17	9	3	1	32
nie	2	0	0	0	0	2
gesamt	7	47	33	42	19	

Wird das Durchsetzungspotential als abhängige Variable definiert, beträgt Somer's D 0.40

Hinsichtlich der regierungsinternen Konfliktaustragungsprozesse ist zu unterscheiden, ob dem jeweils analysierten Ressort die Federführung für die strittige Materie zukommt oder nicht. Das Schicksal der im Umweltministerium erarbeiteten Entwürfe dokumentiert zunächst Tabelle 3.7.

Tabelle 3.7: Substantielle Abstriche der Vorlagen des BMU im interministeriellen Abstimmungsprozeß

	absolut	v.H.
keine Angabe	3	2.0
sehr häufig	33	22.0
relativ häufig	38	25.3
unentschieden	34	22.7
selten	38	25.3
nie	4	2.7
gesamt	150	100.0

Auch hier lohnt es, zwischen den Abteilungen zu differenzieren. Die folgende Tabelle zeigt, daß es um die Möglichkeiten für das BMU, eigene Gesetzes- und Verordnungsentwürfe im interministeriellen Abstimmungsprozeß in der Substanz durchzusetzen, besonders in den Bereichen Immissionsschutz und Chemikalienrecht sowie im Naturschutz prekär bestellt ist. Für Abteilungen, in denen etwas mehr als 80 % (Abteilung IG) bzw. knapp zwei Drittel (Abteilung N) der Ministerialbeamten zu Protokoll geben, daß ihre Vorlagen im interministeriellen Abstimmungsprozeß häufig bzw. relativ häufig substantielle Abstriche erführen, bedeutet die Abstimmung iher Entwürfe mit anderen Ministerien ganz offenbar doch mehr als eine "bloße Formalität", die Scharpf (1993: 69) mehr oder weniger als Normalfall unterstellt. Die von ihm namhaft gemachten Voraussetzungen für eine problemlose Abwicklung der interministeriellen Abstimmungsprozesse bestehen darin, daß die jeweils federführenden Ministerien die möglichen Einwände der "Mitzeichnungsberechtigten" antizipieren und bei der Formulierung der Programmvorschläge berücksichtigen. Dies wird aber von den Handelnden offenbar nur dann als sinnvoll erachtet, wenn alle Beteiligten grundsätzlich "in die gleiche Richtung marschieren", wie es für das Zusammenspiel der Abteilung RS mit dem Wirtschaftsministerium typisch ist. Bei Konflikten grundsätzlicher Natur käme diese Strategie jedoch einer Preisgabe der eigenen Gestaltungsabsichten gleich. Dies kennzeichnet offenbar nicht nur die Bereiche Immissionsschutz und Chemikalienrecht, die regelmäßig mit den vom Wirtschaftsministerium vertretenen Interessenlagen kollidieren, sondern auch den Naturschutz, der auf die vom Landwirtschaftsministerium geschützten Interessen trifft. Für diese beiden Abteilungen ist der statistische Befund deutlich. Für die dritte, "klassische" Umweltschutzabteilung WA, in der die Antworten relativ breit streuen, läßt sich vermuten, daß die positiven Erfahrungen mit der ressortübergreifenden Abstimmung, die im Vergleich recht häufig dokumentiert werden, wohl vor allem dem Bereich Abfallwirtschaft[12] entstammen, während die kritischen Stimmen wohl hauptsächlich von denjenigen Beamten erhoben werden, die den Bereich des weniger erfolgreichen Gewässerschutzes bearbeiten.

Tabelle 3.8: Substantielle Abstriche an den BMU-Vorlagen im interministeriellen Abstimmungsprozeß nach Abteilungen

	Abt.G	Abt.IG	Abt.N	Abt.RS	Abt.WA	Abt.Z	alle
keine Angabe	0	0	6.3% (n=1)	0	0	9.5% (n=2)	2.1% (n=3)
sehr bzw. relativ häufig	30.8% (n=4)	80.8% (n=21)	62.5% (n=10)	29.2% (n=7)	44.2% (n=19)	33.3% (n=7)	46.9% (n=68)
unentschieden	46.2% (n=6)	3.8% (n=1)	12.5% (n=2)	25.0% (n=6)	25.6% (n=11)	28.6% (n=6)	22.4% (n=32)
selten bzw. nie	23.1% (n=3)	15.4% (n=4)	18.8% (n=3)	45.8% (n=11)	30.2% (n=13)	28.6% (n=6)	28.8% (n=40)
gesamt	100.0% (n=13)	100.0% (n=26)	100.0% (n=16)	100.0% (n=24)	100.0% (n=43)	100.0% (n=21)	100.0% (n=143)

Ähnlich skeptisch fällt die Beurteilung der Ministerialbeamten des BMU hinsichtlich ihrer Möglichkeiten aus, ihrerseits die Vorhaben anderer Ressorts wirksam beeinflussen zu können. Wie die folgende Tabelle verdeutlicht, gibt es wenig Hinweise darauf, daß umweltpolitische Einwände seitens des BMU von konkurrierenden Ressorts bei der Erarbeitung ihrer Programmvorschläge tatsächlich antizipiert und im Rahmen des Abstimmungsprozesses berück-

---

12 Es sei daran erinnert, daß unter Federführung des BMU nicht nur das Abfallgesetz des Bundes mehrfach novelliert, sondern auch die in der Öffentlichkeit viel diskutierte Verpackungsverordnung verabschiedet wurde. Letztere führte, durchaus zur Freude des Wirtschaftsministeriums, zum Aufbau einer florierenden, neuen Branche. Die dem Bundesverband der Deutschen Entsorgungswirtschaft angehörenden Unternehmen steigerten ihren Umsatz von 27 Milliarden DM im Jahr 1991 auf geschätzte 44 Milliarden DM im Jahr 1996 (Süddeutsche Zeitung, 20.03.1996: 19).

sichtigt würden. Auch für sie gilt offenbar, daß der Umweltschutz Grundsatzkonflikte birgt, die einen "normalen" Abstimmungsprozeß verbieten.

Tabelle 3.9: Einschätzung der Einflußmöglichkeiten des BMU auf die anderen Ressorts

	absolut	v.H.
keine Angabe	2	1.3
gut	8	5.3
eher gut	45	30.0
unentschieden	46	30.7
eher schlecht	42	28.0
schlecht	7	4.7
gesamt	150	100.0

Auffällig ist nicht nur die geringe Zahl derer, die sich dazu verstehen, ihre Einflußmöglichkeiten auf konkurrierende Ressorts ohne Abstriche als "gut" zu charakterisieren. Daß fünf dieser acht Beamten der Abteilung RS angehören, und in den anderen Abteilungen der Anteil derer, die sich für ein "eher gut" entscheiden, ein Drittel selten - und wenn, nur knapp - überschreitet, teilweise sogar deutlich darunter bleibt, verdeutlicht die schwache Position der Umweltschützer im Regierungsapparat, wie sie Tabelle 3.10 dokumentiert, zusätzlich.

Tabelle 3.10: Einschätzung der Einflußmöglichkeiten auf andere Ressorts nach Abteilungen

	Abt.G	Abt.IG	Abt.N	Abt.RS	Abt.WA	Abt.Z	alle
keine Angabe	0 %	0%	6.3% (n=1)	0%	0%	4.8% (n=1)	1.42.% n=2
gut bzw. eher gut	38.5% (n=5)	23.1% (n=6)	37.5% (n=6)	62.5% (n=15)	27.9% (n=12)	23.8% (n=5)	34.4% n=49
unentschieden	30.8% (n=4)	38.5% (n=10)	12.5% (n=2)	20.8% (n=5)	30.2% (n=13)	47.6% (n=10)	30.7% n=44
schlecht bzw. eher schlecht	30.8% (n=4)	38.5% (n=10)	43.8% (n=7)	16.7% (n=4)	41.9% (n=18)	23.8% (n=5)	33.6% n=48
gesamt	100.0% (n=13)	100.0% (n=26)	100.0% (n=16)	100.0% (n=24)	100.0% (n=43)	100.0% (n=21)	100.0% n=143

Die Ministerialbürokratie im Umweltministerium, so läßt sich resümieren, zeichnet insgesamt also ein eher düsteres Bild ihrer Gestaltungs- und Konfliktpotentiale innerhalb des Regierungsapparates. Abgesehen von der Abteilung Reaktorsicherheit und Strahlenschutz, die kaum in Zielkonflikte mit anderen Ressorts gerät, sehen sich die regierungsamtlichen Umweltschützer in den ressortübergreifenden Verhandlungsprozessen tendenziell als "zweiter Sieger".[13] Im folgenden gilt es nun, den Gründen für das skeptische Selbstbild der Umweltverwaltung im einzelnen nachzugehen.

3.3 Die asymmetrische Koordination der Umweltpolitik

Formal sind, darauf wurde bereits hingewiesen, alle Bundesministerien und Bundesoberbehörden gehalten, die von ihnen geplanten Maßnahmen einer Umweltverträglichkeitsprüfung zu unterziehen, wobei hierfür eine fakultative Beteiligung des Umweltministeriums (bis 1986 des Innenministeriums) und des Umweltbundesamtes vorgesehen ist. Dies beinhalten die im Jahr 1975 verabschiedeten "Grundsätze für die Prüfung der Umweltverträglichkeit öffentlicher Maßnahmen des Bundes". In der Praxis blieben sie jedoch weitgehend wirkungslos. Weil die entsprechenden Prüfungen von den Bundesministerien bzw. den Bundesoberbehörden in eigener Verantwortung durchzuführen sind, weil sie weder dokumentiert noch veröffentlicht werden müssen (Müller 1986: 109), und "[...] weil es keine Sanktionen gibt, wenn Umweltverträglichkeitsprüfungen nicht oder nur unzureichend durchgeführt werden" (Hartkopf/Bohne 1983: 213), gilt bis heute, daß eine "[...] praktische Anwendung der Grundsätze [...] nicht nachweisbar [ist]" (Kennedy/Lummert 1981:457). Zur faktischen Folgenlosigkeit der Grundsätze zur Umweltverträglichkeitsprüfung trug auch folgende, in Art. I Abs. 4 getroffene Regelung bei: "Diese Grundsätze finden keine Anwendung, soweit in oder aufgrund von Rechtsvorschriften spezielle Bestimmungen zum Schutz der Umwelt getroffen sind." Damit wurde den traditionellen Abwägungs- und Koordinationsverfahren auch für die Umweltpolitik der Vorrang eingeräumt (Müller 1986: 109), weshalb das BMU als umweltpolitische "Rechtsnachfolgerin" des Innenministeriums seine Beteiligungsansprüche letztlich nach wie vor nur

---

13 Das Antwortverhalten auf die Fragen, die sich auf das Verhältnis des BMU zu anderen Ressorts beziehen, zeichnet sich im übrigen durch eine insgesamt hohe Konsistenz aus. So erreicht Somer's D zum Beispiel beim Vergleich des Antwortverhaltens auf die Fragen nach den Durchsetzungschancen eigener Programmentwürfe und den Einflußmöglichkeiten auf die Vorhaben anderer Ressorts einen Wert von 0.60.

auf die Gemeinsame Geschäftsordnung der Bundesministerien stützen kann. Immerhin jedoch ist diese als "intern bindende Dienstanweisung" zu verstehen, das Umweltministerium über die allgemeinen Beteiligungspflichten hinaus schon bei den Vorarbeiten für die Entwürfe von Gesetzen, Rechtsverordnungen und Verwaltungsvorschriften hinzuzuziehen, wenn Belange des Umweltschutzes berührt sein können (Cupei 1988: 56).[14] Doch mußte man im BMU schon bald nach dessen Gründung registrieren, daß auch die in der GGO normierten Informations- und Beteiligungspflichten "[...] keineswegs so selbstverständlich und exakt praktiziert werden, wie es eigentlich wünschenswert wäre" (Interview BMU, 14.04.1987). Zeitpunkt und Umfang der Informationen seitens anderer Ressorts lassen sich eben für den Einzelfall nicht exakt vorschreiben, was vor allem denjenigen Beamten im BMU schnell deutlich wurde, die vordem in die Informationskanäle eines der bedeutenden "Verursacherressorts", nämlich des Landwirtschaftsministeriums, eingebettet waren:

> "Da kann man ein anderes Ministerium gut außen vorhalten mit Informationen. In welchem Umfang man das macht und zu welchem Zeitpunkt, da kann man natürlich doch ein bißchen variieren. Da kann man auch taktisch sich verhalten" (Interview BMU, 23.04.1987).

Wie die Ministerialbürokratie des BMU das Informations- und Beteiligungsverhalten beurteilt, das die Vertreter der anderen Ressorts ihr gegenüber an den Tag legen, nachdem sie über eine siebenjährige Erfahrung mit ihrem "neuen" Ressort verfügt, darüber geben die folgenden Tabellen Auskunft.

Tabelle 3.11:   Beurteilung des Beteiligungsverhaltens der anderen Ministerien bei der Gesetzesvorbereitung

	absolut	v.H.
keine Angabe	3	2.0
gut	23	15.3
eher gut	56	37.4
unentschieden	39	26.0
eher schlecht	24	16.0
schlecht	5	3.3
gesamt	150	100.0

---

14 Die einschlägigen Bestimmungen finden sich in § 23 Abs. 2 Nr. 4, § 67 Satz 1 und § 78 Abs. 1 GGO II. Nota bene wäre das BMU zumindest formal auch im umweltpolitischen "Zweifelsfall", nämlich wenn Umweltbelange berührt sein *können*, zu beteiligen.

Das Bild, das die Umweltverwaltung hier zeichnet, gibt eine allenfalls verhaltene Zufriedenheit mit dem Beteiligungsverhalten der anderen Bundesministerien wieder, denn insgesamt fühlt sich nur etwas mehr als die Hälfte der BMU-Beamten mehr oder weniger gut eingebunden in die Prozesse der Ressortabstimmung. Differenziert man nach Abteilungen, kommt Überraschendes zutage. Läßt man die Abteilung RS, deren Mitarbeiter ja nach eigener Einschätzung bestens mit den anderen Ressorts, insbesondere mit dem Wirtschaftsministerium, kooperieren, außer acht, verändert sich nämlich das Gesamtbild nur unwesentlich.[15] Wie die folgende Tabelle veranschaulicht, ist es - obwohl sie mit 62.5 % Positivnennungen deutlich über dem Durchschnitt liegt - nicht die Abteilung RS, innerhalb derer die Beteiligung an der Gesetzesvorbereitung durch andere Ressorts die positivste Bewertung erhält, sondern die Abteilung IG.

Tabelle 3.12: Abteilungsspezifische Beurteilung des Beteiligungsverhaltens der anderen Ministerien bei der Gesetzesvorbereitung

	Abt.G	Abt.IG	Abt.N	Abt.RS	Abt. WA	Abt. Z	alle
keine Angabe	0	0	0	0	0	9.5% (n=2)	1.4% n=2
gut bzw. eher gut	46.2% (n=6)	69.2% (n=18)	37.6% (n=6)	62.5% (n=15)	48.8% (n=21)	47.6% (n=10)	53.1% n=76
unentschieden	15.4% (n=2)	26.9% (n=7)	31.2% (n=5)	25.0% (n=6)	27.9% (n=12)	28.6% (n=6)	26.6% n=38
schlecht bzw. eher schlecht	38.5% (n=5)	3.8% (n=1)	31.2% (n=5)	12.3% (n=3)	23.3% (n=10)	14.3% (n=3)	18.9% n=27
gesamt	100.0% (n=13)	100.0% (n=26)	100.0% (n=16)	100.0% (n=24)	100.0% (n=43)	100.0% (n=21)	100.0% n=143

Wie erklärt sich der auf den ersten Blick überraschende Umstand, daß in einer Abteilung, in der weniger als ein Viertel der Befragten (23.1 %) ihre Möglichkeiten zur Beeinflussung der Vorhaben anderer Ressorts als mehr oder weniger gut qualifizieren, und in der umgekehrt mehr als drei Viertel der Beamten von der Konfliktträchtigkeit ihrer interministeriellen

---

15 Der Anteil der mit dem Beteiligungsverhalten der anderen Ministerien mehr oder weniger Zufriedenen sinkt in diesem Fall um nur 1.8% von 52.6% auf 50.8%.

Beziehungen berichten, mehr als zwei Drittel das Beteiligungsverhalten der anderen Ministerien positiv beurteilen? Die folgende Tabelle, in der die Antworten auf die offene Fragen, welchen Ressorts man im BMU eine besonders positive bzw. negative Beteiligungspraxis bescheinigt, nach Abteilungen aufgeschlüsselt werden, gibt diesbezüglich erste Hinweise.

Tabelle 3.13: Ressortbezogene Beurteilung des Beteiligungsverhaltens nach Abteilungen

	Abt.G	Abt.IG	Abt.N	Abt.RS	Abt. WA	Abt. Z	ohne Angabe	gesamt
BML negativ	3	5	4	3	9	7	5	36
positiv	0	2	1	0	1	0	0	4
BMV negativ	2	6	3	5	10	3	4	33
positiv	1	2	0	1	2	0	1	7
BMWI negativ	4	9	3	6	15	6	6	49
positiv	0	2	0	2	5	1	0	10
BMG negativ	0	0	1	0	1	1	0	3
positiv	1	3	0	0	3	2	1	10
BMBau negativ	0	2	1	3	0	1	2	9
positiv	0	2	0	1	0	0	0	3
BMFT negativ	1	1	0	2	0	1	0	5
positiv	3	3	2	4	7	0	2	21

Es zeigt sich hier sehr deutlich, daß quer durch das Umweltministerium schlechte Erfahrungen mit der Beteiligungspraxis von Wirtschafts-, Landwirtschafts- und Verkehrsministerium dominieren, während, abgesehen vom Forschungsministerium, nur das Gesundheitsressort eine überwiegend positive Beurteilung erfährt. Die durch die umweltpolitische Zuständigkeitsverteilung bedingten fachlichen Überschneidungen mit dem BMG sind nun innerhalb des Umweltministeriums zu einem Gutteil in der Abteilung IG angesiedelt. Dies erklärt, warum für die dort tätigen Beamten bei der Frage nach ihrer Beteiligung an der Gesetzesvorbeitung durch "Externe" zu allererst das Gesundheitsressort in den Blick gerät, dessen gesundheitspolitischen Optionen mit denen der Umweltpolitik nicht kollidieren, sondern diese im Normalfall ergänzen. Auch wenn man sich, wie bereits gezeigt, vor allem in der Abteilung IG durchaus gewünscht hätte, daß die restlichenen umweltpolitischen Kompetenzen, die nach wie vor im Gesundheitsministerium ressortieren, an das BMU überführt worden wären, und im BMG umgekehrt für eine Rücknahme des 1986 verordneten Kompetenzabtritts argumentiert wird, wird das Verhältnis beider Ministerien doch vom grundsätzlichen Gleichklang umwelt- und gesundheitspolitischer Interessen dominiert. Dies schlägt sich in einer prinzipiell integrationswilligen Haltung des BMG gegenüber dem BMU nieder. Die Federführung für umweltrelevante Gesetze durch das Gesundheitsministerium wird von der Umweltverwaltung deshalb umgekehrt auch nicht als Gefährdung der eigenen Zielsetzung interpretiert. Gleichwohl hat auch die Zusammenarbeit im Bereich Umwelt und Gesundheit bereits erste Risse erfahren. Dies ist einem Problembereich geschuldet, der erst nach Abschluß unserer schriftlichen Befragung auf die Tagesordnung der Bundesregierung gelangte:

> "Probleme gab es gerade in der jüngsten Vergangenheit beim Thema Biozidrichtlinie. Da ist nach langen Kämpfen auf verschiedenen Ebenen schließlich im Wege einer Staatssekretärsvereinbarung eine Regelung getroffen worden über eine gemeinsame Federführung mit dem Gesundheitsministerium. Und gleichwohl lädt unser Partner zu einer Verbändeanhörung ein, ohne sich vorher mit uns, d.h. mit unserer Unterabteilung, abzusprechen, sondern läßt die Einladung versenden und gibt uns dann erst hinterher Gelegenheit: "Ihr könnt auch teilnehmen." Und das, würde ich sagen, ist eben so eine Art des Umgangs, die wir für verbesserungswürdig halten" (Interview BMU, 09.03.1994).

> "Wir haben auf dem Sektor der Biozide derzeit richtig Schwierigkeiten mit dem BMG [...]. Wir, das BMU, haben die EG-Richtlinie über die Biozide initiiert und wir sind von daher tatsächlich sehr trocken und sagen, die ganze Initiative und das ganze Handeln geht von uns aus. Und erst später merkten andere Ressorts, daß das ein wichtiges Politikfeld ist und daß da tatsächlich noch viel zu tun ist, nicht nur für den Umweltschutz, sondern auch für den Gesundheitsschutz, für die Verbraucher. Deshalb ist es für andere manchmal schwer verständlich, daß der Umweltminister eben auch zuständig ist für den Gesundheitsschutz. Unsere Abteilung heißt eben "Umwelt und Gesundheitsschutz" und erst dann "Chemikaliensicherheit". Und dieses "Umwelt- und Gesundheitsschutz" interpretieren wir ganz besonders auch für die Biozide als gesundheitlichen Verbraucherschutz [...] Und wenn wir dann demnächst die Biozidrichtlinie umsetzen werden in ein nationales Gesetz,[16] da kommt dann auch das ganze Gezerre und Gezetere wieder" (Interview BMU, 08.03.1994).

Zur Trübung des lange Zeit guten Verhältnisses von Umwelt- und Gesundheitsministerium hat insbesondere beigetragen, daß auch das Landwirtschaftsressort beim Thema Biozide originäre Zuständigkeiten für sich reklamiert:

---

16   Die Erwartung, die Biozidrichtlinie "demnächst" umsetzen zu müssen, erwies sich als verfrüht, denn sie wird voraussichtlich erst im Laufe des Jahres 1998 endgültig verabschiedet. Die Bonner Ressortkonkurrenz galt der fachlichen Beeinflussung des Richtlinienvorschlags der Europäischen Kommission, welcher sich auf "lebenstötende" Wirkstoffe in allen Chemikalien bezieht, die, weil ihre Anwendung bisher nicht näher geregelt ist, ohne Kontrollen als nichtlandwirtschaftliche Schädlingsbekämpfungsmittel eingesetzt werden. Während das BMU den Ansatz der Kommission wegen des sehr breiten Anwendungsspektrums, das u.a. auch Baumaterialien, Textilien, sowie den Einsatz von Bioziden in industriellen Verfahren oder der öffentlichen Gesundheitsvorsorge umfaßt, grundsätzlich begrüßte, wurde genau dies vom Gesundheitsministerium kritisiert. Hier wünschte man sich besondere Regelungen für den Gesundheitsbereich, in dem strengere Kontroll- und Prüfbedingungen als Voraussetzung für das Inverkehrbringen von Bioziden gelten sollten. Im Wirtschaftsministerium hingegen fuhr man eine grundsätzlich andere Linie, derzufolge die von der Europäischen Kommission favorisierten Prüfungs- und Zulassungsverfahren durch eine einfache Anmeldung ersetzt werden sollten (vgl. Süddeutsche Zeitung, 21.03.1996: 23).

"Der BML ist der Meinung, daß er für verschiedene Dinge hierbei die Federführung hat, zum Beispiel für Holzschutzmittel [...]. Klar, daß wir da große Schwierigkeiten haben" (Interview BMU, 08.03.1994).

Die Probleme, die sich angesichts dieser Konstellation für die interministerielle Abstimmung ergeben, bestehen aus Sicht der BMU-Mitarbeiter darin, daß sich neue, durchaus unvermutete Ressortbündnisse herauskristallisieren, die das ursprüngliche Miteinander mit dem Gesundheitsressort in Frage stellen:

"Es bilden sich jetzt teilweise Koalitionen, die man inhaltlich gar nicht mehr nachvollziehen kann. Es ist heute teilweise so, daß das BMG bei den Bioziden eher mit dem Landwirtschaftsminister zusammengeht als mit uns" (Interview BMU, 09.03.1994).

Vieles deutet also darauf hin, daß die grundsätzlich positive Beurteilung des vom BMG gegenüber dem Umweltministerium praktizierten Beteiligungsverhaltens der Vergangenheit angehört und sich auch hier das ansonsten übliche, eher durch Ausgrenzung des BMU charakterisierte Verhaltensmuster durchsetzt. Letzteres stellt sich typischerweise wie folgt dar:

"Die Schwesterrichtlinie zu den Bioziden ist die Pflanzenschutzrichtlinie. Und da ist es so, das bestätigen mir auch die Kollegen, daß sehr, sehr spät zu Ressortbesprechungen eingeladen wird. Und wenn es dann um Verhandlungen in Brüssel geht, wird die Stellungnahme des BML sehr, sehr spät herausgeschickt, so daß man kaum noch einen Kommentar dazu schreiben kann, und teilweise völlig unklar ist, wie man da noch die Fristeinhaltung bei der EG bewerkstelligen soll" (Interview BMU, 09.03.1994).

Der Zeitpunkt, zu dem das jeweils federführende Ressort die anderen betroffenen Ministerien informiert, ist ein ganz wesentliches Kriterium für deren Chancen, inhaltlichen Einfluß auf die Programmarbeit zu nehmen. Das skeptische Urteil der Ministerialbürokratie im BMU über ihre diesbezüglichen Möglichkeiten gründet denn auch in der häufig verspäteten Einschaltung des Umweltschutzes in die konzeptionelle Arbeit der anderen Ressorts. Die folgende Tabelle zeigt, daß man sich im Umweltministerium bezüglich des Informationsverhaltens recht stiefmütterlich behandelt fühlt. Waren es noch 52.6 % aller Befragten, die sich im Grundsatz mehr oder weniger zufrieden mit ihrer Beteiligung an der Gesetzesvorbereitung durch andere Ministerien zeigten, so beantworten nur noch 44 % die Frage, ob sie von den anderen Ressorts rechtzeitig über deren umweltrelevanten Vorhaben informiert würden, tendenziell positiv, wobei sich nur 7.3 %, also elf Beamte, zu einem uneingeschränkten "rechtzeitig" verstehen.

Tabelle 3.14: Zeitpunkt der Information über umweltrelevante Vorhaben anderer Ressorts

	absolut	v.H.
keine Angabe	2	1.3
rechtzeitig	11	7.3
eher rechtzeitig	55	36.7
unentschieden	39	26.0
eher spät	38	25.4
zu spät	5	3.3
gesamt	150	100.0

Differenziert man auch hier wieder nach den einzelnen Abteilungen, zeigt sich ein deutliches Gefälle.

Tabelle 3.15: Zeitpunkt der Information durch andere Ressorts nach Abteilungen

	Abt.G	Abt.IG	Abt.N	Abt.RS	Abt. WA	Abt. Z	alle
keine Angabe	0	0	0	4.2% (n=1)	0	4.8% (n=1)	1.4% n=2
tendenziell rechtzeitig	46.2% (n=6)	53.8% (n=14)	25.0% (n=4)	62.5% (n=15)	39.5% (n=17)	28.6% (n=6)	43.4% n=62
unentschieden	15.4% (n=2)	30.8% (n=8)	12.5% (n=2)	29.2% (n=7)	25.6% (n=11)	38.1% (n=8)	26.6% n=38
tendenziell zu spät	38.5% (n=5)	15.4% (n=4)	62.5% (n=10)	4.2% (n=1)	34.9% (n=15)	28.6% (n=6)	28.6% n=41
gesamt	100.0% (n=13)	100.0% (n=26)	100.0% (n=16)	100.0% (n=24)	100.0% (n=43)	100.0% (n=21)	100.0% n=143

Es überrascht nicht, daß die Beamten in der Abteilung RS von ihren Kollegen aus den anderen Ressorts üblicherweise frühzeitig ins Bild gesetzt werden, wenn Programmentwürfe auf der Tagesordnung stehen, die ihre Zuständigkeiten berühren. Der Bereich Reaktorsicherheit und Strahlenschutz stellt sich als innerhalb der Bundesregierung im wesentlichen unstreitige Materie dar, innerhalb derer das BMU von den anderen beteiligten Ressorts als potentiell starker Partner wahrgenommen wird. Insbesondere für den Naturschutz gilt jedoch das exakte Gegenteil. Dies verdeutlicht nicht nur das in obiger Tabelle verarbeitete Zahlenmaterial. Der geringe politische Stellenwert ihres Zuständigkeitsbereiches wird von den in der Naturschutzabteilung beschäftigten Beamten expressis verbis bestätigt:

> "Aus der Sicht des Naturschützers muß ich sagen, daß der Naturschutz sicherlich nicht zu den Bereichen gehört, die innerhalb der Bundesregierung Priorität haben, und das merkt man auch an den politisch gesehen geringen Erfolgen, die der Naturschutz hat" (Interview BMU, 08.03.1994).

Die Erfolglosigkeit des Naturschutzes wird von einem Referatsleiter wie folgt begründet:

> "Also, wenn ich in einer Ressortbesprechung bin, stehe ich immer alleine. Ich stehe gegen alle. Wobei es nicht so ist, daß alle anderen zwangsläufig gegen uns sind. Aber die anderen halten sich raus. Wir haben kaum Unterstützung für unsere Politik. Vielleicht ist es mal hier und da einer, so punktuell kann es mal einer vom Gesundheitsministerium sein oder vielleicht auch mal einer vom Raumordnungsministerium. Aber die haben fachlich auch wieder ganz andere Vorstellungen. Wir haben keine Verbündeten [...]. Und das hat zur Folge, daß Umweltgesichtspunkte, die wir gern einbringen würden in die Politik, gar nicht vorgebracht werden können, weil sie gar nicht diskutiert wurden. Und unser Hauptpartner, das BML, läßt bezüglich der Kooperation doch sehr zu wünschen übrig, zum Beispiel was die EG-Politik angeht. Da beteiligen die eben nicht sehr viel, und wenn, dann sehr spät [...]. Da kann es dann sein, gerade heute hatte ich so ein Beispiel, plötzlich lesen Sie irgendwo in der Zeitung, da ist in Brüssel das und das beschlossen worden, und da weiß man, das hat doch auch einen Umweltaspekt, und da wären wir gerne dabei gewesen oder gefragt worden. Es hat uns aber keiner gefragt. Da gibt es jede Menge Beispiele" (Interview BMU, 09.03.1994).

Ganz ähnliche Schwierigkeiten ergeben sich für einen Referenten, der internationale Belange des Naturschutzes bearbeitet. Er moniert, daß sich seine Kontrahenten das parlamentarische Prinzip der Diskontinuität zunutze machen:

> "Wenn Informationen zu spät kommen, gibt es zumindest Verzögerungen. Das geht oft bis hin zu dem Problem, daß eine Rechtsvorschrift, eine notwendige Rechtsvorschrift, weil die Legislaturperiode zu Ende geht, durch alle Instanzen zu bringen. Weil wir das Einvernehmen brauchen, können wir nicht die [gemeint sind die Beamten im Landwirtschaftsministerium, der Verf.] weitermachen. Und wenn diese Verzögerungen auch noch taktischer Art sind, wird es um so ärgerlicher [...]. Wenn wir zum Beispiel Vertragsstaatenkonferenzen vorbereiten [...], dann gibt es natürlich bestimmte Fristen, wann Anträge vorliegen müssen, damit sie überhaupt von der Vertragsstaatenkonferenz beraten wird. So, und wenn jetzt durch so ein Hinhaltemanöver oder ein Nichtantworten die Frist abläuft, dann läuft man natürlich Gefahr, daß man entsprechend des jeweiligen Turnus vertagt ist um zwei oder drei Jahre. Das ist natürlich immer sehr ärgerlich, und es gibt dann auch die entsprechenden Reibereien, oft einen riesigen Knatsch. Aber es bleibt einfach ärgerlich und mißlich, weil die dann wieder die Sache um zwei oder drei Jahre - je nachdem, was die entsprechende Konvention vorschreibt - blockiert und auf Eis gelegt haben" (Interview BMU, 09.03.1994).

Mag die Situation der Naturschutzabteilung auch besonders prekär sein, wird im BMU doch durchgängig bestätigt, daß der Umweltschutz von den anderen, Umweltbelastungen verursachenden Fachpolitiken soweit wie möglich außen vor gehalten wird:

> "Die Beteiligung erfolgt meistens so, daß man in letzter Minute, sprich also ein paar Tage vor der Kabinettsentscheidung irgendwelche Papiere vorgesetzt bekommt und einem dann gesagt wird: "Friß oder stirb". Echte Einflußmöglichkeiten bestehen nur in der Phase der Vorbereitung von irgendwelchen Programmen oder Maßnahmen, und dafür braucht man eben auch eine gewisse Zeit. Die hat man in der Regel dann nicht mehr zur Verfügung. Eigentlich müßte im Vorfeld schon, wenn ein Projekt geboren wird, die Möglichkeit zur Einflußnahme gegeben sein. Sie ist aber in der Regel nicht vorhanden. Das betrifft nicht nur den Wirtschafts- oder Landwirtschaftsminister, das

betrifft alle anderen genauso, in gleicher Weise. Ob das jetzt die Verkehrspolitik ist oder der BMBau oder alle anderen, mit denen wir enger zu tun haben. Da gibt es keinen entscheidenden Unterschied. Die lassen sich nur ungern in die Karten gucken und legen sie erst dann, wenn es gar nicht mehr anders geht - natürlich muß es ja vor der Kabinettsentscheidung bekannt sein -, auf den Tisch, um zu vermeiden, daß da noch zu viel reingequatscht wird" (Interview BMU, 09.03.1994).

Um im Bild zu bleiben: Die Mitarbeiter des BMU werden häufig nicht nur daran gehindert, anderen in die Karten zu schauen. Sie werden oft genug überhaupt nicht als Spielpartner akzeptiert. Wenn die fachpolitischen Karten gemischt werden, sitzen die Umweltschützer häufig erst gar nicht mit am Tisch. Auch hierzu exemplarisch eine Stimme aus der Umweltverwaltung:

"Wir bereiten derzeit die Revision eines internationalen Schiffahrtsabkommens für den Rhein vor. Da gab es ziemliche Kontroversen innerhalb unserer Delegation bei der Vorbereitung. Wir konnten als Umweltministerium nicht alle unsere Positionen durchbringen. Das ist auch eine ganz normale Sache; die akzeptiere ich. Wir sind deshalb übereingekommen, daß die Positionen, die jetzt nicht mehr durchsetzbar sind international, weil hier eben noch unterschiedliche Meinungen aufeinandertreffen, in Arbeitsgruppen thematisiert werden, an denen wir beteiligt werden, damit man für die nächste Revision - das nennt man längere Reformzyklen, die man jetzt schon in Angriff nehmen kann - diese Punkte dann abgearbeitet hat. Als ich meinen Kollegen aus dem Umweltbundesamt darauf ansprach und sagte: "Die aus dem BMV müßten sich doch bald mal melden", fragte der zurück, ob ich denn noch nichts davon wisse. Ich sagte: "Was soll ich wissen?" "Na, morgen ist doch eine Sitzung im Verkehrsministerium auf Expertenebene." Ich wußte zwar überhaupt nichts davon, aber ich bin einfach hingegangen. Und in der Tat, die vom UBA waren eingeladen. Unser eigener Geschäftsbereich war, ohne uns zu informieren, vom BMV eingeladen worden. Und dann erfuhr ich noch beiläufig, daß die Ergebnisse, die die Experten dort auskaspern, schon in der nächsten Woche in Straßburg als Meinung der Bundesregierung vorgetragen werden sollten, d.h. die Zeit für die Ressortabsprechung war gar nicht mehr da. Vorbereitende Gespräche auf Expertenebene müssen anhand einer Ergebnisniederschrift in einer förmlichen Ressortbesprechung enden. Das ist aber etwas, was der Verkehrsminister in der Regel nicht tut. Er vermischt die Expertengremien, sagt, wir könnten ja dazukommen, wenn der Germanische Lloyd und die BAM und die PTB[17] aus Berlin da bei ihm sitzen und ihn über technische Details informieren. Das meint er, sei die Abgestimmtheit der Bundesregierung! Das ist ein durchgängiges Verhalten in dem Bereich [...]. Und weil das das ungestraft tun können, weil wir uns nicht massiv dagegen zur Wehr setzen oder auch nicht auf höherer Ebene dagegen vorgehen können, ist das ein sich langsam, vom abschätzigen Schmunzeln der anderen Beteiligten begleitetes Kooperationsverhalten, das sich da eingeschlichen hat" (Interview BMU, 08.03.1994).

Nicht nur die hier beschriebene Art der Ausgrenzung aus den umweltrelevanten Fachpolitiken anderer Ressorts scheint den Alltag vieler Beamter im BMU zu prägen, sondern auch die angedeutete Asymmetrie bei der Ressortabstimmung, die sich mitunter in regelrechten Diskriminierungserfahrungen niederschlägt. Die beiden folgenden Gesprächsausschnitte verdeutlichen, daß aus Sicht der Umweltverwaltung die grundsätzliche Gleichberechtigung aller Bundesministerien untereinander in der Praxis nicht viel gilt:

"Wir haben hier zum Beispiel Arbeitskreise im Chemikalienbereich, da ist der Wirtschaftsminister sofort dabei. Auch bei Bund-Länder-Besprechungen. Ich habe aber noch nie erlebt, daß, wenn die

---

17 Die beiden Kürzel stehen für die Bundesanstalt für Materialprüfung und die Physikalisch-Technische Bundesanstalt.

sich mit den Referenten der Länder absprechen, also mit den Wirtschaftsreferenten, der Umweltminister dazugeladen würde. Überhaupt noch nicht! Aber die sitzen hier sofort am Tisch. Wenn irgendetwas ist, die sind immer sofort dabei. Ich habe es denen auch schon mehrfach gesagt, aber die denken gar nicht dran, kommen nicht im entferntesten auf die Idee, hier was zu ändern. Aber wenn wir die nicht einladen: Ein Sakrileg!" (Interview BMU, 10.03.1994).

"Das Problem, das ich sehe, ist, daß wir vom BMWi eigentlich gar nicht beteiligt werden, sondern es ist immer umgekehrt so, daß wir den BMWi beteiligen müssen. Ich erlebe die Situation als sehr einseitig. Also, wir führen Ressortbesprechungen über unsere Vorhaben durch, und der Staatssekretär des BMWi kann uns jederzeit blocken. Aber die Situation, daß ich einmal zu einer Ressortbesprechung im BMWi war, habe ich überhaupt noch nie erlebt. Ich kenne kein einziges Vorhaben, das der BMWi sozusagen angezettelt hätte, und zu dem wir dann auch beratend eingeladen worden wären. Ich kenne nur die Situation: Das BMU hat ein Projekt. Das BMU muß dazu eine Ressortbesprechung machen. Und dann kommen die anderen und blockieren meistens" (Interview BMU, 09.03.1994).

Zwar bleiben drastische Schilderungen des Verhältnisses zwischen den Arbeitsebenen von Wirtschafts- und Umweltministerium wie die folgende die Ausnahme:

"Das geht hin bis zu persönlichen Feindschaften, weil doch jeder sein Ziel durchsetzen will. Wirklich, es gibt durchaus zu den entsprechenden Referatsleitern im Wirtschaftsministerium richtig persönliche Feindschaften. Man versucht, sich gegenseitig das Wasser abzugraben, Informationen vorzuenthalten, mit Intrigen sich gegenseitig kaputtzumachen" (Interview BMU, 08.03.1994),

doch die Einschätzung, gleichsam einem Ministerium "zweiter Klasse" zu dienen, darf für die Ministerialbürokratie des BMU - mit Ausnahme der Abteilung RS - als repräsentativ gelten:

"Das Innenministerium hat damals gekalbt, und herausgekommen ist ein Mäuschen. Die Einschätzung des Hauses im Kreise der anderen Ministerien ist darum sicherlich nicht so, daß es sozusagen als vornehmste Adresse gilt, oder auch nur als erstrebenswerte Adresse" (Interview BMU, 09.03.1994).

Die Geringschätzung, die dem Umweltressort entgegengebracht wird, äußert sich bis hinein in den Umgangston:

"Mit einem angesehenen Ministerium tut man gewisse Dinge einfach nicht. Mit uns schon. Gewisse Dinge, das sind etwa glatte Verstöße gegen die Geschäftsordnung der Bundesministerien. Eindeutige Verstöße, wo es überhaupt kein Deuteln daran gibt [...]. Oder die permanenten Interventionen des Kanzleramtes. Wenn die das damals mit uns im Innenministerium gemacht hätten, hätten wir gesagt: "Ja, was wollt ihr denn eigentlich?" Und heute, heute geht das bis in Details. Das geht so weit, daß abschließend abgestimmte Vorlagen von irgendeinem Referenten oder Referatsleiter doch wieder blockiert werden. Und der beruft sich dann auf's Kanzleramt. Das geht selbst hin bis zu Formalien: Ein Abteilungsleiter hätte nicht an den Herrn Staatssekretär des Innenministeriums geschrieben. Sondern er hätte dem Abteilungsleiter geschrieben, wie es sich gehört. Und wenn dann der Staatssekretär angesprochen werden sollte, dann hätte das der Kanzleramtsminister gemacht. Es geht bis zum Umgangston, wie hier manchmal vom Staatssekretär durch den für das Umweltministerium zuständigen Abteilungsleiter Informationen einfach eingefordert werden: "Ich gehe davon aus, daß Sie bis dann und dann..." (Interview BMU, 10.03.1994).[18]

---

18 Einen einschlägigen Protokollverstoß dokumentierte auch DER SPIEGEL (Nr. 34/1994: 33). Für ein in Genf anberaumtes Vorbeitungstreffen vor der Berliner Klimakonferenz hatte das BMU ein Positionspapier erstellt, daß einen deutschen Maßnahmenkatalog für die Reduktion der CO_2-Emissionen enthielt. Nach einer in "grantiger Atmosphäre" verlaufenen Ressortbesprechung zwischen Wirtschafts- und Umweltministerium teilte der Staatssekretär des BMWi in souveräner Ignorierung der Hierarchie dem Umweltminister in einem Schreiben ultimativ mit, daß die von

(Fortsetzung...)

3.4 Ungenutzte Potentiale: Die Spiegelreferate der anderen Ressorts

Ministerielle Arbeitseinheiten, die damit betraut sind, sich mit einem Arbeitsbereich zu befassen, der federführend von einem anderen Ressort wahrgenommen wird, werden im Fachjargon als "Spiegelreferate" bezeichnet. Entsprechend seinem Aufgabenzuschnitt - der Koordination und Steuerung der Regierungsarbeit insgesamt - ist insbesondere das Bundeskanzleramt auf Arbeitsebene organisatorisch beinahe vollständig von diesem Referatstypus gekennzeichnet. Aufgabe dieser Spiegelreferate im Kanzleramt ist es, über alle wesentlichen Angelegenheiten "ihrer" Ressorts informiert zu sein oder sich binnen kurzem informieren zu können und, darauf basierend, eine Art Scharnierfunktion zwischen dem Kanzleramt und dem jeweiligen Ministerium wahrzunehmen (Busse 1994: 119). "Die Vorzüge einer solchen Lösung liegen darin, daß der Zusammenarbeit mit den Ministerien ein verhältnismäßig einfaches Aufbaumuster zugrunde liegt. Zugänge lassen sich leichter einrichten, Informationskanäle besser absichern, gegenseitige Abhängigkeiten eher verdeutlichen, Verantwortlichkeit läßt sich leichter identifizieren, Vertrauen kontinuierlicher schaffen" (König 1989: 56).

Es entspricht dem Ressortprinzip, also der organisatorischen Eigenverantwortung der Bundesminister für ihre Ministerien, daß es auch ihnen freisteht, im Rahmen ihrer personellen Möglichkeiten Spiegelreferate für bestimmte Aufgabenbereiche anderer Ressorts einzurichten. Sie nehmen in der Regel eine Doppelfunktion wahr. Zum einen dienen sie der Koordination der Stellungnahmen verschiedener Fachreferate des eigenen Hauses zu Vorschlägen und Programmentwürfen anderer Ressorts. Wichtiger als diese ressortinterne Koordinierungsfunktion, mittels derer eine einheitliche Strategie und Taktik sichergestellt werden soll, ist die kontinuierliche Beobachtung der Aktivitäten des zu spiegelnden Ministeriums sowohl hinsichtlich seiner konkreten Gesetzesvorbereitung als auch bezüglich seiner allgemeinen programmatischen Orientierung. Eine solchermaßen organisatorisch abgesicherte "Bereichsaufmerksamkeit" für ressortexterne Regierungspolitiken verspricht nicht nur Möglichkeiten zur Früherkennung relevanter Entwicklungen in fachlich benachbarten bzw. potentiell konkurrierenden

---

18(...Fortsetzung)
    seinem Ressort erarbeiteten Vorschläge in Genf nicht als Regierungsposition vertreten werden könnten: "Ich kann einer Einbringung erst zustimmen, wenn es zwischen den Bundesressorts vollständig abgestimmt ist."

Ministerien, sondern gilt auch als wichtige Voraussetzung für die erfolgreiche Bewältigung der im Zusammenspiel der Ministerien notwendigen Überzeugungs- und Kommunikationsprozesse (Müller 1986: 528f.). In taktischer Hinsicht läßt sich die Doppelfunktion der Spiegelreferate damit wie folgt fassen: Einerseits eignen sie sich als Frühwarnsysteme für "gefährliche" Initiativen komkurrierender Ressorts und sind damit ein ideales Instrument für die Strategie der negativen Koordination, die auf den Schutz des eigenen Zuständigkeitsbereiches vor äußerer Einmischung ausgerichtet ist. Andererseits unterstellt man ihnen eine gewisse Sympathie und eine zumindest partielle Identifikation für und mit den Zielen des ihrer Aufmerksamkeit anvertrauten Ressorts, wodurch sie möglicherweise als eine Art "verlängerter Arm" desselben in ihrem Ministerium wirken können.

Spiegelreferate sind im Bundesumweltministerium bisher systematisch nicht verankert (Müller 1990: 171), wohl aber in denjenigen Ressorts, die als potentielle Vertreter von "Verursacherinteressen" gelten. So richtete der Bundeswirtschaftsminister bereits im Jahre 1973 ein erstes Referat für Umweltfragen ein. Die umweltpolitische Bereichsaufmerksamkeit wurde seitdem kontinuierlich ausgebaut. Heute widmet sich ihr eine gesamte, der Zentralabteilung zugehörige Unterabteilung.[19] Ihre Mitarbeiter können sich vollständig ihrer Spiegelfunktion widmen, denn die fachlichen Einzelaspekte, die Umweltschutzfragen berühren, werden von den in den verschiedenen Fachabteilungen zusätzlich eingerichteten Umweltreferaten bearbeitet (Interview BMWi, 30.08.1995). Auch im Verkehrsministerium wird der Umweltpolitik große Beachtung zuteil. Neben einem in der "Verkehrspolitischen Grundsatzabteilung" angesiedelten Koordinierungsreferat "Umweltschutz im Verkehr" findet sich in jeder Fachabteilung ein spezialisiertes Umweltreferat, so daß sich insgesamt sieben "Spiegel" mit dem BMU befassen. Das Landwirtschaftsministerium schließlich als drittes bedeutendes Verursacherressort begnügt sich mit einem zentralen Umweltreferat, welches, angesiedelt in der Unterabteilung "Forschung und Entwicklung", mit der "Koordination der Umweltangelegenheiten des Agrarbereichs" betraut ist.

Die Erfahrungen, die im Umweltministerium bezüglich der Kooperation mit den genannten Ressorts zu Protokoll gegeben wurden, lassen nicht unbedingt erwarten, daß sich aus der

---

19 Zur Errichtung einer eigenen "Spiegelunterabteilung" für den Umweltschutz hat sich neben dem BMWi bislang nur der Bundesminister der Verteidigung verstanden.

dortigen Einrichtung von Spiegelreferaten operative Vorteile für die Umweltpolitik ergeben hätten. Doch zeichnen die befragten Beamten ein durchaus differenziertes Bild. Selbst in der Naturschutzabteilung wird die Funktion des Umweltreferates im Landwirtschaftsministerium trotz der eher leidvollen Erfahrungen, die man mit diesem Ressort machen mußte, sehr nüchtern und pragmatisch beschrieben:

> "Daß es das Referat gibt, bringt uns politisch weder Vor- noch Nachteile. Das ist einfach eine Arbeitserleichterung. Die Geschäftsordnung sagt ja, daß jedes Haus nur für das zuständig ist, was ihm explizit zugewiesen wurde. Und die Spiegelreferate halten da nur die Verbindung und prüfen, wie wirkt sich eine Maßnahme des BMU auf den Landwirtschaftsminister, auf den Verkehrsminister aus. Und sie halten den Kontakt umgekehrt, wenn sie selbst Vorschriften erlassen [...]. Wenn ich einen Schriftwechsel mache, dann schreibe ich den Bundesminister für Ernährung, Landwirtschaft und Forsten an bzw. neuerdings das Ministerium. Es kann aber sein, daß in dem Haus fünfzehn Referate betroffen sind. Wenn ich nur eines anschreibe, dann vergesse ich vierzehn. Dann habe ich die Schuld. Aber in der Regel kriegt es eben dieses Spiegelreferat und die prüfen dann, wer alles noch in dem Haus zu beteiligen ist [...]. Die wirken also praktisch als Kanalisierung" (Interview BMU, 09.03.1994).

Natürlich vertreten die Spiegelreferate prinzipiell ihre jeweilige Hausmeinung. Man kann sie deshalb nicht umstandslos als geborene Bündnispartner betrachten. Häufig ist sogar das Gegenteil der Fall:

> "Gerade die Handlungsweise der Spiegelreferate, die es im Wirtschaftsministerium und im Landwirtschaftsministerium für uns gibt, erleben wir in der Regel so, daß wir keineswegs unterstützende Argumente für den Umweltschutz bekommen, sondern hemmende Argumente. Denn diese Referate wirken so, daß sie die Interessen der Wirtschaft und der Landwirtschaft vertreten, und sie zwingen uns, Beweise zu liefern, warum Umweltschutzregelungen denn unbedingt erforderlich sind. Das ist für uns eine erhebliche Erschwernis. Wir werden gezwungen, weitere Beweise zu liefern, die wir häufig gar nicht liefern können, vor allem weil man uns die Forschungsmittel nimmt. Das heißt wir werden mehrfach blockiert. Diejenigen, denen wir zu nahe treten, zwingen uns zu argumentieren. Wir können aber dann nicht argumentieren, weil wir keine Ressourcen für Argumente haben oder nur unzureichende Ressourcen" (Interview BMU, 10.03.1994).

Gleichwohl attestieren die Beamten des BMU "ihren" Spiegelreferenten durchaus eine gewisse Sensibilität für ihre Belange:

> "Man sieht schon auch die Schwierigkeiten, in denen diese Spiegelreferate stecken. Sie stehen ja praktisch zwischen den Fronten. Sie sollen in ihrem Hause - für meinen Bereich also im Wirtschaftsministerium - die Gewässerschutzpolitik begleiten und durchaus auch die Sicht des Bundesregierung, nicht nur des BMU, aber doch der gesamten Bundesregierung im Bereich der Gewässerschutzpolitik beachten. Auf der anderen Seite stehen sie unter dem Druck der doch erheblich stärker einseitig ausgerichteten Interessen etwa ihrer Industrieabteilung, die, das kann man glaube ich offen sagen, letztlich ein Sprachrohr der einschlägigen Verbände ist. Und ich glaube schon - das hört man auch dann und wann -, daß unsere Spiegelreferenten dort versuchen, so zu wirken, daß die Sicht des Wirtschaftsministeriums nicht zu einseitig ist" (Interview BMU, 10.03.1994).

Auch ein erfahrener Referatsleiter, der durchaus obskure Erfahrungen mit diversen Spiegelreferenten sammeln mußte, bemüht sich um Differenzierung:

> "Unsere Spiegelreferenten sind in erster Linie Aufpasser, die uns abblocken sollen. Ich will Ihnen ein konkretes Beispiel geben. Wenn der Verkehrsminister über Richtlinien, die in seinen Zuständigkeitsbereich fallen, in Brüssel verhandelt, fährt er in der Regel allein und hält das auch für richtig. Als ich damals ein etwas diffiziles Querschnittsinstrument, die UVP-Richtlinie verhandelt habe in

Brüssel, da hat mich der Verkehrsminister mit zwei Personen begleitet, der Wirtschaftsminister mit einer Person, der Verteidigungsminister mit einer Person, der Landwirtschaftsminister mit einer Person. Habe ich jemanden vergessen? Bestimmt habe ich jemanden vergessen. Ja, die Länder mit zwei Beobachtern. Also, die anderen Delegationen haben über uns nur noch milde gelächelt. Wir kamen in Fußballteamstärke an. Ein sagenhafter Aufwand [...]. Aber ich muß da fair sein. Wenn Sie denen das Gefühl vermitteln, daß Sie niemanden über den Tisch ziehen, wie es der Verkehrsminister gerne tut, und wenn Sie in einer offenen, fairen Weise zeigen, daß Sie aus einmal abgestimmten Positionen nicht wieder ausscheren, auch wenn Sie zurückstecken mußten, dann können Sie schrittweise auch den Wirtschaftsminister ganz gut gewinnen. Ich will ihnen das wieder an einem Beispiel demonstrieren: Der Wirtschaftsminister gehörte zusammen mit dem Bau- und Verkehrsminister zu den entschiedensten Gegnern dieser UVP-Richtlinie und ist auch heute weit davon entfernt, begeistert darüber zu sein. Aber als sie dann verabschiedet war, hat er gesagt, ich bin jetzt sozusagen als Europaminister daran interessiert, daß sie korrekt vollzogen wird und wir nicht in überflüssige Prozesse verwickelt werden. Dann bin ich mit dem Kollegen, mit dem Spiegelreferenten aus dem Wirtschaftsministerium, in unser eigenes Haus gegangen, um meine Kollegen in diesem Haus vom Umsetzungsbedarf zu überzeugen. Und er hat mich begleitet zum Verkehrs- und Bauminister. Der Wirtschaftsminister!" (Interview BMU, 08.03.1994).

Die doppelte Funktion von Umwelt-Spiegelreferenten wird auch in anderen Fachabteilungen des BMU thematisiert:

"Natürlich sind das die Frühwarnsysteme der Konkurrenz. So sind sie ja angelegt. Man hat im feindlichen Lager, soweit man das Wort "feindlich" überhaupt benutzen kann, gerne einen Horchposten. Allerdings ist es natürlich auch ein Zweiwegekanal. Gelegentlich sind es also auch Doppelagenten. Das ist wohl wahr. Das liegt auch an der Einstellung der jeweils handelnden Personen. Man kann etwas leichter transportieren in ein anderes Ressort, wenn man ein abgestimmtes, vertrauensvolles Verhältnis zu den handelnden Figuren hat. Also, im BMWi, da ist es kein Doppelagent, im BMF ist es kein Doppelagent. Da hätten wir gerne welche. Aber es ist eben doch sehr unterschiedlich. Im BMVg zum Beispiel, beim Verteidiger, haben wir einen wunderbaren Doppelagenten. Da sind sogar mehrere Doppelagenten, weil sich da die Umwelt nicht in einem Spiegelreferat, sondern in einer Spiegelunterabteilung konkretisiert und die Führungsstäbe des Heeres, der Marine und der Luftwaffe ausgesprochen gute, kooperative Einheiten sind, mit denen wir bestens zusammenarbeiten" (Interview BMU, 10.03.1994).

Die Bereitschaft der Spiegelreferenten, sich in ihren Ministerien in den Dienst der Umweltpolitik zu stellen, kennt allerdings schon deshalb Grenzen, weil ihre persönlichen Karriereerwartungen nur von ihrem "Mutterressort" befriedigt werden können. Deshalb ist das Selbstverständnis der Spiegelreferate in den Verursacherressorts eher auf Zähmung und Kontrolle der Umweltpolitik ausgerichtet. Den Schwarzen Peter bezüglich der mangelnden Integration der Umweltpolitik gibt man dort recht umstandslos an das BMU zurück, dem man schlicht Unfähigkeit zu angemessener fachlicher Kooperation attestiert:

"Die Spiegelreferate im BMWi haben natürlich einen großen Aufgabenbereich. Trotzdem wissen wir, was im BMU vor sich geht. Unsere Beteiligung durch den BMU ist durchgängig gut. Andererseits sind im BMU gravierende Kapazitätsprobleme festzustellen. Das heißt das BMU kann eine vernünftige Beteiligung in vielen Bereichen deshalb gar nicht leisten. Deshalb bieten wir in diesen Bereichen dem BMU erst gar keine Beteiligung an, weil da einfach die Ressourcen fehlen" (Interview BMWi, 30.08.1995).[20]

---

20 Die Gesprächspartner im BMWi ließen einen Tonbandmitschnitt des Interviews nicht zu. Das Zitat entstammt deshalb einer durch ein Gedächtnisprotokoll angereicherten stenographischen Mitschrift.

Im Umkehrschluß wird damit die Kritik der BMU-Beamten am Beteiligungsverhalten des Wirtschaftsministeriums bestätigt. Nur wird die Verantwortung für die ausbleibende Beteiligung des Umweltschutzes dem BMU angelastet. Ganz ähnlich wird die Situation vom Umweltreferenten im Landwirtschaftsministerium beschrieben:

> "Die haben dort wesentlich weniger Leute für unseren Bereich als wir gegenüber dem BMU. Ich weiß auch vom zuständigen Referatsleiter, daß die Kapazität dort einfach nicht da ist" (Interview BML, 31.08.1995).

Im Verkehrsministerium schließlich weist man darauf hin, daß die aus Sicht des BMU mangelhafte Integration der Umweltschützer in die anderen Politikbereiche der mangelnden Erfahrung vieler der dort tätigen Beamten geschuldet sei:

> "Besonders in der Anfangszeit war das mit dem BMU schwierig. Das lag aber auch daran, daß das Ministerium nur teilweise aus gelernten Beamten zusammengesetzt war und sehr viele Leute praktisch vom Markt holen mußte. Und es ist klar, daß jemand, der als Hochschulassistent gearbeitet hat und der plötzlich Verwaltung machen muß, riesige Schwierigkeiten hat, weil er das nicht gelernt hat. Der geht dann oft mit einer Idee 'rein und schreit dann fürchterlich auf, weil er überall an die Wand rennt, weil ihm jemand sagt: "Da gibt es ein Gesetz, Du hast hier die Gemeinsame Geschäftsordnung nicht beachtet, das muß erst vom BMWi abgesegnet werden ..." u.s.w. Da gab es mit den Kollegen im BMU am Anfang viel Knatsch, und das wirkt bis heute nach" (Interview BMV, 30.08.1995).

Wer trotz der allgemeinen Geringschätzung des Umweltministeriums versucht, in "Verursacherressorts" mitunter die umweltpolitische Karte zu spielen, hat es schon deshalb schwer, weil die hausinterne Machtverteilung zu Ungunsten des Umweltschutzes ausfällt. Zudem droht demjenigen, der aus einer ohnehin nicht allzu starken Position heraus versucht, die Politik seines Hauses ökologisch zu akzentuieren, leicht die ressortinterne Isolierung. Im Verkehrsministerium stellt sich die Situation wie folgt dar:

> "In einem Referat, wie es "Umweltschutz im Verkehr" ist, da muß man ein Doppelspiel machen. Ich bin im Verkehrsministerium und muß in der Relation zum BMU die Verkehrsinteressen wahrnehmen. Ins Haus hinein, wo ja nur die Verkehrsinteressen laufen, muß ich die Umweltkriterien herausstellen, und da muß ich abwägen zwischen Verkehr und Umwelt [...]. Man bezieht leicht Prügel im eigenen Haus. Man wird verschrien, tanzt auf einem Seil [...]. Worte und Taten sind ja manchmal zweierlei. In einigen Abteilungen müßte die umweltpolitische Sensibilität noch verstärkt werden, und die Position der Grundsatzabteilung müßte verstärkt werden. Sie müßte im Grunde das letzte Wort haben dürfen, damit nicht einzelne Abteilungsleiter, nur weil sie Abteilungsleiter sind, das Umweltreferat nur über ihre höhere Dienstfunktion zu übergehen" (Interview BMV, 30.08.1995).

Die Vertretung umweltpolitischer Interessen durch Mitarbeiter in Ressorts, die mit dem BMU konkurrieren, bedarf der externen Unterstützung. "Doppelagenten", um das im BMU gewählte Wortspiel aufzugreifen, bedürfen umsichtiger Führung und subtiler argumentativer Hilfe. Bleiben sie aus, wird die Vertretung umweltpolitischer Positionen durch die Spiegelreferenten schnell unglaubwürdig. Dies ist offenbar häufiger der Fall. So läßt sich zumindest die Kritik aus dem Bauministerium deuten, die sich auf das von der Bundesregierung proklamierte CO_2-Minderungsprogramm bezieht:

> "Wir haben hier eine Vermittlerposition. Manchmal kommt es deshalb vor, daß wir BMU-Positionen hier ins Haus hereintragen. Da stoßen wir teilweise auf wenig Gegenliebe, insbesondere beim Wohnungsbau. Dort hat man für alles, was die Baukosten in die Höhe treiben könnte, wenig Verständnis [...]. Man kann zwar im allgemeinen sagen, das Beteiligungsverhalten des BMU und die Zusammenarbeit sind gut, denn insgesamt haben BMU und BMBau in der Frage der Energieeinsparung ja eigentlich ähnliche Interessen. Aber der BMU ist im Laufe der Zeit so mutlos geworden. Die gehen ja immer weiter hinter ihre eigenen Ansprüche zurück. Die schreiben in ihre Papiere beispielsweise nichts mehr von Subventionen rein, damit ja das BMF nicht erschrickt [...]. Nach meinem Verständnis von Federführung würde ich doch häufigere Zusammentreffen erwarten und einen Versuch seitens des BMU, klarere Vorgaben zu machen, und wenn das eben nicht so läuft, dann auch gegenüber dem Kanzleramt entsprechende Aussagen zu machen, um den nötigen Druck aufzubauen [...]. Also, die Zusammenarbeit ist grundsätzlich schon okay. Wir sind ja auch dafür, daß etwas passiert. Wir sind aber der Meinung, daß der BMU halbherzig handelt. Da wird sehr viel geschwafelt, aber kaum etwas umgesetzt" (Interview BMBau, 29.08.1995).

Auch im Gesundheitsministerium wird darauf hingewiesen, daß der im BMU beklagte Mangel an Bündnispartnern zu einem Gutteil selbst verschuldet sei:

> "In der Vergangenheit hat es das BMU oft allein versucht, gegen uns, hat versucht, uns rauszuhalten. Es gibt genügend Beispiele, wo die gesagt haben, das BMG ist gar nicht mehr für den Chemikalienbereich zuständig [...]. Und ich sage ihnen mal ganz offen, daß ich den Eindruck habe, daß man im BMU nicht unbedingt mutig ist, was Entscheidungen betrifft, auch mal Regelungen zu machen, die gegen die Wirtschaft laufen. Und das in Bereichen, die mir nicht verständlich sind. Ich denke da an die Holzschutzmittelfrage, man hat für mich da viel zu lange gewartet. Die Durchsetzungsfähigkeit hat sich auch nicht gezeigt im Bereich der Lebensmittelregelungen, im Bereich der Schadstoffe [...]. Die Gefährlichkeitskategorien, die wir dort haben im Chemikalienbereich, sind längst nicht umfassend genug. Wir machen zum Beispiel im Pflanzenschutzgesetz einen wesentlich höheren Anforderungskatalog im Zulassungsverfahren, und deswegen sind die Schadstoffe, die wir unter unseren Fittichen haben, nach unserer Auffassung wesentlich besser bewertet als im Chemikaliengesetz [...]. Ich glaube, das BMU muß erkennen, daß man das Gesundheitsministerium braucht, weil man sonst alleine steht gegen die anderen, vor allem gegen das BML, das ist ja der Hauptgegner. Und dieses niederzuringen, ist dem BMU in vielen Fällen nicht gelungen, oder nur mit Aderlaß gelungen. Wenn aber das Gesundheitsministerium im Hintergrund steht und die Entscheidung mitträgt, dann stünden immerhin zwei gegen zwei. Aber das BMU hat seinen Zenit schon wieder überschritten [...]. Die Tatsache, daß wir aus diesem Ministerium nicht mehr so viel gehört haben an wirklich neuen Dingen, zeigt, daß man da vorsichtig geworden ist. Ich habe das Gefühl, daß man es dort an Mut fehlen läßt, bestimmte Themen aufzugreifen [...]. Dort ist zwar jetzt ein gewisses Interesse erkennbar, uns einzubinden. Aber auch wenn die langsam erkannt haben, daß sie uns brauchen: Wenn ich beispielsweise an die Abfallregelungen denke und an den Wust, der da produziert worden ist, an die Fehlleistungen, die da teilweise passiert sind, dann habe ich Zweifel, ob mit denen in Zukunft noch der große Blumentopf zu gewinnen ist" (Interview BMG, 29.08.1995).

Mangelnder Mut zu ökologischen Koalitionen und fehlender Offensivgeist sind die zentralen Vorwürfe, die potentielle Verbündete innerhalb der Regierungsorganisation an das BMU richten. So sieht man es auch im BMU selbst. Der Verzicht des Umweltministers auf die systematische Verankerung von Spiegelreferaten in seinem Ressort, so beispielsweise Müller

(1990: 171),²¹ berge nicht nur die Gefahr einer lediglich reagierenden Mitwirkung bei den Vorhaben anderer Ressorts, sondern verhindere den Aufbau kontinuierlicher enger Arbeitsbeziehungen zu den dort angesiedelten Parallelreferaten. Zu erklären sei dieser Verzicht, weil, für die Autorin zwar verständlich, politisch gleichwohl falsch, "[...] eine Erhöhung des Konfliktniveaus zwischen dem Bundesumweltministerium und den wesentlichen Verursacherressorts [befürchtet wurde]. Bereits die Wahrnehmung der Umweltfachaufgaben fordert die Konfliktfähigkeit des Umweltressorts in einem solchen Maße, daß der Umweltminister zögert, durch eine offensive institutionelle Verankerung seines Querschnittsanspruchs neue Konfliktflächen zu schaffen" (Müller 1990: 171). Ob sich diese Konfliktscheu auszahlt, bezweifelt mancher Mitarbeiter des BMU nicht nur deshalb, weil das Umweltministerium durch seine Defensivtaktik der Unterstützung prinzipiell gleichgesinnter Arbeitseinheiten in anderen Ressorts verlustig geht, sondern auch, weil die Konkurrenz das Umweltressort nicht als relevante Größe wahrnimmt:

> "Die Zusammenarbeit hängt zwar immer davon ab, welches Klima ich schaffen kann. Und wenn ich ein kollegiales Klima schaffe, dann ist das schon etwas Entscheidendes. Aber sie hängt natürlich auch von der eigenen Leitungsebene ab, von der Frage, wie ernst die zu nehmen ist. Gerade in Richtung BML oder BMWi sieht man, diese Minister nehmen den Umweltminister auf der politischen Ebene nicht mehr ernst. Das heißt dann natürlich auch, daß die Mitarbeiter den Umweltminister auf der Arbeitsebene nicht mehr ernst nehmen. Also auch dort spiegelt sich im Grunde das Standing, das ein Ministerium, ein Minister, hat im Konzert der anderen" (Interview BMU, 08.03.1994).

Das schlechte "Standing" des Umweltministeriums innerhalb der Bundesregierung schlägt sich im übrigen auch im offiziellen Koordinationsorgan für Umweltangelegenheiten, dem "Ständigen Abteilungsleiterausschuß-Bund" (STALA-Bund), nieder, denn das BMU ist offensichtlich nicht in der Lage, diese Einrichtung für seine Interessen zu nutzen

> "Dieser STALA-Bund ist das Negativbeispiel einer "Ökologisierung der Organisation des Umweltschutzes". Er hat nämlich bis auf den heutigen Tag nicht etwa die Aufgabe zu diskutieren, wie Umweltaspekte in die Aufgabenwahrnehmung der Verursacherressorts integriert werden können, sondern wie die Umweltpolitik durch die anderen Ressorts kontrolliert werden kann. Der STALA-Bund dient also als "Aufpasser" gegenüber dem, was im Umweltbereich läuft. Er wird nicht als Möglichkeit genutzt, um eine frühzeitige Integration von Umweltbelangen in die Politikbereiche der anderen Ressorts zu realisieren" (Müller 1994b: 37).

Ein schwaches Ministerium ohne politische Tauschmasse wie das BMU, so läßt sich folgern, kann die Koordinations- bzw. Integrationspotentiale, die die Regierungsorganisation grundsätzlich bereit hält, nicht nutzen, zumindest nicht in Zeiten schlechter Konjunktur für seinen

---

21 Zum Zeitpunkt der Abfassung der zitierten Veröffentlichung war die Autorin als Unterabteilungsleiterin im BMU tätig.

Politikbereich. Dies zeigt sich auch am Schicksal eines weiteren Koordinationsinstruments, das im folgenden analysiert werden soll, nämlich den Interministeriellen Arbeitsgruppen.

3.5. Interministerielle Arbeitsgruppen: Königsweg oder Sackgasse für die Integration der Umweltpolitik?

Zur Bearbeitung ressortübergreifender Problemstellungen, welche nicht in Form einer einmaligen Entscheidung beispielsweise über einen bestimmten Gesetzesentwurf abgearbeitet werden können, sondern aufgrund ihrer Komplexität einer längerfristigen Zusammenarbeit mehrerer Ministerien bedürfen, hat sich im Laufe der Zeit ein "System der Vorklärung und Vorentscheidung durch interministerielle Beamtenausschüsse" (Rudzio 1996: 270) etabliert. "Interministerielle Arbeitsgruppen", "Ausschüsse" oder "Projektgruppen" - die Bezeichnungen variieren - zeichnen sich durch hochgradige Informalität aus.[22] Weder die Geschäftsordnung der Bundesregierung noch die Gemeinsame Geschäftsordnung der Bundesministerien kennen diese Institution. "Errichtet werden diese Interministeriellen Ausschüsse von Fall zu Fall, teils durch Kabinettsbeschluß, teils durch Vereinbarung der beteiligten Minister, wenn bestimmte Aufgaben eine Zusammenarbeit zwischen mehreren Ressorts erfordern oder sich sonstwie interministerielle Probleme ergeben" (Böckenförde 1964: 244). Sie sind eben aufgrund ihrer Informalität einer empirisch gesättigten politik- und verwaltungswissenschaftlichen Analyse nur mit großem Aufwand zugänglich. Die letzte umfassende Untersuchung der Interministeriellen Ausschüsse der Bundesministerien wurde denn auch bereits vor mehr als fünfundzwanzig Jahren vorgelegt (Prior 1968).[23] Nun besagt die derzeitige politikwissenschaftliche Ignoranz dieses Verfahrensmodus noch wenig über seine Bedeutung für die Praxis. Aus ihr ist er aber offenbar nicht wegzudenken. So steht der verstärkte Einsatz "interministerieller Projektgruppen" sogar auf einer aktuellen Liste von Empfehlungen zur Reform der öffentlichen Verwaltung (Jann 1994: 28). Obwohl über die konkrete Leistungsfähigkeit derartiger

---

22 Vgl. hierzu die vom Verwaltungslexikon (Eichhorn 1985: 460) angebotene Begriffsklärung für das Stichwort "Interministerieller Ausschuß": "Gemeinsames - durch einen formlosen Organisationsakt entstandenes - Gremium, besetzt mit Mitgliedern verschiedener Ressorts (Ministerien) zur engen Zusammenarbeit in fachübergreifenden Arbeitsgebieten (ressort-überschreitende Gemeinschaftsarbeit), das regelmäßig mit bestimmten Entscheidungsbefugnissen ausgestattet ist und institutionelle Züge trägt [...]".

23 Auch in dem von Hartwich/Wewer (1991) editierten Band über "Formale und informale Komponenten des Regierens" werden interministerielle Arbeitsgruppen nicht thematisiert. Noch immer gilt, daß die Arbeitsweise dieser Ausschüsse "wenig transparent" ist (von Beyme 1991: 290).

Gremien recht wenig bekannt ist, wird man der grundsätzlichen Überlegung zustimmen können, daß die wesentlichen Voraussetzungen für die Effizienz der Arbeit interministerieller Projektgruppen in klarer Aufgabendefinition und zeitlicher Begrenzung des Arbeitsauftrags bestehen (Jann 1994: 28).

Innerhalb der Ministerialbürokratie des BMU wird - bzw. wurde - diese Sichtweise geteilt.

Aus der Sicht potentiell von der Abordnung in interministerielle Arbeitsgruppen Betroffener fügt Müller (1990: 171) ein weiteres Erfolgskriterium hinzu, welches sich auf die Karriereerwartungen von Ministerialbeamten bezieht: "Beamte, die für eine gewisse Zeit ihren angestammten Platz im Ministerium verlassen, um in einer interministeriellen Arbeitsgruppe zu arbeiten, werden daher sorgfältig darauf achten, daß sie nach der Rückkehr in ihr Ressort nicht als "Verräter" der eigenen Ressortinteressen gebrandmarkt werden können. Die für die Projektgruppenarbeit notwendige Offenheit und Bereitschaft zum Überdenken althergebrachter Ressortstandpunkte wird daher in der Regel nur dann eintreten, wenn die Projektgruppenmitglieder sich der Rückendeckung ihres Ministers sicher sind und darauf hoffen können, von diesem für erfolgreiche innovative Arbeit "belohnt" zu werden." Diese Rückendeckung, so betonte schon die PRVR (1969: 189), die der Einrichtung interministerieller Arbeitsgruppen im übrigen skeptisch gegenüberstand, müsse sich in der Einräumung entsprechender Verhandlungsspielräume niederschlagen.

Die genannten Erfolgsbedingungen für interministerielle Arbeitsgruppen gelten unabhängig davon, ob die Beteiligten gleichsam "hauptamtlich" abgestellt werden oder ob sie parallel zu ihrer sonstigen Tätigkeit in einer solchen mitarbeiten. Letzteres war die Konzeption der im Jahre 1990 auf Initiative des Umweltministeriums eingerichteten "Interministeriellen Arbeitsgruppe CO_2-Reduktion", deren Gründung im BMU als politischer Durchbruch gewertet wurde.[24]

Der Anstoß zur Formulierung einer nationalen Strategie für die Reduzierung des "Treibhausgases" CO_2, in dessen Konsequenz letztlich die Interministerielle Arbeitsgruppe (IMA)

---

[24] Die folgenden Ausführungen stützen sich, was ihren deskriptiven Gehalt betrifft, im wesentlichen auf eine am Institut für Politische Wissenschaft der Universität Erlangen-Nürnberg angefertigte, unveröffentlichte Magisterarbeit (Unfried 1994).

eingerichtet wurde, kam aus dem Bundeskanzleramt. Angesichts der Verpflichtungen, welche die Bundesregierung auf verschiedenen, im Vorfeld der für das Jahr 1992 anberaumten Konferenz der Vereinten Nationen über Umwelt und Entwicklung in Rio de Janeiro organisierten internationalen Konferenzen eingegangen war,[25] wurde das Umweltministerium im Januar 1990 vom Chef des Kanzleramtes "[...] beauftragt, angesichts der anstehenden Diskussion im internationalen Raum über die Frage, welchen Beitrag die Industrieländer mittel- und langfristig zur Reduzierung des Treibhauseffektes leisten können, nationale Zielvorstellungen für eine erreichbare Reduktion der CO_2-Emissionen zu erarbeiten."[26] Damit hatte das BMU alle mit der Federführung bei der Erarbeitung politischer Programme verbundenen Trümpfe in der Hand. Das federführende Referat, das seinerzeit noch in der Zentralabteilung angesiedelt war, nutzte die Gunst der Stunde und erarbeitete in Zusammenarbeit mit dem Umweltbundesamt und noch unbehelligt von den Interessen anderer Ressorts, in denen man sich auf das neue "issue" Treibhauseffekt noch überhaupt nicht eingestellt hatte, ein erstes Positionspapier, in welchem, u.a. bezugnehmend auf die von der Enquete-Kommission des Bundestages "Vorsorge zum Schutz der Erdatmosphäre" aufbereiteten wissenschaftlichen Erkenntnisse, erstmals ein konkretes Minderungsziel definiert wurde: "Bis 2005 erscheint ein CO_2-Reduktionsziel von 25 % im Vergleich zu den CO_2-Emissionen von 1987 in der Bundesrepublik Deutschland ohne Überforderung der Volkswirtschaft erreichbar."[27] Dieses Positionspapier bildete die Grundlage für die nun folgenden Verhandlungen mit den betroffenen Fachressorts. Es markierte eine programmatische Wende der deutschen Umweltpolitik insofern, als es eine Abkehr von der bis dahin beinahe ausschließlich verfolgten Orientierung am Immissionsschutz implizierte und gleichzeitig den sogenannten medienorientierten Ansatz zugunsten eines explizit gemachten Querschnittsanspruchs der Umweltpolitik überschritt.[28] Eine derart anspruchsvolle und innovative Position in die interministerielle Abstimmung zu bringen, war der

---

25 Die Notwendigkeit nationaler und internationaler Maßnahmen zur Bekämpfung des Treibhauseffekts wurde vom Bundeskanzler erstmals in seiner Regierungserklärung vom 18. März 1987 thematisiert (Deutscher Bundestag: Stenographische Berichte 11/4. Sitzung: 63). Die erste "Selbstverpflichtung" zu einem deutschen Beitrag zur CO_2-Reduktion erfolgte auf dem Pariser Weltwirtschaftsgipfel im Juli 1989. Dem folgten entsprechende Absichtserklärungen auf verschiedenen internationalen Klimakonferenzen.

26 Das Zitat entstammt einem BMU-internen Arbeitspapier vom 13.06.1990: "Zielvorstellung für eine erreichbare Reduktion der CO_2-Emissionen", S.8f.

27 Für die Quelle vgl. ebenda.

28 Dies insofern, als das BMU-Papier konkrete Minderungspotentiale für die von anderen Ressorts betreuten Politikfelder wie beispielsweise Industrie, Energieversorgung, Verkehr und Landwirtschaft benannte.

Ministerialbürokratie des BMU nur möglich, weil sie der engagierten Unterstützung ihres Ministers, der seinerseits Rückendeckung durch das Bundeskanzleramt genoß, gewiß war, denn Umweltminister Töpfer hatte den Querschnittsanspruch seines Ministeriums insbesondere bezüglich der Energiepolitik schon vor Erteilung des klimapolitischen Mandats durch das Kanzleramt auch öffentlich deutlich gemacht (Töpfer 1988). Im Umweltministerium war man nun darauf aus, den einmal gewonnenen Vorsprung nicht nur nicht zu verlieren, sondern womöglich noch auszubauen. Deshalb verfolgte man die klimapolitische Offensivstrategie weiter und reklamierte die Meinungsführerschaft auch für die Zukunft. Das bereits zitierte Arbeitspapier, das vom Umweltminister ausdrücklich als Grundlage für die von seinen Mitarbeitern zu initiierenden Ressortverhandlungen gebilligt worden war, schloß mit folgender Empfehlung an die Bundesregierung: "Für die Abwicklung dieser Arbeiten sollte eine interministerielle Arbeitsgruppe unter Federführung des Bundesministers für Umwelt, Naturschutz und Reaktorsicherheit gebildet werden."

Der Gründung der "IMA CO_2-Reduktion" wurde von den betroffenen Ressorts keinerlei Widerstand entgegengebracht, wobei die Motive für die Zustimmung zur Einsetzung der Arbeitsgruppe je nach Ressortinteresse im einzelnen zwar durchaus unterschiedlich waren, im entscheidenden Punkt jedoch konvergierten. So war die Grundstimmung gegenüber der Initiative des BMU im Bauministerium beispielsweise deshalb prinzipiell positiv, weil man sich von den Investitionen in den Altgebäudebereich, die notwendig erschienen, um die erstrebten Ziele bei der Energieeinsparung durch private Haushalte zu erreichen, erhebliche "Mitnahmeeffekte" für das grundsätzliche Ressortinteresse an der Modernisierung des Wohnungsbestandes versprach. Im Forschungs- und im Wirtschaftsministerium hingegen sah man die Chance, den klimapolitischen Vorstoß des BMU zum Ausbau des Kernenergiesektors zu nutzen. Gleichwohl aber dominierte in allen betroffenen Ressorts das Gefühl, daß der BMU doch etwas weit vorgeprescht sei. Man war deshalb bemüht, das Umweltministerium wieder auf die "normale Geschäftsordnungsebene" zurückzuholen. Eben dazu diente die grundsätzliche Einwilligung zur Einsetzung der Arbeitsgruppe, welche von den betroffenen Ministerien aber explizit nicht mit der förmlichen Anerkennung des vom BMU definierten Minderungsziels verbunden wurde. In diesem Vorgehen erblickten die maßgeblichen Fachressorts eine probate Möglichkeit, raschestmöglich inhaltlichen Einfluß auf die eigentliche Programmbildung zu gewinnen, um so der Vorrangstellung des BMU bei der Politikformulierung und seinem damit verbundenen Einbruch in ihr ureigenes Terrain ein Ende zu bereiten. Dieses Kalkül beruhte auf der Überlegung, daß die im Strategiepapier des BMU aufgelisteten Maßnahmen fast ausschließlich außerhalb der fachlichen Zuständigkeit des Umweltministeriums lagen, so daß infolge der Einsetzung der IMA eine Eindämmung seines Einflusses erwartet werden konnte.

Da mit der Einsetzung der Arbeitsgruppe von vornherein unterschiedliche Erwartungen verknüpft waren - das BMU erhoffte sich durch sie eine Verstetigung seines Querschnittsanspruchs, die konkurrierenden Ressorts wollten sie exakt gegenläufig zu dessen Zurückdrängung nutzen -, verwundert es nicht, daß es zu Auseinandersetzungen über die innere Organisation der IMA und insbesondere über die Frage der Federführung kam. Letztere hatte das BMU als Initiator der Projektgruppe für sich beansprucht, was jedoch vom Wirtschaftsministerium zurückgewiesen wurde. Unter Verweis auf seine Zuständigkeit für die für den Klimaschutz zentrale Energiepolitik reklamierte das BMWi die Federführung für sich. Dank der Unterstützung aus dem Kanzleramt, das seine ursprüngliche Beauftragung des Umweltministeriums mit der Konzeption der Klimapolitik nicht konterkarieren wollte und das zudem aus Gründen der internationalen Glaubwürdigkeit der Bundesregierung an einer möglichst raschen Kabinettsentscheidung interessiert war, konnte sich das BMU mit seinen Vorstellungen, die man nach Aussage der Beteiligten eben mit Blick auf die vorhersehbare Offensive des Wirtschaftsministeriums entwickelt hatte, jedoch letztlich durchsetzen. Die "IMA CO_2-Reduktion" wurde deshalb so organisiert, daß dem Umweltministerium die Gesamtfederführung zugesprochen wurde, und unter diesem "Dach" fünf Arbeitskreise eingerichtet wurden, die man der Federführung des jeweils fachlich primär zuständigen Ressorts unterstellte.[29] Auch nachdem das Umweltministerium in einem Streit mit den Vertretern des Wirtschaftsressorts - die anderen Ministerien beteiligten sich an dieser Auseinandersetzung nicht - um die Formulierung des formellen Einsetzungsbeschlusses für die Arbeitsgruppe, welcher vom Kabinett verabschiedet werden sollte, eine Niederlage einstecken mußte,[30] wurde ihm Hilfe aus dem Kanzleramt

---

29 Die Federführungen wurden wie folgt verteilt: Arbeitskreis (AK) I "Energieversorgung": BMWi, AK II "Verkehr": BMV, AK III "Gebäudebereich": BMBau, AK IV "Neue Technologien": BMFT, AK V "Land- und Forstwirtschaft": BML.
30 Das BMU strebte an, daß die Bundesregierung *beschließen* solle, die CO_2-Emissionen bis zum Jahre 2005 bezogen auf das Ausgangsjahr 1987 zu reduzieren, mußte sich jedoch der BMWi-Formulierung beugen, derzufolge sich die Regierungsarbeit an dem genannten Minderungsziel zu *orientieren* habe.

zuteil. Der Bundeskanzler interpretierte den Regierungsbeschluß vom November 1990 im Nachhinein ganz im Sinne des Umweltministers als verbindliche Festlegung des Reduktionsziels "25 Prozent". Weitere Erfolge des BMU bezüglich der Arbeit der IMA folgten, so zum Beispiel die Erhöhung des Reduktionsziels auf "25 bis 30 Prozent" in einem zweiten Regierungsbeschluß vom Juni 1991.

Die klimapolitischen Anfangserfolge des Umweltministeriums beschränkten sich allerdings neben dem auf der Geschäftsordnungsebene errungenen Sieg in der Auseinandersetzung um die Gesamtfederführung für die IMA im wesentlichen auf die programmatische Ebene. Und sie begannen sich in ihr Gegenteil zu verkehren, nachdem deutlich wurde, daß die von der Arbeitsgruppe vorbereiteten und von der Regierung beschlossenen Maßnahmen außerordentlich begrenzte Wirkung zeigten. Gleichsam offiziell dokumentierte dies auch eine von der Bundesregierung im Jahr 1992 publizierte Bilanz, derzufolge sich die CO_2-Emissionen in den alten Bundesländern nur geringfügig verändert hatten - zwischen 1989 und 1990 waren sie sogar gestiegen -, während gleichzeitig ein fühlbarer Rückgang des Kohlendioxausstosses in den neuen Bundesländern zu registrieren war. Die Tatsache, daß man insgesamt also auf eine Verminderung der CO_2-Emissionen verweisen konnte, wurde auch von der Bundesregierung nicht als Erfolg ihres Maßnahmenprogramms interpretiert. Unfried (1994:70) zitiert aus dem damaligen Regierungsbeschluß:

> "Zurückzuführen ist diese CO_2-Verminderung in erster Linie auf den wirtschaftlichen Einbruch und den begonnenen Strukturwandel in den neuen Ländern im letzten Jahr. Daß es überhaupt zu einem Rückgang der CO_2-Emissionen in den alten Bundesländern in den letzten Jahren kam, dürfte im wesentlichen auf den relativ milden Winter zurückzuführen sein."

Der Trend, daß die CO_2-Emissionen in den alten Bundesländern im wesentlichen konstant blieben, während sie gleichzeitig im "Beitrittsgebiet" sanken, setzte sich in der Folgezeit fort und wurde zum schwer widerlegbaren Standardargument der Kritik an der von der IMA fachlich zu verantwortenden Klimaschutzpolitik der Bundesregierung. Gleichwohl verteidigte das BMU das CO_2-Konzept der Bundesregierung einschließlich des ehrgeizigen Reduktionsziels. Anläßlich der Verabschiedung des ersten Klimaschutzberichtes der Bundesregierung erklärte der Bundesumweltminister:

> "Das CO_2-Minderungsprogramm der Bundesregierung wird konsequent umgesetzt. Das Ziel - 25 bis 30 % Reduktion - ist erreichbar. Von 1987 bis 1992 sind die CO_2-Emissionen im wieder-

vereinten Deutschland um rund 14,5 % gesunken. Dieser gewünschte Trend setzt sich auch in diesem Jahr fort."[31]

Die sich verschärfende öffentliche Kritik an der Klimapolitik[32] wurde vom Umweltministerium auch in der Folgezeit vehement zurückgewiesen:

> "Die CO_2-Entwicklung in Deutschland wird von einigen Kritikern völlig zu Unrecht als "reiner Mitnahmeeffekt des wirtschaftlichen Zusammenbruchs in den neuen Ländern" bezeichnet. Eine sachliche Analyse zeigt, daß die spezifischen CO_2-Emissionen pro Kopf in den zurückliegenden fünf Jahren sowohl in den neuen als auch in den alten Bundesländern gesunken sind. Die Erfolge in den alten Bundesländern wurden jedoch durch das starke Bevölkerungswachstum (6,7 % in diesem Zeitraum) überkompensiert."[33]

Selbst im Forschungsministerium, das sich im klimapolitischen Konflikt innerhalb der Regierung als "neutral" eingestuft hatte, registrierte man diese Rechenexempel des BMU mit Unverständnis:

> "Wenn Sie im Westen gucken, das steigt ja an. Wir haben zwar Reduktionen im Osten aus den bekannten Gründen, aber wir hoffen ja, daß die wieder nach oben gehen."[34]

Das BMU betrieb seine optimismusträchtige Öffentlichkeitsarbeit also ohne Unterstützung der Fachressorts, und obwohl die Vertreter des Umweltministers sich in der interministeriellen Projektgruppe mit ihren Vorstellungen nirgends hatten durchsetzen können.[35] Primäre Adressaten der BMU-Verlautbarungen bezüglich des Klimaschutzes waren denn letztlich auch seine Kontrahenten innerhalb der Bundesregierung. Die bereits zitierte Presseerklärung des Umweltministers endete folgerichtig mit einem sichtlich auf die "IMA CO_2-Reduktion", bzw. die in ihr vertretenen Fachressorts, gemünzten Appell:

> "Um das CO_2-Minderungsziel [...] zu erreichen, ist es notwendig, das von der Bundesregierung beschlossene CO_2-Minderungsprogramm konsequent und Schritt für Schritt weiter umzusetzen. Es besteht keinerlei Anlaß, mit den Anstrengungen zum Klimaschutz nachzulassen. Die Umsetzung wirksamer Maßnahmen zum Klimaschutz gehört nach wie vor zu den prioritären Aufgaben der 90er Jahre."

---

31 Pressemitteilung des BMU vom 18.08.1993. Die absolute Minderung war zustandegekommen, weil in den neuen Bundesländern die Emissionen zwischen 1987 und 1992 um 47,4 % gesunken waren und dies mit dem Ergebnis im Westen, wo die Emissionen im selben Zeitraum um 2,1 % angestiegen waren, verrechnet wurde.
32 Vgl. exemplarisch hierfür DER SPIEGEL (Nr. 5/1992: 50ff.). Hier findet sich nicht nur der Hinweis auf die bereits angeführten Mißerfolge des BMU in der Auseinandersetzung mit den anderen Fachressorts, sondern auch die Kritik am Ausbleiben umweltpolitischer Akzente in der Verkehrspolitik, die der Umweltminister öffentlich propagiert hatte.
33 Das Zitat entstammt einer Pressemitteilung des BMU vom 25.11.1993.
34 Interview BMFT, 06.09.1993, zitiert nach Unfried (1994: 77).
35 Dies gilt beispielsweise für die Einführung einer "CO_2-Abgabe" oder einer Energiesteuer, für den Erlaß einer Wärmenutzungsverordnung, mit der die Betreiber von Kraftwerken und entsprechenden industriellen Anlagen dazu verpflichtet werden sollten, die von ihnen erzeugte Abwärme beispielsweise in Fernheizungssysteme einzuspeisen, sowie für die vom BMU erstrebte Einbeziehung des Altbaubestandes in die Wärmeschutzverordnung.

Die seinerzeit vom BMU reklamierte Umsetzung des Klimaschutzprogramms der Bundesregierung steht im wesentlichen noch heute aus.[36] Innerhalb der "IMA CO_2-Reduktion" wiederholte sich nicht nur das für das gängige Procedere der Ressortabstimmung ermittelte Muster der Blockade umweltpolitischer Initiativen durch die betroffenen Fachressorts. Ihre Einrichtung verstärkte das umweltpolitische Dilemma letztlich sogar noch, weil das BMU infolge seiner Gesamtfederführung in die volle politische Verantwortung für die Klimaschutzpolitik der Bundesregierung genommen wurde, ohne tatsächlichen Einfluß auf die konkrete Umsetzung der abstrakt beschlossenen Maßnahmen zu haben. Insbesondere die vom BMU anfangs erfolgreich betriebene "Überfallstrategie", mit der die Fixierung eines konkreten Reduktionsziels zu erreichen versucht wurde, erwies sich auf längere Sicht als kontraproduktiv, denn die konkurrierenden Ressorts, allen voran Wirtschafts- und Verkehrsministerium, waren in der komfortablen Lage, das ehrgeizige Reduktionsziel von "25% plus x" niemals als verbindliche Handlungsgrundlage anerkannt zu haben, weshalb es ihnen möglich war, das BMU als alleinverantwortlichen Schöpfer überzogener Handlungserwartungen fachpolitisch weiterhin zu isolieren.

Die "IMA CO_2-Reduktion" reproduzierte und verstärkte unter dem Deckmantel intensivierter Ressortabstimmung jedoch nicht nur die Blockade umweltpolitischer Querschnittsansprüche durch die Vertreter von "Verursacherinteressen", sondern belastete zusätzlich auch das Verhältnis des BMU zu seinen potentiellen Verbündeten, nämlich den Spiegelreferenten in den anderen Ressorts. Auch diesbezüglich wiederholte sich also ein schon bekanntes Muster, demzufolge das Umweltministerium die mögliche Unterstützung aus anderen Ressorts durch taktisches Fehlverhalten verspielte. Verprellte man die Vertreter der maßgeblichen Ministerien anfangs durch überzogene Zielvorgaben, so reduzierte man später durch eine schöngefärbte Öffentlichkeitsarbeit den Handlungsdruck, und zwar durchaus zum Leidwesen verschiedener Umweltreferenten in den anderen Ministerien. Die im folgenden zitierten Aussagen illustrieren exemplarisch die taktischen Fehlleistungen des BMU, die mit der Formulierung des CO_2-Reduktionsziels ihren Anfang nahmen:

"Dieses Papier [...] ist gemacht worden von ein paar Leuten ohne Wechselwirkung, ohne Nachfragen, was sozusagen Praktiker vor Ort sehen, was sozusagen der Wirtschaftsminister als machbar sieht, oder was wir als technisch möglich ansehen, und ohne jede Art von Rückkopplung im

---

36 Vgl. z.B. Huber (1995: 2): "Evaluations of the German climate policy indicated that most important measures of the 1991 programme have not been taken yet."

Energiesystem. Es gibt Maßnahmen, die können Sie gar nicht simultan machen, die schließen sich gegenseitig aus [...]. Oder es gibt Maßnahmen, die sind so kostenintensiv, daß eine Volkswirtschaft das gar nicht tragen würde. Alles dieses ist da nicht gemacht worden, so daß wir - das waren, wie gesagt, alle Ressorts bis auf das BMU - gesagt haben, dieses wird nicht anerkannt."[37]

Auch im zentralen Umweltreferat des Verkehrsministeriums herrscht Unverständnis, ja sogar Bedauern, über die Vorgehensweise des federführenden Umweltministeriums, dem es nicht gelungen sei, den Verkehrsbereich in die Umweltpolitik einzubinden und in die Verantwortung zu nehmen:

"Ich war intensiv beteiligt an der "IMA CO_2-Reduktion". Da gab es anfangs ein starkes Bedürfnis beim BMU, die gesamte Verkehrspolitik zu verändern. Das war am Anfang frustrierend, auch für den BMU, da drückte sich die Unkenntnis der Thematik Verkehr im BMU aus [...]. Das war eine Ideologie, die die mit sich trugen, mit den 25%. Das war Unsinn. Und ergänzt wird das mit dem Beitrittsgebiet, da wurde ja "25% plus x" gesagt. Das ist für den Verkehrsbereich nicht machbar gewesen, weil nach der Wende sich da eine ganz andere Verkehrsstruktur aufgebaut hat. Deshalb habe ich gesagt, da ist keine Veranlassung "plus x" zu sagen, denn wenn sich dort der Verkehr insgesamt nur stabilisiert, wäre das schon eine ungeheure Leistung [...]. Die Einsetzung der IMA war zwar durchaus angemessen, aber die einzelnen Bereiche hätten ihre Gebiete in Eigenverantwortung wahrnehmen müssen, dann hätte man dieses Ziel als Ergebnis gehabt, nicht als Vorgabe, mit der man, das sage ich mal hart, versuchte zu knebeln [...]. Es wäre wirklich sinnvoller gewesen, jeder Bereich hätte für sich seine Zielgröße gesetzt und hätte sich dann daran orientiert. Und das ist dann das Ergebnis: Eine gesamtwirtschaftliche Analyse, wer was zu welchem Preis bringt, steht immer noch aus. Aber wir sollten uns nicht zu sehr an diesem Thema festbeißen, da kommt zuviel Kritik raus" (Interview BMV, 30.08.1995).

Die verhaltene Enttäuschung über die umweltpolitische Zielverfehlung, die hier wohlgemerkt in einem klassischen "Verursacherressort" formuliert wird, wird im Bauministerium geteilt. Dort moniert man zudem die mangelnde Unterstützung der eigenen Anliegen durch den BMU:

"Das BMU hat ja immer so getan, als habe man mit der Wärmeschutzverordnung unglaubliche Potentiale erschlossen. Die hat aber im Gebäudebestand überhaupt keinen Einfluß, wo doch die eigentlichen Potentiale liegen. Und das in Berlin verkündete Subventionsprogramm für Kredite zur Energieeinsparung bei Altbauten im Westen, das ist vom Umfang her ein Peanut, damit kann man das Ziel doch nie erreichen" (Interview BMBau, 29.08.1995).

Daß die Einsetzung der IMA die Position des Umweltschutzes gegenüber den verschiedenen Fachpolitiken nicht hat verbessern können, liegt in der Struktur derartiger Koordinationsgremien begründet, denn sie "[...] haben keine Entscheidungszuständigkeit, sondern dienen der Aussprache, gegenseitiger Information, gemeinsamer (Vor-)Planung und Absprache" (Böckenförde 1964: 243). Ob sich diese in der konkreten Tätigkeit der beteiligten Ressorts niederschlägt, hängt, wenn nicht ein förmlicher Kabinettsbeschluß oder eine Kanzlerentscheidung anderes festlegt, von deren gutem Willen ab, welcher im hier diskutierten Fall nur bedingt, im Wirtschaftsministerium offenbar überhaupt nicht gegeben war (Unfried 1994: 93). Daß die Gesamtbilanz der "IMA CO_2-Reduktion" sogar tendenziell zur Schwächung umweltpolitischer

---

37 Interview BMFT, 06.09.1993, zitiert nach Unfried (1994: 45).

Positionen beigetragen hat, weil nämlich potentielle ökologische Koalitionen innerhalb der Regierung verstellt wurden, ist allerdings, wie deutlich geworden sein sollte, zu einem Gutteil dem Verhalten des BMU selbst geschuldet.[38]

Aus Sicht des Umwelt- bzw. Klimaschutzes ist die "IMA CO_2-Reduktion" faktisch gescheitert. Die vom BMU mittels der IMA versuchte Inpflichtnahme der "Verursacherpolitiken" konnte von letzteren erfolgreich abgewehrt werden. Angesichts des umweltpolitischen Paradigmenwechsels der Bundesregierung, die der "Eigenverantwortung der Wirtschaft", welche sich in Selbstverpflichtungen niederschlagen soll, Vorrang vor ordnungspolitischen Maßnahmen einräumt,[39] hat das BMU auch den letzten Hebel aus der Hand verloren, mit dessen Hilfe politische Kurskorrekturen durch die an der IMA beteiligten Ressorts unter Umständen erzwingbar gewesen wären. Wie läßt sich aber angesichts des Umstands, daß die Bundesregierung als "Gegenleistung" für die von der deutschen Wirtschaft eingegangene "Klimaselbstverpflichtung" die Aussetzung ordnungsrechtlicher Maßnahmen zur Klimavorsorge zugesagt hat (Süddeutsche Zeitung, 28.03.1996: 25), politisch erklären,[40] daß die "IMA CO_2-Reduktion" weiterbesteht, obwohl sie ihrer eigentlichen Aufgabe praktisch verlustig ging? Einen möglichen Erklärungsansatz liefert das von Wolfgang Seibel (1991: 497ff.) entwickelte Theorem "erfolgreich scheiternder Organisationen", deren "Erfolg" bei schwer oder gar nicht lösbaren politischen Problemen "[...] in der Bereitstellung symbolischer Problemlösungen [liegt], die die Unlösbarkeit verschleiern und gesellschaftliche Nachfrager und staatliche Anbieter gleichermaßen vom Druck wirksamer Problemlösungsstrategien entlasten" (Seibel 1991: 479). Nun wäre die IMA aus Sicht der Bundesregierung als Kollegialorgan auch in dieser Hinsicht entbehrlich, denn die klimapolitische Symbolfunktion wurde auf die "Klima-

---

38 Dies wurde auch von der seinerzeit maßgeblichen Akteurin im BMU, der Unterabteilungsleiterin "N II", in der Rückschau partiell bestätigt: "Für mich, die ich zum Beispiel die CO_2-Minderungspolitik entwickelt habe, die programmatisch mit der Entscheidung über das Ziel einer Verminderung der CO_2-Emissionen um 25 bis 30 % bis 2005 und dem daraus abgeleiteten Maßnahmenprogramm enorm erfolgreich war, ist die große Frage, ob jetzt in der Phase der Implementation das starke Gewicht des Bundesumweltministeriums nicht kontraproduktiv wirkt. Die einzelnen Maßnahmen müssen jetzt in der federführenden Zuständigkeit der anderen Ressorts durchgesetzt werden. Zum Teil hat aber unsere starke Rolle in der Programmentwicklungsphase psychologisch eine so starke Barriere aufgebaut, daß die Widerstände unabhängig von der ohnehin schlechten "Konjunktur" für den Umweltschutz immens sind" (Müller 1994b: 36).
39 Mehr dazu in Kapitel 6.
40 Einer verfassungsrechtlichen Rechtfertigung bedarf es nicht. Aus dieser Sicht (Böckenförde 1964: 244) ist nichts dagegen einzuwenden, wenn aus Interministeriellen Ausschüssen faktisch "Dauereinrichtungen" werden.

selbstverpflichtung" und die mit ihr verbundene Öffentlichkeitsarbeit durch Verbände und Regierung übertragen. Interesse am "erfolgreichen Scheitern" der Interministeriellen Arbeitsgruppe, d.h. an der Perpetuierung einer ineffizienten und mittlerweile eigentlich überflüssigen Einrichtung, könnte aber das Umweltministerium hegen, denn seine Gesamtfederführung erlaubt es ihm grundsätzlich, die beteiligten Fachressorts wenn schon nicht zur inhaltlichen Änderung ihrer Politiken, so doch zumindest zu deren Rechtfertigung unter ökologischen Gesichtspunkten zu zwingen. Diesen Mechanismus könnte sich das BMU paradoxerweise nur sichern, wenn die IMA ihr eigentliches Ziel, nämlich einen ressortabgestimmten Abschlußbericht für das Kabinett zu erstellen, *nicht* erreicht. Doch es scheint, daß auch die Strategie, die IMA in diesem Sinne als "erfolgreich scheiternde" Institution zu instrumentalisieren, keinen Erfolg verspricht, denn selbst diejenigen Arbeitseinheiten, die sich in grundsätzlicher Interessenübereinstimmung mit dem BMU sehen, verweigern sich mittlerweile auch dieser Minimalerwartung:

> "Die bündeln zwar alle paar Jahre die Arbeitsberichte der IMA, aber ihre eigentliche Aufgabe, nämlich ein Gesamtkonzept zu erstellen, wie man zur konkreten Umsetzung des Reduktionsziels kommt, das haben die ja immer noch nicht gemacht. Das BMU ist ganz toll im Produzieren von großen Papieren, und wenn wir die Berichte der IMA dann lesen, da steht immer das Gleiche drin. Im letzten Jahr haben wir ja den dritten IMA-Bericht gehabt, und jetzt möchte der BMU im nächsten Jahr schon wieder eine Auflistung dessen, was gemacht wurde. Aber wir sagen, das ist völliger Quatsch, weil sich ja doch an der Umsetzung nichts geändert hat" (Interview BMBau, 29.08.1995).[41]

So hat sich die "IMA CO_2-Reduktion" in der Tat als Sackgasse für die interministerielle Koordination unter umweltpolitischen Vorzeichen erwiesen. Offenbar empfiehlt sich die Initiierung derartiger Arbeitsgruppen gerade für ein politisch "schwaches" Ministerium grundsätzlich nicht, können sie doch von der Konkurrenz vorzüglich dazu genutzt werden, die Verabschiedung politischer Programme beinahe nach Belieben hinauszuzögern. Im Umweltreferat des Landwirtschaftsministeriums warnt man das BMU denn auch vor der Einsetzung weiterer umweltpolitischer Arbeitsgruppen, die sich aus Vertretern verschiedener Ressorts zusammensetzen:

> "Solche Arbeitsgruppen sind doch kontraproduktiv für das BMU selbst, weil die ja erst mal selber in einer Art Selbstfindungsphase entscheiden müssen, was in das Gesetz hinein soll. Und wenn sie das gemacht haben, dann müssen sie erst einmal im eigenen Hause eine Abstimmung machen. Und

---

41 Im November 1997 beschloß die Bundesregierung den vierten Bericht der IMA. Er konstatiert für den Zeitraum 1990 - 1996 einen Rückgang der CO_2-Emissionen um 10.3 % und geht davon aus, daß das bisherige Maßnahmenbündel bestenfalls zu einem Rückgang von insgesamt 17 % bis zum Jahr 2005 führen kann. An erster Stelle der von der IMA empfohlenen "zusätzlichen" Maßnahmen steht bezeichnenderweise die "Weiterentwicklung" der Selbstverpflichtung der Industrie zum Klimaschutz.

wenn sie damit fertig sind, dann brauchen sie keine Arbeitsgruppe mehr, weil der Referentenentwurf immer von denselben Leuten beraten wird. Da ist eine Arbeitsgruppe also eigentlich überflüssig, weil die Kontinuität gewährleistet wird durch die Zusammensetzung der einzelnen Ressorts. Eine Arbeitsgruppe wird immer dann eingesetzt, wenn man ein Problem auf die lange Bank schieben will" (Interview BML, 31.08.1995).

Diese skeptische Einschätzung der Funktionalität Interministerieller Arbeitsgruppen bezieht sich auf Materien, für die das Umweltministerium federführend ist. Fehlt die Federführung für die fachlichen Aspekte, dies lehrt das Beispiel der "IMA CO_2-Reduktion", ist die Einrichtung einer Interministeriellen Arbeitsgruppe für das BMU tendenziell schädlich, weil es in die Verantwortung für fachpolitische Versäumnisse genommen wird, welche es nicht korrigieren kann. Ist die Federführung gegeben, so die Prognose, erhöhen Interministerielle Arbeitsgruppen das Risiko eines bis zur Nicht-Entscheidung gesteigerten Inkrementalismus. So sieht sich das Umweltministerium auf die Alltagsroutine der herkömmlichen Ressortabstimmung zurückverwiesen. Auch für diese gilt die von Müller (1990:171) für Interministerielle Projektgruppen benannte Erfolgsbedingung, nämlich die Unterstützung der Arbeitsebene durch die jeweilige politische Führung. Diesbezüglich war es im BMU für die mit dem Klimaschutz betrauten und in der IMA tätigen Beamten seit etwa 1991 - auch aufgrund der allgemein ungünstigen politischen Konjunktur für den Umweltschutz, die ein allzu forsches Auftreten des Umweltministers verbot - nicht mehr sonderlich gut bestellt.[42] Rückendeckung durch die politische Leitung benötigt die Ministerialbürokratie indes nicht nur, um im Konflikt mit anderen Ressorts bestehen zu können, sondern auch wenn es darum geht, regierungsexterne Bündnispartner zu gewinnen. Aufgrund dieses Zusammenhangs wird im folgenden das Verhältnis der BMU-Beamten zum Umweltausschuß des Bundestages als dieses Kapitel abschließender Exkurs behandelt.

3.6 Exkurs: Verschlossene Potentiale: Die Abgeordneten im Umweltausschuß des Deutschen Bundestages

Schon um das Risiko vergeblich erbrachter Arbeitsleistung zu minimieren, muß die Ministerialbürokratie darauf bedacht sein, ihre Entwürfe und Vorlagen parlamentarisch abzusichern.

---

42 Nachdem der BMU infolge der aufkommenden Debatte um den Wirtschaftsstandort Deutschland die Unterstützung aus dem Kanzleramt für seine klimapolitischen Intentionen verloren hatte, verlegte er sich auf die geschilderte, im Kern defensive Öffentlichkeitsarbeit, die nicht nur einer öffentlich wahrnehmbaren Politisierung der Materie entgegenstand, sondern offenbar auch den Elan seiner eigenen Mitarbeiter und deren potentieller Verbündeter in der IMA bremste.

Deshalb, und weil auf der anderen, der parlamentarischen Seite ein chronisches Informationsdefizit im Vergleich zum spezialisierten Expertenwissen in den Ministerien herrscht, hat sich, so der einhellige Tenor in der vorliegenden Literatur, zwischen "[...] dem Bundestag, seinen Ausschüssen und den einzelnen Abgeordneten [...] ein dichtes Geflecht formeller und informeller Kommunikation herausgebildet, das von der Regierung zum Teil selbst veranlaßt oder als der Regierung nützlich stillschweigend toleriert wird und nur in Einzelfällen jenseits der Legitimierung durch die Regierung verläuft" (Bischoff/Bischoff 1989: 1447). Auch Hesse und Ellwein (1992: 226) berichten, daß Ministerialreferenten häufig versuchen, einzelne Abgeordnete für ihre Anliegen zu gewinnen. Weil sich der Bundestag arbeitsteilig organisiert hat, kommt der Kooperation der Ministerialbeamten mit demjenigen Ausschuß, der die von ihnen bearbeitete Materie federführend berät, besondere Bedeutung zu. Es kann durchaus ein wechselseitiges Interesse an dieser Kooperation unterstellt werden, denn für die Abgeordneten des Deutschen Bundestages, insbesondere diejenigen, die den die Regierung tragenden Fraktionen angehören, sind die Ministerien nach eigenen Angaben "wichtigste Informationsquelle" (Puhe/Würzberg 1989: 77). Der direkte Kontakt mit den zuständigen Referenten bietet speziell für die Angehörigen der Regierungsfraktionen die Chance, sich einen Informationsvorsprung vor der Opposition zu sichern (Ismayr 1992: 209). Doch erscheinen die Ministerialbeamten auch bezogen auf die Gesamtheit aller Abgeordneten nach den jeweils eigenen Fraktionskollegen und Journalisten immer noch als drittwichtigste Gesprächspartner (Puhe/ Würzberg 1989: 81).

Auch wenn die Klage über den übermächtigen Einfluß der Ministerialbürokratie zum argumentativen Standardrepertoire der Abgeordneten gehört (Herzog u.a. 1990: 120), bedienen sie sich des ministeriellen Sachverstandes also offenbar doch gern und regelmäßig. Dies gilt insbesondere für die Schlußphase der Ausschußberatungen über Gesetzes- und Verordnungsentwürfe, bei welchen die Formulierung der jeweiligen Beschlußempfehlung nicht selten demjenigen Ministerialbeamten übertragen wird, der schon die ursprüngliche Regierungsvorlage federführend bearbeitet hat.[43] Wiederum kann ein wechselseitiges Interesse an dieser

---

43 "Bei den Einzelerörterungen ergibt sich oft folgendes: Der Ausschuß ist sich mit Mehrheit oder einstimmig darüber klargeworden, wie er eine vorgeschlagene Bestimmung ändern will. Das politische Wollen in eine einwandfreie Gesetzesformulierung zu bringen, ist ihm jedoch nicht sofort möglich [...]. Der Ausschuß bittet deshalb die anwesenden Vertreter der Ministerialbürokratie, ihm "Formulierungshilfe" zu leisten. Das bedeutet, daß der Ausschuß die Sachkenntnis für
(Fortsetzung...)

Form der Zusammenarbeit unterstellt werden, denn die Ministerialbeamten sind ihrerseits auf die Rechtfertigung und Durchsetzung der von ihrer (Unter)Abteilung oder ihrem Referat erarbeiteten Entwürfe bedacht (Ismayr 1992: 208). Die Pflege der Parlamentskontakte kommt vor allem den Abteilungsleitern zu. "Aber auch Unterabteilungs- und Referatsleiter [...] verstehen sich vielfach als ihre eigenen Projektmanager, wenn es darum geht, ihre Arbeit oder gerade im Parlament laufende Vorgänge aus ihren Referaten politisch abzusichern" (Bischoff/ Bischoff 1989: 1461).

Auch die Beamten des BMU geben die große Bedeutung der Zusammenarbeit mit "ihrem" Ausschuß zu Protokoll.

Tabelle 3.16: Bedeutung der Zusammenarbeit mit dem Umweltausschuß des Deutschen Bundestages

	absolut	v.H.
keine Angabe	1	0.7
wichtig	72	48.0
eher wichtig	39	26.0
unentschieden	31	20.6
eher unwichtig	4	2.7
unwichtig	3	2.0
gesamt	150	100.0

Die hohe Zustimmungsrate von 74 % zur Frage nach der allgemeinen Bedeutung der Zusammenarbeit mit dem Umweltausschuß signalisiert bereits, daß es keine nennenswerten abteilungsspezifischen Varianzen bei der Beurteilung dieser Materie gibt. Dies ist anders, wenn man die Beamten nach der tatsächlichen Praktizierung der Zusammenarbeit zwischen Umweltministerium und Umweltausschuß fragt. Vor allem aber fällt auf, daß statt der drei Viertel der Befragten, die diese Kooperation für wichtig erachten, nur noch knapp 42 % angeben, daß die eigene Abteilung bzw. das eigene Referat eine solche tatsächlich unterhalten.

43(...Fortsetzung)
  sich in Anspruch nimmt [...]; es besteht eine Übereinkunft mit der Bundesregierung, daß die Ausschüsse in diesem Rahmen unmittelbar die Mitarbeit der Ministerialbeamten in Anspruch nehmen können" (Schäfer 1975: 122f.).

Tabelle 3.17: Praktizierung der Zusammenarbeit mit dem Umweltausschuß des Deutschen Bundestages

	absolut	v.H.
keine Angabe	4	2.8
ja	26	17.2
(eher) ja	37	24.7
unentschieden	35	23.3
(eher) nein	27	18.0
nein	21	14.0
gesamt	150	100.0

Die folgende Tabelle zeigt die abteilungsspezifische Verteilung der Antworten auf die Frage nach der Kooperationspraxis.

Tabelle 3.18: Praktizierung der Zusammenarbeit mit dem Umweltausschuß des Deutschen Bundestages nach Abteilungen

	Abt.G	Abt.IG	Abt.N	Abt.RS	Abt. WA	Abt. Z	alle
keine Angabe	0	3.8% n=1	0	0	0	9.5% n=2	2.1% n=3
(eher) ja	46.1% n=6	38.5 % n=10	43.7% n=7	37.5% n=9	55.8% n=24	28.6% n=6	43.3% n=62
unentschieden	30.8% n=4	23.1% n=6	31.3% n=5	20.8% n=5	23.3% n=10	9.5% n=2	22.4% n=32
(eher) nein	23.1% n=3	34.6% n=9	25.0% n=4	41.7% n=10	20.9% n=9	52.4% n=11	32.2% n=46
gesamt	100.0% n=13	100.0% n=26	100.0% n=16	100.0% n=24	100.0% n=43	100.0% n=21	100.0% n=143

An der Verteilung der Antworten fällt zunächst der niedrige Anteil der Ja-Stimmen in der Abteilung Z auf. Dieser Umstand läßt sich aus der Tatsache erklären, daß sich der Anteil "parlamentsgeneigter" Aufgaben in der Zentralabteilung naturgemäß in Grenzen hält. Die Referentenentwürfe für Gesetze und Verordnungen entstehen in den Fachabteilungen. Von ihnen ist die Abteilung WA diejenige, die den Angaben ihrer Mitarbeiter zufolge die intensivste Zusammenarbeit mit dem Umweltausschuß pflegt. Hierbei dürfte es sich allerdings um eine Momentaufnahme handeln, denn zum Zeitpunkt der schriftlichen Befragung liefen die ressortinternen Vorarbeiten zum Kreislaufwirtschaftsgesetz auf Hochtouren, eine der wenigen politisch brisanten und für die konzeptionelle Weiterentwicklung der Umweltpolitik bedeutsamen Initiativen, die vom Umweltministerium während der zwölften Legislaturperiode auf den Weg gebracht werden konnten. Es war dies ein Gesetzesentwurf, der im Umweltausschuß des Bundestages intensiv beraten und "nachgebessert" wurde (Schreckenberger 1994: 339).

Hier war nach Auskunft des federführenden Referatsleiters die ständige Kontaktpflege mit den Fachpolitikern der Regierungsfraktionen, insbesondere der Unionsfraktion, angesagt, die, auch weil sie von der Hierarchie des Ministeriums gewollt und unterstützt worden sei, insgesamt "völlig problemlos" verlaufen sei.[44]

Gleichsam im Umkehrschluß bietet sich die Schlußfolgerung an, daß die ansonsten "unterentwickelte" umweltpolitische Kooperation zwischen Ministerium und Fachausschuß der allgemein schlechten politischen Konjunktur geschuldet ist, in der sich der Umweltschutz zum Zeitpunkt der hier zugrundeliegenden empirischen Erhebungen seit geraumer Zeit befand. Die Beamtenschaft eines Ministeriums, dessen Initiativen, wie gesehen, großteils im interministeriellen Abstimmungsprozeß steckenbleiben, und das im wesentlichen Abwehrschlachten zum Zwecke des politischen Substanzerhaltes führen muß, hat weniger Anlaß zur Pflege seiner parlamentarischen Kontakte als die Mitarbeiter von Ressorts, deren Gesetzgebungsintensität ausgeprägter ist.

Die zur Diskrepanz zwischen der allgemeinen Beurteilung der Relevanz ministeriell-parlamentarischer Kooperation und der tatsächlichen Praxis befragten Beamten weisen indes durchgängig auf einen anderen Umstand hin, der sich dahingehend deuten läßt, daß die in der Literatur unterstellte Autonomie der ministeriellen Arbeitsebene[45] hinsichtlich ihres Kon-

---

44 "Durch die ständigen Gespräche, die wir hatten, und die schönen Bierchen, die man beim Mittag- oder Abendessen zusammen getrunken hatte, kannten wir uns so gut, daß der [...] oft hier unmittelbar anrief, oder ich fand hier einen Zettel vor, ich solle ihn zurückrufen. Da ist nie irgendwie Sand ins Getriebe gekommen" (Interview BMU, 14.09.1994).

45 Hier bietet sich der Rückgriff auf die sozialwissenschaftliche Konzeption der "Policy-Netzwerke" an, welche in Kapitel 6, das sich den Verbändebeziehungen des BMU widmet, noch ausführlicher rezipiert wird. Dieser Rückgriff besteht im Hinweis auf die (relative) Autonomie der miteinander agierenden Akteure, die als notwendige Bedingung für das Zustandekommen und die Funktionsfähigkeit von Policy-Netzwerken gilt (Mayntz 1993: 43).

taktes zum Parlament in der umweltpolitischen Praxis nicht funktioniert. Beispielhaft für viele steht die folgende Aussage eines Referatsleiters:

> "Der direkte Verkehr mit den Abgeordneten ist uns in der Regel untersagt. Das muß also über die Leitung gehen, zumindest muß ich es mir genehmigen lassen. Wenn mich ein Abgeordneter anruft, kann ich nicht gleich sagen, so und so ist der Sachstand. Da muß ich zunächst meinen Abteilungsleiter oder den Staatssekretär anrufen und fragen: "Darf ich oder darf ich nicht?" [...] Natürlich gibt es da eine Grauzone. Sagen wir mal, ich war in einer Ausschußanhörung und habe da etwas vorgetragen. Und dann ruft der Ausschußsekretär oder ein Abgeordneter an: "Ich habe da etwas nicht ganz verstanden." So etwas kann man machen. Aber wenn einer anruft und meint: "Sagen Sie mal, sie sitzen da doch gerade dran, wie weit ist denn der Sachstand, haben Sie schon auf Expertenebene erste Papiere?", und ich habe die Papiere, dann darf ich sie nicht rausgeben" (Interview BMU, 08.03.1994).

Weshalb sich dieser Beamte, wie auch die Mehrzahl seiner Kollegen im BMU, einer Kooperation mit den Abgeordneten weitgehend enthält, kann dem Besonderen Teil der Gemeinsamen Geschäftsordnung der Bundesministerien (GGO II) entnommen werden, dessen § 27 I die Unterrichtung von Mitgliedern des Bundestages über Referentenentwürfe vor deren Verabschiedung durch die Bundesregierung an die Zustimmung des Ministers (bei grundsätzlicher politischer Bedeutung des Bundeskanzlers) bindet. Ganz im Sinne dieser Bestimmung erklärt ein Referent das oben dokumentierte abweichende Antwortverhalten wie folgt:

> "Natürlich ist der Umweltausschuß des Bundestages wichtig. Das muß man einfach sagen, weil letztlich bereitet der eben die politischen Entscheidungen vor, die für uns die Leitentscheidungen sind. Mit dem nicht zu kooperieren, ist Selbstmord. Wenn man den gegen sich aufbringt, ist das entscheidende Arbeitsinstrument im Parlament weg, und das geht nicht [...]. Aber es fragt sich, wie man sich dessen bedienen kann. Also, ich kann nicht einfach so zu einem Abgeordneten gehen und dem sagen, ich hätte da eine tolle Idee, und die solle er nun mal unterstützen. Das geht hier letztlich nur über das Kabinettreferat und mit Absegnung der Hausleitung. Das ist ein sehr kompliziertes Verfahren. So, und deswegen sind die unmittelbaren Kontakte praktisch Null. Und wenn man da überhaupt mal hingehen und mit den Leuten reden darf, dann nur im Geleitzug mit irgendwelchen Großkopferten" (Interview Abt. BMU 09.03.1994).

Weil man von Seiten der ministeriellen Arbeitsebene eben nicht von sich aus auf die Parlamentarier zugehen dürfe, so meint ein anderer Gesprächspartner, müsse der Kontakt von der anderen Seite her initiiert werden, denn dann sei der Spielraum trotz der Vorgaben der Gemeinsamen Geschäftsordnung doch wesentlich größer (Interview BMU, 15.09.1994). Doch dies, so wird im Haus durchgehend bestätigt, ist die rare Ausnahme:

> "Also, daß man mal angerufen wird vom Büro eines Abgeordneten, ist eher selten. Es kommt schon mal vor, aber ganz, ganz selten" (Interview BMU, 09.03.1994).

In der Tat berichten die wenigsten Mitarbeiter des BMU von Anregungen, die sie für ihre Arbeit aus den Reihen der Bundestagsabgeordneten erhalten, wie die folgende Tabelle zeigt.

Tabelle 3.19: Anregungen für die Arbeit der BMU-Beamten aus dem Deutschen Bundestag

	absolut	v.H.
keine Angabe	4	2.8
ja	1	0.7
(eher) ja	25	16.6
unentschieden	29	19.2
(eher) nein	39	26.0
nein	52	34.7
gesamt	150	100.0

Am ehesten scheinen sich die Abgeordneten noch für Fragen der Chemikaliengesetzgebung, des Immissionschutzes und des Abfallrechtes zu interessieren, wie die folgende Tabelle ausweist. Nachdem sich aber nur ein einziger der Befragten zu einem vollen "Ja" auf die Frage nach parlamentsseitig initiierten Anregungen für das BMU versteht, scheint dieses Interesse allerdings nicht sonderlich ausgeprägt.

Tabelle 3.20: Anregungen aus dem Deutschen Bundestag nach Abteilungen

	Abt.G	Abt.IG	Abt.N	Abt.RS	Abt. WA	Abt. Z	alle
keine Angabe	0	3.8% n=1	0	0	0	9.5% n=2	2.1% n=3
(eher) ja	7.7% n=1	23.1 % n=6	12.5% n=2	16.7% n=4	20.9% n=9	14.3% n=3	17.4% n=25
unentschieden	38.5% n=5	26.9% n=7	12.5% n=2	16.7% n=4	18.6% n=8	9.5% n=2	19.5% n=28
(eher) nein	53.8% n=7	46.2% n=12	75.0% n=12	66.6% n=16	60.5% n=26	66.7% n=14	60.0% n=87
gesamt	100.0% n=13	100.0% n=26	100.0% n=16	100.0% n=24	100.0% n=43	100.0% n=21	100.0% n=143

Die geringe Neigung der Parlamentarier, ihrerseits die Tätigkeit des Umweltministeriums aktiv zu beeinflussen, können die Beamten des BMU nach eigenen Angaben nicht korrigieren. Angesichts der Tatsache, daß das Verhältnis von Ministerialbürokratie und Parlament im allgemeinen - und mit guten Gründen, wie die bei den Abgeordneten erhobenen Daten zeigen - anders beschrieben wird als hier für die Umweltpolitik, steht zu vermuten, daß die Bestimmungen der Gemeinsamen Geschäftsordnung bezüglich des Kontaktes zu den Parlamentariern in anderen Ressorts selbstbewußter und flexibler, gleichsam "mit Augenzwinkern" gehandhabt werden.[46] Die vergleichsweise geringe Autonomie der BMU-Arbeitsebene verdankt sich, wenn diese Vermutung zutrifft, also ressortspezifischen Vorgaben. Diese werden von verschiedenen Mitarbeitern des BMU dahingehend beschrieben, daß bei der politischen Leitung die Tendenz vorherrsche, auch Detailfragen an sich zu ziehen:

> "Wir haben hier im Hause einen zentralistischen Führungsstil, der sicherlich auch einem barocken Fürsten zur Ehre gereicht hätte [...]. Die Selbständigkeit im Denken und Handeln ist dadurch sehr stark herabgesetzt" (Interview BMU, 09.03.1994).

> "Der Apparat hat die Einstellung, wir können ja vorschlagen was wir wollen, der Minister weiß ja sowieso alles besser [...] Dasselbe Verhältnis besteht zwischen dem Minister und dem Staatssekretär. Deren Verhältnis ist kaputt, weil der Töpfer so eitel ist, daß er eben nichts ertragen kann, was irgendwie Eigenständigkeit auf der Ebene des Staatssekretärs bedeutet. Und das ist das Grundproblem dieses Hauses, daß viele Leute sagen, der Minister weiß eh´alles besser, dann soll er doch auch selbst machen" (Interview BMU, 08.03.1994).

Ein Minister, "der viel zu großzügig ist beim Umgang mit dem Grünkreuz[47] und jeden Kleinkram selber machen will" (Interview BMU, 15.09.1994), raubt, so das Fazit dieses Exkurses, seinem Apparat mit der Verweigerung eigenständiger Entscheidungs- und Verhandlungskompetenzen die Voraussetzungen für den Zugang zu regierungsexternen Potentialen, deren dieser angesichts der regierungsinternen Blockaden seiner Arbeit durchaus bedürfte. Auch in dieser Hinsicht kann die Bedeutung, die der Unterstützung der Arbeitsebene durch die politische Leitung zukommt, offenbar schwer überschätzt werden. Deshalb ist es angezeigt, das Verhältnis beider genauer zu analysieren. Dies wird im folgenden Kapitel geschehen.

---

46 Vgl. auch Bischoff/Bischoff (1989: 1447), die von einer stillschweigenden Duldung der permanenten Kontakte zwischen Abgeordneten und Ministerialbürokratie sprechen. Die Tatsache, daß diese im BMU eben nicht geduldet werden, ist ein Hinweis darauf, daß sich "Politikstile" tatsächlich politikfeldbezogen voneinander unterscheiden (Sturm 1989: 292ff.).

47 Mit dem Grünkreuz behält sich der Minister die persönliche Zeichnung eines Vorgangs vor. Das bedeutet, daß der zuständige Referent oder Referatsleiter denselben nicht selbst abschließend bearbeiten darf. Die Akte durchwandert nach ihrer Bearbeitung im Fachreferat nochmals die Hierarchie, weil der Vorgang erst durch die persönliche Unterschrift des Ministers endgültig abgeschlossen werden kann.

4. "Der Minister kann nicht kämpfen ..."[1] Zum Verhältnis von Arbeitsebene und politischer Führung

4.1 Die Funktion der Leitungsebene und die Selektivität politischer Konfliktbereitschaft

Aus der Sicht der Befürworter eines eigenständigen Umweltministeriums vereinigt die Konzentration umweltpolitischer Kompetenzen in einem Spezialressort zwei Vorzüge gegenüber der bis zum Jahr 1986 geübten Praxis. Deren erster ergibt sich aus dem Vergleich mit der Stellung der Umweltschutzabteilung im Innenministerium vor Gründung des BMU. Im Unterschied zum Innenminister muß die politische Führung des Umweltministeriums ihre Aufmerksamkeit nicht auf völlig verschiedene Zuständigkeitsbereiche verteilen, sondern kann - und muß - sich ganz einer einzigen Fachaufgabe widmen. Dies, so erwartete die Ministerialbürokratie kurz nach der Gründung des Umweltministeriums, sollte sich eigentlich positiv auf die Verhandlungsstärke des Umweltschutzes auswirken:

> "Ich glaube, daß ein Umweltminister [...] einfach unter dem Zwang steht, sich mit wirklich durchschlagenden Maßnahmen im Umweltschutz profilieren zu müssen [...]. Wenn er das nicht macht, ist er, glaube ich, politisch tot. Und diese Zwangssituation, die einfach schon aus Selbsterhaltungstrieb den Umweltminister bestimmen wird, die müßte eigentlich dazu führen, daß man aus dem Umweltministerium heraus doch mehr erreichen kann als bei einer dezentralen Organisation, wo der Umweltschutz immer nur ein kleiner Teilbereich ist" (Interview BMU, 23.04.1987).

Der zweite potentielle Vorzug, den die Gründung des BMU auch aus Sicht der von der seinerzeitigen Organisationsreform Betroffenen für den Umweltschutz birgt, ergibt sich, wenn die frühere Situation der Umweltschützer im Landwirtschaftsministerium zum Vergleich herangezogen wird. Sie war im Grundsatz dadurch gekennzeichnet, daß die Interessenkonflikte zwischen Natur- bzw. Umweltschutz einerseits und den agrarischen Interessen andererseits ressortintern ausgetragen werden mußten. Unterlagen sie dort, waren sie bei der weiteren Programmformulierung endgültig aus dem Spiel, da jedes Ressort in den interministeriellen

---

[1] Eine mit drei Ausrufungszeichen versehene Randbemerkung auf einem der Fragebögen. Das folgende Kapitel ist, wie die etwas ungewöhnliche Überschrift bereits signalisiert, stark auf die Person des früheren Umweltministers Klaus Töpfer bezogen. Diese Personalisierung innerhalb einer institutionell orientierten Analyse beruht auf der Einsicht, daß, überspitzt formuliert, "[...] mehr die Personen und weniger die Organigramme über das entscheiden, was in der Leitungsebene eines Ministeriums geschieht" (König 1997: 599). Mit anderen Worten: Die Reflexion über institutionell angelegte "Erfolgsbedingungen" eines Politikbereiches bleibt defizitär, wenn nicht das personelle Element die ihm gebührende Berücksichtigung findet.

Abstimmungsprozeß mit einer abgestimmten, einhelligen "Hausmeinung" eintreten muß.[2] Die Bestimmungen der Geschäftsordnung führten also im Extremfall dazu, daß ein Naturschutzreferent aus dem BML in der Ressortabstimmung eine zu seiner eigenen Problemsicht konträre Position der "Gegenseite" vertreten mußte. "Würde", so das Kalkül, "das gleiche Interesse von einem anderen Ressort wahrgenommen, so könnte es bis zur Kabinettentscheidung über das Konflikt- und Machtpotential seines Ministers verfügen" (Müller 1986: 39). Dies begründete die anfänglich im BMU von vielen gehegte

> "[...] Hoffnung, daß, wenn man nicht in einem Ministerium die Konflikte schon entscheiden muß, sondern man die Entscheidung der Konflikte dadurch, daß zwei verschiedene Ministerien beteiligt sind, auf eine politische Ebene bringen kann, dann mehr Entscheidungen zugunsten des Naturschutzes dabei herauskommen" (Interview BMU, 23.04.1987).

Politische Macht muß im interministeriellen Abstimmungsprozeß häufig gar nicht explizit eingesetzt werden, denn sie wird von den Verhandlungspartnern zumindest dann antizipiert, wenn diese an die Konfliktbereitschaft des die Gegenseite repräsentierenden Ministers glauben. Unmittelbar nach Gründung des Umweltministeriums war dies offenbar der Fall:

> "Kurz bevor das Ministerium gegründet wurde, ging es um eine Zulassungsverordnung für Pflanzenschutzmittel. Kaum vierzehn Tage vor Gründung des Ministeriums hatte ich mit meinem Kollegen aus dem Pflanzenschutzreferat im BML eine harte Diskussion über die Verschärfung der Zulassungsbedingungen für Pflanzenschutzmittel, und wir haben uns den ganzen Nachmittag gestritten, und dann sagte er am Ende: "Wollen wir es auf eine Entscheidung des Ministers ankommen lassen? Da kann ich Ihnen sagen, wie die ausgeht." Da habe ich gesagt: "Ja, Sie haben recht. Insofern müssen wir uns in irgendeiner Form einigen." Vierzehn Tage später, nachdem das neue Ministerium gegründet war, haben wir uns wieder verabredet und das Gespräch fortgesetzt. Da habe ich gesagt: "Die Prämisse gilt ja wohl nicht mehr." Das sah er ein, aber da wußte er noch nicht, wie konfliktbereit mein Minister sein würde. Ich natürlich auch nicht. Aber wir kamen in der Sache ein kleines bißchen weiter, weil er wahrscheinlich glaubte, daß mein Minister mir stärker den Rücken stärken würde, als ich selbst das vielleicht erwarten konnte" (Interview BMU, 23.04.1987).

Für den zitierten Naturschutzreferenten handelte es sich hier um den verhandlungstaktischen Optimalfall, denn die faktische Einschaltung des jeweiligen Ressortchefs gilt bei den Referatsleitern schon aus Gründen des notorisch knappen Zeitbudgets deutscher Minister als "ultima ratio": "Die beste Problemlösung ist aus Sicht der Arbeitsebene diejenige, bei der der Minister nicht gebraucht wird, man aber gegenüber den beteiligten Kollegen anderer Ressorts glaubhaft mit seiner Einschaltung drohen kann" (Müller 1986: 31). Der anfängliche Respekt, den man dem neu ernannten, ersten Umweltminister in den anderen Ressorts diesbezüglich gleichsam

---

2 Vgl. § 59 GGO I: "Vor Sitzungen oder Besprechungen, an denen auch andere Ministerien oder Stellen beteiligt sind, ermittelt der federführende Bearbeiter, ob im Ministerium verschiedene Meinungen bestehen, und führt, wenn nötig, eine Entscheidung darüber herbei, welche als die Auffassung des Ministeriums zu vertreten ist. An die getroffene Entscheidung sind alle Sitzungsteilnehmer des Ministeriums gebunden."

im Vorschuß entgegenbrachte, schmolz indes recht schnell, nachdem sich dieser mit den fachlichen Einzelaspekten des ihm anvertrauten Politikbereichs nicht vertraut machen konnte, sondern sich infolge der während seiner Amtszeit auftretenden "Umweltskandale"[3] vorwiegend als "Krisenmanager" betätigen mußte. Doch auch hierbei agierte er nicht sonderlich glücklich, so daß er relativ schnell "[...] hinsichtlich seiner umweltpolitischen Kompetenz und Durchsetzungsfähigkeit in der öffentlichen Meinung an Reputation verlor" (Weidner 1989: 19). Dieser Reputationsverlust betraf jedoch nicht nur das öffentliche Image des Umweltministers. Seine primär auf "Außendarstellung" ausgerichtete Tätigkeit bewirkte auch regierungsintern, daß die mit der Gründung seines Ministeriums verbundenen Hoffnungen auf eine verbesserte Konfliktfähigkeit des Umweltschutzes deutliche Dämpfer erhielten. Die Arbeitsebene erhielt die erwartete Unterstützung ihres Ministers in fachpolitischen Kontroversen nicht bzw. nur in unzureichendem Ausmaß:

"Bisher sind wir zu der Nagelprobe, ob diese Erwartung sich erfüllen würde, nicht gekommen. Das lag hauptsächlich daran, daß die Leitung des Hauses sehr stark mit anderen Dingen beschäftigt war [...]. Insofern sind Grundsatzfragen, die praktisch zu einer Konfliktlösung hätten führen können, nicht zur Entscheidung gekommen [...]. Unser Minister hat sich überhaupt nicht um die Dinge kümmern können und keine Akzente setzen können. Das hat er ja auch nicht nötig gehabt, wenn das Ziel dahinter stand und auch die Verpflichtung, wie er sagte, nur für eine kurze Zeit Umweltminister zu sein" (Interview BMU, 23.04.1987).

Aus diesem Grunde verband man im Umweltministerium mit der Ernennung von Klaus Töpfer zum Nachfolger Walter Wallmanns die Hoffnung, nun einen Minister zu bekommen, der sich energischer mit einer offensiven Umweltpolitik zu profilieren versuchen und so der Arbeitsebene den nötigen Rückhalt für die interministerielle Konfliktaustragung verschaffen würde. Diese Vorschußlorbeeren wurden dem zweiten Umweltminister der Bundesrepublik nicht zuletzt deshalb zuteil, weil ihm der Ruf eines engagierten und kompetenten "Umweltexperten"[4] vorausging:

"Der neue Umweltminister hat ja auch schon im Umweltbereich positive Spuren hinterlassen, so daß neben diesem Profilierungszwang, der für jeden Umweltminister vielleicht gegeben ist, bei ihm noch hinzukommt, daß auch die Grundeinstellung und das Fachwissen zum Umweltschutz ihm helfen wird, die Dinge sehr viel energischer anzupacken. So daß vielleicht die Hoffnungen, die wir

---

3 Das BMU mußte sich neben der "Wiedergutmachung" der politischen Schäden, die nach der Tschernobyl-Reaktorkatastropheentstanden waren, unter anderem mit einem unkorrekten Genehmigungsverfahren zugunsten der Brennelemente-Fabrik der Hanauer Firma ALKEM, mit dem Brandunglück der Firma Sandoz in Basel und den daraus resultierenden Belastungen des Rheins, sowie mit zahlreichen anderen Fällen von Gewässerverschmutzung durch Chemieunternehmen und schließlich mit der Entsorgung radioaktiv verseuchten Molkepulvers auseinandersetzen (vgl. Weidner 1989: 19).
4 Dieser Ruf gründete neben Töpfers zweijähriger Amtszeit als Umweltminister in Rheinland-Pfalz darauf, daß Töpfer Inhaber eines Lehrstuhls für Raumordnung und Landesplanung gewesen und als solcher auch zum Mitglied des Rates von Sachverständigen für Umweltfragen ernannt worden war.

damals gehabt haben, als das neue Ministerium kam, sich doch noch erfüllen werden" (Interview BMU, 23.04.1987).

Die Erwartungshaltung auf der Arbeitsebene ist deutlich geprägt von der "[...] Einsicht, wie sehr der Erfolg eines Vorhabens davon abhängt, daß es von der Leitung unterstützt wird" (Mayntz 1985: 193). Über die Relevanz, die aus Sicht der Umweltverwaltung der Unterstützung ihrer Vorhaben durch die politische Leitung zukommt, informiert die folgende Tabelle.

Tabelle 4.1: Zusammenhang zwischen der Einschätzung der Unterstützung durch die politische Leitung und des allgemeinen Konfliktpotentials

Konfliktpotential / Unterstützung

	keine Angabe	tendenziell gut	unentschieden	tendenziell schlecht	gesamt
tendenziell gut	1	45	5	3	54
unentschieden	0	17	8	8	33
tendenziell schlecht	0	15	14	34	63
gesamt	1	77	27	45	150

Wird das Konfliktpotential als abhängige Variable definiert, beträgt Somer's D 0.51

Daß die Unterstützung durch Minister und Staatssekretär eine notwendige, wenngleich sicherlich nicht hinreichende Bedingung für die Konkurrenzfähigkeit der Arbeitsebene im interministeriellen Abstimmungsprozeß ist, wird noch deutlicher, wenn die Einschätzung der Unterstützung durch den Leitungsbereich mit der Beurteilung der Einflußmöglichkeiten des BMU auf die Projekte anderer Ressorts in Beziehung gesetzt wird. Diesem Aspekt kommt insofern besondere Bedeutung zu, als sich hieran der Querschnittsanspruch der Umweltpolitik entscheidet. Wie die folgende Tabelle ausweist, wähnen sich nur zehn aller befragten Mitarbeiter des BMU in der Lage, auch ohne die Unterstützung des Ministers die Ansprüche der Umweltpolitik gegenüber den anderen Ressorts mehr oder weniger adäquat durchzusetzen zu können, während sich umgekehrt diesbezüglich nur drei derjenigen Beamten, die sich der Rückendeckung des Ministers sicher sind, in einer eher schlechten Lage sehen: Die Gewinnchancen stehen schlecht, wenn man die "Trumpfkarte", als welche die mögliche Einschaltung der jeweils eigenen Führungsspitze bei ressortübergreifenden Konflikten gilt (Müller 1986: 31), nicht im Ärmel hat.

Tabelle 4.2: Zusammenhang zwischen der Einschätzung der Unterstützung durch die politische Leitung und der Einflußmöglichkeiten auf andere Ressorts

Einflußmöglichkeiten / Unterstützung

	keine Angabe	tendenziell gut	unentschieden	tendenziell schlecht	gesamt
keine Angabe	1	1	0	0	2
tendenziell gut	0	47	3	3	53
unentschieden	0	19	19	8	46
tendenziell schlecht	0	10	5	34	49
gesamt	1	77	27	45	150

Wird das Konfliktpotential als abhängige Variable definiert, beträgt Somer's D 0.62

Ohne den Minister im Rücken, so scheint es, "geht nichts". Am Beispiel der Entwicklung und Durchsetzung des "Kreislaufwirtschaftsgesetzes", einer Novelle des Abfallgesetzes, die im Oktober 1994 endgültig vom Bundesrat beschlossen wurde, wird deutlich, wie entscheidend die Rückendeckung des Leitungsbereiches und ein abgestimmtes Wechselspiel zwischen politischer und administrativer Ebene für die Programmarbeit der Fachreferate sind:

"In den Koalitionsvereinbarungen stand drin: Novelle des Abfallgesetzes. Na ja, da haben wir uns hier eben mal zusammengesetzt. Wir haben so ein bißchen Literatur zusammengetragen, auch kritische Äußerungen, und haben uns überlegt, wie wir das Abfallgesetz aus dem Jahre 1986 fortentwickeln könnten. Bis dahin war es ja auch im Abfallbereich so, daß Umweltschutzmaßnahmen immer erst am Ende ansetzten, wenn das Kind schon in den Brunnen gefallen war: end-of-pipe-Politik eben. Und da haben wir uns gesagt, nein, wir müssen vorher anfangen. Es dürfen Stoffe erst gar nicht zu Abfall werden, aber gleichzeitig war uns klar, daß es in einer hochindustrialisierten Gesellschaft nicht ganz ohne Abfall geht [...]. Wir wollten also zusehen, daß die Produktionsabfälle oder Reststoffe, wie sie jetzt auch heißen, und auch die Produktabfälle, also das gebrauchte Auto, der gebrauchte Fernseher, möglichst lange im Wirtschaftskreislauf bleiben [...]. Das war so die Grundidee, und um die rankte sich dann alles. Wir wollten also die Produktion, die Konsumenten und die Entsorgung, bzw. Verwertung und Beseitigung, miteinander verklammern. Das war die Hauptidee, die bei uns im Referat geboren wurde. Na ja, dann haben wir uns gesagt: Dann machen wir das mal. Wir haben mehrere Klausurtagungen gemacht hier mit der gesamten Unterabteilung immer über unsere Konzeption, und die mußte ich dann natürlich auch meinem Minister verkaufen, weil nämlich stoffbezogene Regelungen ursprünglich auch im Bundesimmissionsschutzgesetz sind. Wir haben uns darauf geeinigt, nach dem Muster der Fernsehsendung "Pro und Contra" ein Streitgespräch zu führen: In der Mitte Herr Töpfer und seine Staatssekretäre, links daneben die Kollegen vom Immissionsschutz und rechts daneben mein Abteilungsleiter und ich, und uns gegenüber saß eine Phalanx von Professoren [...]. Meine Marschrichtung war: Das Immissionsschutzgesetz ist ein reines Anlagengesetz, also ein technisches Regelwerk mit der Technischen Anleitung Luft, und daneben soll nicht nur ein Abfallgesetz, sondern ein Stoffgesetz stehen. Nach acht Stunden oder so, ich war schon ziemlich groggy, sagte Minister Töpfer dann: "Und nun Beschluß und verkündet, es ist politischer Wille, das Immissionsschutzgesetz ist Anlagengesetz, und Sie dürfen Ihr Stoffgesetz machen." Damit war die politische Meinung erklärt. Der Minister hat dann auch den politischen Part übernommen und das in die Fraktionen reingetragen, so daß wir für die Grundidee politisch grünes Licht bekamen" (Interview BMU, 14.09.1994).

Diese Darstellung des federführenden Referenten liest sich wie aus einem Lehrbuch für die Technik der Gesetzesvorbereitung. Die Ministerialbürokratie bezog die ersten Impulse für ihre Programmarbeit aus der Koalitionsvereinbarung,[5] entwickelte eine grundlegende Konzeption, stimmte diese innerhalb der eigenen Abteilung ab und präsentierte sie dann der Leitungsebene, welche sie nach ausführlicher inhaltlicher Diskussion zur "Hausmeinung" erklärte und im Parlament, bzw. den Regierungsfraktionen, politisch absicherte. Auch in der Folgezeit konnte sich das Referat "Recht der Abfallwirtschaft" auf den Minister verlassen, und zwar sowohl was die Auseinandersetzungen um den Gesetzesentwurf mit den betroffenen Interessengruppen, als auch was die interministerielle Abstimmung betraf:

"Ich konnte Herrn Töpfer immer ins Spiel bringen und auch den Staatssekretär und die parlamentarischen Staatssekretäre, weil ich wußte, daß die vollkommen hinter mir und meiner Idee standen. Die Karte habe ich häufig gezogen [...]. Dem BDI habe ich gesagt: "Da wird Herr Töpfer dem Herrn Necker[6] eben einen Brief schreiben. Und der Brief stammt aus meiner Feder, den entwerfe ich, und ich kann ihnen sagen, was da drin steht." Solche Vorwarnungen haben sich manchmal als sehr hilfreich erwiesen [...]. Während des Gesetzgebungsverfahrens rief mich Töpfer mindestens einmal in der Woche hoch [...]. Wenn man die volle Rückendeckung des Ministers hat, kann man schon was bewirken. Wir hatten in der Denkweise so die gleiche Wellenlänge, so daß ich manches auch ungeschützt sagen konnte und erst hinterher ihm Bericht erstattete, weil ich schon genau wußte, das findet seine Zustimmung. Wenn es ganz kritisch wurde, wenn es mir zu mulmig wurde, habe ich natürlich schon vorher nachgefragt [...]. Das war ja nicht mein erstes Gesetzgebungsverfahren, aber dieses war schon sehr, sehr wichtig, und Töpfer, wenn er weiß, worauf es ankommt, dann steht er voll dahinter. Ich sagte oft zu meinen Kollegen aus den anderen Ressorts: "Also, hier ist wieder mal ein Punkt, wo unsere Höheren ´ranmüssen, hier kann ich nicht mehr weiter. Da haben wir uns immer ganz schnell geeinigt, da wurde nicht mehr diskutiert dann. Ob Töpfer/ Möllemann oder Töpfer/Rexrodt, das ging immer ganz schnell [...]. Auch, daß wir durch Rechtsverordnung Anforderungen an die Verwertung stellen dürfen, ist dringeblieben. Da hat die Industrie vehement dagegen gekämpft, weil sie befürchtete, daß wir da in Produktionsverfahren eingreifen. Im Endeffekt ist das dringeblieben durch ein denkwürdiges Gespräch, das Herr Töpfer mit Herrn Necker hatte" (Interview BMU, 14.09.1994).

---

5   Zur Bedeutung der Koalitionsvereinbarungen, die sich insbesondere für die zu ergreifenden Initiativen im Bereich der Gesetzgebung zu einer Art "Magna Charta" entwickelt hätten, vgl. Schreckenberger (1994: 329ff.).

6   Till Necker war seinerzeit Präsident des Bundesverbandes der Deutschen Industrie (BDI).

Ob auf der Arbeitsebene die "Trumpfkarte" gespielt wird, wie im vorliegenden Fall, "[...] hängt von der Einschätzung der Durchsetzungsfähigkeit und Konfliktbereitschaft des eigenen Ministers ab" (Müller 1986: 31), welche für den Bereich der Abfallpolitik, wie gesehen, außer Zweifel standen. Wie die Arbeitsebene des Umweltministeriums insgesamt die aus ihrer Sicht zentrale Funktion der politischen Leitung beurteilt, ergibt sich aus der folgenden Tabelle.

Tabelle 4.3: Unterstützung durch die politische Leitung

	absolut	v.H.
keine Angabe	1	0.7
gut	29	19.3
eher gut	48	32.0
unentschieden	27	18.0
eher schlecht	33	22.0
schlecht	12	8.0
gesamt	150	100.0

Läßt man die Abteilung RS außer Betracht, sinkt der Anteil derjenigen Befragten, die mehr oder weniger einverstanden sind mit der Unterstützung durch die politische Leitung des Hauses, von den in vorstehender Tabelle ausgewiesenen 51.3 % auf 48.4 %, wobei nur 18 % volle Zufriedenheit äußern. Aber auch in anderer Hinsicht ist die abteilungsspezifische Beurteilung der "Rückendeckung" durch Minister und Staatssekretär aufschlußreich.

Tabelle 4.4: Abteilungsspezifische Einschätzung der Unterstützung durch die politische Leitung

	Abt.G	Abt.IG	Abt.N	Abt.RS	Abt. WA	Abt. Z	alle
keine Angabe	0	0	0	0	0	4.8% n=1	0.7% n=1
(eher) gut	53.8% n=7	46.2% n=12	37.5% n=6	75.0% n=18	41.9% n=18	52.4% n=11	50.3% n=72
unent- schieden	23.1% n=3	15.4% n=4	25.0 n=4	16.7% n=4	11.6% n=5	28.6% n=6	18.2% n=26
(eher) schlecht	23.1% n=3	38.5% n=10	37.5% n=6	8.3% n=2	46.5% n=20	14.3% n=3	30.8% n=44
gesamt	100.0% n=13	100.0% n=26	100.0% n=16	100.0% n=24	100.0% n=43	100.0% n=21	100.0% n=143

Eine erste, bewußt pointierte Interpretation vorstehender Daten liefert folgendes Bild: Die bereits mehrfach angesprochene, rundum komfortable Situation der Abteilung Reaktorsicherheit und Strahlenschutz bestätigt sich auch hinsichtlich der potentiellen Hilfestellung durch die politische Führung. Dabei ist allerdings anzumerken, daß die Mitarbeiter dieser Abteilung ihrer wohl am wenigsten bedürfen, da sie ja nach eigener Auskunft höchst selten in regierungsinterne Konflikte verwickelt werden. Auch für die Zentral- und die "Grundsatzabteilung", in denen die Zufriedenheit mit der Rückendeckung, die man durch den Minister erfährt, überwiegt, gilt, daß letztere wohl nur selten aktiviert werden muß, denn die Beschäftigung mit Grundsatzfragen und die damit verbundene Erarbeitung langfristiger Konzepte entbinden ebenso wie die Organisation der Öffentlichkeitsarbeit und der hausinternen Verwaltung weitgehend vom täglichen "Kleinkrieg" der Ressortabstimmung. Deutet sich bereits hier die Tendenz an, daß bei zunehmender Konflikträchtigkeit der jeweils wahrzunehmenden Aufgaben die Zufriedenheit mit der Unterstützungsleistung seitens der politischen Führung abnimmt, so bestätigt sich dies, wenn man das Antwortverhalten der Befragten "hierarchisch aufschlüsselt". Da die Konflikte im interministeriellen Abstimmungsprozeß grundsätzlich von unten nach oben weitergegeben werden, wenn keine Einigung erzielt wird, entscheidet sich die Frage nach dem möglichen Einsatz der "Trumpfkarte Minister" entsprechend spät. Insofern ist es nicht ohne Bedeutung, daß sich nur ein Drittel der Referenten (33.9 %), immerhin aber 42.2 % der Abteilungs-, Unterabteilungs- und Referatsleiter unzufrieden mit der Rückendeckung durch die politische Leitung zeigen.

Beließe man es bei einer isolierten Interpretation der in diesem Abschnitt präsentierten Daten, läge der Schluß nahe, das in der Leitungsetage des BMU just dann und dort Konfliktscheu dominiert, "wenn es ernst wird". Zwar ist diese Folgerung, wie noch zu zeigen sein wird, durchaus nicht ohne Berechtigung. Gleichwohl ist die insbesondere in den Abteilungen N, WA[7] und IG aufscheinende Unzufriedenheit mit der Unterstützung durch die politische Leitung auch Ausdruck der zwangsläufigen Selektivität der politischen Aufmerksamkeit für die dezentral in den Fachreferaten wahrgenommene Programmarbeit. Angesichts der begrenzten personellen und zeitlichen Ressourcen des ministerialen Leitungsbereichs muß sich dessen Aufmerksamkeit auf politisch kontroverse, "krisenverdächtige" und/oder öffentlichkeitswirksame Vorgänge konzentrieren (Mayntz 1985: 192). Jeder einigermaßen erfahrene Ministerialbeamte weiß deshalb, daß die Konfliktfähigkeit seines Ministers grundsätzlich begrenzt ist (Müller 1986: 24). Die Tatsache, daß Umweltminister Töpfer seine besondere Aufmerksamkeit ganz bestimmten Anliegen und damit (Unter-)Abteilungen widmete, während andere die "wärmende Nähe des Ministers" schmerzlich mißten (Interview BMU, 10.03.1994), wird daher von den Ministerialbeamten auch unbefangen thematisiert. Deutlich wird hierbei, daß es einerseits durchaus Veränderungen in der politischen Unterstützung bestimmter fachlicher Anliegen

---

7 Trotz der Unterstützung, die Minister Töpfer der in seinem Hause entwickelten Abfallgesetzgebung angedeihen ließ, überwiegen in der Abteilung WA die negativen Stimmen. Der Grund hierfür ist in der Vernachlässigung des Gewässerschutzes zu suchen, der seit geraumer Zeit einen politischen Stillstand erlebt und hinsichtlich der Novelle des Abwasserabgabengesetzes im Jahr 1994 sogar einen Rückschlag hinnehmen mußte, den Minister Töpfer allerdings nicht als solchen eingestuft wissen wollte (vgl. DER SPIEGEL, Nr. 36/1993: 71). Dieser Rückschlag bestand darin, daß die erst 1990 beschlossene, schrittweise Erhöhung der Abwasserabgabe von 60.-DM im Jahre 1993 auf 90.-DM bis zum Jahr 1999 zugunsten einer einmaligen Erhöhung auf 70.-DM zu den Akten gelegt wurde. Zusätzlich wurden die Verrechnungsmöglichkeiten der Abgabe mit einschlägigen, ökologisch jedoch kaum bzw. gar nicht wirksamen Investitionen in einem Maße erweitert, die die ökonomische Lenkungsfunktion der Abgabe faktisch eliminierte. Dies stieß auf harsche Kritik des Umweltrates, dessen Rettungsversuch für "die einzige auf Bundesebene praktizierte wirkliche Lenkungsabgabe" (SRU 1994: 189) allerdings vergeblich blieb. In der Unterabteilung WA I "Wasserwirtschaft" fühlte man sich durch Minister Töpfer wohl auch deswegen eher stiefmütterlich behandelt: "Hier an meinem Arbeitsplatz und in meiner Arbeitsumgebung ist das Gefühl entstanden, daß wir eine Feigenblattfunktion erfüllen und nicht den Auftrag haben, seriös Dinge fachlich vorzubereiten und auch fachlich sauber umzusetzen, damit für den Umweltschutz eine sachbezogene, begründete Arbeit resultiert [...]. Weil wir schon gute Erfolge erzielt haben in den letzten Jahren und Jahrzehnten, wurde unser Bereich als politisch weniger bedeutend eingestuft, und man meinte, wir könnten hier mal eine Umweltschutzpause einlegen. Aus meiner fachlichen Betroffenheit heraus sehe ich das ganz anders [...]. Es gibt ja deutliche Aussagen darüber, was politisch wichtig ist und was politisch weniger wichtig ist. Diese Entscheidung kann man sogar nachvollziehen. Sie möchte ich also gar nicht kritisieren. Ich habe Verständnis dafür, daß man heute sagt, Klimaschutz ist wichtig, Abfallproblematik ist wichtig, Altlastenproblematik ist wichtig. Das kann aber nicht bedeuten, daß man sagt, Gewässerschutz sei dann eben weniger wichtig. Man kann keine Pause machen im Gewässerschutz, denn dann erreicht man einen Einbruch, der sich mit Zeitverzögerung sehr nachteilig bemerkbar machen wird" (Interview BMU, 10.03.1994).

und der mit ihrer Bearbeitung betrauten Verwaltungseinheiten gab, die durch die Konjunktur bestimmter umweltpolitischer Themen bedingt waren. Andererseits aber zeigt das Meinungsbild doch deutlich eine gewisse Konstanz der fachpolitischen Vorlieben des Ministers, die sich in einer relativ verfestigten Bevorzugung respektive Vernachlässigung bestimmter Arbeitsbereiche niederschlugen:

> "Also, zunächst einmal denke ich, daß die Reaktorsicherheit schon immer ein großes Gewicht hatte, und gleich danach kommt dann direkt die Abfallpolitik. Und, so ein Lieblingskind von Herrn Töpfer ist nun einmal die internationale Zusammenarbeit. Von daher ist die Unterabteilung G II sehr stark gefordert. Und erst dann kommt der Bereich Wasser, der Bereich Immissions- und Gesundheitsschutz und ganz, ganz hinten der Bereich Naturschutz, leider. Der Naturschutz war für meine Begriffe, so wie ich das mitkriege, schon immer ein Stiefkind" (Interview BMU, 09.03.1994).

Diese hausinterne "Hierarchie der Fachabteilungen" wird von anderen Ministerialbeamten bestätigt:

> "Die Reaktorsicherheit hat schon immer ein eigenes Bein dargestellt, das sich sehr autochthon fühlte und auch so behandelt wurde. Der Naturschutz war schon immer ein bißchen schwach auf der Brust. Ich meine das nicht intellektuell, sondern vom Stellenwert. Beim Gewässerschutz stehen wir vor dem Problem, das wir nur die Rahmenkompetenzen haben, was bezüglich des Stellenwerts durchschlägt. Und der Abfall ist ja als eigener Bereich relativ jung. Früher war das ein Referat oder zwei, jetzt ist es eine eigene Unterabteilung. Die Abfallproblematik ist gewachsen, damit auch die Bedeutung dieser Unterabteilung. Also, es gibt kein absolutes Gleichgewicht der Abteilungen, aber ein fließendes Gleichgewicht. Das tariert sich mit der Zeit ein bißchen aus. Aber der Immissionschutz hat an Stellenwert eingebüßt, obwohl der Leistungen gebracht hat, die sich im internationalen Kontext nicht zu verstecken brauchen. Aber unter der Leitung von Professor Töpfer weiß ich nicht, ob man diese Abschichtung noch sieht" (Interview BMU, 08.03.1994).

Namentlich der Naturschutz hat im gesamten Ministerium ein schlechtes Image, welches sich offensichtlich auch auf das Verhältnis der Unterabteilung N I zur Leitungsebene durchschlägt:

> "Die allgemeine Meinung ist, daß die Abteilung N eine weniger wichtige Abteilung ist" (Interview BMU, 08.03.1994).

> "Also, ich würde sagen, daß die Abteilung N in der allgemeinen Hausmeinung irgendwie etwas niedriger angesiedelt ist, weil man sagt: "Die bringen´s nicht. Die haben irgendwie noch nie so richtig was zustande gebracht." [...] Die allgemeine Ansicht ist, daß das irgendwie so toll ist, was die da machen. Die mögen ja gute Intentionen haben, aber irgendwie kommt da nichts dabei raus. Ich könnte mir vorstellen, daß das etwas ist, was auch aus der Leitung in den Rest des Hauses ausstrahlt, oder aus dem Rest des Hauses auch der Leitung bekannt wird, was durchaus seine Auswirkungen hat" (Interview BMU, 09.03.1994).

Mehrfache Versuche des BMU, die in den Koalitionsvereinbarungen für die 11. und 12. Legislaturperiode angekündigte Novelle des Bundesnaturschutzgesetzes durch die interministerielle Abstimmung, durch den Bundestag und den Bundesrat zu bringen, scheiterten, und zwar zunächst am Widerstand des Landwirtschaftsministeriums, das sich gegen die Streichung der sog. "Landwirtschaftsklausel"[8] wehrte. Nachdem diesbezüglich nach jahrelangen Auseinandersetzungen ein Kompromiß[9] erzielt werden konnte, scheiterte die Gesetzesinitiative des BMU im zweiten Anlauf am Widerstand der Landesregierungen,[10] wodurch die Bundesrepublik nicht zuletzt auch hinsichtlich der europäischen Rechtsetzung ins "Hintertreffen" geriet (Frankfurter Allgemeine, 03.02.1996: 4). Die Mitarbeiter des BMU vermitteln den Eindruck, daß ihre politische Führung der Naturschutzabteilung eben aufgrund dieser Mißerfolge sozusagen endgültig die Protektion entzogen habe:

> "Es gibt Schwierigkeiten des Ministers mit der Naturschutzabteilung, weil der Umweltminister Töpfer mit dem Naturschutz keinen Staat machen kann, denn das Bundesnaturschutzgesetz ist auf Eis gelegt. Und dies ist eine Wunde, die er auch als Wunde bezeichnet in der Öffentlichkeit,[11] die schmerzt. Und niemand läßt sich gern an seiner Wunde berühren" (Interview BMU, 08.03.1994).

Der Naturschutz steht für einen Bereich, in dem der Umweltminister beinahe ausschließlich Niederlagen einstecken mußte. In der Konsequenz sank die Aufmerksamkeit der Leitungsebene, und die Unterstützung für den interministeriellen Abstimmungsprozeß, wie gesehen eine der wichtigsten Erfolgsbedingungen in der innergouvernementalen Konkurrenz, blieb aus.[12] So gesehen, stellt sich das Fiasko der Naturschutzpolitik als ein innerministerieller

---

8 Durch diese Klausel wird unterstellt, daß die ordnungsgemäße Land- und Forstwirtschaft in der Regel den Zielen des Naturschutzes dient (§ 1 Abs. 3 BNatSchG), weshalb die von ihr betriebene Bodennutzung nicht als Eingriff in Natur und Landschaft gilt (§ 8 Abs. 7 BNatSchG), wodurch sie von Ausgleichs- und Unterlassungspflichten frei bleibt.
9 Dieser Kompromiß ging letztlich zu Lasten des Umweltministeriums. Man einigte sich nämlich darauf, die Landwirtschaftsklausel nicht zu streichen, sondern lediglich durch die Bindung der landwirtschaftlichen Bodennutzung an die "gute fachliche Praxis" zu ergänzen, ein Begriff, der auch nach Darstellung des BMU rechtlich kaum zu fassen ist (Frankfurter Allgemeine, 03.02.1996: 4).
10 Die Länder weigerten sich, die in der Gesetzesnovelle vorgesehenen Zahlungen zu finanzieren, die der Land-, Forst- und Fischereiwirtschaft als Ausgleich für Nachteile zustehen sollen, die ihnen durch die Ausweisung von Schutzgebieten und anderen Anordnungen der Naturschutzbehörden entstehen können. In Kapitel 7 wird diese Problematik noch ausführlich diskutiert.
11 Das Bild von der "offenen Wunde" Bundesnaturschutzgesetz wurde von Klaus Töpfer so häufig bemüht (vgl. z.B. DER SPIEGEL Nr.36/1993:73), daß es unter Insidern beinahe sprichwörtlich wurde. Über die Gründe für das Scheitern der Novellierungsbemühungen äußerte sich der Umweltminister öffentlich nie.
12 In der Unterabteilung Naturschutz wurde denn auch die Unterstützung durch die Leitungsebene von allen Befragten negativ bewertet. Zur Erinnerung: Das Gesamtbild der Bewertungen aus der Abteilung N ist nicht ausgeglichen (Tabelle 4.4), aber dies verdankt sich ausschließlich dem besseren "standing" der Unterabteilung N II. Diese, zuständig für "Ökologische Grundfragen der Industrie und Freizeitgesellschaft" ist "[...] eine durchweg strategische Abteilung. Sie könnte genauso gut in der Abteilung G, Grundsatzfragen, untergebracht werden. Daß das so geschnitten ist, ist zufällig und hat keine tiefergehende Bedeutung" (Interview BMU, 10.03.1994). Aber: "Hohen Ansehens erfreut sich mit Sicherheit der ganze Bereich der übergreifenden und grundsätzlichen Fragen" (Interview BMU, 08.03.1994), weshalb die Unterabteilung N II durchaus zu den mit politischer Aufmerksamkeit bedachten Arbeitseinheiten gehörte.

Teufelskreis dar, aus dem die Arbeitsebene sich aus eigener Kraft nicht befreien kann,[13] und der sie schon früh in eine Situation brachte, die sich im Vergleich mit der seinerzeitigen Position des Umweltschutzes im Landwirtschaftsministerium kaum positiver darstellt:

> "Ob diese Konstruktion nun günstiger ist oder nicht, hängt nach meinem Eindruck entscheidend davon ab, wer ein Ministerium leitet, und wie der zum Naturschutz steht. Das kann im Landwirtschaftsministerium ein Minister sein, der dem Naturschutz positiv gegenübersteht. Er könnte bei einer dezentralen Konstruktion dann mehr erreichen, als wenn es jetzt ein Minister ist, der nur für den Umweltschutz zuständig ist, aber dem Naturschutz nicht so positiv gegenübersteht [...]. Das Bundesnaturschutzgesetz ist ein gutes Beispiel. Es gab, als wir noch im BML waren, einen Gesetzesentwurf zur Veränderung der Landwirtschaftsklausel im Naturschutzgesetz und zur Einführung der Verbandsklage im Naturschutz. Es steht fest, daß es die Verbandsklage in dieser Legislaturperiode nicht geben wird.[14] Und hinsichtlich der Landwirtschaftsklausel: Wenn wir das schaffen, was damals in dem Regierungsentwurf drin stand, dann ist das schon ein Erfolg für das fachliche Anliegen, das wir dabei hatten" (Interview BMU, 23.04.1987).

In einer derartigen Situation bleibt für die mit diesem Arbeitsbereich betrauten Beamten nur die Hoffnung auf eine bessere politische Konjunktur:

> "Es gibt Schwerpunkte im Hause. Die wechseln natürlich auch über die Jahre. Ich meine, die wechseln nicht in einem Jahr, aber über die Jahre hin [..]. Sicherlich erfreuen sich bestimmte Abteilungen zumindest zeitweilig weniger großen, ja nicht Ansehens, aber doch weniger großer Aufmerksamkeit, wie eben derzeit die Abteilung N, Naturschutz" (Interview BMU, 08.03.1994).

4.2 Die Qualitäten eines Ministers: Fachwissen versus Durchsetzungsvermögen

Für Mayntz (1985: 193) stellt sich die "Beziehung zwischen Ministerialverwaltung und politischer Führung [...] als eine Art fortlaufender, wenn auch zum Teil unausgesprochen bleibender Dialog dar, bei dem die Entscheidungen und Weisungen der politischen Spitze sich auf die Problemwahrnehmungen und Lösungsvorschläge der Basis stützen, ihrerseits aber wiederum die Aufmerksamkeit der Basis strukturieren und die Suche nach Lösungen leiten." Da explizite Zielvorgaben und Prioritätensetzungen seitens der Spitze relativ selten sind, versucht man auf der Arbeitsebene, die voraussichtlichen Reaktionen der politischen Leitung zu antizipieren. "Zu diesem Zweck verfolgen die Beamten z.B. sehr sorgfältig, was "ihr" Minister in Reden und Interviews sagt, sie wägen jedes seiner Worte bei persönlichen Zu-

---

13 Auf diesen Teufelskreis kann auch aus der Statistik geschlossen werden. Erstellt man aus dem Antwortverhalten auf alle im Fragebogen enthaltenen, "konfliktrelevanten" Variablen eine Rangfolge bezüglich der Selbsteinschätzung der Betroffenen, landet die Abteilung N viermal auf dem letzten und dreimal auf dem vorletzten Platz aller Abteilungen. Die Selbsteinschätzung der Wirkungsmöglichkeiten durch die dort tätigen Beamten ist im Vergleich aller Abteilungen trotz der relativ guten Position der Unterabteilung N II die deutlich negativste.

14 Die Einführung des Verbandsklagerechts liegt nach wie vor auf Eis. Vgl. zu dieser Problematik ausführlich Kapitel 6.3.

sammenkünften oder Arbeitsbesprechungen ab und sie versuchen sogar, sich in seine jeweilige politische Situation und die daraus folgenden Handlungszwänge hineinzuversetzen" (Mayntz 1985: 193). Diese akribische Beobachtung des Ministers dient jedoch nicht nur der Vergewisserung über politische Prioritäten und mögliche Handlungsoptionen, sondern auch der "Einschätzung der Durchsetzungsfähigkeit und Konfliktbereitschaft des eigenen Ministers [...]. Hierbei spielen gemachte Erfahrungen eine große Rolle. Minister erhalten auf Grund ihres Verhaltens in Konfliktsituationen und ihrem allgemeinen Gewicht in der politischen Auseinandersetzung sehr rasch das Renommée eines "starken" oder "schwachen" Ministers" (Müller 1986: 31f.), und zwar auch und besonders, wie hinzuzufügen bleibt, in ihren eigenen Häusern. Die Abschätzung der Konfliktfähigkeit und -bereitschaft des eigenen Ministers gehört gleichsam zum Berufsalltag eines Ministerialbeamten:

"Es hängt wirklich fast alles am Minister. Alle anderen Ebenen sind sehr nachrangig, wenn es darum geht, wirklichen Widerstand zu überwinden. Wenn es um Streitfragen geht, und man ist in einem Interessenkonflikt, dann guckt jeder darauf, wie er meint, seine Sache durchsetzen zu können. Ob zum Beispiel auch der Wirtschaftsminister auf der Arbeitsebene meint, die Sache hochtreiben zu können. Man fragt sich immer: Kann ich noch eine Stufe höhergehen, wo muß ich Schluß machen? Wenn ich meine, da setze ich mich sowieso nicht durch, aus welchen Gründen auch immer, dann will ich natürlich der Leitung die Niederlage ersparen, wenn sie sich denn überhaupt der Sache annähme [...]. In der Tat, die Durchsetzbarkeit spielt eine ganz wesentliche Rolle, und die hängt ganz, ganz entscheidend vom Minister ab" (Interview BMU, 10.03.1994).

Die im Umweltministerium formulierten Urteile über die Qualitäten ihrer politischen Leitung knüpfen an die auch in der Öffentlichkeit dominierende Erwartungshaltung an, daß ein Minister Fachmann zu sein habe, der die ihm anvertraute Materie beherrscht (Sontheimer 1989: 256). Diesem Anspruch genügte Umweltminister Töpfer vollends: "Durch seine offensive Art, Umweltprobleme klar zu benennen, und seine Fähigkeit prima vista überzeugende Problemlösungen zu entwickeln, erwarb er sich alsbald Respekt in der Fachwelt und allgemeinen Öffentlichkeit. Die Bundesrepublik mit ihrem im internationalen Vergleich hohen Niveau ökologischen Wissens und Engagements in der Bevölkerung schien den ihr angemessenen Umweltminister bekommen zu haben" (Weidner 1989: 20). Dem Umweltexperten Töpfer verweigerte man auch im Ministerium nicht den Respekt:

"Der Minister ist außerordentlich stimulierend und aufgeschlossen. Ich habe noch nie einen Minister gehabt, der fachlich so kompetent ist und so schnell die Sachen begreifen und auch weitergeben kann, auch fachliche Dinge. Also von daher sind wir wirklich sehr, sehr gut bedient" (Interview BMU, 09.03.1994).

Aus Sicht der Arbeitsebene ist ein Experte als Minister in einem Fachressort deshalb von Vorteil, weil er im Unterschied zu politischen Generalisten fachliche Probleme beurteilen und im Zweifelsfall Hilfestellung geben kann:

"Ich habe einmal einen Fall erlebt, da war ich für Atomrecht zuständig, damals im Innenministerium unter Minister Maihofer, der für uns zuständige Staatssekretär war der spätere Innenminister Baum. Und da hatte ich eine komplizierte Entscheidung gemacht, die war wirklich schwierig. Es ging um das Atomhaftungsrecht oder so einen Kram. Da hat der Maihofer draufgeschrieben: "Lieber Gerhard, was hältst Du davon?" Das war Gerhard Baum. Und der liebe Gerhard schrieb dann zurück: "Lieber Werner, so kompliziert hatte ich mir das nicht vorgestellt." So, und jetzt wußten wir immer noch nicht, was eigentlich los war. So etwas ist natürlich keine Hilfe. Aber hier können wir bei wirklich relevanten Sachen die Karte Minister ziehen" (Interview BMU, 10.03.1994).

Seine fachliche Versiertheit brachte dem Umweltminister auch in anderen Abteilungen Pluspunkte ein:

"Zwar ist der Minister, wie auch andere Minister es manchmal sind, irgendwo detailverliebt. Das Positive daran ist aber, daß er deshalb natürlich auch häufig hervorragende Detailkenntnisse hat. Das ist durchaus etwas Positives. Wenn ich mit dem in den [...]ausschuß gehe, dann sind da andere Ministerien, die bringen 30 Mitarbeiter mit, weil der Minister keine Ahnung hat. Wir gehen da, der Töpfer und ich, alleine in den [...]ausschuß, einfach weil er in den Dingen so kompetent ist, daß er sie auch vermitteln kann" (Interview BMU, 08.03.1994).

Das Expertentum des Ministers birgt nach Ansicht verschiedener Ministerialbeamter allerdings auch Nachteile für eine funktionsgerechte Arbeitsteilung zwischen Politik und Administration. Sie werden zum Teil sehr drastisch beschrieben:

"Wir haben ein internes Strukturproblem, und das besteht darin, daß dieser Minister Töpfer so eitel ist, daß er letztlich keiner Beratung zugänglich ist. Das ist das Grundproblem und das ist in seiner Person begründet. Er hat eine hohe Kompetenz. Er hat auch die Gabe, sich sehr schnell auch in fachlich spezialisierte Probleme einzuarbeiten. Er hat aber eine so große Eitelkeit, daß er wirklich einer Beratung überhaupt nicht zugänglich ist. Das ist mir auch lange Zeit verborgen geblieben, aber es ist so, daß er mit den Fachabteilungen nicht zusammenarbeiten kann [...]. Und das hat ganz verhängnisvolle Auswirkungen auf die Motivation des Apparates. Der Apparat hat die Einstellung: Wir können ja vorschlagen, was wir wollen, der Minister weiß ja sowieso alles besser [...]. Das Problem dieses Hauses ist also, daß viele Leute sagen: Der Minister weiß eh' alles besser, dann soll er doch mal machen" (Interview BMU, 08.03.1994).

Daß Minister Töpfer "[...] nicht so sehr auf seinen Apparat hört, sondern glaubt, die meisten Dinge letztlich besser zu übersehen und zu entscheiden als sein Apparat" (Interview BMU, 08.03.1994), war ein im Umweltministerium durchaus verbreiteter Eindruck. Die überragende Fachkompetenz des Ministers, so die Analyse eines seiner Mitarbeiter, drohte nicht nur die Motivation auf der Arbeitsebene zu zerstören, weil fachliche Zuarbeit und Beratung häufig nicht gefragt war, sondern führte auch dazu, daß er sich für den politischen Machtkampf "zu schade" war:

"Der entscheidende Fehler liegt bei ihm darin, daß er es nicht versteht, das, was er eigentlich an öffentlicher Unterstützung hinter sich hat, nicht nur haben kann, sondern was er hinter sich hat, im internen Machtgerangel von Politikbereichen auch so einzubringen, daß er sagt: "Leute, hier stehe ich und ich kann nicht anders, und das Volk erwartet von mir das und das, und dahinter gehe ich nicht zurück. Er setzt also nicht das um, was eigentlich an öffentlicher Lobby da ist. Schauen Sie sich die Umfrageergebnisse an, schauen Sie sich die Werbung an: Viele Fabrikate werben heute ganz selbstverständlich mit Umweltargumenten. Und Sie brauchen doch nur die Sammelwut der Deutschen, die ja überrascht hat, in Sachen "Grüner Punkt" zu sehen. Es ist sehr viel Engagement der Bevölkerung da für die Umweltdinge, und es braucht jemand, der Machtpolitiker in diesem

Bereich ist. Der Töpfer bringt das nicht, und er ist auch kein Machtpolitiker, wenn es etwa darum geht, Haushaltsforderungen durchzusetzen. Im letzten Jahr hat er eine Stunde Verhandlungszeit bei Herrn Waigel verschenkt und ging nach Hause. Und vorher sagt er: Das ist die schlimmste Stunde meines Jahres. Wer Astrologie für richtig hält, der kennt den Typus des Löwen [...]. Ein solcher Typ liebt es natürlich nicht, beim Finanzminister Demutsgesten zu machen und dort um Positionen zu kämpfen und zu rangeln, weil er tief im Inneren der Meinung ist, das stünde ihm alles zu, ohne daß er kämpfen müßte. Aber so sind Politikbereiche eben nicht" (Interview BMU, 08.03.1994).

Mangelnde politische Konfliktbereitschaft der politischen Leitung wurde auch in anderen Abteilungen moniert:

"Als erstes muß gesagt werden, daß der Minister Töpfer wirklich kein großer Fighter ist. Fighten heißt, daß man eben bis zum Schluß die Sachen streitig hält. Man wird das nachvollziehen können in vielen Bereichen des Hauses, daß man eben in verschiedenen Punkten nachgibt, spätestens auf der Ebene des Staatssekretärs. Daß man also auch teilweise nachgibt, wo man sich dann wirklich fragen kann, ob das auch politisch richtig ist. Klassisches Beispiel - ich habe nichts dagegen, wenn das auch zusammen mit meinem Namen zitiert wird - ist diese Entscheidung, daß für die Umsetzung der Biozidrichtlinie in ein nationales Biozidgesetz eine gemeinsame Federführung von BMG und BMU gemacht wird. Also, das ist in meinen Augen eine Schwäche der politischen Führung. Da hätte man eben durchsetzen müssen, daß natürlich derjenige, der sich schon die ganze Zeit tummelt auf diesem Sektor, daß der natürlich auch das Gesetz macht [...]. So könnte ich verschiedene Beispiele erzählen, wo dann eben irgendwo auf der Ebene Abteilungsleiter oder Staatssekretär nachgegeben wird, anstatt die Sachen streitig zu halten und bis zum letzten wirklich durchzufighten" (Interview BMU, 08.03.1994).

Wenn die Arbeitsebene, wie eben die des BMU realisiert, daß ihr Minister, aus welchen Gründen auch immer, im Zweifelsfall nicht "in den Ring geht" (Interview BMU, 10.03.1994), verzichtet sie von vornherein darauf, Konflikte streitig zu halten und den Minister ins Spiel zu bringen:

"Nein, ich mache das nie [...]. Wenn Sie sich nicht sicher sind, mit Truppen aufwarten zu können, mit denen Sie in der Schlacht auch voll bestehen können gegenüber der anderen Seite, dann führt man seinen Minister nicht in so ein Gefecht" (Interview BMU, 08.03.1994).

"Unter Friedrich Zimmermann von der CSU konnten große umweltpolitische Erfolge errungen werden. Einfach nur deshalb, weil die Autorität dieses Mannes so groß war, daß man in Beamtenausschüssen nur mit der Äußerung drohen mußte, wir machen es zur Chefsache, und schon hatte man sich durchgesetzt. Vor dem hatten sie alle Angst. Mit dem wollte keiner ein Chefgespräch führen. Das hat uns tüchtig geholfen. Heute ist die Situation umgekehrt. Die Drohung mit einem Chefgespräch ist heute leer" (Interview BMU, 08.03.1994).

Der Vergleich mit dem Durchsetzungsvermögen des seinerzeitigen Innenministers Zimmermann, die sich aus Sicht der Beamten weniger politischen Konstellationen, sondern der Persönlichkeitsstruktur verdankten, wird häufig angestellt:

"Ich war ganz bestimmt kein Freund von Minister Zimmermann, aber ich habe damals nur gestaunt, wie er, als er eingestiegen ist, ausschließlich durchsetzungsorientiert gearbeitet hat. Zum Teil bis hin zur Rücksichtslosigkeit. Das hat aber funktioniert, der konnte das. Es schien noch so, daß nach Antritt von Töpfer vieles durchgesetzt werden könnte, aber da ist alles weg [...], mit unseren Durchsetzungsmöglichkeiten ist es heute fast zu Ende" (Interview BMU, 09.03.1994).

Auch in anderen Ressorts scheint der mangelnde "Machtinstinkt" des Umweltministers schnell realisiert worden zu sein, was für die Verhandlungsposition der Referatsleiter in der interministeriellen Abstimmung nicht ohne Folgen blieb:

> "Eine Hierarchieebene ist nur etwas wert, wenn ich mit ihr [...] drohen kann. Wenn mein Partner im anderen Ministerium mehrfach erlebt hat, daß mein Minister untergeht, weil er nicht kämpfen kann, dann kann ich mit meinem Minister nicht drohen. Ich kann zwar sagen, das halte ich streitig, das werde ich auf Chefebene ziehen. Der weiß aber, was er davon zu halten hat. Und es gibt Fälle, da kann ich die Sache sogar so betrachten, daß, wenn ich der Sache einen schlechten Dienst erweisen will, ich die Forderung streitig halte, mit der Wahrscheinlichkeit, daß der Umweltminister verliert, weil er auf Chefebene sich nicht durchsetzt. Wenn ich der Sache noch zum Tragen verhelfen will, dann ist es häufig besser, einen Kompromiß auf meiner Ebene zu suchen, damit ich wenigstens Teile davon durchsetze, als wenn ich nachher mit fliegenden Fahnen auf Chefebene, wo kein Machtpolitiker ist, untergehe [...]. Das gilt für jede Ressortabstimmung. Wenn etwa ein Herr Seehofer und ein Herr Töpfer streiten, dann ist vom Naturell des Herrn Seehofer klar, wer am längeren Hebel sitzt. Dem Töpfer erscheint es als eine Zumutung, daß er überhaupt kämpfen muß. Der sagt höchstens: "Das ist doch von der Sache her richtig. Wieso sagt Ihr nicht ja?" Alles andere ist ihm zutiefst zuwider" (Interview BMU, 08.03.1994).

Die Arbeitsebene eines Bundesministeriums, so lehrt zumindest das Beispiel Umweltministerium, ist ohne einen Politiker mit Machtinstinkt an der Spitze mehr oder weniger verloren. Daß ein Minister fachlicher Experte auf seinem Gebiet sein müsse, wird deshalb gerade von besonders erfahrenen Ministerialbeamten bestritten:

> "Im Innenministerium sind ja durchaus einige umweltpolitische Akzente gesetzt und auch durchgesetzt worden. Und warum: Weil ein fachlich unbedarfter, aber politisch starker Minister, damals also der Zimmermann, die Sachen durchgesetzt hat. Und zwar, können wir heute sagen, fast ohne Rücksicht auf Verluste [...]. Zimmermann hat die Dinge, die ihm von seinen Fachleuten als notwendig dargestellt worden sind und deren Notwendigkeit er dann auch akzeptiert hat, dann politisch durchgesetzt. Der Minister muß kein Fachmann sein, sondern er muß ein politisch starker Mann sein, das ist für mich die Erkenntnis aus diesen letzten Jahren. Man sagt ja manchmal, Menschenskind, das ist ja ganz erstaunlich: Politiker können alles. Nein, sie brauchen nicht alles fachlich zu können, aber sie müssen politisch stark sein. Das ist ganz entscheidend. Die fachliche Seite müssen sie sich von ihren Fachleuten zuarbeiten lassen. Nur dann funktioniert das" (Interview BMU, 09.03.1994).

Zu der Klage der Ministerialbeamten über das in vielen Bereichen schlecht abgestimmte Zusammenwirken zwischen politischer Führung und Arbeitsebene sowie den unterentwickelten Kampfgeist ihres Ministers gesellte sich ein weiterer Kritikpunkt. Vordergründig bezieht er sich auf den "Aktionismus" Töpfers, der diesem schon frühzeitig die wenig schmeichelhafte, aber vielzitierte Charakterisierung als "Ankündigungsminister" eingebracht hatte:[15]

> "Ganz wichtig wäre doch die Einsicht, daß man nicht tausend Probleme gleichzeitig hochziehen kann. Es wäre wirklich besser, man konzentriert sich auf vielleicht zehn, setzt die dann aber auch wirklich durch" (Interview BMU, 08.03.1994).

---

15   Vgl. dazu in der Rückschau z.B. Wirtschaftswoche Nr. 8/1996: 24ff. und DER SPIEGEL Nr. 15/1995: 26.

"Man muß ehrlicherweise zugeben, daß wir an manchen Ecken zu weit vorgeprescht sind und unnötigerweise selbst Sand ins Getriebe gebracht haben, weil der Minister alles und zuviel wollte" (Interview BMU, 09.03.1994).

"Manchmal denke ich schon, es wäre vielleicht wirklich besser, man würde einfach mal pausieren, anstatt hektisch Gesetze zu machen, die schlecht sind. Man muß auch mal warten können. Also zum Beispiel bei der Novelle vom Chemikaliengesetz, da werden doch im Moment Zugeständnisse gemacht, die man in einer anderen Situation nicht machen würde [...]. Vielleicht sieht es in einem Jahr doch schon wieder ganz anders aus" (Interview BMU, 09.03.1994).

Hinter der Kritik, daß der Umweltminister "seine Kräfte verzettelt hat, daß er zuviel angefangen hat mit den schwachen Kräften" (Interview BMU, 10.03.1994), verbarg sich jedoch ein tiefergehendes Monitum. Viele Beamte des BMU verübelten es ihrem Minister, daß er durch seine stark öffentlichkeitsbezogene Strategie der vollmundigen umweltpolitischen Ankündigungen, die offenbar häufig nicht mit dem Bundeskanzler abgestimmt waren, leichtfertig die Unterstützung des Kanzleramtes verspielte:

"Wir haben uns anfangs im Kanzleramt gut durchsetzen können und dort zunächst auch wirklich Unterstützung bekommen [...]. Seitdem uns der Wind kräftiger ins Gesicht bläst - und das ist ja seit einigen Jahren der Fall mit der Verschlechterung der Wirtschaft und der Haushaltslage des Bundes - kann von einer Unterstützung der Umweltpolitik im politischen Bereich keine Rede mehr sein. Der Fachmann Minister Töpfer hat politisch ganz offensichtlich nicht mehr das Standing, sich den Rückhalt im Kanzleramt zu sichern [...]. Das ist eindeutig in der Person des Ministers Töpfer begründet" (Interview BMU, 09.03.1994).

In anderen Abteilungen sah man dies ganz ähnlich:

"Es ist in der Tat so, daß es nach Antritt von Töpfer als Bundesumweltminister so schien, als könne er mit seiner Persönlichkeit und mit der Rückendeckung des Bundeskanzlers vieles durchsetzen, was nicht unbedingt der Macht des Umweltschutzes im Konzert der Ministerien entsprach. Diese Rückendeckung des Bundeskanzlers, die natürlich viel Rückenwind brachte, die ist weg, weil wir eben an vielen Ecken zu weit vorgeprescht sind" (Interview BMU, 09.03.1994).

Die dramatische Verschlechterung des Verhältnisses zwischen Umweltministerium und Bundeskanzleramt wurde ressortintern ganz eindeutig dem Minister angelastet:

"Der Töpfer hat mittlerweile ein ganz schlechtes Verhältnis zu Kohl auf der menschlichen Ebene, weil er sich - intellektuell stimmt das sogar - ihm weit überlegen fühlt, dem Kanzler. Nur, eigentlich ist er ihm himmelweit unterlegen, weil der Kanzler ein Machtpolitiker ist und der Herr Töpfer nicht [...]. Die guten Kontakte zum Bundeskanzler sind dahin und dieser Umweltminister Töpfer ist demontiert, umweltpolitisch völlig demontiert. Das war etwa vor zwei Jahren anzutreffen. Man konnte das im Handelsblatt lesen, ja im Frühjahr vor zwei Jahren muß das gewesen sein. Das Handelsblatt hatte damals über die umweltpolitischen Absichten des Herrn Töpfer geschrieben und hatte in einem kleinen Kommentar einen Vergleich mit Kartenspielern gezogen und darauf hingewiesen, daß Töpfer sich häufig überreizt und oft dasteht wie Pik Sieben. Und ziemlich zeitgleich gab es einen entsprechenden Artikel in der Wirtschaftswoche und darauf noch einen in der Welt. Und dieses sind drei Zeitungen, die nicht ohne Kontakt zum Kanzleramt solche Hinrichtungen vornehmen. Und insofern ist dieser Minister schlicht in der großen Politik nicht mehr das wert, was das Volk von ihm noch glaubt [...]. Wenn ein Minister in den Medien, die regierungsnah sind, wenn er dort hingerichtet wird, dann ist das ein ganz klares Signal an die Wirtschaft gewesen: "Nehmt den Töpfer nicht mehr ernst. Der hat nicht die Rückendeckung des Kanzleramtes."

Soweit ist es über die Jahre gekommen, und deshalb ist auch nichts mehr durchzusetzen" (Interview BMU 08.03.1994).[16]

Unverständnis über die mehr oder weniger selbstverschuldete politische Demontage des Umweltministers und den damit verbundenen Ansehensverlust seines Ressorts wird auch in folgendem Gesprächsauszug deutlich:

"Politische Unterstützung kann sehr wohl in der Person wohnen. Als Töpfer anfing, hatte er sehr viel Unterstützung [...]. Die Voraussetzung, daß man den Minister ins Spiel bringen kann, ist, daß er politisch stark ist. Er war damals dem Kanzler sehr viel näher als heute. 1987, da sah alles noch rosiger aus. Die deutsche Einheit war nicht da - eigentlich fällt der Abstieg des Umweltministeriums mit der deutschen Einheit zusammen, weil einfach das Ganze, politische Aufmerksamkeiten und Kräfte, sich jetzt auf die neuen Länder konzentrierten und sich zeitgleich die wirtschaftlichen Schwierigkeiten häuften. Und das ging einher mit dem Verfall des persönlichen Prestiges von Töpfer, und das kalkulieren Ministerien ganz genau [...]. Und jetzt macht der Töpfer im wesentlichen Internationales. Also, der hat eben keine Lust mehr. Ich weiß nicht, was er jetzt für Ziele hat. Irgendwie, ab einem bestimmten Zeitpunkt kann es dazu kommen, daß man seine Reputation allmählich verliert, so scheibchenweise. Wo man dann eigentlich sagen muß: "Das macht ihr mit mir nicht." Also, ich weiß nicht, ob er sich nicht einen Zeitpunkt hätte suchen sollen, wo er gesagt hätte: "Das war's. Dankeschön, ich trete zurück. Das macht ihr mit mir wirklich nicht." Denn vieles, was sich hier intern ereignet, ist demütigend, auch völlig unabhängig von der großen Politik. Es ist einfach demütigend [...]. Dieser Minister hat früher sehr viel an struktureller Schwäche überspielen können. Daß er sich jetzt aus dem Tagesgeschehen doch sehr weit zurückzieht, das kann ich verstehen. Was ich nicht weiß, ist, warum er diesen schleichenden Abbau seiner Reputation gewähren läßt" (Interview BMU, 10.03.1994).

Weidners (1991: 148) Vermutung, "[...] daß der Bundesumweltminister die internationale Umweltpolitik als Vehikel zur Überwindung von Blockaden im eigenen Land benutzt", wird von diesem Gesprächspartner also nicht geteilt. Die Hinwendung zum internationalen Geschäft, in vorstehender Interviewpassage als Ausdruck politischer Resignation gewertet, galt manchem sogar als wesentlicher strategischer Fehler und als Ausdruck politischer Konfliktscheu, die massiv auf das Haus zurückwirkte:

"Daß die Abteilung G mit der Ressortzusammenarbeit und der Unterstützung von oben einigermaßen zufrieden ist, läßt sich, glaube ich, erklären durch die Vorliebe unseres Ministers für das Internationale und Unverbindliche. Denn in der Abteilung G wird ja das Internationale gemacht.

---

16 Diese Gesprächspassage verdeutlicht, wie intensiv die Ministerialbeamten das politische Schicksal ihres Ministers verfolgen. Das Erinnerungsvermögen täuschte unseren Gesprächspartner im übrigen nicht. Der angesprochene Artikel in der Wirtschaftswoche erschien am 10.01.1992, S. 8: "Minister Töpfer verliert Kohls Gunst. Bundeskanzler Kohl bremst die Ambitionen von Bundesumweltminister Töpfer, einst Politstar der Union und medienwirksamer Kämpfer für saubere Gewässer und Landschaften. Töpfers Politik ist dem Kanzler zu aktionistisch und nimmt nach seiner Überzeugung zu wenig Rücksicht auf die Belastbarkeit der Wirtschaft [...]. Statt milliardenschwere neue Umweltprogramme in den neuen Bundesländern aufzulegen, solle sich Töpfer, so heißt es in der Umgebung des Kanzlers, besser auf die Beseitigung der schweren Umweltschäden in den neuen Bundesländern konzentrieren [...]. Vor allem aber ist der Bundeskanzler besorgt, auf dem Juni-Umweltgipfel in Rio de Janeiro [...] kaum neue Maßnahmen verkünden zu können, wenn Töpfer vorher schon alle Umweltthemen propagandawirksam ausgeschlachtet hat." Das Handelsblatt kommentierte am 15.01.1992, S. 2: "Schlechte Karten [...] In der Politik hat Töpfer in letzter Zeit häufiger überreizt [...] und bei Kanzler Kohl keinen Stich mehr bekommen."

Also diese ganzen, zunächst mal unverbindlichen, dann irgendwann völkerrechtlich verbindlichen, aber sehr allgemein gehaltenen Konventionen werden dort abgeschlossen. Und da ist wenig Konfliktpotential. Wenn Sie also auf so einer internationalen Konferenz vereinbaren, daß der chinesische Bambusbär geschützt werden muß, dann haben Sie keinen Konflikt mit dem Wirtschaftsminister oder mit dem Landwirtschaftsminister. Im Gegenteil, Sie können dann noch sagen, da haben wir einen tollen Erfolg erzielt, denn wir haben diese internationale Konvention zum Schutz des Bambusbären jetzt unterzeichnet. Nur, was nützt das der Umwelt in der Bundesrepublik? Und da wird, glaube ich, wieder eine Schwäche unseres Umweltministers - ich sehe es als Schwäche, er sieht es als Stärke - deutlich, daß er viel zu wenig hier den heimischen Bereich im Auge hat und betreut, sondern sich im internationalen Feld tummelt [...]. Ich will noch einmal ganz deutlich hervorheben, daß ich dort eine ganz entscheidende Schwäche des Ministers sehe, die auch die Schwäche unseres Hauses mitbedingt [...] Wenn er diesem Hobby nicht nachgegangen wäre, sondern sich von Anfang an hauptsächlich um die nationale und die Umweltpolitik der EG gekümmert hätte, dann hätte er seine Kraft darauf verwenden können, das nationale Erreichte hier zu verteidigen. Dazu hat man aber weder die Zeit noch die Kraft, wenn man sich auf allen möglichen internationalen Konferenzen rumtreibt. Dann überläßt man das Feld dem Gegner in Form des Wirtschafts-, Verkehrs- und Landwirtschaftsministers und dann verliert man auch die Nähe zum Kanzler- und zum Kanzleramt [...]. Aber unser Minister scheut vor diesen Konflikten zurück. Und deshalb ist für uns auch ein Ministergespräch auch keine Drohung, das haben wir sehr bald gelassen, auch weil uns hausintern immer zu verstehen gegeben wurde, den Minister nicht mit so vielen Sachen zu behelligen und möglichst viele Punkte vorher auszuräumen" (Interview BMU, 15.09.1994).

5. Das BMU als Querschnittsressort ohne Querschnittscharakter?

5.1 Die Binnendimension der Querschnittsproblematik

Politische Querschnittsaufgaben sind im Gegensatz zu herkömmlichen Fachaufgaben grundsätzlich dadurch charakterisiert, daß sie nicht in der Federführung desjenigen Ressorts liegen, welches die Probleme bewältigen soll. Bezüglich der vergleichsweise jungen "Querschnittsaufgabe Umweltschutz" bedeutet dies in erster Linie, daß das Umweltministerium darauf verwiesen ist, Umweltziele frühzeitig in jene Politikbereiche zu integrieren, welche für die Verursachung von Umweltschäden verantwortlich sind. Diese Zielsetzung wurde, wie gezeigt, wegen der Integrationsunwilligkeit der "Verursacherressorts" einerseits und aufgrund taktischen Ungeschicks sowie mangelnder Konfliktfähigkeit und -bereitschaft des BMU andererseits bislang weitgehend verfehlt. Die Umsetzung des Querschnittscharakters des Umweltschutzes tangiert jedoch nicht nur die bislang diskutierte interministerielle Organisation, sondern auch den internen Aufbau des Umweltressorts, denn auch die dem BMU zugewiesenen "Fachaufgaben" sind interdependent, medien- und sektorenübergreifend.[1] Müller (1994b: 35f.) erläutert die organisatorische Relevanz dieses Sachverhaltes praxisnah und anschaulich:

> "Wenn Sie zum Beispiel durchgängig in einem Ressort eine sektorale, mediale Organisation haben, wenn Sie einzelne Fachreferate haben, die jeweils für ganz bestimmte sicherheitsrelevante oder technische Einzelaspekte zuständig sind, werden diese aufgrund ihrer eigenen Zuständigkeitsperspektive gar nicht in der Lage sein, etwas anderes zu tun, als an dem technischen Detail anzusetzen. Denn wenn diese Referate eine umfassendere Strategie entwickeln wollen, müssen sie sich mit zig anderen Referaten abstimmen. Folglich werden sie diese Strategie nicht entwickeln. Wenn man in der Umweltpolitik flexible Instrumente verstärkt nutzen will, muß man die Organisation auch der Aufmerksamkeit der dort arbeitenden Menschen entsprechend zuschneiden. Will man zum Beispiel ökonomische Instrumente verstärkt in die Politik einbringen, dann darf man die ökonomischen Instrumentenbastler nicht als Anhängsel eines Grundsatzreferates etablieren, sondern dann müssen sie in der Organisation stark verankert werden. Zum Beispiel ist in den 70er Jahren in der Luftreinhaltepolitik der Versuch einer Flexibilisierung des Bundesimmissionsschutzrechtes durch die Einführung von Kompensations- und Abgabenlösungen von den in der Organisation mächtigeren Immissionsschützern, die von der Ausbildung zumeist Techniker waren, abgeblockt worden."

Innerhalb der "hochgradig arbeitsteilig und routinehaft" strukturierten Umweltverwaltungen, so verallgemeinernd von Prittwitz (1990a: 186), kommunizierten die einzelnen Abteilungen im allgemeinen nur wenig miteinander, eben weil sie jeweils in sich abgeschlossene Bearbeitungsbereiche darstellten. Auch die innere Organisation des Umweltministeriums entspricht

---

[1] Vielzitiertes, weil unmittelbar plausibles Beispiel ist die Abfallpolitik, die nur auf den ersten Blick als "einmedialer" Umweltbereich erscheint, denn die Abfallbeseitigung berührt etwa die Bereiche Boden- und Grundwasserschutz sowie die Landschaftspflege bei der Abfalldeponierung bzw. die Anlagensicherheit und die Luftreinhaltung bei der Abfallverbrennung (Sandhövel 1996: 189).

dem bereits von Max Weber (1956: 125) skizzierten, herkömmlichen Typus der arbeitsteiligen Fachverwaltung. Die Konsequenzen der spezialisierten Aufgabenwahrnehmung für den "output" der Umweltpolitik beschreibt der Rat von Sachverständigen für Umweltfragen (SRU 1994: 216) wie folgt: "In den beiden vergangenen Legislaturperioden war die Umweltpolitik nach wie vor stark sektoral ausgerichtet [...]. Die meisten [...] umweltrechtlichen Regelungen und Maßnahmen beziehen sich auf einzelne Medien oder Bereiche der Umwelt [...]. Dies führt nicht selten zu Abstimmungsproblemen, Erkenntnisdefiziten, uneinheitlichen Bewertungen und Unübersichtlichkeit."

Die mangelnde Koordination der verschiedenen dem Bundesumweltministerium anvertrauten Fachaufgaben zwischen einzelnen Fachreferaten, die in verschiedenen (Unter)Abteilungen des Ressorts angesiedelt sind, entspricht gleichsam spiegelbildlich der Situation, wie sie für die Querschnittsaufgabe Umweltpolitik im interministeriellen Abstimmungsprozeß bereits dargestellt wurde. Dies wird im Haus bestätigt:

> "Wir sind noch nicht einmal ansatzweise querschnittsartig organisiert. Wir reden zwar immer von integrativem Umweltschutz. Dabei sind wir gar nicht so organisiert. Sogar wir selbst nicht" (Interview BMU, 08.03.1994).

Sektoren- und damit auch abteilungsübergreifende Programmarbeit, so die im BMU weit verbreitete Ansicht, ist nach wie vor die Ausnahme. Ein Beispiel ist die Klimapolitik, aus welcher sich die Mitarbeiter der Abteilung RS, die sich ansonsten der Wertschätzung der Leitungsebene sicher sind, weitgehend ausgegrenzt fühlen:

> "Die abteilungsübergreifende Koordination könnte wirklich manchmal besser sein. Aber das hängt eben damit zusammen, daß die Fragen der Kernenergie im Hause schwerpunktmäßig hier behandelt werden und die anderen Abteilungen davon sehr losgelöst arbeiten. Zum Beispiel die Grundsatzabteilung: Beim Ziel 30 % Reduktion von CO_2 wird in dem Programm praktisch kaum die Möglichkeit erwogen, zum Beispiel die Kernenergie auszubauen, um einen Beitrag zu liefern. Das ist sicher eine Einschätzung von denen. Unsere Einschätzung könnte in der Sache eine andere sein" (Interview BMU, 10.03.1994).

Der Ausschluß der Abteilung RS aus der klimapolitischen Programmarbeit wird auch in der folgenden Interviewpassage moniert:

> "Wir hatten eine Unterabteilungsleiterin, die in dem Bereich Unterabteilungsleiterin war, in dem es um die ganze Kohlendioxydfrage, also die Vermeidung des Treibhauseffektes geht. Und wenn man die Papiere aus dieser Unterabteilung liest, dann kommt dort die Kernenergie nicht vor, obwohl sie ja nun zur Energieerzeugung, da können wir ja nun sagen, was wir wollen, einen wichtigen Beitrag leistet - wenn auch vielleicht eine ungeliebten für manche Leute. Das ist sehr auffällig. Ich glaube, man hat versucht, eine Politik zu betreiben, daß die Diskussion um den Schutz der Erdatmosphäre ohne das belastende Argument Kernenergie geführt wird. Vielleicht hat man damit auch versucht, dem Minister den Rücken freizuhalten, damit er seine Unschuld bewahren und sagen konnte, daß er sich für eine bessere Umwelt einsetzt ohne gleichzeitig sagen zu müssen, ich bin für die Kernenergie. Und das ist ein Widerspruch" (Interview BMU, 15.09.1994).

Die Integration des Kernenergiebereiches in die Programmarbeit des BMU ist aufgrund seiner gesellschaftlichen Umstrittenheit ein schwieriges Geschäft, das insbesondere den umweltpolitisch sensiblen Teilen der Öffentlichkeit nur schwer zu vermitteln ist. Dies erklärt die mangelnde Integration der für die Kernenergie zuständigen Fachabteilung in die genuin umweltpolitische Programmarbeit jedoch nur zum Teil:

> "Ich würde sagen, die Abteilung RS ist insofern schon so etwas wie ein Ausnahmefall, als sie sich selber - was meines Erachtens ganz falsch ist - nach außen ziemlich abschottet. Also auch von uns aus findet nicht soviel Beteiligung statt, wie ich sie für wünschenswert halten würde. In dem absolut gebotenen Ausmaß wird sie natürlich praktiziert, aber jenseits dessen könnte man doch viel mehr machen [...]. Und das würde dann vielleicht auch dazu führen, daß wir wiederum im Hause mehr beteiligt würden, denn das ist ja keine Einbahnstraße, sondern wirklich immer eine Zwei-Mann-Geschichte" (Interview BMU, 09.03.1994).

Die Abteilung RS ist gewissermaßen "Haus im Hause". Die Arbeit im Bereich Reaktorsicherheit und Strahlenschutz wird von großen Teilen der Ministerialbürokratie, wohlgemerkt auch innerhalb der Abteilung RS, schlicht nicht als Bestandteil der "eigentlichen" Ressortaufgabe Umweltschutz gewertet:

> "Ich würde mir persönlich wünschen, daß es mehr Kooperation gäbe zwischen den Abteilungen. Vor allen Dingen in den Grundsatz- und Rechtsangelegenheiten halte ich ein gegenseitiges Abstimmen über das jetzige Maß hinaus für wünschenswert [...]. Dazu kommt eine gewisse "Vereinsamung" auch von einem Binnen- und Korpsgeist, der hier herrscht. Der ist auch nicht besonders kommunikationsfreundlich nach außen [...]. Das Haus hat sich daran gewöhnt, daß die RS ihren eigenen Weg geht, und die RS hat sich daran gewöhnt, ohne das Haus zu agieren. Im Haus gibt es eine Stimmung, die RS spiele eine Einzelgängerrolle, und diese Stimmung wird auch hier gepflegt" (Interview BMU, 10.03.1994).

Die Beschäftigung und mit dem sozial extrem polarisierten Problem der Kernenergie führt offenbar in vielen Fällen dazu, daß die Befürwortung von Umweltschutz relativ umstandslos mit Kernenergiegegnerschaft gleichgesetzt wird, und mit "Gegnern" pflegt man nun einmal keinen vertrauensvollen Umgang:

> "Dies hier ist eine ganz eigene Welt [...]. Umweltschutz wird hier in der RS eigentlich nicht sehr groß geschrieben, und ich habe in der Diskussion mit Kollegen, vor allen Dingen, was mich überrascht hat, auch mit jungen Kollegen hier, gemerkt, daß der Umweltschutz - auch der Umweltschutz hier in unserem Hause - eher als grüne Spinnerei angesehen wird, um es mal ganz plakativ zu sagen [...]. In der Abteilung Reaktorsicherheit hat man wenig für den Umweltschutz übrig. Man sieht den Umweltschutz eingebettet in die große Gegnerschaft, der sich die Reaktorsicherheit ja gegenüber sieht. Umweltschutz und Kernenergiegegner, das ist wohl dasselbe für eine ganze Reihe meiner Kollegen" (Interview BMU, 15.09.1994).

Die weitgehende (Selbst-)Isolierung der Abteilung RS innerhalb des Ministeriums ist ein besonders krasser Fall einer auf das unabdingbare Minimum reduzierten ressortinternen Kommunikation. Die Beschränkung der wechselseitigen Beteiligung der Fachabteilungen des BMU untereinander auf das durch die Geschäftsordnung normierte, formale Procedere scheint indes der Normalfall zu sein:

> "Man weiß nicht, was in den anderen Abteilungen an aktuellem Tagesgeschehen läuft. Das weiß man eigentlich nur aus dem ganz normalen Geschehen, was man auch von der sonstigen Welt mitbekommt: Pressemitteilungen, Fernsehen. Da weiß man, aha, in der anderen Abteilung läuft also das und das. Also das ist in meinen Augen miserabel. Man kriegt intern einfach nicht mit, was in den anderen Abteilungen Hauptthema ist, wie Lösungen angegangen werden und was die Konzepte sind [...]. Informationsfluß findet nicht statt. Wenn es sein muß, findet ein formales Beteiligungsverfahren statt. Wenn andere Referate im Hause betroffen sind, dann schickt man halt seinen Entwurf und irgendein Papier rum. Aber Konzepte, Lösungsvorschläge, Strategien, die erfährt man auf diese Art und Weise natürlich nicht [...]. Und dann muß man erklären, ob man damit einverstanden sein kann oder nicht sein kann. Aber das große, übergreifende Vorgehen ist den jeweils anderen Beteiligten nicht bekannt" (Interview BMU, 09.03.1994).

Man weiß nicht, "was läuft", und man muß es auch nicht wissen, denn "integrierter Umweltschutz" wird im BMU (noch?) nicht betrieben:

> "Ich meine, daß der Querschnittsfaktor noch nicht hinreichend wahrgenommen wird. Das hängt sicherlich damit zusammen, daß das Haus zunächst einmal nach Fachrichtungen aufgebaut wurde, während sich im Laufe der Entwicklung verstärkt die Frage stellte, ob man nicht medienübergreifend arbeiten müßte, also etwa im Chemiebereich nicht nur die Waschmittel im Wasserbereich und die anderen Chemikalien im IG-Bereich betrachtet. Man müßte Querschnittsaspekte bilden [...]. Meiner Auffassung nach wird man nicht darum herumkommen, nicht mehr streng nach Wasser, Boden, Luft zu unterscheiden, sondern Querschnittsaspekte, wie etwa gefährliche Stoffe, in den Vordergrund zu stellen und diese dann in allen Medien zu betrachten. Dies gilt insbesondere im Hinblick auf die Politik in Brüssel" (Interview BMU, 08.03.1994).

Mit der "Politik in Brüssel" ist hier vor allem ein im September 1993 von der Europäischen Kommission vorgelegter Richtlinienvorschlag zur "Integrated Pollution Prevention and Control" (IPPC)[2] gemeint. Ein Fachkollege bestätigt, daß "Brüssel" bei der Entwicklung von Konzepten für integrierten Umweltschutz weiter ist als "Bonn":

> "Ich würde sagen, wir sind noch nicht so weit, daß wir eine integrierte Reinhaltepolitik betreiben könnten. Ansätze dazu in Brüssel gibt es, aber die gibt es nicht hier. Wir könnten uns vorstellen, daß wir eine Anlage einem einzigen Genehmigungsverfahren unterziehen, in dem sowohl die Abfälle, die dort entstehen, als auch das Abwasser, als auch die Luftverunreinigungen insgesamt bewertet werden, beispielsweise auch einer gemeinsamen Umweltverträglichkeitsprüfung unterzogen werden. Aber das gibt es bei uns nicht" (Interview BMU, 10.03.1994).

Auch für das mit der "modernen" Aufgabe Umweltschutz betraute und junge Ministerium gilt also, daß es "administrativ in den herkömmlichen Gleisen fährt" (Interview BMU, 09.03.1994). Es verwundert daher nicht, daß die gängigen innerministeriellen Restriktionen für bereichsübergreifende Programmentwicklungen, die bereits in den siebziger Jahren in den damaligen Bonner Ressorts aufgedeckt wurden, auch im BMU vorfindbar sind. Auch innerhalb des Umweltministeriums überwiegt das sattsam bekannte Muster der "negativen Koordination", das nicht zuletzt der Dezentralität der Programmentwicklung geschuldet ist. Die

---

2   Die IPPC- oder zu deutsch IVVU-Richtlinie - IVVU steht für "Integrierte Vermeidung und Verminderung der Umweltverschmutzung - ist von der Europäischen Kommission als Rahmenvorschrift konzipiert, die Mindestanforderungen für die Zulassung von Industrieanlagen enthält. Mit der Richtlinie soll der bisherige, auf einzelne Umweltmedien bezogene Ansatz überwunden und damit die "Verschiebung" von Umweltbelastungen vermieden werden (SRU 1996: 85).

traditionell enge Zuständigkeitsverteilung erweist sich also auch ressortintern als entscheidende Beeinträchtigung für die Erarbeitung medienübergreifender Konzeptionen, denn die beschränkte Informationsaufnahme- und -verarbeitungskapazität der kleinen, meist hochspezialisierten Fachreferate erlaubt nicht mehr als die Entwicklung gegenständlich begrenzter "Teilprogramme" (Mayntz/Scharpf 1973: 204). Die Kritik an der "Überspezialisierung" der in "Kleinstreferaten" tätigen Beamten durchzieht das verwaltungswissenschaftliche Schrifttum bis heute (Derlien 1996: 560). Der einzige Vorteil, der sich mit der organisatorischen Binnendifferenzierung in Form der Einrichtung von "Drei-Mann-Referaten" verbindet, ist personalwirtschaftlicher Natur, denn sie schafft zusätzliche Beförderungschancen: "Für die Gewinnung und Erhaltung von qualifiziertem Nachwuchs in den Ministerien ist auch die Chance, Karriere zu machen, d. h. Referatsleiter zu werden, von Bedeutung" (Thieme 1984: 196). Deshalb mag es überraschen, daß die traditionelle Organisation des Umweltministeriums auch bei den betroffenen Beamten auf Kritik stößt:

> "Also dieses Arbeiten, so wie es jetzt ist, dieses sektorale Arbeiten auf einzelnen Umweltfeldern, das belastet einen so sehr mit fachlichen Detailfragen, daß man die schon gar nicht mehr abdecken kann und daß man dann natürlich die anderen, übergreifenden Dinge erst recht nicht machen kann. Man müßte das umstrukturieren. Müßte - da spreche ich jetzt zwar gegen mich selbst, da ich doch überwiegend der Fachmann in meinem Bereich bin. Aber man müßte umstrukturieren, damit man sich wirklich der Umweltpolitik insgesamt und dem Durchsetzen in anderen Bereichen stärker widmen kann" (Interview BMU, 09.03.1994).

Ellwein und Hesse (1994: 197) plädieren für eine Reform des Geschäftsgangs in den Bundesministerien, die sich darin niederschlagen solle, daß man "[...] vor allem die Möglichkeiten und Notwendigkeiten der Beteiligung anderer Referate drastisch einschränkt [....]". Ihr Vorschlag, der auf den ersten Blick als Votum gegen ressortinterne Koordinationsstrategien erscheinen mag, zielt exakt in die Richtung, die auch dem oben zitierten Referatsleiter vorschwebt, nämlich einer großmaschigen und flexiblen Aufgabenverteilung, deren Grundlage die Vergrößerung der den einzelnen Einheiten zugewiesenen Aufgabengebiete bei gleichzeitiger Verkleinerung der Organisation bilden müsse. Dies deckt sich weitgehend mit der schon von Mayntz und Scharpf (1973: 207) empfohlenen Strategie zur Ermöglichung "aktiver", d.h. bereichsübergreifender Politikentwicklung. Auch sie setzten sich für eine Stärkung der Basisorganisation durch die Einrichtung von "Großreferaten" ein, in denen mehrere Mitarbeiter des höheren Dienstes organisatorisch zusammengefaßt werden sollten. Damit könne dem Umstand entgegengewirkt werden, daß herkömmliche Fachreferate schon aufgrund ihres geringen Personalbestandes nicht in der Lage seien, referatsübergreifende Arbeitsgruppen zu bilden. Im BMU wurde dieser Anregung durch die Bildung von mittlerweile vier Arbeitsgruppen zumindest ansatzweise entsprochen. In der Abteilung WA wurde eine Arbeitsgruppe *Allgemeine und grundsätzliche Angelegenheiten des Bodenschutzes und der Altlastensanierung* eingerichtet, in der Abteilung IG findet sich die Arbeitsgruppe *Grundsatzfragen der Chemikaliensicherheit, Chemikalienrecht, Koordination*, in der Abteilung Z ressortiert die Arbeitsgruppe *Grundsatzangelegenheiten des Umweltrechts und der Umweltverträglichkeit, Umweltgesetzbuch* und seit 1994 schließlich wirkt in der Abteilung G die Arbeitsgruppe *Umwelt und Energie, Umwelt und Technik, Produktbezogener Umweltschutz*.

Mayntz/Scharpf (1973: 208) ließen offen, ob die Einrichtung von Großreferaten für alle Bereiche der Ministerialverwaltung Vorteile birgt, zeigten sich aber überzeugt, daß jedenfalls "programmentwicklungsintensive" Arbeitsbereiche von einer derartigen Organisationsstruktur profitieren würden. Die Erfahrungen im Umweltministerium indizieren, daß diese Vermutung zutrifft. Allerdings sind die in den Abteilungen WA und IG eingerichteten Arbeitsgruppen im Haus sozusagen "kein Thema", was wohl vor allem darauf zurückzuführen sein dürfte, daß die von der Leitungsebene definierte "Programmintensität" der ihnen zugewiesenen Arbeitsgebiete zum Zeitpunkt unserer empirischen Untersuchungen nicht sonderlich ausgeprägt war.[3] Hinzu kommt, daß diese Arbeitsgruppen aufgrund des Zuschnitts der ihnen zugewiesenen Zuständigkeiten allenfalls abteilungsinterne Querschnittsaufgaben wahrnehmen können. Im Gegensatz zu diesen beiden fachlich eher "traditionell" geschnittenen Arbeitsgruppen genießt jedoch die in der Abteilung Z wirkende Arbeitsgruppe im Ministerium einen guten Ruf. Sie wird auch in anderen Abteilungen als Positivbeispiel für hausinterne Querschnittsarbeit genannt:

> "Es gibt bei uns im Hause die Arbeitsgemeinschaft Z II/5. Das wird Ihnen vielleicht etwas sagen. Da wird wirklich querschnittsmäßig Umweltrecht bearbeitet. Das sind Vorhaben, die sozusagen vor die Klammer gezogen sind und die alle möglichen Bereiche angehen. Da findet so etwas wirklich statt" (Interview BMU, 09.03.1994).

Die von Mayntz/Scharpf vermuteten Vorzüge von Großreferaten, so Jann (1994: 27), müßten für die gesamte Ministerialorganisation fruchtbar gemacht werden. Mit weniger, aber größeren Referaten könne auf neue Aufgabenstellungen flexibler reagiert und Kommunikation, Kooperation und Koordination gesteigert werden, indem das enge Zuständigkeitsdenken und die "geronnene Aufmerksamkeit" einer zu kleinteiligen Organisation überwunden würden. Dies sieht man im Ministerium ganz ähnlich:

---

[3] Die in der Abteilung G eingerichtete Arbeitsgruppe existierte damals noch nicht und bleibt bei dieser Analyse deshalb unberücksichtigt.

"Ich sehe es auf Dauer als größte Schwächung an, daß wir in den Fachreferaten intellektuelle Inzucht betreiben. Politik ist immer sehr stark vermittelt durch das Medium Recht. Recht und Geld. Und da ist oft gar nicht so wichtig die juristische Spezialkenntnis des Einzelnen, sondern wichtig ist zu wissen, wie das Ganze funktioniert. Und das sieht man hier oft aus einer viel zu engen Perspektive. Unseren Berufsanfängern sag ich oft: "Seht zu, daß Ihr in ein anderes Ministerium kommt, wenn Ihr gut seid, denn wenn Ihr hier ein Leben lang nur Atomrecht macht und Immissionsschutzrecht macht, Ihr werdet verrückt"[...]. Jeder hat hier seine eigenen Besitzstände, schottet sich ab. So eine Arbeitsgruppe wie die Z II/5, sozusagen aus drei Referaten, ist dagegen etwas, das nur mit neuer Organisation möglich war. Die haben alles Umweltrecht und die damit zusammenhängenden politischen Fragen und alles, was nicht speziellen Umweltmedien zuzuordnen ist. Hier ist juristisch gesehen ein sehr, sehr breites, eigentlich das breiteste Spektrum. Und da kommen eben aus der Aufgabe heraus schon alle Umweltbereiche hierher und sogar darüber hinaus die Rechts- und Politikfragen [...]. Also wenn man beispielsweise das Gesetz zum Öko-Audit berät, dann ist da sehr viel Wirtschaftsrecht drin, Verwaltungsrecht drin, Berufsrecht drin. Das ist aber auch die einzige derartige Einheit im Haus" (Interview BMU, 10.03.1994).

Ob man allerdings im Leitungsbereich die Defizite der hausinternen Kommunikation und fachübergreifenden Zusammenarbeit wirklich registriert, wird von vielen Ministerialbeamten bezweifelt:

"Aus der Sicht der Hausleitung ist die RS in ihrer Zuständigkeit, schon aufgrund ihrer Wichtigkeit, so zentral, daß sie gar keine Absonderungstendenzen feststellt. Im Gegenteil: Sie hat sogar das Gefühl, sie müsse sich im wesentlichen um die RS kümmern" (Interview BMU, 10.03.1994).

Gleichwohl kursierten im BMU gegen Ende der Ära Töpfer, welches freilich seinerzeit noch von niemandem vorhergesehen wurde, bis zur scheinbaren Gewißheit sich verdichtende Gerüchte über eine bevorstehende hausinterne Reform, welche dem medienübergreifenden Charakter "moderner" Umweltpolitik gerecht werden sollte:

"Es stimmt, daß man auch hier im Hause überlegt, das Haus neu zu strukturieren, um den neuen Anforderungen besser gerecht zu werden. Heute heißt das Thema nicht mehr Luftreinhaltung oder Wasserwirtschaft, sondern das Thema heißt Kreislaufwirtschaft, also die Umweltpolitik besser auf die verschiedenen Wirtschaftsbereiche auszurichten [...]. Da sind Anpassungen struktureller Art notwendig, und das ist meines Wissens auch in der Pipeline [...]. Soweit ich informiert bin, soll in der nächsten Legislaturperiode dieses Haus entsprechend umstrukturiert werden" (Interview BMU, 09.03.1994).

Insbesondere erfahrene Beamte winkten jedoch ab:

"Über Umstrukturierung usw. wird in jedem Haus immer sehr viel geredet, und es gehen immer die tollsten Gerüchte um. Das war schon so im Innenministerium [...]. Hier sind jetzt auch wieder die größten Gerüchte im Umlauf. Aber jetzt vor den Bundestagswahlen wird man bestimmt keine größeren Umstrukturierungen mehr machen. Wir sind schon zufrieden, wenn wir die organisatorischen Anforderungen, die das Kreislaufwirtschaftsgesetz für unsere Unterabteilung haben wird, meistern" (Interview BMU, 14.09.1994).

Die Skeptiker sollten Recht behalten. Die Diskussionen über eine Neuorganisation des BMU verstummten nach der Übernahme der Ressortleitung durch Angela Merkel, denn die Frage galt hausintern nunmehr als "unwesentlich" (Interview BMU, 10.07.1995). Die plötzliche Nachrangigkeit der Thematik bestätigt beispielhaft der folgende Gesprächsauszug:

"Soviel ich weiß, liegt die Neuorganisation auf Eis. Frau Merkel hat angedeutet, daß die Überlegungen weitergehen werden, und daß zur gegebenen Zeit darüber wieder gesprochen wird. Die werden sich im stillen Kämmerlein schon etwas überlegen" (Interview BMU, 11.07.1995).

In anderen Abteilungen interpretierte man die "Andeutungen" der Ministerin weitergehend dahin, daß die Reformpläne völlig aufgegeben wurden und schlicht "gestorben" seien (Interview BMU, 10.07.1995). Die Tatsache, daß die Diskussion über die organisatorische Absicherung medienübergreifender Umweltpolitik im Umweltministerium verstummte, wurde, prima facie überraschend, von nicht wenigen Ministerialbeamten begrüßt. Viele Mitarbeiter in den Fachabteilungen waren mit der in Aussicht genommenen Reform "überhaupt nicht glücklich" (Interview BMU, 10.07.1995). Dabei mögen Befürchtungen, im Zuge einer hausinternen Neuorganisation eventuell mit ungewohnten bzw. ungeliebten Tätigkeitsfeldern betraut zu werden, durchaus eine Rolle gespielt haben, doch kommen zwei andere Motivlagen hinzu. Zum einen vollzieht sich im Hause gleichsam stillschweigend eine faktische Abkehr von der Medienorientierung in der Form, daß beispielsweise die Grundsatzabteilung schrittweise und moderat eine personelle Stärkung zu Lasten der Fachabteilungen N, IG und WA erfährt (Interview BMU, 12.07.1995). In dieselbe Richtung einer inkremental sich vollziehenden Abkehr von der herkömmlichen Medienorientierung der Umweltpolitik weist die Aufwertung des für Umwelt und Energie zuständigen Referates N II 5, in dem vor allem Fragen des Klimaschutzes bearbeitet wurden, zu einer Arbeitsgruppe, die der Unterabteilung G I eingegliedert wurde. Daß man dort die mit kompetenziellen und personellen Zugewinnen verbundene stille Reform der kleinen Schritte begrüßt, ist selbstverständlich. Doch auch in der Abteilung IG, deren "große Zeit" nach eigener Einschätzung schon einige Jahre zurückliegt, und wo man sich von einer "Matrixorganisation" prinzipiell einen Ausweg aus der derzeitigen fachpolitischen Isolation erhoffen könnte, stößt der Verzicht auf eine grundlegende Organisationsreform auf Sympathie (Interview BMU, 10.07.1995). Sie basiert auf der Erfahrung, daß ins Stolpern gerät, wer versucht, den zweiten vor dem ersten Schritt zu tun. Worin der nach wie vor ausstehende "erste Schritt" hätte bestehen müssen bzw. sollen, wird im folgenden Abschnitt zu erörtern sein.

5.2 Das Ministerium "zweiter Klasse": Ein Ressort in acht Häusern

Die Gründung des Umweltministeriums war über Nacht und ohne jeden planerischen Vorlauf erfolgt. Dies hatte unter anderem zur Folge, daß der Organisationserlaß des Bundeskanzlers nicht mit der Errichtung *eines* Ministeriums im gegenständlichen Sinne einherging. Während der Leitungsbereich übergangsweise im Palais Schaumburg, dem ehemaligen Amtsgebäude des Bundeskanzlers, untergebracht wurde, verblieb beispielsweise die Abteilung U noch für mehrere Monate in ihren Diensträumen im Gebäude des Innenministeriums. Einzig sichtbarer Ausdruck ihrer Zugehörigkeit zu einem anderen Ressorts waren die ausgewechselten Türschilder. Für andere Abteilungen, beispielsweise die für Naturschutz, wurden Übergangslösungen in angemieteten Etagenwohnungen und ähnliches gefunden. Die auf "die räumliche Zusammenfassung aller Mitarbeiter des Ministeriums in Bonn-Bad Godesberg" im Herbst des Jahres 1987 gerichtete Erwartung der Ministerialbürokratie (Mertes/Müller 1987: 471) wurde allerdings enttäuscht. An die Stelle der zunächst projektierten schnellen Umzugslösung trat die Planung eines Neubaus für das BMU. Gab es im Herbst des Jahres 1989 immerhin noch Anlaß, die Ignorierung ökologischer Aspekte bei der Neubauplanung zu kritisieren (Weidner 1989: 21),[4] so sorgte der Umzugsbeschluß des Deutschen Bundestages vom 20. Juni 1991 dafür, daß die Ausschreibung des Bauvorhabens zu den Akten gelegt wurde. Die räumliche Situation des Umweltministeriums, das mit Ausnahme einer in Berlin einzurichtenden "Kopfstelle" in Bonn verbleiben wird, gelangte noch nicht wieder auf die Tagesordnung, obwohl man sich Hoffnungen gemacht hatte, nach der Auflösung des Postministeriums zum Jahreswechsel 1997/98 dessen Gebäude beziehen zu können.[5]

Die räumliche Trennung der verschiedenen Abteilungen beeinträchtigt nicht nur die Arbeit der Ministerialbürokratie insbesondere bezüglich der gegenseitigen Information und der wechselseitigen Abstimmung der Programmarbeiten, sondern zeitigt gravierende Auswirkungen auf Selbstverständnis und Selbstwertgefühl der Umweltverwaltung:

> "Wir sind von unserer Infrastruktur her ein Ministerium zweiter Klasse. Das ist ganz eindeutig so. Und die Ministerien, die für uns die schwierigsten Partner sind [...], also der Verkehrsminister, der Bauminister, der Wirtschaftsminister, all die haben eine hervorragende Infrastrukturausstattung, haben neue Häuser, sind einheitlich untergebracht. Die haben auch nicht die absolut lächerliche und antiquierte Schreibausstattung, die wir haben, die hier noch - zum Teil um Zeit zu sparen - unsere eigenen Vorgänge zur Kanzlei bringen, weil der Botendienst das alles gar nicht bewältigt" (Interview BMU, 08.03.1994).

Der im Umweltministerium stark beanspruchte Botendienst scheint aber immerhin über die konkrete Unterbringung des Ministeriums besser informiert als mancher Mitarbeiter des

---

4   Auf entsprechende Vorhaltungen reagierte man im Ministerium mit der Einsetzung einer Arbeitsgruppe, die nachträglich für Verbesserungen sorgen sollte.
5   Diesbezüglich kursierten in Bonn noch im März 1998 lediglich Gerüchte; eine definitive Entscheidung war nach Auskunft der BMU-Pressestelle noch nicht gefallen.

höheren Dienstes. "Glaubt" der eine, daß das BMU "auf zwölf, wenn nicht sogar dreizehn Häuser in der Stadt verteilt" sei (Interview BMU, 10.03.1994), sprechen andere von fünf Standorten. Richtig ist, daß sich hinter der "Einheitsadresse" - Kennedyallee 5, wo der Leitungsbereich untergebracht ist - acht verschiedene, zum Teil weit voneinander entfernte Standorte[6] verbergen. Dies trägt verständlicherweise nicht zu abteilungsübergreifender Kommunikation bei:

> "Wenn wir uns früher [gemeint ist im Innenministerium, der Verf.] irgendwie abzustimmen hatten, dann hat man sich schnell einmal zum Kaffee verabredet oder in der Kantine. Oder man hat sich, da wir in einem Gebäude saßen, schnell irgendwo in der Abteilung drei Stockwerke höher zusammengesetzt. Wenn ich jetzt in die Graurheindorfer Straße muß von hier aus, oder in die Ahrstraße oder in die Kennedyallee, dann muß ich mir ein Dienstfahrrad nehmen. Bei schlechtem Wetter macht das keinen großen Spaß. Wenn ich mit dem Auto fahre, muß ich erst einen Umweg fahren, weil die Straßen gesperrt sind. Das ist ein Riesenaufwand, und dieser Aufwand trägt dazu bei, daß die Neigung der Menschen, sich zusammenzusetzen, einfach nachläßt, weil es viel Zeit kostet" (Interview BMU, 08.03.1994).

Innerministerielle Querschnittspolitik, so bestätigt auch der im folgenden zitierte Beamte, wird durch die Dislozierung des BMU massiv behindert:

> "Sehen sie mal, wir sind alle sehr stark ausplaziert im Hause. Und wenn da irgendwo Besprechungen sind, dann überlegt man sich ganz genau, fahre ich da hin oder fahre ich da nicht hin. Wenn die Besprechung hier im Hause ist, dann ist das für mich eine Kleinigkeit, vom Schreibtisch aus runterzulaufen, da hinzugehen in die Sitzung. Und wenn was wirklich Wichtiges ist, dann kann der Vorgesetzte einen erreichen. Aber wenn ich zur Husarenstraße fahren muß oder sonstwohin fahren muß und dann noch einen Dienstwagen bestellen muß und dann höre, ich kriege keinen ..., oder zu überlegen, kriegst du ein Dienstfahrrad, dann sage ich: Sollen die machen, was sie wollen. Ich mache meine Arbeit hier, denn danach werde ich bewertet und nicht nach Querschnittsaufgaben, ob ich da das Ohr auch noch hineinhalte. Dann bleibe ich lieber hier, weil ich es mir zeitlich nicht leisten kann, da hinzugehen, es sei denn, ich bin zentral betroffen. Das ist ein ganz gravierender Mangel, ganz klar" (Interview BMU, 09.03.1994).

Die räumliche Trennung fördert Eigenbrötelei und erschwert die Herausbildung eines "Wir-Gefühls", welches das BMU nach Einschätzung seiner Mitarbeiter auch gegenüber konkurrierenden Ressorts stärken könnte. Ein Ressort, das als Ministerium "[...] letztlich nur im Sinne eines einheitlichen Telephonnetzes besteht" (Interview BMU, 10.03.1994), stiftet keine Identität:

> "Dem Haus haftet, denke ich, in den Augen anderer Ressorts immer noch ein bißchen an, daß es eben ein junges Haus ist, daß es ziemlich zusammengewürfelt ist aus verschiedenen anderen Häusern mit ganz unterschiedlichen Verwaltungsstilen, daß es eben dummerweise nach wie vor auf

---

6   Sogar hinsichtlich dieses trivial anmutenden Sachverhalts spielt die Abteilung RS eine "Sonderrolle", denn sie residiert als einzige Abteilung im äußersten Norden der Stadt, weitab von den anderen Standorten des BMU. Nur am Rande sei die Pointe vermerkt, daß im selben Gebäudekomplex, in dem die Abteilung IG "zur Miete" untergebracht ist, auch die Bonner Vertretung des Bundesverbandes Sonderabfallwirtschaft residiert. Für die Interessenvertreter ist der Weg zum Referat Anlagensicherheit kürzer als für den für Abfallwirtschaft zuständigen Referenten aus der Abteilung WA.

verschiedene Gebäude im ganzen Stadtgebiet verteilt ist und von daher die interne Kommunikation schlecht ist. Ich denke [...], hätten wir vielleicht schon ein einheitliches Gebäude, dann hätten wir vielleicht auch mehr so etwas wie, im Wirtschaftsbereich heißt das glaube ich corporate identity, also eine eigene Ministerialidentität. Jetzt sind wir immer noch irgendwie Wasserleute und Abfalleute und Reaktorsicherheitsleute und so. Das Haus ist immer noch nicht so weit, daß es wirklich ein Haus ist mit einer Kultur und einer Identität, das wirklich an einem Strang zieht. Man sieht das sehr häufig, daß einfach Beteiligungen nicht klappen, daß über die eigene Abteilung hinaus Mitzeichnungen nicht eingeholt werden, Kopien nicht versandt werden usw. Häufig deswegen, weil die Leute schlicht nicht wissen, daß da noch wer ist, der auch an so was interessiert sein könnte. Man kennt sich ja nicht [...]. Es sind solche Banalitäten: Aber zum Beispiel eine gemeinsame Kantine[7] wäre halt auch ein Treffpunkt, wo alle mal zusammenkommen. Ich würde sagen, daß ich 50 Prozent meiner Kollegen, wenn ich die auf der Straße treffe, letztlich überhaupt nicht erkenne. Ich habe die noch nie gesehen, und die wissen nichts von mir. Bestenfalls haben sie meinen Namen in irgendeiner Liste mal gesehen" (Interview BMU, 09.03.1994).

Über die jeweilige Unterabteilung hinaus existieren kaum persönliche Bekanntschaften und Kontakte. Diese Situation, die das an der Aufgabenzuweisung für das jeweilige Fachreferat orientierte "Kästchendenken" fördert und konzeptionelle Zusammenarbeit verunmöglicht, wird in allen Abteilungen beklagt:

"Die räumliche Trennung, das ist das größte Manko [...]. Ich kenne gar keine neuen Leute hier im Umweltministerium, wenn sie nicht gerade aus unserer Unterabteilung kommen, also nicht mal hier in diesem Haus alle [...]. Aus den anderen Abteilungen, die auch grundsätzliche Dinge machen, da kennt man nur durch Zufall jemanden. Man hat überhaupt keinen Kontakt. Aber gutes Arbeiten hängt entscheidend davon ab, wie der persönliche Kontakt zwischen den Mitarbeitern ist. Und das ist bei uns praktisch Null, weil die äußeren Bedingungen so miserabel sind [...]. Man brät hier wirklich nur im eigenen Saft" (Interview BMU, 09.03.1994).

Nun ist es nicht die Dislozierung des Ministeriums allein, die eine (unter)abteilungsübergreifende konzeptionelle Zusammenarbeit verhindert, denn sie steht einer personellen Durchmischung der einzelnen Fachabteilungen grundsätzlich natürlich nicht entgegen. Doch wurde eine kooperationsfördernde Personalpolitik im BMU nicht durchgesetzt:

"Die Leute kamen ja aus ganz verschiedenen Häusern. Sagen wir mal die eigentlichen Umweltschützer, die kamen aus dem Innenministerium, Abteilung U. Die Reaktorsicherheitsleute und Strahlenschützer kamen aus einer anderen Abteilung. Die Naturschützer kamen aus dem Landwirtschaftsministerium, und eine Reihe von Leuten kam aus dem Gesundheitsministerium. Das ist also ganz unterschiedlich gewesen. Und hatte uns damals der Wallmann sofort zu mir gesagt: "Ganz wichtig ist, daß wir eine Integration dieser aus verschiedenen Bereichen kommenden Mitarbeiter zustande bringen." Das ist nicht gelungen [...]. Die Leute aus der ehemaligen Abteilung U des Innenministeriums sind immer noch eine eigene Crew im Verhältnis zu den Leuten, die aus dem Landwirtschaftsministerium kommen, und die begucken sich auch gegenseitig immer noch mit einer gewissen kritischen Distanz. Und wenn Sie genau hingucken, dann werden Sie feststellen, daß in der Abteilung Naturschutz immer noch dieselben Leute sitzen, die damals aus dem Landwirtschaftsministerium kamen [...]. Es ist mir zwar eine peinliche Frage, aber ich will Sie Ihnen

---

7 Banalitäten sollten tunlichst nicht überstrapaziert werden. Deshalb soll der Hinweis genügen, daß der Umstand, daß das BMU das einzige aller Bonner Ministerien ist, welches seinen Mitarbeitern nicht nur keine gemeinsame, sondern überhaupt keine Kantine anzubieten in der Lage ist, in beinahe allen Interviews angesprochen wurde. Dabei dachten die Beamten allerdings weniger an eine standesgemäße Verköstigung, sondern hoben die kommunikative Relevanz einer solchen Einrichtung hervor.

gern beantworten. Mit dem Wechsel von Wallmann zu Töpfer wurde der Leiter der Abteilung Umweltschutz im Innenministerium, der auch im hiesigen Hause dann der Leiter dieser Abteilung war, Zentralabteilungsleiter. Und der war eben ein Mann der Truppe aus dem Innenministerium und hat immer mit einer gewissen Distanz, vielleicht sogar Überheblichkeit, auf die anderen geguckt, die aus den anderen Häusern kamen. Kurz und gut: Der hat nicht zur Integration beigetragen, sondern er hat die Leute seines ehemaligen Bereiches für die Protagonisten des Umweltschutzes gehalten" (Interview BMU, 09.03.1994).

Die räumliche Zusammenführung der verschiedenen Abteilungen des BMU einerseits und ihre personelle Durchmischung andererseits sind noch immer nicht bewältigt. Die verschiedenen Abteilungen, teilweise sogar die "verschwisterten" Unterabteilungen stehen räumlich und personell nebeneinander, sind nach wie vor weitgehend voneinander isoliert. Damit potenzieren sich die auch aus den etablierten Ministerien bekannten Schwierigkeiten der ressortinternen Koordination der einzelnen Fachpolitiken. Einem Ressort, das den Kinderschuhen noch nicht entwachsen ist, eine querschnittsorientierte Organisationsstruktur einziehen zu wollen, die auf ein integrationspolitisches Höchstmaß zielt, erscheint deshalb überzogen. Neben der vom BMU selbst nicht zu verantwortenden räumlichen Trennung gilt es zunächst, die personelle Distanz zwischen den Fachabteilungen zu überwinden. In diesem Sinne, so lehren die Erfahrungen aus dem Umweltministerium, kommt Personal- vor Organisationspolitik. Die sukzessive Aufwertung einzelner "querschnittsrelevanter" Einheiten zu Arbeitsgruppen, die als "Großreferate" die Koordination einzelner Fachprogramme beispielhaft vorantreiben, kann indes als inkrementale Synthese beider verstanden werden und erscheint insoweit erfolgversprechender als der Versuch einer grundlegenden Ministeriumsreform "auf einen Streich". Ohne die Überwindung des ressortinternen Partikularismus jedenfalls ist eine administrative Modernisierung der Umweltpolitik in Richtung auf integrierten Umweltschutz offenbar nicht zu haben.

5.3 Probleme der vertikalen Koordination: Das BMU und sein Behördenunterbau

Vorbild für die im Umweltministerium zeitweilig diskutierte Organisationsreform war eine von Umweltminister Töpfer angeregte Neustrukturierung des Umweltbundesamtes, die im September des Jahres 1994, also zwanzig Jahre nach seiner Gründung, durchgeführt wurde. Das in Berlin angesiedelte Umweltbundesamt (UBA) ist die weitaus bekannteste und wichtigste der dem BMU unterstellten Bundesoberbehörden (Dittmann 1994: 1053). Als weitere selbständige Bundesoberbehörden existieren im Geschäftsbereich des BMU das im Jahr 1989 eingerichtete Bundesamt für Strahlenschutz mit Sitz in Salzgitter sowie das 1994 gegründete Bundesamt für Naturschutz in Bonn.

Die angesprochene Umorganisation des UBA, die in gewisser Weise als Testlauf für das Bonner "Mutterressort" gedacht war, versuchte, mit der Abkehr vom Medienbezug der Umweltpolitik zugunsten des Integrationsgedankens Ernst zu machen. An die Stelle der früheren Fachbereiche bzw. Abteilungen etwa für Immissionschutz oder für Abfall und Wasserwirtschaft traten integrierte Einheiten wie die neuen Abteilungen "Integrierte Umweltschutzstrategien", "Umwelt und Verkehr" oder das Fachgebiet "Umwelt und Landwirtschaft".[8] An der grundsätzlichen Aufgabenzuweisung hat sich für das Umweltbundesamt jedoch nichts geändert. Noch immer gilt § 2, Abs.1 des Errichtungsgesetzes von 1974:

> "Das Umweltbundesamt erledigt in eigener Zuständigkeit Verwaltungsaufgaben auf dem Gebiet der Umwelt, die ihm durch dieses Gesetz oder andere Bundesgesetze zugewiesen werden. Das Umweltbundesamt hat insbesondere folgende Aufgaben:
> 1. Wissenschaftliche Unterstützung des Bundesministers für Umwelt, Naturschutz und Reaktorsicherheit in allen Angelegenheiten des Immissionsschutzes und der Abfallwirtschaft, insbesondere der Erarbeitung von Rechts- und Verwaltungsvorschriften, bei der Erforschung und Entwicklung von Grundlagen für geeignete Maßnahmen sowie bei der Prüfung und Untersuchung von Verfahren und Einrichtungen.
> 2. Aufbau und Führung des Informationssystems zur Umweltplanung sowie einer zentralen Umweltdokumentation, Aufklärung der Öffentlichkeit in Umweltfragen, Bereitstellung zentraler Dienste und Hilfen für die Ressortforschung und für die Koordinierung der Umweltforschung des Bundes, Unterstützung bei der Prüfung der Umweltverträglichkeit von Maßnahmen des Bundes."

Das Umweltbundesamt hat sich im Laufe der siebziger Jahre ein durchaus beachtliches Gewicht in der Umweltpolitik erarbeitet (Müller 1986: 70). Auch in der Verwaltungswissenschaft hat es einen guten Ruf und wird als Beispiel für eine nachgeordnete Behörde gehandelt, die "gut funktioniert" und sich "weitgehend Anerkennung" verschafft hat (Jann 1994: 26). Wie die folgende Tabelle zeigt, ist die Zuarbeit durch die nachgeordneten Behörden für die Arbeit der Ministerialbürokratie im BMU von großer Bedeutung:

---

8   Die organisatorische Nomenklatur des UBA differiert von der des BMU. Ein Fachbereich entspricht einer Abteilung des Ministeriums, die Abteilungen des UBA entsprechen in etwa den ministeriellen Unterabteilungen und die Fachgebiete sind mit den Referaten des Ministeriums vergleichbar.

Tabelle 5.1: Allgemeine Relevanz der Zusammenarbeit mit den nachgeordneten Behörden

	absolut	v.H.
keine Angabe	1	0.7
wichtig	52	34.7
eher wichtig	65	43.3
unentschieden	11	7.3
eher unwichtig	17	11.3
unwichtig	4	2.7
gesamt	150	100.0

Für mehr als drei Viertel der Ministerialbeamten ist die Zusammenarbeit mit den nachgeordneten Behörden ein mehr oder weniger wichtiges Element ihrer täglichen Arbeit. Die Einschätzung der Leistungsfähigkeit des Behördenunterbaus hinsichtlich seiner auch im Errichtungsgesetz hervorgehobenen, zentralen Funktion, nämlich der Unterstützung des Ministeriums bei der Erarbeitung von Rechts- und Verwaltungsvorschriften, wird indes etwas zurückhaltender beurteilt:

Tabelle 5.2: Bedeutung der Zuarbeit der nachgeordneten Behörden für die Gesetzesvorbereitung

	absolut	v.H.
keine Angabe	1	0.7
wichtig	29	19.3
eher wichtig	58	38.7
unentschieden	34	22.7
eher unwichtig	20	13.3
unwichtig	8	5.3
gesamt	150	100.0

Insgesamt scheint der gute Ruf, den das Umweltbundesamt[9] in Wissenschaft und Öffent-

---

9   In der Abteilung RS wurde die Fragen zum Behördenunterbau im wesentlichen natürlich mit Blick auf das Bundesamt für Strahlenschutz beantwortet. Die Zusammenarbeit mit dieser Behörde wurde von exakt 75 % der Befragten als mehr oder weniger wichtig eingestuft, Entscheidungshilfen für
(Fortsetzung...)

lichkeit genießt, von der unmittelbar betroffenen Ministerialbürokratie bestätigt zu werden. Um so überraschender erscheint die von vielen Beamten im BMU mündlich geäußerte, teilweise harsche Kritik an der Berliner Behörde. Äußerungen wie die folgende, die als "Normalfall" erwartet werden durften, blieben die rare Ausnahme:

> "Ich bin sehr zufrieden. Ich habe nie Probleme gehabt. Leute, die sich über's UBA beklagen, sind meiner Ansicht nach selber Schuld. Die pflegen nicht den Kontakt mit ihren entsprechenden Ansprechpartnern in den anderen Behörden, und dann läuft eben manches aus dem Ruder. Wer also regelmäßig mit denen telephoniert, Sachen vorbespricht, bevor er irgendwelche Erlässe oder Entscheidungen trifft, wird immer bestens informiert sein. Und auch, wenn er einmal anderer Meinung ist, dann wird das trotzdem gemacht und toleriert" (Interview BMU, 08.03.1994).

Unterstützung erhält diese rundum positive Sichtweise im wesentlichen nur von Beamten des BMU, die unmittelbar mit Vollzugsfragen des Umweltrechts befaßt sind und von daher beim Behördenunterbau andersartige Dienstleistungen nachfragen als die "Instrumenten- und Vorschriftenbastler".[10] Der Struktur des deutschen Bundesstaates entsprechend, der Vollzugsaufgaben weitgehend den Ländern überantwortet, sind derartige Tätigkeiten allerdings die große Ausnahme. Sie beschränkt sich im wesentlichen auf das Gefahrstoffrecht. Immerhin aber scheint es hinsichtlich der Anmeldung und Bewertung von Chemikalien, die dem BMU fachaufsichtlich zugeordnet sind, keinerlei Probleme bei der Zusammenarbeit zwischen Umweltministerium und dem Umweltbundesamt zu geben: "Ohne die wären wir natürlich nur die Hälfte" (Interview BMU, 08.03.1994).[11]

Ansonsten aber macht sich insbesondere in den Bereichen, in denen dem Bund lediglich die Kompetenz zur Rahmengesetzgebung zukommt, die Distanz der Bundesbeamten zur Vollzugspraxis offenbar schmerzlich bemerkbar:

> "Etwa das Umweltbundesamt: Da gibt es zu viele ökologische Nischen, in denen sich Leute verstecken und tummeln und viele Dinge tun, die uns nicht weiterhelfen, unsere Umweltschutzkonzepte und Vorstellungen durchzusetzen. Also da hilft uns das wenig. Dazu kommt, daß im

---

9(...Fortsetzung)
    die Vorbereitung von Gesetzen und Verordnungen meinten jedoch lediglich 37.5 % aus Salzgitter zu erhalten. Inwieweit das zum Zeitpunkt der schriftlichen Befragung erst einige Monate existierende Bundesamt für Naturschutz bei der Beantwortung der einschlägigen Fragen schon eine Rolle spielte, läßt sich kaum beurteilen. Jedenfalls aber erteilten die Beamten aus der Abteilung N dem behördlichen Unterbau überdurchschnittlich gute Noten.
10 Diese etwas despektierliche Bezeichnung entspringt dem alltäglichen Sprachgebrauch im Ministerium.
11 Diese Aussage bezog sich ausdrücklich auch auf die Bewertungsstelle für gefährliche Stoffe, die sich bis zu dessen Auflösung im Bundesgesundheitsamt befand. Die durch den Bundesgesundheitsminister am 13. Oktober 1993 bekanntgemachte Auflösung des Bundesgesundheitsamts hatte im übrigen auch zur Folge, daß das "Institut für Wasser-, Boden- und Lufthygiene" als Fachbereich V dem Umweltbundesamt eingegliedert wurde.

Bereich der Wasserwirtschaft der Bund nur eine geringe Kompetenz hat, nämlich die Rahmengesetzgebung. Das bedeutet auch, daß man keinen fundierten Unterbau hat mit Erfahrungen aus der Praxis" (Interview BMU, 09.03.1994).

Die Praxisferne des Umweltbundesamts scheint aus der Sicht vieler Ministerialbeamter jedoch das geringere Problem. Schwerer wiegt, wenn völlig unterschiedliche konzeptionelle Vorstellungen aufeinandertreffen und das UBA die Meinungsführerschaft beansprucht:

> "Bisher habe ich immer Abfallrecht gemacht und da ist traditionell zum Umweltbundesamt die Beziehung schlecht. Schon immer schlecht gewesen [...]. Insgesamt gesehen ist da von Arbeitseinheit zu Arbeitseinheit ein starkes Gegeneinander zu spüren. Die wollen verwaltungsmäßig Dinge bearbeiten, die hier mit politischem Durchblick bearbeitet werden. Da ist ein Konflikt angelegt" (Interview BMU, 08.03.1994).

Mitunter gelingt es, derartige Konflikte argumentativ zu bewältigen:

> "Nach einigen Anfangsschwierigkeiten, die wir hatten, bin ich im großen und ganzen zufrieden. Ich habe versucht, die weniger auf dem Wege über Erlasse und Anweisungen auszubügeln, sondern mehr auf dem persönlichen Wege, in dem ich mit den Leuten geredet habe und versucht habe, die zu überzeugen, daß, wenn wir uns auf einem gemeinsamen Weg zu arrangieren versuchen, wir dann alle besser zu Rande kämen" (Interview BMU, 09.03.1994).

Aufgrund des in vielen Arbeitsbereichen grundlegend gestörten Verhältnisses ist der Versuch der hierarchischen Konfliktlösung allerdings weitaus typischer:

> "Ich bin zur Zeit dabei, eine Verwaltungsvorschrift zu machen, und die Vorstellungen des UBA waren völlig anders. Das Konzept, das das UBA vorhatte, war eine völlige Umgestaltung dieser neuen Verwaltungsvorschrift im Verhältnis zur alten, während wir hier die alte Struktur nur mit neuen Inhalten füllen wollten [...]. Da gab es vehement andere Vorstellungen der Kollegen aus dem UBA. Aber da muß man sich halt durchsetzen. Es ist immer noch die Frage, wessen Vorstellungen wichtiger sind. "Ober sticht Unter" heißt es dann" (Interview BMU, 09.03.1994).

Teilen der Bonner Beamtenschaft aber scheint selbst die Konfliktlösung per Anweisung nicht mehr lohnend. Sie haben das Umweltbundesamt schlicht "abgeschrieben":

> "Es gibt furchtbar viele Reibungen und unterschiedliche Politiken, die entwickelt werden. Das hat mich in vielen Bereichen dazu geführt, das UBA überhaupt nicht mehr zu beteiligen. Die haben mir mehr Schwierigkeiten gemacht als sie mir geholfen haben [...]. Die überwiegende Zahl der Einheiten im UBA ist für uns völlig unbrauchbar geworden. Das relativ hohe Ansehen, das das UBA in der Öffentlichkeit noch genießt, ist für mich völlig unverständlich [...]. Es leistet in keiner Weise, weder in Qualität, noch in der gebotenen Zeit, die Zuarbeit, die wir von ihm erwarten müssen. Das ist ein ganz trauriges Kapitel. Und ich kann es auf den Punkt bringen: Ich habe so viel Ärger mit dem UBA gehabt [...], ich will es gar nicht mehr sehen. Es hat gar keinen Zweck. Ich habe irgendwann in einem Gespräch mit dem Staatssekretär gesagt, er soll mir einen Mann mehr ins Referat geben, und dann will ich das ganze UBA nicht mehr sehen. Dann mache ich das alles alleine" (Interview BMU, 10.03.1994).

Die Klage über die "absolute Verweigerung konstruktiver Zuarbeit" seitens des UBA (Interview BMU, 08.03.1994) beschränkt sich nicht auf einzelne Abteilungen, sondern läßt sich in allen Ecken des Hauses vernehmen. Vielen Kritikern des UBA ist der Hinweis wichtig, daß die "Quertreiberei" aus Berlin eine lange Tradition habe. In der Tat hat das UBA schon das Innenministerium gegen Ende der siebziger Jahre mehrfach unter umweltpolitischen Zugzwang gesetzt (Müller 1986: 70) und sukzessive ein kollektives Selbstverständnis entwickelt, welches ihm, obwohl nachgeordnete Behörde, die Rolle des eigentlichen politisch-administrativen Vorreiters zuschreibt. Auch aufmerksamen Beobachtern aus dem Ausland ist nicht entgangen, daß der Präsident des UBA "[...] nicht immer die gleichen Standpunkte wie der Minister [vertritt]" (Rose-Ackermann 1995: 120).[12]

Das Umweltbundesamt gehört zum Typus der "zweckprogrammierten" Verwaltung, welche im Gegensatz zur konditional programmierten, d.h. durch präzise Wenn-Dann-Bestimmungen angeleiteten Administration erheblich schwieriger zu steuern ist (Mayntz 1985: 101). Die von Welz (1988: 215) formulierte Vermutung, daß primär zweckprogrammierte Oberbehörden über die Hierarchie allein nicht zuverlässig gesteuert und kontrolliert werden könnten, das "traditionelle" Steuerungsinstrumentarium also im Zweifelsfall nicht sicherstellen könne, "[...] daß der verantwortliche Ressortminister seine politischen Zielvorstellungen auch im nachgeordneten Behördenapparat jederzeit durchzusetzen vermag" (Welz 1988: 215), wird in bezug auf das Umweltbundesamt deutlich bestätigt. Die Behörde entzieht sich in vielen Fällen erfolgreich dem Führungsanspruch des BMU (Interview BMU, 09.03.1994). Dies wird von Teilen der Beamtenschaft auch einer gewissen Führungsschwäche und Konfliktscheu der Leitungsebene im BMU angelastet:

> "Zunächst mal war ich überrascht als ich herkam und feststellen mußte, daß das Umweltbundesamt quasi ein Nebenministerium war [...]. Eine Oberbehörde hat ja zur Aufgabe, das Ministerium in seiner Aufgabenerledigung zu unterstützen. In Folge dessen muß ich als Ministerium auch die Aufgaben vorgeben können, von denen ich erwarte, daß ich darin unterstützt werde. Der nie beendete Streit zwischen dem Umweltbundesamt und dem Ministerium besteht im Grunde genommen darin, daß das Umweltbundesamt sagt, als wissenschaftliche Behörde sind wir weisungsungebunden [...]. Und ich sage, wir sagen: Was Ihr erforscht, das bestimmen wir. Wie Ihr forscht und zu welchen Ergebnissen Ihr kommt, das ist allerdings Eure wissenschaftliche Unabhängigkeit, darin drückt sie sich aus. Aber was ich dann wieder nachher mit dem Ergebnis anfange, das ist meine Sache [...]. Das ist also unsere Beziehung zum Umweltbundesamt, die, sagen wir einmal, sehr kritisch ist. Auch die Leitung des Hauses beklagt sich wiederholt über die Selbstherrlichkeit des Umweltbundesamtes. Allerdings wenn ich dann sage: Da müssen wir auch mal reinschlagen, ich überspitze das jetzt mal, aber doch zumindest Flagge zeigen, dann ist da immer eine sehr merkwürdige, zögerliche Zurückhaltung oder sagen wir mal mangelnder Mut, dann auch dem Präsidenten mal zu sagen: So geht es nun doch nicht" (Interview BMU, 09.03.1994).

Doch ist es wohl nicht nur mangelnder Mut, sondern auch das Fehlen der von Welz (1988: 215) angemahnten "zusätzliche[n] Koordinierungs- und Kontrollinstrumente",[13] das dem

---

12 Diese Einschätzung wurde von dem Betroffenen selbst, Heinrich von Lersner, in einem Interview mit dem "Spiegel" (Nr. 29/1995: 34), das er anläßlich seiner Versetzung in den Ruhestand zum bezeichnenden Thema "Versäumnisse der Regierung" gab, ausdrücklich bestätigt.
13 Welz expliziert nicht näher, worin dieses Instrumentarium im einzelnen bestehen sollte. Dem bereits in der siebziger Jahren diskutierten und von Jann (1994: 26) wieder aufgegriffenen Vor-
(Fortsetzung...)

Umweltbundesamt erlaubt, ein verfassungsrechtlich zumindest problematisches Selbstverständnis zu praktizieren und sich den Anforderungen aus Bonn weitgehend zu entziehen:

"Ich kenne das Umweltbundesamt seit 1976 [...]. Es gibt ein überraschendes Mißverhältnis beim Umweltbundesamt zwischen dem Renommee nach außen und der Leistungsfähigkeit des Apparates. Und diese Einschätzung gab es unter einem so hervorragenden Umweltpolitiker wie Hartkopf auch schon, daß das UBA in der Öffentlichkeit ein viel höheres Renommee hat als es in der Qualität seiner Arbeit für den BMU - damals für den BMI - überhaupt leistet [...]. Wenn ich also die drei Ämter - Bundesamt für Strahlenschutz, Bundesamt für Naturschutz und Umweltbundesamt - vergleiche, dann sind die [...] Unterlagen, die mir zugeleitet werden [...] seit Jahr und Tag hundsmiserabel. Die anderen beiden sind wesentlich besser. Doch trotz wiederholter Kritik hat sich nichts verändert, und das gilt auch für andere Bereiche, die das Umweltbundesamt in der Zuarbeit betreffen. Es ist bisher nie gelungen, auch zu Zeiten des Innenministeriums nicht, auf den Präsidenten von Lersner so Einfluß zu nehmen, daß sein Laden intern bessere Qualität erreicht. Dieser von Lersner hat ein mit der Verfassungslage überhaupt nicht zu vereinbarendes Selbstverständnis. Er ist nämlich der Meinung, daß er in umweltfachlichen Dingen keiner Weisung unterliegt. Das ist schlicht falsch. Aber er hat eine hohe Meinung von seiner Unabhängigkeit und wird darin von der Öffentlichkeit unterstützt" (Interview BMU, 08.03.1994).

Gewiß muß in Rechnung gestellt werden, daß in allen Ministerien Überlegenheitsgefühle gegenüber dem jeweils nachgeordneten Bereich weit verbreitet sind (Ellwein 1996: 8). Es mag also sein, daß die überraschend harsche Kritik, die im BMU am Umweltbundesamt geübt wird, partiell einem überkommenen Standesdenken der Bonner Ministerialbürokratie geschuldet ist, deren Selbstwertgefühl Alleingänge einer nachgeordneten Behörde schlicht als "ungehörig" erscheinen läßt. Doch die bei der "Gegenseite" - also dem UBA - erhobene Stimmungslage verweist deutlich auf ein Selbstverständnis der Berliner Behörde, das die Schelte der Ministerialbeamten verständlich macht. Im UBA beharrt man auf einem "politischen Eigenleben" der Behörde (Welz 1988: 214) und weist etwaige Kontrollansprüche durch den verantwortlichen Minister bzw. das von ihm geleitete Ressort weitgehend zurück:

"Im Gesetz steht drin, daß wir eine selbständige Oberbehörde sind. Aber worauf sich das "selbständig" bezieht, ist ein bißchen umstritten. Selbständig kann sein organisatorisch selbständig, daß wir einen eigenen Präsidenten haben usw. Es kann aber auch sein, daß man sagt, wir können immer äußern, was wir denken" (Interview UBA, 12.04.1995).

Diese im Umweltbundesamt weit verbreitete Ansicht, derzufolge der in Art. 87 Absatz 3 Grundgesetz verwendete Terminus der "selbständigen Bundesoberbehörde" einen breiten Interpretationsspielraum eröffne, der zugunsten der eigenen Unabhängigkeit genutzt werden könne, beruht auf einem Irrtum, denn die "Selbständigkeit" von Bundesoberbehörden ist nur relativ aufzufassen. Sie bedeutet zweierlei, nämlich erstens die organisatorische und funktionelle Abhebung der Oberbehörden von den ihnen vorgeordneten obersten Bundesbehörden,

---

13(...Fortsetzung)
 schlag, die Leitungspositionen der nachgeordneten Behörden mit politischen Beamten zu besetzen, vermag er jedenfalls nichts abzugewinnen.

also den Ministerien (Lerche 1992, Rz. 184), und zweitens, daß die Bundesoberbehörden keinen eigenen Verwaltungsunterbau besitzen dürfen (Welz 1988: 112). Keinesfalls aber soll mit dem Terminus Selbständigkeit zum Ausdruck gebracht werden, daß die Bundesoberbehörden "[...] notwendig oder auch nur regelmäßig außerhalb des normalen Hierarchiegefüges [stünden]" (Lerche 1992, Rz. 184), d.h. er meint gerade nicht, daß Bundesoberbehörden weisungsfrei handeln dürften (Bull 1989, Rz. 28).[14]

Die Beziehungen zwischen Bundesumweltministerium und Umweltbundesamt werden konkret geregelt durch die "Richtlinien über Aufgabenerledigung, Organisation, Zusammenarbeit und Personaleinsatz in den dem Bundesminister des Innern nachgeordneten Dienststellen", welche durch eine Hausanordnung des BMU für das UBA als verbindlich erklärt wurden.[15] Dort heißt es unter Ziffer 1.1: "Die dem Bundesminister des Innern nachgeordneten Dienststellen erfüllen die ihnen zugewiesenen Aufgaben selbständig und in eigener Verantwortung. Sie unterliegen, soweit nichts anderes bestimmt ist,[16] der Dienst- und Fachaufsicht des Bundesministers des Innern und insoweit seinen Weisungen." Deshalb ist es irrig, wenn die Mitarbeiter des Umweltbundesamtes das Weisungsrecht des Ministers nur mit Einschränkungen gelten lassen wollen. Die Aussage: "Wir sind administrativ an Weisungen gebunden, fachlich jedoch nicht" (Interview UBA, 13.04.1995), kann als repräsentativ gelten. Daß die "Weisungsgebundenheit da aufhört, wo die Wissenschaftlichkeit anfängt" (Interview UBA, Fachbereich I, 12.04.1995), wird, wie gezeigt, auch im Ministerium nicht bestritten. Doch hält man es für unrechtmäßig, daß das UBA versucht, bestimmte Tätigkeitsbereiche, insbesondere die im Errichtungsgesetz angesprochene "Aufklärung der Öffentlichkeit in Umweltfragen", der ministeriellen Fachaufsicht zu entziehen, wie es der im folgenden zitierte Gesprächspartner tut:

> "Es ist unsere Pflicht, die Umweltsituation wissenschaftlich zu untersuchen, zu begutachten, daraus entsprechende Schlüsse zu ziehen, zu bewerten und daraus auch Dinge abzuleiten, die der Regierung nicht in den Kram passen. Und das tun wir in der Regel auch [...]. Weil nämlich unsere Philosophie so ist, daß wir einen gesetzlichen Auftrag zur Aufklärung der Öffentlichkeit haben. Das steht im Errichtungsgesetz drin, das kann man nachlesen" (Interview UBA, 13.04.1995).

---

14 Die Freistellungen bestimmter Bundesoberbehörden von Weisungen sind als Ausnahme zu betrachten und erfolgen aufgrund expliziter gesetzlicher Regelung. Beispiele sind das Deutsche Patentamt und das Bundeskartellamt, wobei letzteres immerhin "allgemeinen Weisungen" des Ministers unterliegt (Bull 1989, Rz. 28).
15 Diese Information erteilte die Pressestelle des Umweltbundesamtes in einem Schreiben an den Verfasser vom 10.04.1996.
16 Bezüglich des Umweltbundesamtes ist nichts anderes bestimmt.

Eine ganz ähnliche Interpretation der "Selbständigkeit" des Umweltbundesamtes wird auch in folgender Gesprächspassage deutlich:

> "Ich meine also, wir sind eine selbständige Behörde und wir werden dafür bezahlt, daß wir den Bund beraten. Ob er das will oder nicht, wir werden schließlich auch dafür bezahlt, daß wir entdecken, wo Beratungsbedarf ist. Und das kann durchaus nicht im Sinne des Ministeriums sein" (Interview UBA, 13.04.1995).

Im UBA ist es üblich, einen "Dualismus" der Aufgabenzuweisung zu konstruieren, der zur Konsequenz hat, daß die Behörde sich in ihrem Selbstverständnis weitgehend vom Ministerium zu emanzipieren versucht:

> "Wir kriegen natürlich Aufträge aus dem Ministerium, die dann Erlasse heißen und in denen ganz konkret gesagt wird, daß wir zu dieser oder jener Fragestellung einen Bericht machen sollen. Das geht hin zu ganz konkreten Beantwortungen von Parlamentsanfragen oder von Anfragen aus der Bevölkerung. Das ist die eine Seite. Die andere Seite, die ich eigentlich stärker betone, wo ich auch das Schwergewicht des Amtes sehe, ist die nicht gewollte Beratung. Die halte ich eigentlich auch für wichtiger, weil ich glaube, das ist das, was wir eigentlich tun sollten, nämlich das Ministerium darauf hinzuweisen, was die Fragestellungen von Morgen und Übermorgen sind [...].
> Da gibt es natürlich sehr leicht Irritationen aus dem Ministerium, weil die dort sehr viel enger am politischen Tagesgeschäft hängen" (Interview UBA, 12.04.1995).

Die "ungewollte Beratung" wird im Umweltministerium insbesondere dann, wenn sie öffentlich geschieht, in der Tat ungern gesehen, denn sie erfolgt nicht selten ohne Rücksicht auf die Zuständigkeitsverteilung zwischen den Bonner Ministerien und weist dadurch dem Umweltressort ohne Not die Rolle des umweltpolitischen Sündenbocks zu:

> "Wenn zum Beispiel der Herr von Lersner was über's Tempolimit sagt, dann sind das ja Sachen, die gar nicht in unsere Kompetenzen fallen. Sicher wäre es wünschenswert, wenn was zum Tempolimit gemacht würde, aber das kann ja nicht von uns gemacht werden, sondern nur vom BM Verkehr" (Interview BMU, 09.03.1994).

Solche kontraproduktiven, weil das ohnehin prekäre öffentliche Ansehen des Umweltministeriums (ipos 1994: 24ff.) weiter beschädigenden Initiativen sind die beinahe zwangsläufige Konsequenz eines von der Regierungsorganisation insofern weitgehend losgelösten Selbstverständnisses der Berliner Behörde, als diese sich selbst die Rolle eines "Umweltlobbyisten" zuweist, dessen vornehmste Aufgabe darin besteht, "Druck auf die Politik" zu machen:

> "Die Trennung von UBA und BMU stärkt grundsätzlich die politische Durchsetzungsfähigkeit von Umweltmaßnahmen. Zumindest würde sie immer dann gestärkt, wenn man die Unabhängigkeit des Amtes nutzt. Die Öffentlichkeit denkt ja, daß eine Fachbehörde wie das UBA keine politischen Restriktionen hat. Also glaubt sie dem UBA immer mehr als dem Ministerium. Wenn der Umweltminister etwas durchsetzen will, dann könnte er sich augenzwinkernd seiner objektiven Fachbehörde bedienen. Aber er müßte ihr freie Hand lassen. Er würde dann zwar unheimlich unter Druck kommen. Aber der Druck käme dann auch aus der Öffentlichkeit, und der wäre vielleicht stärker als der Lobbyistendruck, der eher intern kommt und den man von außen nicht sieht" (Interview UBA, 12.04.1995).

Zwar kann man sich auch im Ministerium grundsätzlich eine Arbeitsteilung vorstellen, innerhalb derer das Umweltbundesamt die Rolle eines "umweltpolitischen Wadenbeißers" zukäme, bindet diese Vorstellung jedoch an eine koordinierte, von Bonn konzipierte und verantwortete Strategie, weil man sich andernfalls "[...] immer nur für die anderen entschuldigen muß" (Interview BMU, 09.03.1994). Einer wirksamen, vom Bonner Ministerium ausgehenden Koordination steht jedoch entgegen, daß man im UBA "[...] soweit es geht, abzublocken versucht, als verlängerter Schreibtisch der BMU-Referate [...]" eingesetzt zu werden (Interview UBA, 12.04.1995). Dieser Versuch ist der im Umweltbundesamt dominierenden Einschätzung zufolge bislang weitgehend erfolgreich verlaufen:

> "Das BMU betrachtet das UBA weitgehend als verlängerte Werkbank, wenn Sie so wollen, während in unserem Errichtungsgesetz nicht drinsteht: "Zuarbeiten dem BMU", sondern "Beratung der Bundesregierung".[17] Und das ist ja wohl ein Unterschied, ob wir zuarbeiten in eine bestimmte Richtung, oder ob wir frei beraten können. Da muß ich dem Präsidenten bescheinigen, daß er es meisterhaft verstanden hat, in den letzten zwanzig Jahren dem UBA doch eine relative Eigenständigkeit zu bewahren" (Interview UBA, 13.04.1995).

In einer Behörde, deren Mitarbeiter sich vor allem vorgenommen haben, "[...] gegen überkommene Sichtweisen im Ministerium anzustinken" und "[...] dem Ministerium zu sagen, wo es Fehler macht" (Interview UBA, 12.04.1995), gibt es keinen Nährboden für die Akzeptanz der parlamentarischen Verantwortlichkeit des Ministers für seinen gesamten, also die nachgeordneten Behörden einschließenden Geschäftsbereich. Aufgrund dieses für die Gesamtheit der Bundesbeamten wohl eher untypischen Einstellungsmusters scheint fraglich, ob das von Jann (1994: 26) für die Führung von Bundesoberbehörden durchaus mit guten Gründen empfohlene "Prinzip der langen Leine" sich wirklich positiv auf die umweltpolitischen Kapazitäten des Bundes auswirken kann.

Das Umweltbundesamt wurde faktisch seit seiner Gründung an der langen Leine geführt. Solange die wesentlichen Kompetenzen für den Umweltschutz noch beim Innenministerium ressortierten, wurde das UBA in der Öffentlichkeit als die Umweltbehörde des Bundes schlechthin wahrgenommen. Schon aufgrund der auf viele unterschiedliche Fachpolitiken verteilten Bereichsaufmerksamkeit ihres damaligen "Mutterressorts" konnte sie relativ ungebunden agieren. Nicht zuletzt der Tatsache, daß die Behörde seit ihrer Gründung bis zum Jahre 1995 von ein und demselben Präsidenten geführt wurde, dessen Konfliktbereitschaft im Zweifelsfall größer war als die des zuständigen Ministers, ist es geschuldet, daß sich das faktische Eigenleben des UBA auch nach Gründung des Umweltministeriums fortsetzte. Auch die interne Neuorganisation des Umweltbundesamtes wurde ohne nennenswerte Einmischung

---

17 Zur Erinnerung: Das Errichtungsgesetz spricht von "wissenschaftlicher Unterstützung" des BMU.

aus Bonn implementiert. Ganz im Sinne der von Jann (1994: 25f.) erarbeiteten Vorschläge für einen zukunftsorientierten Umgang der Bundesministerien mit ihrem "Unterbau" beschränkte sich der Umweltminister auf die grundsätzliche Unterstützung und unverbindliche Anregungen für die Organisationsreform:

> "Das kam aus unserem Hause und zwar aus dem Kreis der Mitarbeiter. Wir haben im Jahr 1990 eine Diskussion gehabt [...] und die Mitarbeiter haben auf sehr breiter Basis Vorschläge erarbeitet [...] bis hin zu dem großen Punkt "Änderung des Verhältnisses zwischen den beiden Behörden". Die Neuorganisation ist dann 1992/93 eingeleitet worden, im wesentlichen hausintern. Wir hatten zuerst vor, so einen Zwischenschritt zu machen, um die Diskrepanz nicht zu groß werden zu lassen. Da hat uns dann schließlich Töpfer selber gesagt, macht das nicht, sondern macht gleich den großen Schritt, springt ins Wasser. Und das haben wir dann auch gemacht und haben ein riesiges Personalkarussell in Gang gesetzt. Die Häfte der Leute ist woanders hin gegangen [...]" (Interview UBA, 13.04.1995).

Im UBA ist man davon überzeugt, nunmehr "die modernste Umweltverwaltung nicht nur in Deutschland, sondern wahrscheinlich in Europa" zu repräsentieren (Interview UBA, 13.04.1995). Das "Mutterhaus" in Bonn hingegen ist, wie gezeigt, nach wie vor traditionell organisiert. Dies hat die ohnehin schon suboptimale Kooperation weiter verkompliziert und belastet. Nicht ohne Häme bestätigt man im UBA:

> "Die im BMU fanden unsere Umorganisation nicht besonders toll, weil ihnen natürlich ihre Kooperationspartner abhanden gekommen sind, wo man auf dem kleinen Dienstweg mal kurz ein Fax rüberschickte, mach mir mal einen Entwurf für eine Staatssekretärsrede oder so" (Interview UBA, 12.04.1995).

Die Förderung der administrativen Modernisierung des UBA durch die Leitungsebene des Umweltministeriums erweist sich insofern als Bumerang, als sie die Abnabelung der nachgeordneten Behörde vom Ministerium zusätzlich begünstigt. Die in ihren engen, medienorientierten Zuständigkeiten befangenen Referenten im Ministerium suchen nicht nur oft vergeblich nach Kooperationspartnern, die ihnen "bedarfsgerechte" Unterstützung liefern können und wollen, sondern sehen sich ungewohnten, ihrem Verständnis von Behördenhierarchien diametral zuwiderlaufenden Anforderungen aus dem Umweltbundesamt gegenüber:

> "Wir haben in etwa sechs Referate in Bonn, die ungefähr gleichrangig bedient werden wollen [...] Da kann es schon passieren, wenn ich losgehen will und was mit dem BML abstimmen - das kann ich ja nur mit dem BMU machen -, daß dann aus dem BMU fünf Leute mitkommen. Und das gibt ein überaus unglückliches Bild, weil die sich nicht abstimmen vorher.[18] So daß ich dann Schwierigkeiten kriege, weil die sich dann auch noch untereinander zerstreiten. Das sieht dann schon sehr unglücklich aus, weil es nicht vernünftig vorbereitet ist" (Interview UBA, 13.04.1995).

Die Modernisierung des Umweltbundesamts - so das Fazit - kam zu früh. Nicht zu früh für die seit zwanzig Jahren agierende, strukturell gefestigte Behörde selbst, wie sich beispielhaft

---

18 Die mangelnde Abstimmung der Bonner Fachreferate untereinander wurde in mehreren Interviews, die im UBA durchgeführt wurden, beklagt.

daran ablesen läßt, daß nur zwanzig der im Zuge der Neuorganisation umgesetzten ca. vierhundert Mitarbeiter seinerzeit gegen ihren Willen mit neuen Aufgaben betraut wurden (Interview UBA, 13.04.1995). Dies ist Ausdruck einer gewachsenen kollektiven Identität, der zu Folge man sich als Mitarbeiter des UBA und nicht einer bestimmten Fachabteilung definiert. Von diesem Zustand ist, wie gezeigt, das Umweltministerium, dessen Beamte noch immer hausinterne Lager und sogar Gegnerschaften ausmachen, noch weit entfernt. Bedingt durch die "institutionelle Ungleichzeitigkeit" von Ministerium und nachgeordneter Behörde ist das BMU durch die Umorganisation des Umweltbundesamtes noch überfordert. Die durch die divergierenden Funktionszuschreibungen für das Umweltbundesamt ohnehin beeinträchtigte Kooperation wurde durch die neue Inkompatibilität der Organisationsstrukturen zusätzlich belastet. Auf diese Weise ist das Umweltministerium unter einen "hausgemachten" Anpassungsdruck geraten, denn die zerstörte Spiegelbildlichkeit der Zuständigkeiten könnte nur wiederhergestellt werden, wenn das Ministerium - wie ursprünglich angedacht - nach dem Muster des Umweltbundesamtes ebenfalls neu strukturiert würde. Ein solches Unterfangen würde das den Kinderschuhen noch nicht entwachsene Ministerium derzeit aber offensichtlich eher in die Krise führen denn konsolidieren. Der (vorläufige?) Verzicht auf die Neuorganisation des Umweltressorts ist deshalb konsequent. Er kann allerdings nichts daran ändern, daß die Kapazität der Umweltpolitik in der Regierungsorganisation paradoxerweise durch ihre partielle Modernisierung gelitten hat. Ob die derzeit inkremental sich vollziehende, vorsichtige Aufwertung des Querschnittscharakters der Umweltpolitik in Form der Einrichtung von Arbeitsgruppen geeignet ist, eine Annäherung zwischen dem Umweltministerium und seiner wichtigsten nachgeordneten Behörde zu fördern, bleibt abzuwarten. Im Ministerium ist man diesbezüglich allerdings skeptisch:

> "Wir haben nach wie vor eine intensive Zusammenarbeit, aber ob die gut ist, steht auf einem anderen Blatt. Ich habe Riesenprobleme mit meinem Spiegelbereich [...] im UBA. Die machen Sachen, zu denen sie nicht aufgefordert sind, und andere Sachen, zu denen ich sie auffordere, die laufen da nicht. Forschungsaktivitäten, die ungemein wichtig sind, die werden da so mit lockerer Hand betrieben, und zu Garzweiler II machen sie unaufgefordert Berichte [...]. Unsere Meinung ist, das ist eine wissenschaftliche Behörde, deren einzige Aufgabe ist, uns bei der Durchsetzung unserer Ressortaufgaben zu unterstützen. Aber wenn ich das da laut sage, dann erschlagen die mich [...]. Und ob der neue Präsident, der Troge, das Steuer wieder herumreißen kann, wage ich mal zu bezweifeln. Wie beim fahrenden Zug gibt es eine bestimmte Richtung, und da die Weichen umzustellen, ist unheimlich schwer" (Interview BMU, 12.07.1995).

Auch die Umweltministerin scheint bezüglich der Fähigkeit und Bereitschaft des UBA-Präsidenten zur "Umsteuerung" Zweifel zu hegen. Einem Bericht des "Spiegel" (Nr. 49/1996:

20) zufolge bemüht sie sich, die ihr nachgeordnete Behörde nunmehr am kurzen Zügel zu führen.[19]

Der umweltpolitische Umgangston zwischen Bonn und Berlin ist rauh geworden. Ob die Offensive der Ministerin eine tragfähige Grundlage für ein kooperatives Miteinander beider Behörden abgeben kann, steht derzeit dahin. Aus der Perspektive der Ministerialbürokratie jedenfalls wäre die Verbesserung der Kooperation mit dem Umweltbundesamt vorrangig. Aufgrund ihrer beschränkten Ressourcen gilt für die große Mehrheit der BMU-Beamten, daß sie "eigentlich" auf die Zusammenarbeit mit den jeweils relevanten Behörden angewiesen ist (vgl. oben, Tabelle 5.1). Doch die Chance zur Mobilisierung des im Behördenunterbau des BMU akkumulierten Sachverstandes zum Beispiel gegenüber der Einflußnahme organisierter Interessen auf das Ministerium, die bekanntlich ebenfalls zu großen Teilen auf Expertenwissen beruht, wird recht zurückhaltend beurteilt. Bevor das Verhältnis des BMU zu den Verbänden im folgenden Kapitel ausführlich analysiert wird, deshalb noch ein Blick auf die Beurteilung der diesbezüglichen Funktionsfähigkeit der oberen Umweltbehörden des Bundes.

---

19 Das Ministerium soll künftig die Stellenausschreibungen des UBA für sämtliche wissenschaftliche Mitarbeiter kontrollieren und Ministerialbeamte sollen an den Vorstellungsgesprächen beteiligt werden. Zudem wurde das UBA darauf hingewiesen, daß es nicht seine Aufgabe sei, politische Äußerungen zu kommentieren. In diesen Punkten wurde der Bericht des Nachrichtenmagazins vom BMU nicht dementiert, wohl aber hinsichtlich des Hinweises auf eine schwarze Liste "besonders aufmüpfiger" UBA-Mitarbeiter, der vom umweltpolitischen Sprecher der SPD-Bundestagsfraktion aufgenommen wurde. Diese Behauptung, so die Ministerin, sei unwahr. Der zusätzlich vorgebrachten Oppositionskritik, daß das UBA viele Auskünfte nur noch mit Genehmigung des Ministeriums erteilen dürfe, hielt sie entgegen, daß die Abstimmung entsprechender Stellungnahmen wohl zu den "üblichen Gepflogenheiten" zwischen Ministerien und nachgeordneten Behörden gehöre (Süddeutsche Zeitung, 03.01.1997: 2). Im UBA scheint man von der Initiative der Ministerin nicht sonderlich beeindruckt zu sein. Nur kurze Zeit später nämlich veröffentlichte ein namentlich nicht genannter UBA-Mitarbeiter im "Greenpeace Magazin" (Nr. 5/1997: 8ff.) einen Artikel, der mit "Bonns Blockade Ministerium" überschrieben war. Dort wird kritisiert, "[...] wie die Studien der Berliner Wissenschaftler im Umweltministerium verwässert oder unterschlagen werden".

Tabelle 5.3: Behördenunterbau als Gegengewicht zum Verbändeeinfluß?

	absolut	v.H.
keine Angabe	1	0.7
ja	21	14.0
eher ja	51	34.0
unentschieden	40	26.7
eher nein	18	12.0
nein	19	12.7
gesamt	150	100.0

In den einzelnen Abteilungen des Ministeriums zeigt sich dabei ein durchaus unterschiedliches Bild:

Tabelle 5.4: Abteilungsspezifische Beurteilung des Behördenunterbaus als Gegengewicht gegen den Einfluß von Verbänden

	Abt.G	Abt.IG	Abt.N	Abt.RS	Abt. WA	Abt. Z	alle
keine Angabe	0	0	0	0	0	4.8% n=1	0.7% n=1
(eher) ja	61.5% n=8	76.9 % n=20	37.5% n=6	25.0% n=6	46.5% n=20	57.2% n=12	50.3% n=72
unentschieden	15.4% n=2	15.4% n=4	43.8% n=7	37.5% n=9	25.6% n=11	19.0% n=4	25.9% n=37
(eher) nein	23.1% n=3	7.7% n=2	18.8% n=3	37.5% n=9	27.9% n=12	19.0% n=4	23.1% n=33
gesamt	100.0% n=13	100.0% n=26	100.0% n=16	100.0% n=24	100.0% n=43	100.0% n=21	100.0% n=143

Um die Mobilisierbarkeit behördlichen Sachverstandes gegenüber der interessenlastigen Expertokratie der Verbände scheint es insbesondere im Naturschutz sowie in der Wasser- und Abfallwirtschaft relativ schlecht bestellt.[20] Damit wird das oben bereits skizzierte Meinungs-

---

20 Auch hier dokumentiert sich wieder eine besondere Rolle der Abteilung RS. Der Umstand, daß nur ein Viertel der dort tätigen Beamten Unterstützung von den nachgeordneten Behörden gegenüber verbandlichen Einflußversuchen erfährt, liegt in der bereichsspezifischen Struktur der Interessengruppen begründet: In der Abteilung RS sieht man sich vor allem dem Druck von kernkraftkritischen Umweltverbänden ausgesetzt, dem nach der in dieser Abteilung weit verbreiteten
(Fortsetzung...)

bild im Ministerium ebenso bestätigt, wie durch die Tatsache, daß weit überdurchschnittliche Zufriedenheit diesbezüglich in der Abteilung IG besteht. Letzteres bedeutet, daß die BMU-Beamten, die sich mit Fragen des Immissionsschutzes, der Chemikalienpolitik und der Anlagensicherheit befassen, mit großer Mehrheit der Auffassung sind, das ihnen verfügbare Behördenwissen durchaus gegen die von Interessengruppen vorgebrachten Argumente ins Feld führen zu können. Es wird sich im folgenden zeigen, daß administratives Eigenwissen insbesondere im Bereich der Chemikalienpolitik in der Tat von überragender Bedeutung ist.

20(...Fortsetzung)
   Sichtweise mit administrativem Sachverstand nicht beizukommen ist. Hierzu mehr im folgenden Kapitel.

6. Das Umweltministerium und die Verbände

6.1 Die Neubelebung des Kooperationsprinzips im Lichte politikwissenschaftlicher Verbändeforschung

In der Koalitionsvereinbarung für die 13. Wahlperiode schrieb die Bundesregierung den Vorrang "freiwilliger Selbstverpflichtungen der Wirtschaft" für die Erreichung ihrer umweltpolitischen Ziele fest. Damit fügte sie ihrer "Instrumentenpalette" zwar keinen gänzlich neuen Ansatz hinzu, aber durch die Heraushebung freiwilliger Übereinkommen[1] wurde doch ein spezifischer Akzent gesetzt. Die von der Bundesregierung erstrebten umweltpolitischen Selbstverpflichtungen sind das Resultat von Verhandlungen zwischen der Ministerialbürokratie - meist des BMU, nicht selten auch des Wirtschaftsministeriums, mitunter beider gemeinsam - und privaten Unternehmen bzw. Wirtschaftsverbänden.[2] Soweit sie, wie zumeist intendiert, den Erlaß von bestimmten Gesetzen oder Rechtsverordnungen überflüssig machen sollen, kommt ihnen der Charakter "normvertretender Absprachen" zu (Hartkopf/Bohne 1983: 223),[3]

---

1   Der Abschluß solcher Übereinkünfte ist Ausdruck "informalen Verwaltungshandelns" (Bohne 1994: 1046), es handelt sich aus staatlicher Perspektive um rechtlich nicht geregelte Handlungen von Regierungs- und Verwaltungsstellen. Entsprechend existiert keine einheitliche Terminologie. Die Bundesregierung spricht meist von "Selbstverpflichtungen der Wirtschaft", mitunter auch von "Kooperationslösungen"; in der Literatur finden sich darüber hinaus Bezeichnungen wie "Freiwillige Vereinbarungen", "Branchenabkommen", "Selbstbeschränkungsabkommen" oder auch einfach "Absprachen".

2   Schon an der Wortwahl wird deutlich, daß die Bundesregierung Wert darauf legt, nach außen nur als Empfänger "freiwilliger Selbstverpflichtungserklärungen" in Erscheinung zu treten. "Demzufolge hat es sich eingebürgert, daß die betroffenen Unternehmen oder Wirtschaftsverbände "einseitig" ein Schreiben an den zuständigen Minister richten und darin die freiwillige Durchführung bestimmter Maßnahmen "zusagen". Üblicherweise erfolgt daraufhin eine amtliche Erklärung, in der die "Selbstverpflichtung" der Wirtschaft begrüßt und die Absicht bekundet wird, vorerst auf eine rechtliche Regelung der Sachproblematik zu verzichten. Entgegen dem äußeren Erscheinungsbild sind die Zusagen jedoch das Ergebnis oft jahrelanger Verhandlungen zwischen Wirtschaft und Bundesregierung auf Expertenebene, häufig unter Hinzuziehung von Landesvertretern. Es ist nicht ungewöhnlich, daß die Verwaltung denText des Verpflichtungsschreibens formuliert und einige der zugesagten Maßnahmen mitfinanziert" (Bohne 1994: 1059). Das Zitat darf als "Werkstattbericht" eines Praktikers verstanden werden; der Autor ist Ministerialrat im BMU. Zu ergänzen bleibt seine Darstellung durch den Hinweis, daß es sich die Wirtschaftsverbände zur Gewohnheit gemacht haben, ihre Erwartungen hinsichtlich der ordnungsrechtlichen Zurückhaltung der Bundesregierung am Schluß ihrer Erklärungen nachdrücklich zu explizieren (vgl. exemplarisch Umwelt Nr. 1/1996: 37f.).

3   Eine andere Variante stellen "normvollziehende Absprachen" dar, denen bei konkreten Erlaubnis- oder Genehmigungsverfahren in der Praxis eine erhebliche Bedeutung zukommt. Im Rahmen der Diskussion über den "Kooperativen Staat" und über "Kooperatives Recht" (Dose/Voigt 1995) wird ihnen derzeit große Aufmerksamkeit gewidmet (vgl. z.B. Dose 1995 und Tomerius 1995). Die idealtypische Unterscheidung zwischen normvertretenden und normvollziehenden Absprachen läßt

(Fortsetzung...)

deren erste aus dem Jahr 1977 datieren. Sie bezogen sich auf die Reduzierung von Einwegverpackungen für Getränke und die Verwertung von Altglas.

Freiwillige Selbstverpflichtungen haben seit Beginn der achtziger Jahre ihren Ausnahmecharakter verloren. Sie gehören seitdem nicht nur zu den gleichsam selbstverständlichen umweltpolitischen Instrumentarien, sondern haben sich in bestimmten Problemfeldern, insbesondere im Chemikalien- und im Abfallwirtschaftsbereich, gar zu einem "bevorzugten Handlungsinstrument" entwickelt (Bohne 1994: 1059). Auch hinsichtlich der Klimapolitik werden sie von der Umweltministerin mittlerweile als "zentrales" Element qualifiziert (Umwelt Nr.3/1997: 88). Die Problematik von Branchenabkommen zwischen Regierung und Industrie wird vom Sachverständigenrat für Umweltfragen (1994: 64f.) als "Überlassung des Umweltschutzes an gesellschaftliche Akteure" diskutiert. Sie sei durch das Kooperationsprinzip grundsätzlich gerechtfertigt. Eine "Subsidiarität staatlichen Umweltschutzes" könne tendenziell zu "sachangemessenen wie freiheitswahrenden Lösungen" führen. Gleichwohl dürfe sich der Staat auch aus solchen Arrangements nicht vollständig zurückziehen. Schon wegen des demokratischen Parlamentsvorbehalts, demzufolge wesentliche Entscheidungen durch Gesetz zu treffen seien, sei er zumindest für die Setzung von Rahmenbedingungen verantwortlich. Privatisierte Normsetzung habe sich deshalb innerhalb eines rechtsstaatlichen, eine "angemessene" Öffentlichkeitsbeteiligung gewährleistenden Verfahrens zu vollziehen. Und: "Schließlich ist eine begleitende staatliche Aufsicht über gesellschaftliches Umweltverhalten [...] unerläßlich."

Selbstverpflichtungen werden als nützlich erachtet, weil sie geeignet erscheinen, Umweltbelange schneller, mit geringerem Konfliktpotential und weniger Verwaltungsaufwand als sie der formale Normsetzungsprozeß verlangt, durchzusetzen. Ein weiterer, für die Praxis oft entscheidender Vorzug von Absprachen zwischen Staat und gesellschaftlichen Akteuren gründet in ihrer "[...] rechtlichen Unverbindlichkeit und weitgehenden Sanktionslosigkeit [...], die für die Akteure alle Optionen für die Zukunft offen läßt und Anpassungen an veränderte Hand-

---

3(...Fortsetzung)
    sich allerdings in der Praxis mitunter schwer durchhalten. Es ließe sich beispielsweise argumentieren, daß es sich bei der Errichtung des "Dualen Systems" um den Vollzug der Verpackungsverordnung gehandelt habe. Genauso plausibel wäre aber auch die Auffassung, hier handele es sich um eine normersetzende Selbstverpflichtung, denn es ging um die Abwehr staatlich verordneter Rücknahme- und Pfandpflichten.

lungsbedingungen leichter ermöglicht als rechtliche Handlungsformen" (Bohne 1994: 1076). Die Beliebtheit derartiger Verhandlungslösungen läßt sich schon daran ermessen, daß sich im Jahre 1994 die Zahl bundesweit "laufender" Selbstverpflichtungen auf immerhin ungefähr 35 belief (BMU 1994: 86),[4] wovon etwa jeweils ein Dutzend den Ausstieg aus Produktion und Verwendung von FCKW bzw. die Umweltverträglichkeit von Waschmitteln betrafen.

Der Vorzug normersetzender Absprachen, nämlich ihre Flexibilität, welche sich vor allem in einer für beide Partner jederzeit nutzbaren Ausstiegsoption äußert, beeinträchtigt jedoch mitunter ihre Wirksamkeit, denn ihr Verpflichtungscharakter ist lediglich politisch-moralischer Natur. Dies läßt die Selbstverpflichtungen der Wirtschaft unter Umständen zu Instrumenten rein symbolischer Politik verkommen,[5] weshalb die Suche nach den Bedingungen ihrer Effizienz seit geraumer Zeit als politikwissenschaftliche Herausforderung verstanden wird, welcher sich insbesondere die Verbändeforschung angenommen hat.[6]

So arbeiteten Hilbert/Voelzkow (1984: 151) heraus, daß die Wahrscheinlichkeit der Einhaltung der von ihnen so genannten "umweltschutzinduzierten Selbstbeschränkungsabkommen" mit abnehmender Zahl der involvierten Unternehmen steigt. Absprachen der Regierung mit einzelnen - möglichst marktführenden - Unternehmen wären daher der umweltpolitische Optimalfall. In der Regel geht es jedoch um die vollständige Erfassung gesamter Industriebranchen. Weil dies so ist, ist es schwer bis unmöglich, Selbstverpflichtungen als rechtsverbindliche Verträge zwischen Staat und Wirtschaft zu konzipieren. Entsprechende Abkommen müßten nämlich mit allen betroffenen Unternehmen über deren konkreten Beitrag zur angestrebten Zielerreichung abgeschlossen werden - ein in der Tat wohl "untragbarer bürokratischer Aufwand" (Umwelt Nr. 3/1997: 89). Selbstverpflichtungen müssen also in der Regel mit Wirtschafts- bzw. Unternehmensverbänden ausgehandelt werden. Ob sie erfüllt werden, hängt wesentlich von der Verpflichtungsfähigkeit der jeweiligen Verbandsführung gegenüber ihren

---

4   Die Zahl der Selbstverpflichtungen exakt zu bestimmen, ist deshalb nicht möglich, weil sie z.T. den Charakter schriftlich nicht kodifizierter "gentlemen's agreements" haben (Hilbert/Voelzkow 1984: 143).
5   Schon die erste "Umweltselbstverpflichtung" aus dem Jahre 1977 zur Reduzierung von Einweggetränkeverpackungen blieb unwirksam; Industrie und Handel hielten sie nicht ein (Müller 1986: 107).
6   Das Bundesumweltministerium hingegen bemüht sich erst seit kurzem darum, im internationalen Vergleich "[...] diejenigen Elemente zu identifizieren, die für den Erfolg von Selbstverpflichtungen bestimmend sind" (Umwelt Nr. 12/1995: 438).

Mitgliedern ab. Dies ist allerdings keine selbstverständliche, sondern eine höchst prekäre Voraussetzung[7] für erfolgreiches "Regieren durch Verbände". Dieser Befund wird von einem in der Aushandlung von Selbstverpflichtungen erfahrenen Referatsleiter bestätigt:

> "Wir haben gute Erfahrungen gemacht, wenn es wenige Betroffene waren in einer Selbstverpflichtung, weil man das auch besser kontrollieren kann. Wenig Betroffene, das Beispiel ist der FCKW-Ausstieg, da waren es die Firmen Hoechst und Solvey. Da waren nur zwei betroffen, und das hat gut funktioniert. Ein Negativbeispiel sind die Lack- und Lösemittelhersteller, also auch die Chemische Industrie. Da hat eine Vielzahl von Herstellern sich verpflichtet, lösungsmittelarme Lacke einzuführen und die anderen auf eine Quote von 30 Prozent zu reduzieren. Das wurde nicht eingehalten, das hat überhaupt nicht funktioniert [...]. Je mehr Leute, je mehr Wettbewerb, und weniger stark sie dem Verband verpflichtet sind, desto eher werden sie sich nicht daran halten. Aber wenn man nur ein paar Leute hat, große Konzerne, die auch ein Image haben, dann sieht das anders aus" (Interview BMU, 10.07.1995).

Absprachen zwischen Staat und Wirtschaft beruhen auf der Logik des Tausches. Getauscht wird die freiwillige Durchführung von umweltpolitisch erwünschten Handlungen gegen den (vorläufigen) Verzicht auf hoheitliche Gebote, Verbote und Zwangsmaßnahmen. Das Zustandekommen funktionierender Absprachen setzt voraus, daß der dem Tauschverhältnis beider Verhandlungspartner innewohnende Interessenausgleich gewahrt bleibt (Hartkopf/Bohne 1983: 226). Steht die dem Staat verfügbare Tauschmasse in Frage, entfällt für die betroffenen Verbände oder Unternehmen der Anreiz, die vereinbarten Leistungen zu erbringen. Eine wirksame Staatsentlastung in Form freiwilliger Übernahme von Umweltschutzaufgaben durch Private ist also ihrerseits wiederum auf staatliche Stützung angewiesen. Sie besteht ganz wesentlich in der glaubhaften Androhung einer bei Nichterfüllung entsprechender Vereinbarungen anstehenden Staatsintervention. Damit aber wird die zielgerichtete Instrumentalisierung privater Organisationen für den Umweltschutz zu einem schwierigen Geschäft. Zwar kann sich der Staat eine ernsthafte Interventionsabsicht unter Umständen durchaus mit Gewinn "abhandeln" lassen. Selbstverpflichtungen erscheinen dann als willkommenes und durchaus

---

7   Sie ist gebunden an die Bindungswirkung der von dem jeweiligen Verband generierten bzw. aktivierten Solidarnormen. Letztere müssen stark genug sein, die Kriterien individuell rationalen Handelns außer Kraft zu setzen, was spätestens dann, wenn die Existenz eines Unternehmens auf dem Spiel steht, kaum vorausgesetzt werden kann. Verbände, die an der Einhaltung einer Selbstverpflichtungserklärung durch ihre Mitglieder interessiert sind, werden versuchen, den Appell an derartige Solidarnormen - etwa in Form der Berufung auf die berufsständische Ethik oder den "Ruf der Industrie" - zu ergänzen mit der Drohung, dem Mitglied bestimmte selektive Anreize, die der Verband in Form verschiedener Dienstleistungen erbringt, zu entziehen (zur Strategie, rational handelnde Individuen durch selektive Anreize zu einem Beitrag für die Herstellung eines kollektiven Gutes zu bewegen, vgl. schon Olson 1968: 49f.). Der Staat kann im übrigen aufgrund des verfassungsrechtlich vorgegebenen Gleichheitsgrundsatzes derartige innerverbandliche Strategien nicht flankieren, denn er kann die ihm verfügbaren Sanktionsmittel nicht gegen Betriebe anwenden, denen nicht mehr vorzuwerfen ist, als die Nicht-Einhaltung einer rechtlich unverbindlichen Übereinkunft (Hilbert/Voelzkow 1984:147ff.).

funktionales Nebenprodukt der Ankündigung staatlicher Regelungsvorhaben. Werden jedoch neue Politikprogramme nur deshalb angekündigt, um damit die gesellschaftliche Selbstregulierung zu stimulieren - und erfahrene Interessenvertreter erkennen dies schon daran, ob die Regierung auf ausgereifte "Schubladenpläne" zurückgreifen kann oder nicht -, gefährdet dies die staatliche Verhandlungsmasse substantiell. "Leere Drohungen" seitens der Regierung provozieren Hinhaltetaktiken der Adressaten, "[...] d.h. das zielgerichtete Anstreben verbandlicher Lösungen zerstört die Grundlagen ihres Erfolgs" (Voelzkow/Hilbert/Heinze 1987: 98).[8]

Ungeachtet der Tatsache, daß die programmatische Festlegung auf den Vorrang freiwilliger Selbstverpflichtungen die Motivation der Adressaten gefährdet, Verhaltenszusagen nicht nur abzugeben, sondern auch einzuhalten,[9] birgt die Fixierung auf normvertretende Absprachen als bevorzugtes Handlungsinstrument auch kartellrechtlich problematische Folgewirkungen. Wohl, um ein aus Sicht der Praxis durchaus "attraktives" Instrument (Bohne 1994: 1077) nicht grundsätzlich aus der Hand geben zu müssen, verteidigen Umweltpolitiker normvertretende Absprachen seit langem vehement gegen kartellrechtliche Einwände. Umweltpolitische Absprachen, so beispielsweise Hartkopf/Bohne (1983: 230ff.), seien schon deshalb kartellrechtlich unbedenklich, weil das Gesetz gegen Wettbewerbsbeschränkungen nur auf privatrechtliche Verträge und Verhaltensabstimmungen anwendbar sei. Umweltpolitische Absprachen hingegen seien öffentlich-rechtlicher Natur, weil der Staat nicht lediglich Initiator

---

8   Wer gesellschaftlicher Selbstregulierung das Wort redet, sollte mithin nicht vergessen, daß freiwillige Verhaltensbindungen von Verbänden maßgeblich dadurch motiviert sind, daß dem Staat auch hoheitliche Mittel zu Gebote stehen. Nur wenn Verhaltenszusagen letzteren gegenüber als das kleinere Übel erscheinen, funktioniert der "Kooperative Staat". Deshalb unterliegt einem fatalen Irrtum, wer den "Kooperativen Staat" gegen den "Gesetzgebungsstaat" auszuspielen versucht. Letzterer ist und bleibt eine notwendige, wenngleich nicht hinreichende Bedingung für das Funktionieren des ersteren (Grimm 1994: 664).

9   Die Festschreibung des Vorrangs freiwilliger Selbstverpflichtungen vor staatlicher Normsetzung im Bereich Abfallwirtschaft in der Koalitionsvereinbarung erwies sich denn auch rasch als "Eigentor". Die Wirtschaft habe sich geradezu aufgerufen gefühlt, hinhaltend zu taktieren, argumentierte beispielsweise der umweltpolitische Sprecher der CDU/CSU-Fraktion, Gerhard Friedrich, mit der Absicht, den Erlaß von Verordnungen zur Rücknahme und Wiederverwertung von Autos, Hausgeräten und Büromaschinen nach zum Teil jahrelangen und erfolglosen Verhandlungen des Umweltministeriums mit der Industrie doch noch voranzubringen (DER SPIEGEL Nr. 44/1995: 17). Der Staatssekretär des BMU, Jauck, sprach ebenfalls von einem sehr begrenzten Erfolg des Versuchs, Selbstverpflichtungen der Wirtschaft "einzufordern" und erklärte im Oktober 1995 vor dem Bundesverband der Deutschen Entsorgungswirtschaft: "Der Zeitrahmen, den die Bundesumweltministerin sich selbst und den Beteiligten für eine Kooperationslösung gegeben hat, ist abgelaufen. Sollten in den noch offenen Fragen nicht befriedigende Lösungen auf freiwilliger Basis möglich sein, werden die Eckwerte für die Einführung der Produktverantwortung [...] durch Verordnungen geregelt werden müssen, auch, um zu zeigen, daß es der Bundesregierung mit dem Einstieg in die Produktverantwortung ernst ist." (Umwelt Nr. 12/1995: 457).

unternehmerischer Abstimmungsprozesse sei, sondern mit Unternehmern und Verbänden über die Ausübung öffentlicher Gewalt - nämlich den Erlaß oder Nichterlaß bzw. die Inhalte und Modalitäten staatlicher Normen - verhandle. Auch umweltpolitische "Binnenverhandlungen" und Vereinbarungen von Wirtschaftsunternehmen untereinander gehörten zum öffentlichen Recht, weil Gegenstand der Unternehmensabstimmungen öffentlich-rechtliche Rechte und Pflichten seien, die sich aus den vorangegangenen Abspracheverhältnis der Unternehmen zum Staat ergäben.[10] Dieser Problemsicht widerspricht allerdings die von der Bundesregierung nach wie vor aufrechterhaltene Fiktion, sie sei lediglich Adressat von Selbstverpflichtungserklärungen der Wirtschaft, nicht aber Partner bei deren Aushandlung.[11] Wer, wie Bohne (1994: 1059) ausdrücklich auf die Praxisferne einer derartigen Darstellung verweist und das Gegenteil als adäquate Beschreibung der Realität unterstellt,[12] kann zwar abstrakt den öffentlich-rechtlichen Charakter von Selbstverpflichtungen retten, gerät aber möglicherweise politisch-administrativ zwischen die Fronten.

Das Bundeskartellamt jedenfalls geht sehr wohl von einer Kontrollbefugnis über umweltpolitische Kooperationslösungen aus. Sein Präsident beargwöhnte insbesondere für den Abfallwirtschaftsbereich die "Kartellierung der Republik unter dem Deckmantel der Ökologie" (Süddeutsche Zeitung 27.12.1995: 19). Die erste kartellrechtliche Maßnahme in diesem Sektor betraf das "Duale System Deutschland" (DSD)[13] in Form einer Anordnung, wonach die Entsorgungsfirma sich auf die Einsammlung der mit dem "Grünen Punkt" gekennzeichneten Ver-

---

10 Bohne (1994: 1070) revidiert zwar seine ursprüngliche Ansicht vom öffentlich-rechtlichen Charakter von Binnenabsprachen, verteidigt sie aber nach wie vor gegen die Anwendung des Kartellrechts. Sie seien durch vorherige Absprachen mit dem Staat veranlaßt und gehörten deswegen trotz ihres privatrechtlichen Charakters zum Bereich wettbewerbsbeeinflussender staatlicher Politik, der gegenüber dem Kartellrecht keine Kontrollfunktion zukomme.

11 Vgl. z.B. die Antwort der Bundesregierung auf eine kleine Anfrage der SPD-Fraktion zu "Absprachen der Bundesregierung mit den Anwendern risikoreicher FCKW-Ersatzstoffe" vom 06.10.1992: "Es wird darauf hingewiesen, daß es sich bei den Zusagen der Industrieverbände um einseitige, freiwillige Selbstverpflichtungserklärungen und nicht um "Abmachungen" - wie in der Frage angesprochen - handelt" (Bundestag-Drucksache 12/3352: 6).

12 Vgl. auch die Aussage des früheren Präsidenten des Umweltbundesamtes, von Lersner (1991: 55), der das Zustandekommen von Selbstverpflichtungen einzelner Branchen auf "mehr oder weniger sanften staatlichen Druck" zurückführt.

13 Die Duales System Deutschland GmbH (DSD) ist eine von der Wirtschaft gegründete Gesellschaft zur Sammlung und Verwertung von Verpackungsmaterialien, ein mittlerweile geradezu "klassisches" Beispiel für eine umfassende Selbstverpflichtung der Wirtschaft (vgl. Umwelt Nr. 12/1995: 457). Die DSD entbindet durch den Nachweis entsprechender Verwertungsquoten für verschiedene Verpackungsmaterialien den Handel von Pfand- und Rücknahmepflichten, die durch die Verpackungsverordnung des Bundes vom 12. Juni 1991 ansonsten in Kraft träten. Zur Verpackungsverordnung vgl. Schmeken/Schwade 1991^2.

packungsmaterialien beschränken muß, die bei Privathaushalten und im Kleingewerbe anfallen. Die im Jahr 1993 geplante Ausdehnung der Aktivitäten des DSD auf Industrie und Großbetriebe hätte nach Auffassung des Kartellamts mittelständischen Entsorgungsunternehmen jegliche Wettbewerbschance genommen (Süddeutsche Zeitung 16.12.1993: 28/ 29.12.1993: 21).[14] Mit einer Abmahnung an die Deutsche Gesellschaft für Kunststoff-Recycling (DKR), einem Tochterunternehmen der DSD, das dieser gegenüber als Garantiegeberin für das Recycling von Kunststoffen fungiert, setzte sich die Reihe kartellrechtlicher Maßnahmen im Abfallbereich fort. Die von der DKR eingegangenen langfristigen Entsorgungsverträge und Gebietsabsprachen, so das Kartellamt, bedeuteten die Installierung eines "Verwertungsmonopols", welches nur aus Gründen des notwendigen Aufbaus eines neuen Marktes befristet geduldet werden könne (Süddeutsche Zeitung 30.06.1994: 25). Ihren Fortgang nahmen die Aktivitäten des Bundeskartellamts gegen Selbstverpflichtungsbestrebungen der Wirtschaft zum Jahreswechsel 1995/96, als es eine vom Bundesumweltministerium mit dem Zentralverband Elektrotechnik und Elektronikindustrie zur Entsorgung und Verwertung gebrauchter Batterien ausgehandelte Selbstverpflichtung, mit der eine bereits im Jahr 1988 abgeschlossene Vereinbarung "novelliert" werden sollte, als mit dem Kartellverbot unvereinbar qualifizierte. "Die vorgesehene Regelung", so das Kartellamt in einem Schreiben an das Bundeswirtschaftsministerium, "würde den Preiswettbewerb zwischen den Batterieherstellern beschränken und den für die Schaffung wirtschaftlicher Verwertungsverfahren erforderlichen Innovationswettbewerb behindern" (Süddeutsche Zeitung 04.01.1996: 25).[15] In der Konsequenz sah sich das Bundesumweltministerium auf "formales Verwaltungshandeln" zurück-

---

14 Bohne (1994: 1071) spricht noch davon, daß bislang noch keine Maßnahmen des Bundeskartellamts gegen umweltpolitische Selbstverpflichtungen ergriffen worden seien. Bei Drucklegung des Bandes konnte die Entscheidung des Kartellamts vom Dezember 1993 wahrscheinlich nicht mehr berücksichtigt werden.

15 Der Problembereich des Batterienrecyclings liefert im übrigen ein weiteres Beispiel für die konzeptionellen Differenzen zwischen Umweltministerium und Umweltbundesamt. Letzteres hatte eine Studie in Auftrag gegeben, die sich mit der Evaluierung einer bereits im Jahre 1988 zwischen Industrie und BMU geschlossenen Vereinbarung über die Rücknahme und Rückverwertung gebrauchter Batterien befaßte. Ergebnis dieser an der Universität Dortmund erarbeiteten Studie war, daß die von den Herstellern genannten Rücklauf- und Recyclingquoten schlicht "falsch oder unrealistisch" gewesen seien (Süddeutsche Zeitung, 04.01.1996: 23). Darauf basierend verfaßten Mitarbeiter des UBA ein Papier, in welchem sie die Erfolgsbedingungen von Selbstverpflichtungen unter anderem hinsichtlich der jeweiligen Verbändestruktur, der Marktsituation und der politischen Kontrolle über die Einhaltung der Vereinbarungen kritisch diskutierten. Dieses Papier, das der Wirtschaftsredaktion der Süddeutschen Zeitung zugespielt wurde, wurde auf Betreiben des BMU von der Pressestelle des UBA als "inoffiziell" deklariert und durfte der Öffentlichkeit nicht zugänglich gemacht werden (Interview UBA, 12.04.1996).

verwiesen; bereits vor Jahren angedachte Pläne zum Erlaß einer "Batterie-Verordnung" erhielten unvermutet neue Aktualität: Mit der Begründung, daß die aus dem Jahre 1988 stammende Vereinbarung von der Industrie nicht eingehalten worden sei, verabschiedete die Bundesregierung im Dezember 1997 schließlich eine entsprechende Verordnung (vgl. Umwelt Nr. 2/1998: 77f.). An der Intervention des Bundeskartellamtes scheiterte schließlich auch eine gemeinsame Initiative von Getränkeindustrie und Handel, die vom Umweltministerium ausdrücklich unterstützt worden war (vgl. Umwelt Nr. 1/1996: 36f.). Die Absprache hatte vorgesehen, Getränke in Dosen einheitlich um zehn Pfennige zu verteuern, um den Absatz dieser Produkte zu Gunsten von Mehrwegverpackungen zu drosseln.[16] Auch diese Selbstverpflichtung trat nicht in Kraft. Die Ankündigung des Bundeskartellamts, das "wettbewerbswidrige Preiskartell" im Falle seiner Umsetzung zu untersagen, führte zur Aufgabe des Vorhabens (Süddeutsche Zeitung 29.11.1995: 32/20.12.1995: 2).

An der Schnittstelle zwischen Umwelt- und Wettbewerbspolitik verkehrt sich die Flexibilität kooperativer Instrumente - dies sollten die angeführten Beispiele verdeutlicht haben - also nicht selten in ihr Gegenteil. Die freie Auswahl aus der "Instrumentenpalette" ist hier nicht mehr gegeben, ordnungsrechtliche Konzepte werden zwangsweise wiederum zur ersten Wahl.

Es wäre indes verfehlt, die kartellrechtlichen Einwendungen und Vorgaben generell als Beschneidung umweltpolitischer Handlungsspielräume einzustufen. In gewisser Hinsicht ist das Gegenteil der Fall, denn das Umweltministerium hat mit Hilfe des Kartellamts Argumente zur Durchsetzung abfallwirtschaftlicher Konzepte - unter Umständen auch einschließlich des Abschlusses normvertretender Absprachen - wieder zurückgewonnen, derer es durch die Ankündigung des Primats von Selbstverpflichtungen in der Koalitionsvereinbarung ganz offenbar verlustig gegangen war. Wie es scheint, wird die kartellrechtliche Argumentationshilfe aus Berlin im BMU durchaus angenommen. So warnte Staatssekretär Jauck im Herbst 1995 vor dem Bundesverband der Deutschen Entsorgungswirtschaft nachdrücklich vor der Bildung von "kartellrechtlich bedenklichen Zusammenschlüssen" bei der anstehenden Organi-

---

16 Hintergrund dieser Initiative war die Verpackungsverordnung des Bundes, derzufolge ein Pflichtpfandsystem eingeführt werden muß, sobald der Anteil der Mehrwegquote bei Verpackungen unter 72 % sinkt. Die Quote belief sich im Jahr 1995 auf nur noch 72,65 %, lag also sehr nahe an der kritischen Grenze. An der Ernsthaftigkeit staatlicher Interventionsabsichten bestand im übrigen angesichts ihrer ordnungsrechtlichen Absicherung kein Zweifel, was die für die Öffentlichkeit überraschende Initiative von Industrie und Handel erklärt.

sation des Automobil- und Elektronikschrottrecyclings und verwies, sich auf dieses Argument stützend, darauf, "[...] daß es für die angesprochenen Bereiche ohne einen ordnungsrechtlichen Rahmen nicht gehen wird" (Umwelt Nr. 12/1995: 457).

Das Bundeskartellamt prüft die Selbstverpflichtungen nur unter wettbewerbsrechtlichen, nicht aber umweltpolitischen Aspekten. Daß die Umweltpolitik von derartigen Prüfungen und daraus resultierenden Einwänden jedoch gelegentlich durchaus zu profitieren vermag, zeigt insbesondere die Diskussion über die Entsorgung von Altfahrzeugen. Die entsprechende Selbstverpflichtung der Automobilindustrie wurde entgegen der ursprünglichen Absicht erheblich ausgedehnt, um die vom Kartellamt angemeldeten, "massiven Bedenken" (Süddeutsche Zeitung 25.05.1996: 32/08.07.1996: 20/30.08.1996: 24) auszuräumen. Diese Ausweitung der Rücknahmeverpflichtung, die in umweltpolitischer Hinsicht als Erfolg zu werten ist,[17] wurde nicht vom verhandlungsführenden Umweltministerium, sondern ausschließlich vom Bundeskartellamt durchgesetzt. Das Beispiel der Altauto-Entsorgung lehrt jedoch nicht nur, daß die umweltpolitische Verhandlungsführung über Selbstverpflichtungen ohne wettbewerbsrechtliche Unterstützung gegenüber den Wirtschaftsverbänden weitgehend machtlos ist, sondern stellt auch die angeblichen Vorteile des Selbstverpflichtungskonzepts in Frage, soweit sie sich auf die schnellere Umsetzung und die Minimierung des Konfliktpotentials im Vergleich zum formalen Normsetzungsprozeß beziehen, denn über die Selbstverpflichtung wurde mit insgesamt fünfzehn Verbänden der Automobilbranche "jahrelang" und erbittert verhandelt (Süddeutsche Zeitung, 30.01.1996: 21).[18]

---

17 So sollten ursprünglich nur solche Fahrzeuge zurückgenommen werden, die nach Herstellerangaben in Vertragswerkstätten gewartet worden sind. Diese Einschränkung wurde, weil sie freie Werkstätten diskriminiert hätte, ebenso fallengelassen wie die Beschränkung der Rücknahmepflicht auf für den deutschen Markt bestimmte Fahrzeuge. Letztere hätte sämtliche "Graumarktimporte" und im Ausland erworbene Fahrzeuge von der Rücknahmepflicht ausgeschlossen. Erhalten blieb jedoch die von Umweltpolitikern kritisierte, aber wettbewerbspolitisch nicht zu beanstandene Beschränkung der Rücknahme- und Entsorgungspflicht auf Fahrzeuge, die nicht älter als zwölf Jahre sind.

18 Diese Selbstverpflichtung konnte im übrigen nur greifen, nachdem zuvor doch eine Rechtsverordnung erlassen wurde. Ohne eine Änderung der Straßenverkehrsordnung, die einen Verwertungsnachweis bei der Stillegung von Fahrzeugen vorsieht, wäre die Vereinbarung nämlich wirkungslos geblieben. Damit kam der Bundesrat ins Spiel. Die Umweltministerkonferenz der Länder hatte bereits im Vorfeld eine Empfehlung verabschiedet, derzufolge alle Altfahrzeuge unabhängig vom Alter in die Rücknahmeverpflichtung einbezogen werden sollten (Süddeutsche Zeitung, 14.06.1996: 26). Die Bundesregierung legte im November 1996 den Entwurf einer "Altautoverordnung" vor, die diese Empfehlung nicht berücksichtigte. Deshalb wurde spekuliert, daß die Zustimmungspflichtigkeit der Verordnung vom Bundesrat genutzt werden würde, erneute Verhandlungen zum
(Fortsetzung...)

Der Hinweis auf die Struktur der Verbändeseite - 15 Verbände der Automobilbranche - im Verhandlungsprozeß über die "Altauto-Selbstverpflichtung" illustriert exemplarisch ein weiteres Merkmal des "verhandelnden Umweltstaates", nämlich die "spezifische Selektivität der Verwaltung in puncto Interessenvermittlung" (Abromeit 1993: 45), die für die theoretische Verortung des Verhältnisses von Staat und Verbänden im Bereich der Umweltpolitik bedeutsam ist. Die der Selbstverpflichtungsphilosophie innewohnende und sie begründende Logik des Tausches (siehe oben) legt auf den ersten Blick eine korporatismustheoretische Deutung dieses Verhältnisses nahe, denn auch dieser Theorie liegt die Vorstellung einer Tauschbeziehung zugrunde. Beide Seiten haben - so die Vertreter (neo)korporatistischer Interpretationen - ihren Vorteil: "[...] der Staat Entlastung von schwierigen Problemen der Normsetzung, Konsensbeschaffung, Enttäuschungsverarbeitung und des Verwaltungsvollzugs, der Verband die Chance, für die Ablieferung staatlich erwünschter Regulierungsleistungen Gegenleistungen zu erhalten [...]. Im Grenzfall besteht der Vorteil für den beteiligten Verband und seine Mitglieder allein darin, daß der Staat darauf verzichtet, Regulierung selbst und direkt vorzunehmen - was voraussetzt, daß er dies im Prinzip jedenfalls tatsächlich tun könnte" (Streeck 1994: 18). Aber auch ungeachtet der Tatsache, daß eine wirkliche Staatsentlastung hinsichtlich des Aufwandes bei der Normsetzung und Konsensbeschaffung bei genauerem Hinsehen auf die Verhandlungen über Selbstverpflichtungen häufig nur schwer nachweisbar sein dürfte, rechtfertigt der Hinweis auf Tauschbeziehungen zwischen Staat und Verbänden noch nicht die Behauptung korporatistischer Beziehungen. Der Grund, warum beispielsweise Grimm (1994: 663) behauptet, daß der Begriff des Neokorporatismus an Realitätsnähe verloren habe, daß es sich bei korporatistischer Konzertierung also wohl eher um eine - weitgehend auf die Tarif- und Beschäftigungspolitik beschränkte - Übergangserscheinung und nicht um ein auf Dauer angelegtes Systemmerkmal gehandelt habe (Abromeit 1993: 150),[19] liegt in dem Umstand

---

18(...Fortsetzung)
    Zwecke einer weiteren Ausweitung der Selbstverpflichtung zu erzwingen. Darauf hat der Bundesrat jedoch verzichtet. Am 16.05.1997 billigte er die Altautoverordnung im Grundsatz. Die von ihm verlangten Änderungen waren unwesentlich. Gleichwohl mußten sie von der Bundesregierung beschlossen und dem Bundesrat nochmals zur endgültigen Verabschiedung zugeleitet werden, um nach einer neunmonatigen Übergangsfrist endgültig in Kraft treten zu können (Das Parlament, 23./30.05.1997: 1). Dieses Procedere macht noch einmal deutlich, daß es um die schnelle Umsetzung von Umweltzielen über Selbstverpflichtungen nicht so gut bestellt ist, wie die Verfechter dieses Konzepts unterstellen.

19   Vgl. auch Schubert (1995: 230): "Für das neo-korporatistische Modell wurde allerdings immer nur in einzelnen Politikfeldern (z.B. der Wirtschaftspolitik) und immer nur zeitlich beschränkt (z.B. für die Zeit der "Konzertierten Aktion" in der Bundesrepublik) empirische Evidenz gefunden. Der
(Fortsetzung...)

begründet, daß es sich bei der Aushandlung von Selbstverpflichtungen typischerweise um bilaterale Arrangements handelt. Der Nachweis enger Kooperationsformen von Staat und Verbänden allein genügt nicht, um die Rede vom Korporatismus zu rechtfertigen, denn zu ihm gehört ganz wesentlich "[...] der Dreieckscharakter konfligierender sozialer Interessen bei staatlicher Vermittlung" (von Beyme 1991: 209).

Wenn Korporatismus den Versuch bedeutet, mit staatlicher Hilfe konfliktorisch einander gegenüberstehende Interessen zu versöhnen, dann müßten sich in den umweltpolitischen Verhandlungssystemen, und zwar nicht nur denen, die der Aushandlung von Selbstverpflichtungen dienen, sondern beispielsweise auch in den Ausschüssen und Kommissionen zur Festlegung von technischen Normen und "Umweltstandards" (vgl. Hagenah 1993), nicht nur die Vertreter von Staat - sprich Regierung - und Wirtschaftsverbänden, sondern auch von Umweltorganisationen finden. Von einer auch nur ansatzweise gleichberechtigten Institutionalisierung von Umweltschutzinteressen in den Verhandlungsystemen kann allerdings keine Rede sein (Hagenah 1994: 505). Die Funktionslogik korporatistischer Arrangements setzt "starke" Organisationen voraus, die ein Vertretungsmonopol für den jeweiligen Interessenbereich haben, hierarchisch organisiert sind und daraus ein hohes Maß an interner Verpflichtungsfähigkeit entwickelt haben, und deren Führungsspitzen Kompromiß- und Kooperationsbereitschaft aufweisen (Schmitter 1979: 13). Umweltschutzorganisationen indes sind schon "[...] aufgrund ihres losen Netzwerkcharakters und der daraus resultierenden geringen Verpflichtungsfähigkeit als Verhandlungspartner von korporatistischen Arrangements wenig geeignet" (Hagenah 1994: 505). Ihr Selbstverständnis ist zudem weniger durch Kompromißbereitschaft als durch konfliktorische Denkmuster geprägt (Hey/Brendle 1994a: 138). Auch von einem Repräsentationsmonopol kann bezüglich von Umweltinteressen nicht die Rede sein: Auf Bundesebene konkurrieren unter anderen der Deutsche Naturschutzring (DNR), Greenpeace Deutschland, der Naturschutzbund Deutschland (NABU), der Bund für Umwelt und Naturschutz Deutschland (BUND), der World Wide Fund for Nature (WWF) und der Bundesverband Bürgerinitiativen Umweltschutz[20] mit durchaus unterschiedlichen Konzepten[21] um Mitglie-

---

19(...Fortsetzung)
    ehemalige Anspruch eines Alternativentwurfs zur pluralistischen Gruppentheorie kann daher nicht
    mehr aufrechterhalten werden."
20   Für Einzelportraits dieser Verbände vgl. Cornelsen (1991) und Hey/Brendle (1994a: 132ff.).

der und politischen Einfluß.[22] Es verwundert daher nicht, daß "Konzertierte Aktionen" - die für Deutschland typische institutionelle Ausprägung korporatistischer Interessenvermittlung - im Umweltbereich nicht anzutreffen sind.[23] Es überdehnt also das Korporatismuskonzept, wer aus der Penetration des politisch-administrativen Systems durch bestimmte Verbände und dem damit verbundenen Nachweis enger Kooperationsbeziehungen zwischen bestimmten staatlichen Einrichtungen (und nicht dem Staat schlechthin) und bestimmten Verbänden auf korporatistische Konfigurationen schließt (so auch von Beyme 1991: 209). Die Rede von "bilateralen Korporatismen" (Streeck 1994: 18) wirkt also eher verschleiernd als erhellend, denn letztlich ist darunter "[...] nichts anderes zu verstehen als das altbekannte Phänomen bilateral-klientelistischer Strukturen, also der engen Kooperation von Verband und Verwaltung, bei der Regulierung einzelner Wirtschaftsbereiche" (Abromeit 1993: 151).

Aus dem "bias", der Einseitigkeit, die (nicht nur) den umweltpolitischen Verhandlungssystemen eigen ist, zieht Grimm (1994: 665ff.) die Konsequenz, daß mit einer Binnendemokratisierung der Verbände, wie sie zu den Hochzeiten der Korporatismustheorie intensiv diskutiert worden ist (Biedenkopf/von Voss 1977, von Alemann/Heinze 1979), für die Legitimitätssteigerung der aus kooperativem Handeln erwachsenen politischen Entscheidungen angesichts der mit dem Korporatismuskonzept nicht mehr zu erfassenden Staat-Verbände-Beziehungen nur mehr wenig zu gewinnen wäre. Die legitimatorischen Probleme, die der "Kooperative Staat" aufwirft, lassen sich in Anschluß an Grimm (1994: 669ff.) in Kürze wie

---

21(...Fortsetzung)
21   "Kleinkriege, mit denen sich Natur- und Umweltschützer gegenseitig ihre Energien rauben" (Süddeutsche Zeitung, 18.01.1995: 27), sind nicht selten. Ein beinahe schon typisches Beispiel ist der Kampf von "Umweltschützern" für den Einsatz regenerativer Energien, der, wenn die Errichtung von Windkraftanlagen konkret wird, auf den erbitterten Widerstand von "Naturschützern" trifft.
22   Der gemeinsame Organisationsgrad der genannten Verbände wird mit etwa 6.65 % der wahlberechtigten Bevölkerung angegeben (Mitlacher 1996: 6). Es sind jedoch drei Einschränkungen zu machen, die nahelegen, daß der Organisationsgrad der Umweltverbände nach unten korrigiert werden müßte. Erstens sind bei obiger Berechnung Doppelmitgliedschaften nicht berücksichtigt. Zweitens sind im DNR - einem Dachverband, der allein 5 % der wahlberechtigten Bevölkerung organisiert - zahlreiche Organisationen vertreten, die eher die Interessen der "Naturnutzer", etwa Jäger und Angler, repräsentieren als diejenigen der Naturschützer, was im übrigen in der Vergangenheit für erhebliche innerorganisatorische Konflikte sorgte. Drittens hat Greenpeace nur 30 eingetragene Mitglieder, d.h. die ca. 500.000 "Förderer" können im strengen Sinne nicht als organisiert gelten.
23   Mit einer Ausnahme, nämlich der Konzertierten Aktion Sonderabfallentsorgung. Aber auch hier ist die Beteiligung von Umweltschutzinteressen defizitär. Einem Vertreter des BUND stehen neben den Repräsentanten des Bundes und der Länder sechs Gewerkschafts- und acht Arbeitgebervertreter gegenüber (Hagenah 1994: 505).

folgt umreißen. Erstens privilegieren die Verhandlungssysteme zwischen Staat und Verbänden diejenigen Interessenträger, die über ein Vetopotential gegen staatliche Maßnahmen verfügen, und prämieren folglich diejenigen, die ohnehin schon gesellschaftliche Machtpositionen innehaben. Zum zweiten implizieren sie ein Schutz- und Partizipationsdefizit für die von den Verhandlungen ausgeschlossenen Gruppen. "In dieser Hinsicht sind fast alle verhandelnden oder regelsetzenden Gremien derzeit defizitär. Die Anforderungen des Grundgesetzes an politische Entscheidungen lassen sich unter diesen Umständen nur wahren, wenn alle Institutionen, deren Mitwirkung an einer entsprechenden förmlichen Regelung erforderlich wäre, auch die Gelegenheit zur Beteiligung an den Verhandlungen haben[24] und wenn überdies Zugangsregelungen garantieren, daß alle von der Absprache betroffenen Gruppen eine Partizipationschance erhalten" (ebenda: 672).

Nun ist die Bestimmung von Partizipationsrechten von jeher ein schwieriges Geschäft, denkt man zum Beispiel an die Problematik nicht organisierter oder nicht organisierbarer Interessen (vgl. dazu schon Offe 1969: 166ff.). Hinsichtlich des hier interessierenden, informalen Verwaltungshandelns scheint sie schlicht unmöglich, setzte sie doch die Verrechtlichung derselben voraus, was ihre Vorteile aufhöbe, ohne den Bedarf senken zu können (Grimm 1994: 673). Aber auch die Tatsache, daß Absprachen und die daraus resultierenden Selbstverpflichtungen per definitionem nicht kodifikationsfähig sind, weil rechtlich eben nicht fixiert werden kann, wie eine freiwillige Verhaltenszusage ausgestaltet sein muß (BMU 1994: 86), macht die verfassungsrechtlich begründete Forderung nach Publizität, Transparenz und öffentlicher Kontrolle staatlichen Handelns nicht obsolet. In der Rückbindung an die spezifischen Probleme der Umweltpolitik bedeutet dies, daß die Bundesregierung mit der Anwendung des Instruments der freiwilligen Selbstverpflichtungen Gefahr läuft, ein legitimatorisches Defizit der Umweltpolitik zu produzieren, das vollständig kaum zu kompensieren ist. Um so bedenklicher erscheint, daß selbst die demokratietheoretischen Minimalanforderung an politische Entscheidungen, die aus Verhandlungen zwischen staatlichen Organen und gesell-

---

24 "Im Umweltschutz sind auf Bundesebene bislang nur Absprachen getroffen worden, die Rechtsverordnungen ersetzen." Dieser Befund von Hartkopf/Bohne (1983: 221) gilt noch heute. Grimms institutionenbezogenes Partizipationspostulat, das v.a. mit Blick auf den Parlamentsvorbehalt formuliert sein dürfte, hätte sich also in umweltpolitischer Hinsicht auf den Bundesrat zu beziehen. Es wird ihm in der Praxis offenbar durch die häufig vorkommende Beteiligung von Landesvertretern an den Aushandlungsprozessen (Bohne 1994: 1059) Rechnung zu tragen versucht. Ein vollständiger Ersatz für die Mitwirkung des Bundesrates an der Verabschiedung entsprechender Rechtsverordnungen ist damit allerdings nicht gegeben.

schaftlichen Akteuren hervorgehen, nämlich die Publizität der Verhandlungsergebnisse (Grimm 1994: 672), nicht eingelöst wird. Nur in Ausnahmefällen wurden nämlich bislang die Inhalte informeller umweltpolitischer Absprachen publiziert.[25] Auch wenn man Rose-Ackermanns (1995: 133) Verdacht, daß die mit der Verhandlungsführung betrauten Ministerialbeamten bei der Vorbereitung umweltpolitischer Absprachen mitunter den Gesetzeszwecken zuwiderhandeln, nicht teilt, ist ihr Verdikt, daß es in der Bundesrepublik an "zu demokratischer Verantwortlichkeit verpflichtende[n] ministerialbürokratische[n] Verfahren" mangele (Rose-Ackermann 1995: 232), in bezug auf den "Kooperativen Umweltstaat" doch plausibel. Die Forderung nach Publizität der Verhandlungsergebnisse zur Wahrung der demokratischen Kontrolle und Legitimität (Breuer 1990: 251, Bohne 1994: 1068) sowie des gerichtlichen Rechtsschutzes für von den Verhandlungen ausgeschlossene, gleichwohl aber betroffene Gruppen (Grimm 1994: 672) ist nach wie vor uneingelöst.[26]

Die hier vertretene Problemsicht wurde anhand einer Kritik korporatismustheoretischer Ansätze entwickelt. Gleichwohl teilt sie mit der Korporatismustheorie die Überzeugung, daß Ansätze zu einer wie auch immer gearteten "Entmachtung" der Verbände seit langem zu praktischer Irrelevanz verdammt sind (Abromeit 1993: 148). In diesem Zusammenhang kann auch eine andere in der Korporatismustheorie diskutierte Dimension der Staat-Verbände-Beziehungen für die Umweltpolitik-Analyse fruchtbar gemacht werden. Sie gründet in der in verschiedenen Korporatismus-Varianten mehr oder weniger expliziten These, "[...] daß der spätkapitalistische Interventionsstaat sich das zu seiner Entlastung nötige Verbändesystem tendenziell selbst schafft und dieses ins staatliche Entscheidungssystem inkorporiert" (ebenda: 149).

Die Beobachtung, daß der Staat auf die Organisation gesellschaftlicher Interessen Einfluß zu nehmen versucht, die Verbändelandschaft mithin aktiv mitgestaltet (Czada 1991: 151), wird in der neueren Verbändeforschung recht intensiv diskutiert. Mit der Behauptung, daß Regie-

---

25 Nach Rose-Ackermann (1995: 133) ist bislang überhaupt nur eine einzige Absprache "offiziell" - nämlich im Bundesanzeiger vom 25.02.1989 - veröffentlicht worden, was dem "Druck", den ein engagierter Beamter aus dem BMU ausgeübt habe, zu verdanken gewesen sei. Es handelte sich damals um die Verpflichtung, die Produktzusammensetzung von Waschmitteln auf der Verpackung anzugeben.
26 Auch von Mitarbeitern des Umweltministeriums wird sie geteilt. Die von Bohne (1994: 1077f.) erhobene Forderung nach "amtlicher Veröffentlichung" normvertretender Absprachetexte wird mittlerweile auch von der Ministerin unterstützt (vgl. Umwelt Nr. 12/1995: 440).

rung und Verwaltung unter bestimmten Bedingungen durchaus imstande sind, die Verbände zu instrumentalisieren, wird die herkömmliche, pluralismustheoretische Sichtweise umgekehrt (Czada 1994: 54). Die einschlägige Diskussion ist damit, auch wenn sie meist unter dem in Mode gekommenen Stichwort der Politiknetzwerke geführt wird, dem Korporatismuskonzept eng verwandt (Czada 1994: 57).[27] Trotz ihrer Nähe zur Korporatismustheorie, einer Nähe, die dem gemeinsamen Interesse an der Handlungslogik wechselseitig miteinander verbundener - eben "vernetzter" - Akteure in Staat und Gesellschaft geschuldet ist, unterscheidet sich die Netzwerkanalyse jedoch von den herkömmlichen Ansätzen sowohl der Pluralismus- als auch der Korporatismustheorie durch einen "offeneren" Zugang zum System der Interessenvermittlung, der sich einflußtheoretischer Vorentscheidungen über das Verhältnis von Staat und Verbänden zu enthalten versucht.[28]

Diese Offenheit im Zugang zu den Staat-Verbände-Beziehungen erweist sich auch in der Rezeption einschlägiger historischer Forschungen. Der Befund, daß beispielsweise die Gründung der ersten landwirtschaftlichen Vereine in der ersten Hälfte des 19. Jahrhunderts "[...] ohne staatliche Mitwirkung, Unterstützung und Finanzierung kaum möglich gewesen [wäre], die Vereine also "[...] von oben her initiiert und gefördert wurden" (Ullmann 1988: 34), regte Czada (1991: 151f.) an, Regierung und Verwaltung versuchsweise als "Organisatoren gesellschaftlicher Interessen" zu konzipieren und der Frage nachzugehen, "[...] ob die staatlich initiierte und instrumentalisierte Organisation gesellschaftlicher Interessen auch heute noch zum Repertoire staatlicher Intervention gehört". Die Strategie der "Öffnung" eines neuen Netzwerkes durch staatliche Akteure entdeckte er beispielsweise bei der Organisation der Windkraft- und Solarinteressen, die unter tatkräftiger Mithilfe des Bundeswirtschaftsministeriums erfolgte (ebenda: 161f.).

---

27 Die Netzwerkanalyse, dies sei nur am Rande vermerkt, ist im Grunde keine neue Theorie, sondern eine Analysewerkzeug, dessen theoretische Implikationen jeweils offengelegt werden müssen (Czada 1994: 57). Auch Schubert (1995: 234), der das Konzept politischer Netzwerke von der Korporatismuskonzeption stärker abzusetzen versucht als Czada, konzediert, daß dieser Ansatz einer "analytischen Werkzeugkiste" näher sei als einer neuen Theorie politischer Interessenvermittlung.
28 Gleiches gilt, wie Mayntz (1993: 46f.) herausarbeitet, für die "Logik von Verhandlungssystemen" innerhalb von Policy-Netzwerken, die nicht auf Tauschbeziehungen reduziert werden könne, sondern beispielsweise auch "Drohung und Überredung" einschließe.

Insbesondere Streeck (1994: 18) bemüht sich, diesen Befund in das Korporatismuskonzept einzubinden. Als "korporatistische Transformation" bestimmter Politikfelder bezeichnet er den Umstand, daß der Staat eine "starke Rolle" bei der Organisierung der beteiligten Gruppen und der Konstitutierung der Arenen spiele, in denen staatliche Entscheidungen mit gesellschaftlichen Akteuren ausgehandelt würden. "Typische Beispiele", so behauptet er, "finden sich in "neuen" Politikfeldern wie der Umweltpolitik, wo formale und informelle Beteiligungsrechte für "Betroffene" und vielfältige staatliche Hilfen bei deren Organisierung im Mittelpunkt einer neuen, komplexen Pragmatik partizipativer Regierungs- und Verwaltungstechnik stehen."

Bei genauerer Hinsicht bleibt jedoch von den vielfältigen Hilfen für die Organisierung von Umweltinteressen weniger übrig als Streecks Ausführungen vermuten lassen, und dies nicht zuletzt, weil die Umweltverbände eine Inpflichtnahme und Instrumentalisierung durch den Staat fürchten, durch die sie ihrer Unabhängigkeit verlustig gehen würden[29]:

> "Der Anteil an institutioneller, nicht projektgebundener Förderung ist in der Bundesrepublik Deutschland relativ gering: nur der DNR erhält aus dem Etat der Bundesregierung eine institutionelle Grundfinanzierung in Höhe von 460.000 DM (Haushaltsjahr 1992). Daneben wird noch der Deutsche Heimatbund institutionell gefördert, der allerdings im Kreis der Umweltverbände eine relativ unbedeutende Rolle spielt. Der Anteil der institutionellen Förderung sowohl am Gesamtbudget der Umweltverbände als auch im Verhältnis zum Umfang der Projektfinanzierung (insgesamt fließen den Umweltorganisationen 1992 aus dem Haushalt des Bundesumweltministeriums 4,6 Mio DM zu, davon sind 2,28 Mio DM projektbezogene Förderung und die restlichen 50% für Umweltinformations-Kampagnen vorgesehen), ist gering. Die geringe institutionelle Förderung durch öffentliche Gelder entspricht dem Selbstverständnis der Vertreter der Umweltorganisationen: die Gefahr der Abhängigkeit vom bzw. die Gefahr der Einflußnahme durch den Geldgeber wird als hoch eingeschätzt"[30] (Hey/Brendle 1994a: 136f.).

---

29 Auch hier wird die herkömmliche Sichtweise der Pluralismustheorie umgedreht, denn diese formulierte "Capture"-Theorien durchaus konsequent ausschließlich im Sinne der Instrumentalisierung der Verwaltung durch Sonderinteressen (Lehmbruch 1987: 12).

30 Der Verbändetitel wurde im Haushaltsjahr 1995 im Zuge der allgemeinen Sparmaßnahmen auf 4,3 Millionen DM gekürzt. Organisationshilfen im eigentlichen Sinne, wie sie Streeck als Bestandteil der neuen staatlichen Strategie ausmacht, enthält er nach wie vor nur für den DNR. Empirische Stützung erfährt Streecks Analyse allerdings insofern, als die Mittel zur Projekt- und Kampagnenförderung durch das BMU in der Tat, wie von ihm für die "Gründungs- und Organisationshilfen" allgemein behauptet, ganz bewußt auch an "opponierende Interessen" vergeben werden: "Wir haben nur drei Vergabekriterien. Der Verband muß bundesweit aktiv sein, dann muß ein Bundesinteresse bestehen, also es kann nicht irgendwie um eine Ortsumgehung gehen, und wir legen großen Wert darauf, daß mit den Seminaren und Kampagnen eine möglichst große Multiplikatorenfunktion erreicht wird. Darüber hinaus nehmen wir überhaupt keinen Einfluß und wir nehmen auch keinen Einfluß auf die Inhalte, die da transportiert werden. Wobei wir schon bei einzelnen Veranstaltungen wissen, daß da eine Kampagne mit unserem Geld läuft, die voll gegen uns läuft. Das ist aber die Grundphilosophie dieses Titels, weil wir sagen, daß die Umweltverbände nach wie vor, auch wenn sie in der Zwischenzeit ihr Spendenaufkommen verbessert haben, deutlich geringere finanzielle Kraft gegenüber den Wirtschaftsverbänden haben. Und das muß irgendwie ausgeglichen
(Fortsetzung...)

Auch mit dem empirischen Nachweis direkter Mitwirkung staatlicher Akteure bei der Gründung von Umweltorganisationen ist es nicht so weit her, wie die neuere Korporatismus- bzw. Netzwerkdiskussion mitunter, zum Beispiel in der Streeck'schen Variante, suggeriert.[31] Ein Beispiel findet sich allerdings in der Geschichte der deutschen Umweltpolitik, das bislang noch wenig politikwissenschaftliche Aufmerksamkeit gewinnen konnte. Die Rede ist vom Bundesverband Bürgerinitiativen Umweltschutz (BBU), der in den siebziger Jahren - beispielsweise anläßlich der Großdemonstrationen von Brokdorf und Gorleben - als primär kernkraftkritische Vereinigung von sich Reden machte (Hrbek 1994: 2213). Der BBU, der heute nach eigenen Angaben 350 Mitgliedsverbände hat und ca. 1000 Initiativen betreut, wurde am 24. Juni 1972 gegründet:

> "An der Gründungsversammlung in Frankfurt nahmen der BMI-Staatssekretär Hartkopf, der Leiter der Unterabteilung UK "Grundsatzangelegenheiten des Umweltschutzes" des BMI sowie der Geschäftsführer der IPA[32] teil. Der BMI hatte hierzu aus Mitteln der Verbändeförderung die Reisekosten für die "privaten" Teilnehmer der Veranstaltung beigesteuert" (Müller 1986: 88).

Diese auf ein anonymisiertes Interview gestützte Version wird bestätigt durch Hartkopf (1986: 102) selbst, der für die Anfangsjahre der Umweltpolitik konstatiert, daß die Ministerialbürokratie einen "umweltpolitischen Kampfverband" vermißt habe:

> "Weil ein solcher fehlte, mußte er eben gebildet werden. Es waren wiederum Beamte, die den Plan vorwärts trieben, örtliche Bürgerinitiativen zu einem Dachverband zusammenzuschließen und die Gründungsversammlung und noch einiges mehr finanzierten. Natürlich war allen Beteiligten klar, daß man einen ziemlich wilden Haufen ins Leben gerufen hatte, der auch der Umweltverwaltung durch seine Forderungen schwer zu schaffen machen würde. Doch das eigentliche Wadenbeißen des Verbandes fand immer in die richtige Richtung statt und verschaffte der Umweltverwaltung Platz zum Agieren."[33]

---

30 (...Fortsetzung)
werden" (Interview, BMU, 10.07.1995). Angesichts des durchaus bescheidenen Volumens des Verbändetitels und seiner weitgehenden Beschränkung auf Kampagnen- und Projektförderung ist der angesprochene Ausgleich der Finanzkraft natürlich Utopie, wie auch der Hinweis auf "[...] die öffentliche Ausstattung gesellschaftlicher Interessen mit organisatorischen Ressourcen" (Streeck 1994: 18) für den Bereich der Umweltpolitik angesichts deren realer Dimensionen ein Euphemismus bleibt.

31   Bei der von Czada (1991: 161f.) analysierten Einrichtung des "Forums für Zukunftsenergien", die vom Bundeswirtschaftsministerium initiiert und finanziell gefördert wurde, handelt es sich nicht um die Organisation von Umweltinteressen, sondern um eine industrie- und technologiepolitisch motivierte Aktion, mit deren Hilfe die "Energielobby" gewissermaßen pluralisiert werden sollte.

32   Das Kürzel IPA steht für "Interparlamentarische Arbeitsgemeinschaft", die aus Mitgliedern der Bundestags- und Landtagsfraktionen besteht. Die IPA hatte schon früh umweltpolitische Initiativen entwickelt. Bereits im Jahre 1953 beschloß sie Grundsätze zum Umweltschutz, die auf eine "naturgemäße Wirtschaft" hinausliefen, welche die "natürlichen Hilfsquellen der Erde" entsprechend dem Grundsatz der "Nachhaltigkeit" bewirtschaften sollte (zitiert nach Burhenne/Kehrhahn 1981: 324).

33   Zur juristischen Auseinandersetzung mit dem solchermaßen "von oben" organisierten Umweltbewußtsein vgl. Vierhaus (1994: 168ff.).

Zwar distanzierte sich Hartkopfs Nachfolger im Amt des BMI-Staatssekretärs, Kroppenstedt, in Beantwortung einer schriftlichen Anfrage des Abgeordneten Weirich (CDU/CSU) von der Strategie seines Amtsvorgängers,[34] und auch der um seine Unabhängigkeit besorgte BBU legte großen Wert auf eine "Gegendarstellung".[35] Gleichwohl steht der Wahrheitsgehalt der Hartkopf'schen Darstellung heute außer Zweifel.

In der korporatismustheoretischen Konzeption erscheint der Staat im hier interessierenden Zusammenhang als Akteur, der sich die für seine Steuerungsversuche notwendigen Großverbände wenn schon nicht selbst schafft, so doch bereits existierende Verbände - etwa durch die Ausstattung mit einem wie auch immer gearteten Repräsentationsmonopol - "korporatismusfähig" macht. Dies war im hier skizzierten Fall ersichtlich nicht der Fall. Die von der staatlichen Umweltverwaltung initiierte Gründung des BBU zielte vielmehr auf die Beeinflussung des pluralistischen Kräftespiels zugunsten des Umweltschutzes. Deshalb trifft die These, daß derartige Strategien im Rahmen des Korporatismuskonzeptes nicht erklärbar sind, auch für die Gründung des BBU zu: "Staatliche Politik sorgt gewissermaßen dafür, daß die von Olson für unmöglich erklärte pluralistische Konflikt- und Organisationsdynamik doch noch zum Zuge kommt, wenngleich nur als Kind staatlicher Sorge und weniger als Prozeß gesellschaftlicher Selbstorganisation" (Czada 1991: 162). Mit anderen Worten: Bei der Gründung des BBU handelte es sich nicht um den Versuch der neu konstitutierten Umweltverwaltung, dem etablierten wirtschaftspolitischen Klientelismus[36] ein entsprechendes umweltpolitisches Gewicht entgegenzusetzen, obwohl dies ein durchaus rationales Kalkül gewesen wäre, denn erfahrungsgemäß sind "[...] administrative Einheiten ohne eigene Klientel solchen mit Klientelunterstützung häufig unterlegen" (Lehmbruch 1987: 12). Die BMI-Initiative, die auf die aktive (Um)Gestaltung der Verbändelandschaft und die Instrumentalisierung eines neu gebildeten Verbandes gerichtet war, schloß aber die für klientelistische Beziehungen kennzeichnenden Tauschbeziehungen von vornherein aus, denn das einzige, was ein "Kampfverband" wie der BBU zum Tausch hätte anbieten können, wäre die Einstellung seiner öffentlich-

---

34   "Die Bundesregierung ist der Auffassung, daß es nicht Aufgabe der Verwaltung ist, die Gründung von Umweltschutzverbänden zu veranlassen und sie als "umweltpolitische Kampfverbände" zu benutzen" (Bundestag-Drucksache 10/5082: 7).

35   Vgl. die bei Vierhaus (1994: 171) dokumentierte Presseerklärung des BBU vom 23.04.1986.

36   "Klientelismus bezeichnet eine Austauschbeziehung zwischen einer Behörde, die Sonderinteressen einer Gruppe fördert und dafür deren politische Unterstützung gegenüber dem Parlament oder in inneradministrativen Konflikten einhandelt" (Lehmbruch 1987: 12).

keitsbezogenen Aktivitäten. Genau zu diesem Zweck aber hatte man ihn aus der Taufe gehoben.

Es gilt allerdings, sich vor der Einschätzung zu hüten, daß Strategien aktiver "Verbandspflege" durch die staatliche Verwaltung gleichsam zum Paradigma "neuer Politik" geworden seien, denn die theoretisch attraktiven "Umkehrungen" im Staat-Verbände-Verhältnis lassen sich für den Bereich der Umweltpolitik nur mit Einschränkungen nachweisen. Die aktive Unterstützung der BBU-Gründung durch führende Ministerialbeamte ist erstens ein singuläres Beispiel, über dessen längerfristigen Erfolg sich überdies füglich streiten ließe.[37] Zweitens läßt sich zeigen, daß konkrete Versuche des BMI, die etablierten Ressortklientelismen der Konkurrenz umweltpolitisch zu konterkarieren, scheiterten. Entsprechende Versuche hatte die Umweltabteilung des BMI bei der Erarbeitung des Chemikaliengesetzes gestartet (Schneider 1992: 119ff.). Die Ministerialbeamten mußten jedoch die Erfahrung machen, daß die von ihr gegen die geschlossene Koalition aus Arbeits- und Gesundheitsministerium sowie dem Verband der Chemischen Industrie (VCI) ins Spiel gebrachten Umweltverbände (BUND und BBU) dem ausgeprägten Leistungsverweigerungspotential des VCI, welches vornehmlich in dessen Expertenwissen gründete, wenig entgegenzusetzen hatten, und dies nicht nur, weil sie vom BMI "verspätet" eingeschaltet wurden (Damaschke 1986: 141ff.). Drittens und letztens datiert die verwaltungsseitig initiierte Gründung des BBU aus der Frühzeit deutscher Umweltpolitik; für das Bundesumweltministerium läßt sich hingegen, wie die folgenden Ausführungen noch belegen werden, keine einzige in Richtung "Verbändekreation" weisende Initiative finden.[38]

Auch im Umweltbereich sind die Staat-Verbände-Beziehungen, darüber kann auch die Belebung des Kooperationsprinzips durch die Bundesregierung nicht hinwegtäuschen, also noch immer primär von Beziehungen geprägt, die sich in den Kategorien des älteren, einfluß-

---

37 Zum einen entpuppte sich der BBU schnell als Vereinigung mit primär kernkraftkritischer Ausrichtung, deren allgemeine umweltpolitische Aktivitäten sehr begrenzt waren. Nach der Übertragung des Bereichs Reaktorsicherheit und Strahlenschutz an das für den Umweltschutz zuständige Innenministerium läßt sich diesbezüglich durchaus von einem "Zauberlehrling-Effekt" sprechen, denn das Selbstverständnis des BBU als maßgebliches Element der "Anti-Kernkraft-Bewegung" verhinderte natürlich den Auf- und Ausbau einer tragfähigen Kooperation. Zum anderen ging die Bedeutung des BBU seit Beginn der achtziger Jahre kontinuierlich zurück.
38 Und den bescheidenen Verbändetitel im BMU-Haushalt als Beleg für eine ministerielle Gestaltungsmacht über das Interessengruppensystem heranziehen zu wollen, wäre, wie gezeigt, überzogen.

theoretisch geprägten Pluralismusmodells bewegen. Dabei gilt für den Umweltschutz aufgrund der noch immer ausstehenden Versöhnung von Ökologie und Ökonomie allerdings in besonderem Maße, daß sich die von der klassischen Pluralismustheorie amerikanischer Provenienz unterstellte Symmetrie der Interessengruppen, die aufgrund von "overlapping memberships" zur Mäßigung ihres Gruppenegoismus genötigt wären (Truman 1951: 11), bislang nicht eingestellt hat. Dies wird in der Beschreibung und Bewertung der umweltpolitischen Interessenlandschaft durch die Ministerialbürokratie des BMU, welcher sich die folgenden Abschnitte widmen, durchgängig deutlich.

6.2 Verbändemacht im "Kooperativen Umweltstaat"

Das "originäre Tätigkeitsfeld" der Ministerialverwaltung schlechthin ist die Vorbereitung von Gesetzen und Verordnungen (Weber 1976: 258). Deshalb ist sie die wohl wichtigste Anlaufstelle für betroffene Interessengruppen. Es ist die Frühzeitigkeit der in Auseinandersetzung und/oder Kooperation mit den relevanten Interessengruppen betriebenen inhaltlichen Weichenstellung beim Gesetzgebungsprozeß, die die an anderer Stelle bereits einmal aufgenommene Rede vom "informellen Gesetzgeber" (Achterberg 1984: 1100) rechtfertigt. Sie führt dazu, daß die offiziellen Verbandsanhörungen nicht selten zur bloßen "pluralistischen Routine der Exekutive" degenerieren (Schneider 1992: 122). Aufgrund der bereits mehrfach angesprochenen Dezentralität der Programmentwicklung ist der Zugang zur "Arbeitsebene" der Bonner Ressorts für die Verbandsvertreter wichtiger als die Kontaktpflege mit den Spitzen der Ministerien (von Alemann 1987: 175), d.h. das tägliche Geschäft der Interessenvertretung ist durch ihren unmittelbaren Kontakt mit den für bestimmte Einzelfragen zuständigen Referatsleitern geprägt (Weber 1975: 261). Den Referatsleitern ist ein bestimmtes Aufgabengebiet zur eigenständigen Bearbeitung zugewiesen. Damit sind sie trotz des formal-hierarchischen Aufbaus der Bundesministerien grundsätzlich als potentielle Interaktionspartner in Policy-Netzwerken qualifiziert (Mayntz 1993: 43). Diese Einschätzung wird vom ehemaligen Bundesgeschäftsführer des Bundesverbandes der Deutschen Industrie (BDI), Mann (1994: 189), bestätigt: "Wichtig ist schließlich im Verhältnis zu den hierarchisch strukturierten Ministerien, daß der Dialog zwar auf beiden Seiten alle Stufen einschließt, ein Verband wie der BDI jedoch darauf achten muß, daß er bei der Wahl der Stufe des Abteilungsleiters oder des Staatssekretärs die relative fachliche Autonomie und den fachlichen Gestaltungsanspruch respektiert, die sich vor allem mit der Stufe der Referatsleiter verbinden." Gleich, ob man hinter den Interaktionen zwischen Ministerialbürokratie und Interessengruppen kompromißorientierte Verhandlungssysteme im Sinne des Netzwerkkonzepts oder eher einseitige Durchsetzungsstrategien bestimmte Interessengruppen vermutet: Über die Bedeutung organisierter Interessen für die Umweltpolitik des Bundes vermag wohl niemand informiertere Auskunft zu geben als die mit der Interessenpolitik täglich konfrontierte Ministerialbürokratie, die sich innerhalb des politisch-administrativen Systems zur zentralen "Clearingstelle" für die divergierenden gesellschaftlichen Interessen entwickelt hat (Voigt 1995: 59).

Der Kontakt mit den Vertretern organisierter Interessen, darauf wird im einschlägigen Schrifttum durchgängig hingewiesen, liegt durchaus auch im Interesse der Ministerialbeamten, die sich auf diese Weise gesellschaftlichen Sachverstand nutzbar zu machen versuchen, gegebenenfalls frühzeitig auf Mängel oder Probleme ihrer Vorhaben aufmerksam gemacht werden und sich unter Umständen der Unterstützung ihrer Initiativen versichern können (Voigt 1995: 59). Dies gilt grundsätzlich auch für die Umweltverwaltung, denn sie ist im gleichen Maße wie andere Fachverwaltungen auch auf externen Sachverstand angewiesen:

> "Im Bereich Pflanzenschutz zum Beispiel haben wir mit dem Verband der Chemischen Industrie direkt zu tun, da haben wir unmittelbare Kontakte. Das sind durchaus intelligente Leute. Es ist ja nicht so, als wenn das Straßenräuber wären. Daß die natürlich als Anwalt ihrer Klientel arbeiten, darf man ihnen nicht übelnehmen [...]. Ich muß die ernst nehmen als Anwälte ihrer Klientel und muß versuchen, in einem fairen Prozeß zu einer Meinungsbildung zu kommen [...]. Nicht selten tragen Verbände eben auch zur sachlichen Aufklärung bei, denn wir sind ja nun keineswegs die Allwissenden hier. Und was in der Wirtschaft im einzelnen technisch möglich ist oder finanzierbar ist, das müssen wir uns unter anderem auch - nicht nur, aber auch - von den Verbänden sagen lassen. Und da ist nun auch die Geschicklichkeit von uns gefragt, daß wir als Anwälte sozusagen aus einer Mischung von Befragungen die Wahrheit herausfinden. Wir haben ja nicht nur den VCI, wir haben ja auch andere, die wir fragen können" (Interview BMU, 10.03.1994).

Daß man "[...] mit Interessengruppen vieles gemeinsam bearbeiten und zu vernünftigen Lösungen kommen kann" (Interview BMU, 09.03.1994), ja muß, weil "[...] man zum Beispiel einem Chemiebetrieb wie der BASF nicht von außen irgendwas überstülpen kann, sondern die Interna kennen muß" (Interview BMU, 10.03.1995), wird in allen Fachabteilungen des BMU bestätigt. Doch ist es eben kennzeichnend für den Umweltschutz, "[...] daß er immer andere begrenzen will in ihrer Tätigkeit, daß er immer etwas will von den anderen. Und wer die Aktivitäten anderer immer nur begrenzen will, der verfügt im gesellschaftlichen Raum nur über schwache Kräfte" (Interview BMU, 10.03.1994). Deshalb wird die Funktionszuschreibung für die Ministerialbürokratie, "[...] durch Kompromißbildung politische Vorgaben mit den unterschiedlichen Interessen, von Verbänden, Gruppen und Individuen kompatibel [...]"

zu machen (Voigt 1995: 60), von den Beamten im BMU normativ zwar durchgängig akzeptiert. Vor allem aufgrund der Ungleichgewichtigkeit der organisierten Interessen im Umweltbereich bezweifelt mancher allerdings ihre Realisierbarkeit:

> "Wir haben eine Gesellschaft von Lobbygruppen. Hier kämpft jede Gruppe für ihre eigenen Interessen. Was ich übrigens nicht für schlecht halte, um gleich eine Bewertung mitzugeben. Ich halte das für legitim und auch für verständlich. Entscheidend ist nur, daß eine saubere Auseinandersetzung stattfindet. Ich nehme es überhaupt keinem übel, wenn er sich für seine Interessen einsetzt, solange er sie fair vorträgt und solange darüber eine faire Auseinandersetzung stattfinden kann. Und da sind Umweltverbände unverzichtbar, um einen Gegenpol zu liefern gegenüber reinen Wirtschaftsinteressen. Denn Politik heißt am Ende nämlich, ich muß einen gesellschaftlichen Ausgleich der verschiedenen Interessen finden. Schlecht für uns ist es, wenn ich nur die Wirtschaftsinteressen auf der einen Seite habe, denn dann muß ich die Rolle der Umweltverbände selber übernehmen. Und dann unterliege ich regelmäßig einer Angriffsmöglichkeit, daß man mir vorwirft, ich würde die Dinge einseitig betrachten und würde eine sektiererische Rolle spielen. Das haben wir schon wiederholt erlebt. Unsere Erfolgschancen sind viel größer, wenn wir starke Umweltverbände haben, die die Interessen des Umweltschutzes richtig hochhalten [...]. Dann haben wir nämlich eine sehr komfortable Situation. Wir stehen dann dazwischen und ich kann viel besser in Richtung Wirtschaft argumentieren [...]. Dann spiele ich als Regierung den Vermittler zwischen den Gruppierungen, und Vermittlerrollen sind viel leichter zu spielen, als wenn ich selbst ein Interesse durchsetzen will. Nur, leider ist es so, daß die Umweltverbände im Vergleich zu den Wirtschaftsverbänden keine sehr starke Rolle spielen [...], weil sie ihre Forderungen, die sie da einbringen, in der Regel fachlich nicht ausreichend untermauern können. Die andere Seite, die Wirtschaftsseite kann da mit ganz anderen Kapazitäten aufwarten, um die Argumente der Umweltverbände sachlich auszuhebeln. Und wenn mir einer ein Argument sachlich aushebelt, kann ich es nicht mehr verwenden. Ich kann nicht mit unzureichenden Argumenten Politik machen, aber das passiert leider sehr häufig mit Umweltverbänden" (Interview BMU, 10.03.1994).

Die in der neueren Literatur favorisierte Beschreibung des Verhältnisses von Ministerialbürokratie und Interessengruppen geht, wie gezeigt, über herkömmliche einflußtheoretische Modelle hinaus (Lehmbruch 1987: 11). Ihr liegt ein Modell zugrunde, demzufolge die Verwaltungen aktiven Interessenausgleich betreiben. Sie versuchen, " [...] zwischen unterschiedlichen Interessen zu vermitteln, indem sie mit Interessenten und Betroffenen kooperieren" (Voigt 1995: 59). Zu einem solchen "Ort des Interessenausgleichs" (ebenda) ist das Bundesumweltministerium bisher jedoch noch nicht geworden. Nicht zuletzt die Asymmetrie der organisierten Interessen im Umweltbereich, auf die im folgenden noch mehrfach einzugehen sein wird, verhindert offenbar, daß die Ministerialbürokratie die von ihr selbst favorisierte Rolle des "Schiedsrichters" übernehmen kann. Die Beamten im BMU sehen sich - nota bene ohne dieses gutzuheißen - noch immer eher als Adressaten der Einflußnahme organisierter Interessen denn als Interessenvermittler. Sie beschreiben ihr Verhältnis zu Interessenorganisationen nach wie vor in einflußtheoretischen Kategorien, sehen sie sich doch, wie die folgende Tabelle verdeutlicht, starkem Verbändedruck ausgesetzt.

Tabelle 6.1: Beurteilung des Verbändedrucks

	absolut	v.H.
keine Angabe	1	0.7
stark	80	53.3
ziemlich stark	42	28.0
unentschieden	20	13.3
ziemlich schwach	4	2.7
schwach	3	2.0
gesamt	150	100.0

Dieser Druck variiert. Je allgemeiner und "globaler" die von einer Abteilung betreuten Arbeitsbereiche sind, desto geringer fällt die Beurteilung des Verbändegewichts aus. Dies wird deutlich an der Tatsache, daß die Mitarbeiter der Abteilung G den Einfluß von Verbänden am zurückhaltendsten beurteilen. Ähnlich gelassen sieht man den Problembereich nur noch in der Abteilung RS. Hier jedoch aus anderen Gründen, denn das Lager der gesellschaftlichen Interessen ist aus ministerieller Perspektive im Bereich der Kernenergie gegenüber den "klassischen" Umweltschutzthemen gleichsam gegenläufig strukturiert. Erscheinen bei letzteren die Umweltverbände als zumindest potentielle Verbündete,[39] stellen sie sich in der Sicht der für die Reaktorsicherheit verantwortlichen Beamten aufgrund ihrer prinzipiell kernkraftkritischen Haltung geradezu als Gegner dar, als Gegner allerdings, die man offenbar nicht allzu ernst nimmt.

---

39 Auf die wirkliche Nutzung dieses Potentials wird allerdings noch zurückzukommen sein.

Tabelle 6.2: Abteilungsspezifische Beurteilung des Verbändedrucks

	Abt.G	Abt.IG	Abt.N	Abt.RS	Abt. WA	Abt. Z	alle
keine Angabe	0	0	0	0	0	4.8% n=1	0.7% n=1
(eher) stark	61.5% n=8	96.2 % n=25	81.3% n=13	66.7% n=16	88.4% n=38	71.4% n=15	80.5% n=115
unentschieden	38.5% n=5	3.8% n=1	6.3% n=1	20.8% n=5	9.3% n=4	19.0% n=4	13.9% n=20
(eher) schwach	0	0	12.5% n=2	12.5% n=3	2.3% n=1	4.8% n=1	4.9% n=7
gesamt	100.0% n=13	100.0% n=26	100.0% n=16	100.0% n=24	100.0% n=43	100.0% n=21	100.0% n=143

Die fehlende "Sachverstandsparität" zwischen Umwelt- und Wirtschaftsinteressen (Lübbe-Wolff 1991: 248) und die Ungleichverteilung des Konfliktpotentials bergen die Gefahr, daß sich die "auf Expertenebene dominierenden Interessengruppen" einseitig durchsetzen (Hucke 1990: 396). Nach Einschätzung der Ministerialbeamten im Umweltministerium handelt es sich nicht nur um eine latente Gefahr. Ökonomische Interessen dominieren die Arbeit der Bonner Umweltverwaltung. Wie die beiden folgenden Tabellen ausweisen, ist die Phase des umweltpolitischen Rückzugs offenbar nicht zuletzt der erfolgreichen Opposition betroffener Interessenorganisationen gegen die umweltpolitischen Programme der Ministerialbürokratie geschuldet.

Tabelle 6.3: Verhinderung von Vorhaben des BMU aufgrund des Einflusses von Interessengruppen

	absolut	v.H.
keine Angabe	3	2.0
häufig	45	30.0
eher häufig	36	24.0
unentschieden	38	25.3
selten	22	14.7
nie	6	4.0
gesamt	150	100.0

Nur 28 Befragte haben selten oder nie erlebt, daß ihre Vorhaben am "Verbändeveto" gescheitert wären; zwölf von ihnen arbeiten in der Abteilung RS, die sich auch diesbezüglich in einer komfortablen Lage sieht.[40] Ganz anders ist hingegen die Situation in anderen Fachabteilungen des Umweltministeriums.

Tabelle 6.4: Verhinderung von Vorhaben der verschiedenen Abteilungen aufgrund des Einflusses von Interessengruppen

	Abt.G	Abt.IG	Abt.N	Abt.RS	Abt. WA	Abt. Z	alle
keine Angabe	0	0	6.3% n=1	0	0	9.5% n=2	2.2% n=3
(eher) häufig	38.5% n=5	88.5 % n=23	43.8% n=7	20.8% n=5	62.8% n=27	52.4% n=11	54.5% n=78
unentschieden	38.5% n=5	7.7% n=2	31.3% n=5	29.2% n=7	27.9% n=12	23.8% n=5	25.1% n=36
selten oder nie	23.1% n=3	3.8% n=1	18.8% n=3	50.0% n=12	9.3% n=4	14.3% n=3	18.2% n=26
gesamt	100.0% n=13	100.0% n=26	100.0% n=16	100.0% n=24	100.0% n=43	100.0% n=21	100.0% n=143

Die Abteilungen IG und WA stehen aufgrund der von ihnen bearbeiteten Aufgaben ganz eindeutig an vorderster Front in der Auseinandersetzung mit den Interessengruppen. Die Frage nach Beispielen, welche konkreten Vorhaben welchen Verbänden zum Opfer fielen, beantworteten insgesamt zwanzig Beamte mit dem Verband der Chemischen Industrie. Acht dieser Nennungen kamen aus der Abteilung IG, sieben aus der Abteilung WA. Vor allem abfallwirtschaftlichen Projekten des BMU (siebzehn Nennungen) und Entwürfen, die das Chemikalienrecht im weiteren Sinne betreffen (vierzehn Nennungen), galt die besondere Aufmerksamkeit der Industrieverbände.[41] Positive Erfahrungen mit den Vertretern der Wirtschafts- und Industrieverbände sind bei den BMU-Beamten Mangelware. Letztere werden im BMU ganz überwiegend als Kontrahenten, kaum als Kooperationspartner wahrgenommen.

---

40 Mit anderen Worten: Läßt man die Antworten der in der Abteilung RS beschäftigten Beamten außer Betracht, steigt der Anteil derer, die eine mehr oder weniger häufige Verhinderung ihrer Vorhaben durch Verbände zu Protokoll geben, auf 60%.
41 Es folgen der Gewässerschutz mit neun, der Naturschutz mit sieben und Vorschriften zur Umweltverträglichkeitsprüfung mit sechs Nennungen. Vorhaben, die im Zusammenhang mit verkehrsinduzierten Umweltproblemen stehen, wurden fünfmal genannt, die Bereiche Immissionsschutz und Klimapolitik je viermal.

Tabelle 6.5: Einschätzung der Wirtschafts- und Industrieverbände[42]

Wirtschaftsverbände allgemein	VCI	BDI	DBV	DIHT	IVA	gesamt
"Kooperationspartner"	6	3	3	0	1	1	14
"Kontrahenten"	82	44	26	14	12	6	184

VCI=Verband der Chemischen Industrie, BDI=Bundesverband der Deutschen Industrie, DBV= Deutscher Bauernverband, DIHT=Deutscher Industrie- und Handelstag, IVA=Industrieverband Agrar

Wie auch obige Tabelle zeigt, wird insbesondere der "[...] Verband der Chemischen Industrie, der hier in Bonn eine Außenstelle hat, mit der er massiv Einfluß nimmt [...]" (Interview BMU, 08.03.1994), von den Ministerialbeamten als Beispiel für eine erfolgreich als pressuregroup operierende Organisation genannt, deren häufig "über das Wirtschaftsministerium oder direkt das Kanzleramt" vermittelter Druck zuweilen "unsäglich" sei (Interview BMU, 08.03.1994).

> "Wir kennen das insbesondere vom VCI, der immer, wenn er von uns hört, daß wir im Abwasserbereich oder für Pestizide oder andere gefährliche Stoffe versuchen, neue Grenzwerte zu setzen, sofort beginnt, Gegenmaßnahmen zu beraten und durch entsprechende Liebesbriefe an die zuständigen Stellen den notwendigen Eindruck und Druck auszuüben, der je nach den Wirtschaftsverhältnissen - und die sind ja zur Zeit entsprechend schlecht - dann auch voll bei uns ankommt" (Interview BMU, 08.03.1994).

Zur Erinnerung: Das Kooperationsprinzip ist gerade im Chemikalienbereich besonders intensiv operationalisiert worden; "freiwillige Selbstverpflichtungen" entwickelten sich hier geradezu zum "bevorzugten Handlungsinstrument" (Bohne 1994: 1059), eben weil auch aus Sicht der Ministerialbürokratie "[...] bei komplexen Regelungen mit chemiefachlichen und ingenieurwissenschaftlichen Aspekten eine enge Kooperation zwischen Staat und Wirtschaft unverzichtbar ist" (Cupei 1994: 123). Für die Analyse und Interpretation des Zusammenwirkens zwischen Staat und Wirtschaft empfiehlt Weidner (1996b: 45) die Anwendung des Politiknetzwerkansatzes. Policy-Netzwerke sind auf "Konfliktregelung durch Kompromißbildung" (Mayntz 1993: 54) ausgelegt, d.h. ihre Funktionsfähigkeit ist daran gebunden, "[...] daß bei Verhandlungen in Policy-Netzwerken der Ausgleich divergierender Interessen der beteiligten Entscheider in den Hintergrund tritt gegenüber dem Versuch, eine sachlich adäquate Problemlösung zu finden" (ebenda: 53). Dies birgt insofern eine Zumutung, als die nicht-staatlichen Netzwerkakteure ja mehr oder weniger explizit auf die Vertretung partikularer Interessen festgelegt sind. Dieses Dilemma, so die beispielhaft durchaus auch empirisch untermauerte

---

42 Es handelte sich um zwei offene Fragen; Mehrfachnennungen waren möglich.

Vermutung der "Netzwerktheorie",[43] ist unter der Bedingung der relativen Autonomie der jeweiligen Verhandlungsführer dann lösbar, wenn deren Selbstverständnis als "Experten" eine (partielle) Loslösung von der primären Orientierung an der von ihnen vertretenen Organisation zugunsten ihrer Profession bzw. ihrer Wissenschaft erlaubt, denn dann "[...] brauchen in realen Verhandlungsprozessen nicht unbedingt die jeweiligen organisatorischen Eigeninteressen zu dominieren" (Mayntz 1993: 53). Der reale Erfolg solcher Verhandlungen auf Expertenebene entscheidet sich allerdings letztlich immer an der Vermittelbarkeit der erzielten Ergebnisse an die jeweilige Hierarchie.

Aus Sicht betroffener Ministerialbeamter sind die genannten Voraussetzungen für die Operationalisierung des Kooperationsprinzips im Sinne eines chemikalienpolitischen Netzwerks indes nicht gegeben. In einer Publikation eines Ministerialrats, der aufgrund seiner Erfahrungen und seines Tätigkeitsbereichs für den Aufbau eines solchen Netzwerks prädestiniert gewesen wäre, wird dies nachdrücklich verdeutlicht:

> "[...] die Chemische Industrie [hat] sich weder als berechenbarer noch ansonsten als Kooperationspartner erwiesen, dem an Gemeinsamkeit bei dem ersten Schritt jeder Problemlösung, nämlich der Problemanalyse, gelegen ist. Taktische Überlegungen und die Einschätzung, eigene Ziele häufig auf anderem Wege schneller und/oder ökonomischer erreichen zu können, haben offensichtlich über das in anderem Zusammenhang häufig beschworene Kooperationsprinzip sowie über das Image der Berechenbarkeit dominiert. Null-Summen-(kein Kompromiß, sondern Sieg-Niederlage) Verhalten wird praktiziert und vom eigenen Referenzsystem auch honoriert, wenn es denn (zumindest kurzfristig) erfolgreich war" (Cupei 1994: 127).

Wo konfliktorisches Verhalten durch die jeweils eigene Hierarchie prämiert, und die verhandlungs- und konsensbemühten Mitarbeiter in "beiden Lagern" - gemeint sind ersichtlich BMU und VCI - von den jeweiligen Leitungsebenen "sehr häufig ausgebremst" werden (ebenda: 127), stehen die Chancen schlecht, daß die beteiligten Akteure ihre Orientierung an Sonderinteressen zugunsten einer sachlich begründeten Problemlösungssuche zurückstellen. Ein Ausgleich divergierender Interessen zwischen Umweltministerium und Wirtschaftsverbänden - hier dem VCI - findet nicht statt. Auch wenn sogenannte Kooperationslösungen in Form von Selbstverpflichtungen die vom Umweltministerium verantwortete Chemikalienpolitik seit geraumer Zeit bestimmen mögen, sind sie also nicht das Resultat sachbezogener Verhandlungen durch autonome, d.h. durch die Politik des jeweiligen Hauses im Detail nicht festgelegte Akteure, wie es der Netzwerkkonzeption entspräche. Die Erwartung, daß der korporative

---

43 So für die Verhandlungen in internationalen Standardisierungsorganisationen der Telekommunikation (Mayntz 1993: 53).

Akteur - in diesem Fall also der Verband der Chemischen Industrie "[...] post hoc akzeptiert [...], was er ex ante nicht als Ziel formuliert hätte" (Mayntz 1993: 53), harrt nach wie vor der Realisierung ihrer Vorbedingungen. Dies gilt insbesondere bezüglich der "Verhandlungsfreiheit" der konkret interagierenden Akteure. Die Vertreter der Wirtschaftsverbände sind auf die Schaffung "großzügiger Rahmenbedingungen" und die Überwindung "enggefaßter bürokratischer Hemmnisse" verpflichtet,[44] die Ministerialbürokratie, noch immer geschult an formalisierten Verfahren, sieht sich eingeschnürt in Beteiligungsregeln, etwa zur Unterrichtung von Verbänden bei der Gesetzesvorbereitung,[45] die von ihr selbst schon deshalb als unzureichend eingestuft werden, weil sie ihrem Bedarf an Detailinformationen offenbar häufig nicht gerecht zu werden vermögen (Cupei 1994: 108 und 124). So degeneriert das Kooperationsprinzip in der umweltpolitischen Praxis aufgrund der ungleich verteilten Machtpotentiale zu einer einseitigen Angelegenheit, bei der die Industrie definiert, wann und in welcher Form "Kooperation" angesagt ist, und die damit die Umweltverwaltung in die strategische und wissensmäßige Defensive bringt. Dieser bleibt unter diesen Voraussetzungen wenig mehr als die Klage über die "Unglaubwürdigkeit" der anderen Seite und der Versuch, sich der interessengeleiteten Einflußnahme so weit wie möglich zu entziehen.[46]

Dies jedoch fällt deshalb besonders schwer, weil eben der VCI seinerseits, wie auch andere Wirtschafts- und Industrieverbände, klientelistische Beziehungen zum Wirtschaftsministerium unterhält (Schenkluhn 1990: 136), die es ihm erlauben, "sein Ressort" gegen das Umweltministerium in Stellung zu bringen. Dieser Klientelismus äußert sich unter anderem wie folgt:

> "Wenn Sie eine Stellungnahme des Wirtschaftsministeriums haben und vergleichen die mit der Stellungnahme eines Wirtschaftsverbandes, können Sie erkennen, daß das Wirtschaftsministerium

---

44 So Cupei (1994: 124) offenbar in Paraphrasierung eines VCI-internen Strategiepapiers.
45 Vgl. § 24 Absatz 1 GGO II: "Bei der Vorbereitung von Gesetzen können die Vertretungen der beteiligten Fachkreise oder Verbände unterrichtet und um Überlassung von Unterlagen gebeten werden sowie Gelegenheit zur Stellungnahme erhalten. Zeitpunkt, Umfang und Auswahl bleiben, soweit nicht Sondervorschriften bestehen, dem Ermessen überlassen. Soll der Entwurf vertraulich behandelt werden, ist es zu vermerken."
46 "Wer sich bei derart zentralen Fragestellungen [gemeint ist im wesentlichen die Anwendung der europäischen Richtlinie zur Umweltverträglichkeitsprüfung auf "integrierte chemische Anlagen", die rechtlich nicht näher definiert werden, der Verfasser] einer Kooperation verweigert und sogar eigene Zusagen nicht einhält, erscheint unglaubwürdig, wenn er Regierung und Verwaltung pauschal vorhält, sie hätten keine Ahnung von der Realität in den Unternehmen und/oder seien nicht ausreichend kompetent. Gemeinsamkeit und Versachlichung scheinen hier - ähnlich wie generell bei der UVP - faktisch als unbequeme Einengung eigener Handlungsspielräume eingeschätzt worden zu sein" (Cupei 1994: 108). Deshalb, so der Autor, sei die gezielte Einbeziehung chemiefachlicher Praxiserfahrungen in die Überlegungen zur Novellierung der genannten Richtlinie "bedauerlicherweise" unmöglich.

vom Wirtschaftsverband abgeschrieben hat. D.h. die Stellungnahme des Wirtschaftsministeriums ist nahezu identisch mit der Stellungnahme eines Verbandes, der Interessen vertritt. D.h. hier sehen Sie so enge Verknüpfungen [...], daß der Primat der Politik nicht mehr gegeben ist" (Interview BMU, 09.03.1994).

Von einschlägigen Erfahrungen berichtet auch ein anderer Beamter:

"Häufig ist es so, daß in dem Moment, wo man den Wirtschaftsminister beteiligt, der dann schlicht Kopien an irgendwelche Industrieverbände versendet und letztlich diese Verbände die Arbeit machen läßt [...]. Und dann trägt der Wirtschaftsminister deren Stellungnahmen zusammengefaßt, etwas bereinigt in der Wortwahl, vor. Das habe ich häufig erlebt. So wird der Wirtschaftsminister letztlich zum Sprachrohr der Interessen der Industrieverbände. Teilweise unverblümt. Also, ich habe Fälle erlebt, nun ganz krass, wo ich so eine Stellungnahme von einem Industrieverband auch mal gekriegt habe, und genau diese Stellungnahme, wortwörtlich und mit der gleichen Schrifttype, kam abfotokopiert vom Wirtschaftsminister [...]. Also, die haben sich nicht mal die Mühe gemacht, da irgendwie was abzudiktieren und da vielleicht auch mal einen gesamtwirtschaftlichen Aspekt reinzubringen, sondern die haben wirklich knallhart einen bestimmten Wirtschaftszweig durch Übernahme von deren Stellungnahme gefördert. Das finde ich also doch ein bißchen sehr weitgehend" (Interview BMU, 09.03.1994).[47]

Die Vertreter des VCI "[...] reden konstruktiv eher mit den anderen Ministerien als mit uns" (Interview BMU, 08.03.1994), heißt es im Umweltministerium. Die Vorsprachen der Interessenvertreter im BMU ähneln dagegen offenbar eher dem im folgenden besonders offen und drastisch geschilderten Muster massiver, vom Wirtschaftsministerium gestützter Einflußnahme:

"Es ist für mich beschämend, wenn ich erlebe, wie die Leute von der Industrie hierherkommen und auftreten. Auf meiner Ebene sind gewisse Herren da, beim Abteilungsleiter auch, beim Minister auch. Schön hierarchisch abgestuft: Da sind die Vorstandsvorsitzenden beim Minister und der Hauptgeschäftsführer beim Staatssekretär und bei mir die unteren Chargen oder Abteilungsleiter. Ständig sind die Burschen hier, auch bei mir im Zimmer. Das ist ganz normaler Geschäftsgang. Das hat auch gewisse Vorteile, das muß ich sagen. Weil, der Wirtschaftsminister, der lehnt das völlig ab. Der ist noch bescheuerter. Da kann ich schon besser mit den Verbänden reden. Aber ich finde es absolut beschämend, mit welcher Selbstverständlichkeit Papiere, vertrauliche Entwürfe, an die Industrie gehen" (Interview BMU, 09.03.1994).

Umweltpolitisch relevante Kooperation zwischen Staat und Wirtschaft, dies wird in vorstehender Interviewpassage mehr als nur angedeutet, findet also durchaus statt, aber eben nicht unter Einschluß des Umweltministeriums, und sie ist tendenziell gegen seine Ambitionen gerichtet. Das Antwortverhalten der BMU-Beamten auf die Fragen nach denjenigen Verbänden, die ihre Arbeit erfahrungsgemäß unterstützen bzw. ihr Widerstand entgegensetzen (vgl. oben, Tabelle 6.5), legt denn auch das Bild von einer im Geflecht konfligierender

---

47 Ellwein/Hesse (1994: 102) berichten von einem Fall, den sie als "kaum glaublich, aber doch wahr" einstufen. Hier hatte die Abschrift eines Verbändestatements durch das Wirtschaftsministerium den Prozeß der Ressortabstimmung offenbar bis zum Schluß unbeschadet überstanden, so daß "[...] der Umweltausschuß des Bundestages einen Antrag zum Investitionserleichterungsgesetz verabschiedete, den die Elektrizitätswirtschaft verfaßt hatte. Der entsprechende Antrag, der bisher gültiges Umweltrecht außer Kraft setzte, trug in der Kopfzeile noch die Faxnummer des Absenders der Vereinigung der Deutschen Elektrizitätswerke." Wenn man den Berichten der BMU-Beamten Glauben schenken darf, liegt der Ausnahmecharakter dieses Falles nur noch darin, daß man vergessen hatte, die Beschlußvorlage vor Zuleitung an den Bundestag optisch zu bereinigen.

gesellschaftlicher Interessen weitgehend alleingelassenen Umweltverwaltung nahe: Weniger als die Hälfte der Befragten (49,3%) beantwortet überhaupt die Frage nach "Unterstützerverbänden", während mehr als zwei Drittel (70%) ein oder mehrere Beispiele für opponierende Interessenorganisationen anführen.[48]

Angesichts dieser Situation verwundert es nicht, daß das Umweltministerium als Institution der Interessen*vermittlung* versagen muß. Die Beamten im BMU räumen denn auch mit deutlicher Mehrheit ein, daß sich der Einfluß von Verursacher- und Umweltschutzinteressen nicht im Gleichgewicht befindet.

Tabelle 6.6: Vergleich des Einflusses von Verursacher- und Umweltinteressen

	absolut	v.H.
keine Angabe	2	1.3
gleichgewichtig	11	7.3
eher gleichgewichtig	25	16.7
unentschieden	42	28.0
eher ungleichgewichtig	39	26.0
ungleichgewichtig	31	20.7
gesamt	150	100.0

Daß die Mitarbeiter der einzelnen Abteilungen diesbezüglich ein unterschiedliches Bild zeichnen, vermag nach den bisher bereits referierten Ergebnissen nicht zu überraschen. Insbesondere in der Abteilung RS vermag man ein Ungleichgewicht von Umwelt- und Verursacherinteressen nicht zu entdecken und gibt sich mit großer Mehrheit indifferent, wie die folgende, abteilungsspezifisch aufbereitete Tabelle verdeutlicht:

---

48 In fünfzehn Fragebögen wird der VCI in konkreten Zusammenhang mit der Bekämpfung eines bestimmten Gesetzes, nämlich der Novelle des Chemikaliengesetzes, gebracht, und der Deutsche Bauernverband wird von sieben Befragten als "Störer" der Novellierung des Naturschutzgesetzes genannt.

Tabelle 6.7: Abteilungsspezifischer Vergleich des Einflusses von Verursacher- und Umweltinteressen

	Abt.G	Abt.IG	Abt.N	Abt.RS	Abt.WA	Abt.Z	alle
keine Angabe	0	0	0	0	0	9.5% n=2	1.4% n=2
(eher) gleichgewichtig	15.4% n=2	7.7% n=2	25.0% n=4	29.2% n=7	30.2% n=13	23.8% n=5	23.0 n=33
unentschieden	46.2% n=6	1.5% n=3	12.5% n=2	62.5% n=15	14.0% n=6	42.9% n=9	28.7% n=41
(eher) ungleichgewichtig	38.5% n=5	80.8% n=21	62.5% n=10	8.3% n=2	55.8% n=24	23.8% n=5	46.9% n=67
gesamt	100.0% n=13	100.0% n=26	100.0% n=16	100.0% n=24	100.0% n=43	100.0% n=21	100.0% n=143

Insgesamt (vgl. Tabelle 6.6) meinen also nur 36 Befragte, daß sich der Einfluß von Verursacherinteressen und Umweltverbänden in etwa die Waage halte, 70 bestreiten dies hingegen, und von ihnen meint nur ein einziger, daß sich die Waage im Zweifelsfall zugunsten der Umweltverbände neige. Alle anderen nennen die Verursacherinteressen als die in der Regel Begünstigten. Wie dieser Sachverhalt von der Ministerialbürokratie beurteilt wird, und wie es um die in der Literatur verschiedentlich diskutierten Möglichkeiten bestellt ist, dem Ungleichgewicht bei der Berücksichtigung ökologischer und ökonomischer Interessen im Politikformulierungsprozeß beizukommen, wird im folgenden zu untersuchen sein.

6.3 Ungenutzte Potentiale: Die Umweltverbände

Die etablierten bilateralen Klientelismen im Wirtschafts- und Landwirtschaftsbereich legen aus umweltpolitischer Perspektive eine Strategie nahe, die auf die Schaffung eines entsprechenden Gegengewichtes zielt. Wie gezeigt, tat die seinerzeit noch im Innenministerium angesiedelte Umweltverwaltung mit der Initiierung des Bundesverbandes Bürgerinitiativen Umweltschutz im Jahre 1972 einen Schritt in diese Richtung. Hierbei handelte es sich jedoch um den Versuch, die Interessenlandschaft mittels staatlicher Initiative zu pluralisieren. Die Entwicklung dauerhafter und tragfähiger Beziehungen zwischen staatlichen Akteuren und Umweltverbänden war mit diesem Vorgehen indes nicht verbunden und wohl auch nicht intendiert, weshalb der seinerzeit maßgebende Akteur, Staatssekretär Hartkopf, noch ein Jahrzehnt später ein umweltpolitisches " [...] Gegengewicht im Bereich der Politikformulierung und Gesetzgebung gegenüber der seit Jahrzehnten etablierten Wirtschaftslobby" als Wunschvorstellung formulierte (Hartkopf/Bohne 1983: 165).

Als entscheidendes Hemmnis für den Aufbau eines mit den "ökonomischen Entscheidungskartellen" konkurrenzfähigen Bündnisses zwischen Umweltverwaltung und Umweltverbänden während der siebziger und achtziger Jahre identifizierte Schenkluhn (1990:136f.) die Aufteilung der umweltpolitischen Kompetenzen auf verschiedene Bundesministerien. Dieses Manko mag ein Grund gewesen sein, warum die Umweltverbände die Gründung eines eigenständigen Umweltministeriums schon Jahre vor deren Realisierung auf ihre Fahnen geschrieben hatten (Müller 1984: 130). Mit der Einrichtung des BMU waren aus dieser Perspektive jedenfalls die theoretischen Chancen für eine "verbesserte Beziehung" zwischen der ministeriellen Ebene und den Verbänden entscheidend gestiegen (Schenkluhn 1990: 151). Allerdings sahen sich die Vertreter der Umweltverbände hinsichtlich ihrer Hoffnungen auf verbesserte Kooperationsmöglichkeiten mit der Ministerialbürokratie zunächst getäuscht. Bereits wenige Tage nach Amtsantritt des ersten Umweltministers entzündete sich Kritik an dessen mangelnder Bereitschaft zur Zusammenarbeit, weil er eine Einladung zum sogenannten "Umwelttag" in Würzburg ausgeschlagen hatte.[49] Auch ein Jahr später war die Bilanz, die seitens der Umweltverbände gezogen wurde, negativ. Exemplarisch hierfür steht die Aussage, daß

"[...] die Repräsentanten dieses Ministeriums eine Politik betreiben, die nicht unbedingt als umweltfreundlich bezeichnet werden kann. [...] Für uns bedeutet das konkret, daß mit der Einrichtung des Bundes-Umweltministeriums in der Politik keine entscheidende Verbesserung eingetreten ist. Im Gegenteil: die Kontakte zum damaligen BMI (zuständig für Umweltschutz) und zum Bundesministerium für Ernährung, Landwirtschaft und Forsten (zuständig für den Naturschutz) waren besser als jetzt im BMU."[50]

Bis heute gilt das Verhältnis zwischen Umweltorganisationen und staatlicher Umweltverwaltung als gespannt (Hey/Brendle 1994a: 137). Die Verbandsvertreter sähen die Verwaltung häufig eher als Kontrahenten denn als Mitspieler in einer "environmental policy community", von einer "klientelistischen Beziehung zwischen Umweltadministration und Umwelt-Interessenorganisationen" könne daher nicht gesprochen werden. Ein wesentlicher Unterschied zu den in etablierten Politikfeldern typischen Beziehungen zwischen Verbänden und Ministerial-

---

49 Diese Kritik wurde von der Opposition im Deutschen Bundestag aufgenommen. Vgl. Stenographische Berichte 10/224. Sitzung:17360.
50 Das Zitat entstammt einem Schreiben der Bundesgeschäftsstelle des BUND an den Verfasser vom 24.04.1987.

bürokratie liegt schon in dem Umstand begründet, daß personelle Verflechtungen zwischen beiden im Umweltbereich nicht nachweisbar sind (Mitlacher 1996: 15, SRU 1996: 239).[51] Die nach wie vor dominierenden, wechselseitigen Fremdbilder der Vertreter von Umweltverbänden einerseits und Vertretern der staatlichen Verwaltung andererseits werden von Hey/-Brendle (1994a: 137f.) und dem Sachverständigenrat für Umweltfragen (SRU 1996: 239f.) übereinstimmend als Erbe der bis in die achtziger Jahre reichenden Polarisierungsphase beschrieben, in welcher die bewußte "Strategie der Ausgrenzung der Träger durch den Staat" auf Seiten der Umweltverbände durch Kompromißlosigkeit und Konfrontation beantwortet wurde (SRU 1996: 226). Dies habe bis heute ein durch Distanz und wechselseitiges Mißtrauen geprägtes Verhältnis zur Folge, in welchem die staatliche Umweltverwaltung von den Verbänden als Institution wahrgenommen werde, die sie nicht als ernsthafte Kooperationspartner akzeptiere, sondern die Umweltpolitik nach wie vor bevorzugt im Austausch mit Interessenverbänden der Wirtschaft gestalte. Hinzu geselle sich, so Weidner (1991: 142), die Tatsache, daß die Kernenergiepolitik besonders anfällig für den Verdacht auf einseitige Interessenpolitik sei. Bedingt durch die Verantwortung des Umweltministeriums für die Reaktorsicherheit und den Strahlenschutz dürfte sich dieser Umstand ebenfalls negativ auf das Verhältnis der Umweltverbände zu "ihrem" Ministerium auswirken.[52] Die umgekehrt von der Ministerialbürokratie an den Umweltverbänden geübte Kritik hingegen zielt der vorliegenden Literatur zufolge auf deren grundsätzliche und damit nicht kompromißfähige Argumentation und die mit ihr verbundene Vertretung radikaler, nicht durchsetzbarer Forderungen, ihre Unkenntnis vom realen Ablauf politischer Entscheidungsprozesse und ihre fehlende fachliche Kompetenz (Hey/Brendle 1994a: 138, Mitlacher 1996: 37).

Wenngleich sich die Zusammenarbeit zwischen Vertretern von Umweltverbänden und staatlicher Verwaltung in jüngerer Vergangenheit partiell verbessert habe, so der SRU, sähen viele Beamte in den Aktivitäten der Umweltverbände noch immer eher eine Behinderung des

---

51　Personelle Verflechtungen, definiert als der "formale hauptberufliche bzw. hauptamtliche Übertritt von einer (Verbands-)Organisation, einem Betrieb oder einem Unternehmen des sektoral ausdifferenzierten gesellschaftlichen Interessengruppensystems in die bundesstaatliche Ministerialbürokratie und umgekehrt" (Benzner 1989: 153), sind für den Bereich von Kapital und Arbeit sowie den Agrarsektor typisch, wobei die Ministerialbürokratie mit Wirtschaftsverbänden wesentlich intensiver verflochten ist als mit den Gewerkschaften (ebenda: 319ff.).
52　In dem bereits zitierten Statement der Bundesgeschäftsstelle des BUND wird denn auch explizit auf die "kernenergiefreundliche Politik" des BMU verwiesen, die eine Kooperation des Verbandes mit dem Ministerium wenig ausrichtsreich erscheinen lasse.

Verwaltungsablaufs und neigten dazu, "[...] deren Repräsentanten aus allen Entscheidungs- und Planungsprozessen auszugrenzen, bei denen sie keine institutionalisierten Mitwirkungsrechte haben." Die Neigung vieler Entscheidungsträger in Politik und Verwaltung, Umweltverbandsvertreter aus den Entscheidungsprozessen herauszuhalten, wird vom Sachverständigenrat angesichts des von ihm konstatierten Wandels im Selbstverständnis und im Politikstil der Umweltverbände, die zunehmend zu konstruktiver Zusammenarbeit bereit seien,[53] vehement kritisiert. Nach Meinung des Umweltrates ist es "[...] angemessen und erforderlich, daß auch auf Seiten der Politik und Verwaltung alte polarisierte Wahrnehmungsmuster überwunden und ein Prozeß der Normalisierung im staatlichen Umgang mit den Umweltverbänden vorangebracht wird. Umweltverbände sollten nicht mehr als Verzögerer und Verhinderer betrachtet werden, sondern als legitime Vertreter notwendiger gesellschaftlicher Interessen" (SRU 1996: 248).

Die vom Sachverständigenrat in Anlehnung an die vorliegende Literatur unterstellte Skepsis der Ministerialbürokratie gegenüber den Umweltverbänden findet auf den ersten Blick durchaus empirische Bestätigung, denn diese werden, wie Tabelle 6.8 verdeutlicht, von den BMU-Beamten mehrheitlich dem Lager derjenigen Interessengruppen zugerechnet, die den Vorhaben des Umweltministeriums Widerstand entgegensetzen. Die mehrheitliche Verortung der Umweltverbände im Lager der Kontrahenten des Ressorts, ein Lager, welches aus der ministeriellen Perspektive durch die Wirtschaftsverbände bereits hinreichend dicht besetzt ist, bedeutet allerdings nicht, dies sei vorab bemerkt, daß man diesbezüglich eine "Große Koalition" von Umwelt- und Wirtschaftsverbänden konstruiert. Vielmehr kommt der von den Beamten kritisierte "Widerstand" der Umweltverbände gleichsam von der anderen Seite in Form massiver Kritik an den aus ihrer Sicht unzulänglichen umweltpolitischen Regelungskonzepten, für die - ob zu Recht oder nicht - das BMU verantwortlich gemacht wird.

---

53   Hier ist nicht der Ort, die detaillierte Rekonstruktion der Entwicklung der Umweltverbände und deren positive Würdigung durch den SRU zu referieren. Auf die gestiegene Professionalisierung und Konsolidierung der Umweltverbände hat im übrigen bereits Weidner (1991: 146) hingewiesen.

Tabelle 6.8: Einschätzung der Umweltverbände[54]

	Umweltverbände allgemein	Greenpeace	BUND	NABU	WWF[55]	andere	gesamt
"Verbündete"	31	4	14	4	9	3	65
"Kontrahenten"	40	23	20	4	1	5	78

Differenziert man die allgemeine Nennung "Umweltverbände" abteilungsspezifisch, so wird zunächst, wenig überraschend, deutlich, daß die Mitarbeiter der Abteilung RS die Arbeit der Umweltverbände wenig zu schätzen wissen. Daß allerdings auch in der Naturschutzabteilung die Kritik an den Umweltorganisationen überwiegt, ist angesichts der starken Position des Deutschen Bauernverbandes, dessen intime Beziehungen zum Landwirtschaftsministerium beinahe schon legendär sind,[56] und der vielen als erfolgreichste Lobby in Bonn gilt (Heinze 1992: 10), ein bedenkenswertes Faktum. Die vom Sachverständigenrat für Umweltfragen diagnostizierten "Wettbewerbsverzerrungen im politischen Prozeß" (SRU 1996: 248) sind eben besonders auch in der Konkurrenz agrarischer und ökologischer Interessen gegeben. Dies weiß man natürlich auch im BMU:

> "Der Druck des Deutschen Bauernverbandes geht über das Landwirtschaftsministerium weit hinaus. Wenn man sieht, daß sogar der Finanzminister zu Bauernveranstaltungen geht, und daß der Bundeskanzler sich einschaltet, um manche Dinge zu tun, agrarpolitisch, wenn man sie rein wissenschaftlich oder fachlich sieht, wenig verständlich sind, dann kann man den Einfluß des Bauernverbandes auf das BML absolut nicht beschränken [...]. Es ist ja auch ganz deutlich geworden, als das neue Umweltministerium gegründet wurde. Da haben Gespräche stattgefunden beim Bundeskanzler auf Wunsch des Bauernverbandes auch zur Agrarpolitik und zu den Umweltschutzmaßnahmen in bezug auf die Landwirtschaft. Das ist ganz, ganz hoch abgesichert worden, ganz entscheidend von höchster Stelle beeinflußt" (Interview BMU, 23.04. 1987).

Gleichwohl haben die Mitarbeiter der Naturschutzabteilung daraus mehrheitlich noch nicht die Konsequenz der "Gegenmachtpflege" gezogen. Offenbar fühlen sie sich von den Umweltverbänden ungerecht behandelt, was unter anderem daran liegen mag, daß man ihnen von Seiten der Umweltverbände sowohl die Schuld für das mehrfache Scheitern der Novelle zum

---

54 Es handelte sich um zwei offene Fragen; Mehrfachnennungen waren möglich.
55 Der World Wide Fund for Nature (WWF) ist der einzige Umweltverband, der von den BMU-Mitarbeitern mehrheitlich positiv bewertet wird. Dies ist insofern nicht überraschend, als daß das Selbstverständnis des WWF sich deutlich von dem der übrigen Umweltverbände unterscheidet. Der WWF ist eine Stiftung, an dessen Spitze "Geschäftsleute, Finanziers, Wissenschaftler und bekannte Personen des öffentlichen Lebens" stehen (Cornelsen 1991: 100) und die verschiedene Naturschutzprojekte aus eigenen Mitteln finanziert. Der WWF hat das Image vom "Naturschutz im Nadelstreifen" (ebenda: 130), für den die für die anderen Umweltverbände lange Zeit typische Konfrontationsstrategie zu keiner Zeit attraktiv war.
56 Vgl. für viele von Alemann (1987: 104) und zuletzt Ellwein (1996: 18).

Bundesnaturschutzgesetz wie auch für deren inhaltliche Kompromisse mit der Agrarlobby in die Schuhe schiebt (vgl. exemplarisch nur Süddeutsche Zeitung 30.06.1995: 27/20.09.1995: 29), obwohl beides aus Sicht des BMU in der Blockadehaltung der Landwirtschaftsministeriums begründet war (Interview BMU, 08.03.1994). Mit Leuten, die solche "Schwarze-Peter-Spiele" spielen, mag man nicht kooperieren. Man nimmt sie vielmehr als Störenfriede wahr, "[...] die uns dauernd Knüppel vor die Haustür schmeißen" (Interview BMU, 10.03.1994). Und mit der Philosophie derer, die den Verbändetitel des Hauses verwalten und dabei bewußt die Mitfinanzierung BMU-kritischer Stimmen in Kauf nehmen (vgl. oben), kann man sich in einer Situation, in der man sich von allen Seiten angefeindet sieht, auch nicht anfreunden:

> "Die werden doch weitgehend finanziert vom BMU, das muß die Öffentlichkeit ja auch mal wissen, nicht wahr. Also Hunderttausende und Millionen Mark werden von uns ausgegeben zur Finanzierung der Umweltverbände, die dann von diese Verbänden wieder eingesetzt werden, nicht etwa um uns durch fachgerechte Beiträge zu unterstützen, sondern um uns zu kritisieren [...]. Und dann steht dieser Verein zur Erhaltung des Fischotters oder weiß der Himmel, wie die alle heißen, plötzlich vor einem Kernkraftwerk und demonstriert, anstatt sich seinem Anliegen zu widmen, für das er von uns gefördert wird" (Interview BMU, 10.03.1994).

Während das Verhältnis der Mitarbeiter der Naturschutzabteilung zu den Umweltverbänden mehrheitlich also noch von Mißtrauen geprägt ist, zeigt sich in der Abteilung IG ein gänzlich anderes Bild. Die dort tätigen Beamten sind angesichts ihrer stetigen Auseinandersetzungen mit dem Verband der Chemischen Industrie offenbar dankbar für jede Unterstützung. Sie haben deswegen den vom Umweltrat angemahnten Bewußtseinswandel bereits weitgehend vollzogen, wie sich daran zeigt, daß die Umweltverbände hier beinahe durchgängig als Bündnispartner bewertet werden.[57] Eine mehrheitlich positive Grundstimmung gegenüber den Umweltverbänden findet sich daneben nur noch in der Abteilung WA.

Tabelle 6.9: Abteilungsspezifische Einschätzung der Umweltverbände

	G	IG	N	RS	WA	Z	gesamt
"Verbündete"	3	10	2	1	11	2	29
"Kontrahenten"	5	1	6	11	7	8	38

---

57 Wie ein solches Bündnis aussehen könnte, demonstrierte, allerdings im Alleingang, Greenpeace. Mittels der Besetzung des Frankfurter Hauptbahnhofs erreichte die Organisation, daß sich die Deutsche Bahn AG zum Verzicht auf den Einsatz verschiedener Pflanzenschutzmittel bereit erklärte. Dem Umweltministerium war es trotz fünf Jahre während Verhandlungen mit der Deutschen Bahn AG nicht gelungen, eine derartige Selbstverpflichtung zu erhalten. Aus Sicht der Umweltministerin zeigt dies, daß etwas am System "faul" ist (DIE ZEIT Nr. 32/1996: 19). Vor allem zeigt das Beispiel, daß das Umweltministerium allein nicht den nötigen Druck erzeugen kann, dessen es zur Aushandlung wirksamer Selbstverpflichtungen der Wirtschaft bedarf.

Die überwiegend negative Beurteilung der Umweltverbände durch die Ministerialbeamten wird von diesen entsprechend den in der Literatur angeführten Denkmustern begründet. Der im folgenden zitierte Gesprächspartner bringt die in den Interviews beinahe regelmäßig angeführten, einschlägigen Argumentationsfiguren auf einen Nenner. Seine ausführlichen Erwägungen stehen hier stellvertretend für ein im Haus weitverbreitetes Unbehagen:

"Ich glaube man kann sagen, daß die Umweltverbände, die theoretisch Verbündete des Umweltministeriums sein könnten, dies in der Realität nicht sind, daß aber der Wunsch besteht, daß dies so werden möge. Nun ist die Frage: Warum sind die Umweltverbände nicht unsere Verbündeten? Wir haben uns die Frage schon oft gestellt. Und die läßt sich gar nicht so einfach beantworten. Zunächst mal herrscht, glaube ich, bei den Umweltverbänden eine gewisse Naivität dahingehend, daß die sagen: "Wenn dieser verdammte Referent nicht so blöd wäre, dann würde der jetzt auf uns hören und die ganze Sache stoppen." Daß wir hier in einem ganz komplizierten Geflecht drinstecken, das wissen die nicht. Die sind da irgendwie weltfremd, unerfahren oder politisch naiv. Das ist eine der Hauptschwierigkeiten. Zum anderen sind die Umweltverbände im Gegensatz zu anderen raffinierten und geschickten Verbänden, wie dem VCI, nicht verschwiegen, sondern sie posaunen alles raus. Was man ihnen heute vertraulich sagt, wird morgen auf dem großen Markt gehandelt. Mit solchen Leuten kann man nicht zusammenarbeiten, weil man ja auch Vertrauensschutz braucht. Wenn man denen sagt: "Ich gebe Ihnen hier die oder die Mitteilung, lassen Sie sich das mal durch den Kopf gehen", und die wird dann gleich rausposaunt, dann ist der Effekt dahin. Und ein weiterer Punkt ist, daß die Umweltverbände mit überzogenen Forderungen operieren, die auch dem Ministerium als nicht durchsetzbar erscheinen. Nun kann man dem entgegenhalten, daß ja auch die Industrieverbände, der VCI oder der Bauernverband mit überzogenen Forderungen kommen und vor allen Dingen mit Schreckgespenstern. Die Bundesrepublik geht ja dauernd unter, die Arbeitslosigkeit nimmt zu, wir hungern übermorgern, ohne Atomstrom geht bei uns das Licht aus usw. Das sind alles genauso Übertreibungen wie die von Greenpeace oder dem BUND, die sagen: "Nach Tschernobyl sterben wir alle an Krebs und werden alle vergiftet. Und auch die chemische Industrie vergiftet uns." Komischerweise verfangen die Argumente des VCI - wenn wir das und das nicht machen dürfen, dann wandern wir aus - bei den politischen Entscheidungsträgern, aber wenn man ein Umweltverband sagt: "Wenn das weiter produziert wird, dann werden wir alle vergiftet", dann hat das keine Wirkung [...]. Das hängt wahrscheinlich damit zusammen, daß die eine Interessengruppe eine gewaltige wirtschaftliche und politische Macht hat, und die andere ist ohnmächtig und kann nur mit Ängsten operieren, während der VCI beides kann, Ängste schüren, aber eben auch Wirtschaftliches bewegen" (Interview BMU, 15.09.1994).

Der hier zitierte Referent beginnt seine Argumentation mit der Behauptung, daß die Beamten des BMU den Wunsch hegten, daß das Verhältnis des Ministeriums zu den Umweltverbänden sich in Richtung auf ein Bündnis beider ändern möge. Dieser Befund, der angesichts der kritischen Beurteilung der Politikfähigkeit der Umweltverbände, die im BMU nach wie vor dominiert, nicht selbstverständlich erscheint, trifft jedoch die Stimmungslage im Umweltministerium durchaus. Die Mehrheit seiner Beamten ist nämlich der Auffassung, daß es gut wäre, wenn den Umweltverbänden allgemein ein stärkeres Gewicht zukäme, und dies gilt auch, wie Tabelle 6.10 zeigt, für die in der Naturschutzabteilung tätigen Mitarbeiter. Damit dokumentiert sich die Fähigkeit der Umweltverwaltung zum "policy-learning": Auch diejenigen Verwaltungsvertreter, die mit den Umweltverbänden in der Vergangenheit eher negative Erfahrungen gemacht zu haben meinen, können sich offenbar mit einem alternativen Zukunftsszenario anfreunden, innerhalb dessen den Umweltorganisationen ein größerer Einfluß zukommt als in der Vergangenheit.[58]

Tabelle 6.10: Sollte den Umweltverbänden generell ein stärkeres Gewicht zukommen?

	absolut	v.H.
keine Angabe	1	0.7
ja	32	21.3
eher ja	45	30.0
unentschieden	33	22.0
eher nein	26	17.3
nein	13	8.7
gesamt	150	100.0

Die Tatsache, daß sich eine Mehrheit der BMU-Beamten für eine Ökologisierung des gesellschaftlichen Interessengruppensystems zu erwärmen vermag, läßt nun allerdings noch nicht den Schluß zu, daß die Umweltverwaltung mehrheitlich bereits für eine Änderung des Entscheidungssystems im Sinne seiner Öffnung für neue Interessen einträte, denn die abgefragte "allgemeine Stärkung der Umweltverbände" bezieht sich auf die "Außenwelt" des Umweltministeriums, auf die Ausbalancierung der "pluralistischen Interessenbörse" (Offe) zugunsten allgemeiner Interessen und damit auf die von Interessengruppen maßgeblich geprägte öffentliche Meinung. Von einer derartigen Stärkung des Umweltgedankens in der Verbändelandschaft würden nach eigener Einschätzung insbesondere die "Immissions- und Naturschützer" im BMU profitieren, während sich das Geschäft im Bereich der Reaktorsicherheit wohl entsprechend schwieriger gestalten würde, weshalb sich in dieser Abteilung kaum Fürsprecher der Umweltverbände finden.[59] Auch die in der Zentralabteilung tätigen Beamten zeigen sich diesbezüglich eher konservativ, was sich einmal aus dem Umstand erklären mag, daß sich in dieser Verwaltungseinheit ein überprortional hoher Anteil aus-

---

58 Diesbezüglich demonstriert die Ministerialbürokratie größere Lernfähigkeit als ihre Ministerin, die den Umweltverbänden nach wie vor sehr distanziert gegenübersteht (vgl. DIE ZEIT Nr. 32/1996: 19).
59 Läßt man die Mitarbeiter der Abteilung RS außer Betracht, von denen viele Umweltschutz mit Kernenergiegegnerschaft gleichsetzen (Interview BMU, 15.09.1994), steigt der Anteil derjenigen, die eine Aufwertung der Umweltverbände mehr oder weniger gutheißen, von 51.3% auf 58.8%.

schließlich ressortintern ausgerichteter Aufgaben findet, welche die Sensibilität für öffentlichkeitsbezogene Argumentationen schmälern dürften. Zum anderen sind in der Abteilung Z aber beispielsweise auch die Referate für Bürgerbeteiligung und Öffentlichkeitsarbeit angesiedelt, die in der Vergangenheit insofern leidvolle Erfahrungen mit der Umweltverbandsszene machten, als sie als Adressaten so mancher Postkartenaktion, wie sie beispielsweise Greenpeace schon häufiger initiierte, herhalten mußten. Wessen Arbeitsalltag nicht selten davon bestimmt ist, sich umweltverbandsseitig organisierter Protestaktionen zu erwehren, für den ist eine Zusammenarbeit mit solchen Interessengruppen "wahrlich nicht sehr naheliegend" (Interview BMU, 09.03.1994).

Tabelle 6.11: Abteilungsspezifische Beurteilung einer Stärkung der Umweltverbände

	Abt.G	Abt.IG	Abt.N	Abt.RS	Abt. WA	Abt. Z	alle
keine Angabe	0	0	0	0	0	4.8% n=1	0.7% n=1
(eher) ja	61.5% n=8	69.2% n=18	68.8% n=11	16.7% n=4	58.1% n=25	38.1% n=8	51.7% n=74
unentschieden	30.8% n=4	15.4% n=4	12.5% n=2	33.3% n=8	20.9% n=9	28.6% n=6	23.1% n=33
(eher) nein	7.7% n=1	15.4% n=4	18.8% n=3	50.0% n=12	20.9% n=9	28.6% n=6	24.5% n=35
gesamt	100.0% n=13	100.0% n=26	100.0% n=16	100.0% n=24	100.0% n=43	100.0% n=21	100.0% n=143

Die in obigen Tabellen dokumentierte Einstellung der Ministerialbürokratie zur künftigen Rolle von Umweltverbänden bezieht sich, wie gesagt, auf die Gestalt des Systems der Interessengruppen als solchem. Der Rat von Sachverständigen für Umweltfragen indes will mehr, nämlich die gleichberechtigte Einbeziehung der Umweltverbände in die politischen Entscheidungsprozesse:

"Umweltverbände können bei politischen und administrativen Entscheidungen ein hohes Maß an fachlicher Kompetenz beisteuern. Darüber hinaus trägt ihre Beteiligung aber vor allem dazu bei, daß gerade bei Entscheidungen, die im starken Widerstreit sozialer, ökonomischer und ökologischer Erfordernisse gefällt werden müssen, Umweltbelange eine Lobby erhalten und damit zugleich die Chance, angemessen berücksichtigt zu werden. Damit werden Wettbewerbsverzerrungen im politischen Prozeß ausgeglichen. Da sich Umweltverbände in der Regel für ihre Positionen breiten öffentlichen Rückhalt verschaffen, kann ihre Beteiligung gleichzeitig dazu beitragen, die gesellschaftliche Akzeptanz von Entscheidungen der Regierung und Verwaltung zu verbessern [...]. Die Mitwirkungsrechte [...] sind so zu gestalten, daß die Umweltverbände ihre spezifischen Anliegen und Kompetenzen frühzeitig und konstruktiv in Planungsprozesse einbringen können, statt daß sie -

wie es gegenwärtig aufgrund der Rahmenbedingungen noch häufig der Fall ist - ihren Anliegen erst nachträglich mit Hilfe von Protestaktionen Geltung verschaffen können [...]. Hierzu ist es in verstärktem Maße notwendig, auch informelle, nicht institutionalisierte Kontakte aufzubauen und zu pflegen" (SRU 1996: 248f.).

Was manchem Verbändetheoretiker bereits als ausgemachte Sache und fester Bestandteil umweltpolitischer Praxis gilt, nämlich die Realisierung einer partizipativen Regierungs- und Verwaltungstechnik gegenüber "Betroffeneninteressen" (Streeck 1994: 18), ein umweltpolitischer "Wandel durch Annäherung" (Weidner 1996b: 14), setzt der Umweltrat aus guten Gründen erst auf die Agenda für die kommenden Jahre. Sein eher verhaltener Optimismus bezüglich der Bereitschaft der Verwaltungsakteure, "Anliegen der Umweltverbände innerhalb der staatlichen Administration zu fördern" und "Kooperationsmodelle" zu entwickeln - insgesamt also eine "Normalisierung im Verhältnis zwischen gesellschaftlichen und staatlichen Umweltakteuren" anzustreben (SRU 1996: 240ff.), ist bezüglich der Ministerialbürokratie im Umweltministerium des Bundes aber durchaus berechtigt, wie die folgende Tabelle zeigt.

Tabelle 6.12:   Ausbaufähigkeit der Beziehungen zwischen BMU und Umweltverbänden

	absolut	v.H.
keine Angabe	1	0.7
ja	45	30.0
eher ja	60	40.0
unentschieden	27	18.0
eher nein	13	8.7
nein	4	2.7
gesamt	150	100.0

Trotz der im Ministerium verbreiteten Vorbehalte gegenüber den Umweltverbänden spricht sich damit eine deutliche Mehrheit für ein neues Verhältnis des Ressorts zu seinen potentiellen Verbündeten aus, und diese Mehrheit findet sich in allen Abteilungen.

Tabelle 6.13: Abteilungsspezifische Beurteilung der Ausbaufähigkeit des Verhältnisses zwischen BMU und Umweltverbänden

	Abt.G	Abt.IG	Abt.N	Abt.RS	Abt. WA	Abt. Z	alle
keine Angabe	0	0	0	0	0	4.8% n=1	0.7% n=1
(eher) ja	76.9% n=10	65.4 % n=17	68.8% n=11	54.2% n=13	83.7% n=36	66.7% n=14	70.6% n=101
unentschieden	15.4% n=2	23.1% n=6	25.0% n=4	29.2% n=7	9.3% n=4	14.3% n=3	18.2% n=26
(eher) nein	7.7% n=1	11.5% n=3	6.3% n=1	16.7% n=4	7.0% n=3	14.3% n=3	10.5% n=15
gesamt	100.0% n=13	100.0% n=26	100.0% n=16	100.0% n=24	100.0% n=43	100.0% n=21	100.0% n=143

Gleichwohl ist die vom Umweltrat angemahnte "Normalisierung" der Beziehungen zwischen Umweltministerium und Umweltverbänden noch nicht Realität, nicht zuletzt, weil sie von der Hierarchie offenbar nicht sonderlich goutiert wird, wie ein Referatsleiter andeutet:

"Noch immer gehen auch aus unserem Hause mit großer Selbstverständlichkeit auch vertrauliche Papiere an die Industrie. Was meinen Sie, was ich für Hemmungen habe, dieselben Papiere an Greenpeace zu geben oder an den BUND. Die Wirtschaftsverbände kriegen das Zeug doch immer. Das ist ständige Praxis, für mich eine absolute Verletzung des Gleichheitssatzes, weil, ohne den VCI zu beteiligen, passiert bei uns überhaupt nichts. Aber wenn ich das mit dem BUND machen würde oder was in der Öffentlichkeit lancierte, da wäre der Teufel los" (Interview BMU, 10.03.1994).

Der weitgehende, wenn nicht völlige Ausschluß der Umweltverbände aus der Vorbereitungsphase von Gesetzen und Verordnungen kennzeichnet bis heute den umweltpolitischen Entscheidungsprozeß. Er kann durch die Einbeziehung der Umweltorganisationen in die offizielle Verbändeanhörung, die zu einem Zeitpunkt stattfindet, zu dem die wichtigsten Vorentscheidungen längst gefallen sind, nicht kompensiert werden.[60] Die von den Beamten des BMU mit großer Mehrheit eingeräumte Bevorzugung ökonomischer Interessen ist prozedural also gleichsam vorprogrammiert, weshalb die vom Sachverständigenrat erhobene Forderung nach Beseitigung der Wettbewerbsnachteile für Umweltverbände auch aus Sicht der Ministerialbürokratie berechtigt ist. Allerdings werden, darauf wurde bereits verwiesen, die kooperationswilligen, an der "Herstellung eines breiten gesellschaftlichen Grundkonsenses"

---

60 Vgl. hierzu auch die von den Vertretern der Naturschutzverbände anläßlich einer gemeinsamen Tagung mit BMU-Repräsentanten geübte Kritik an der aus ihrer Sicht mangelhaften Beteiligungspraxis des Umweltministeriums (Mitlacher 1996: 37ff.).

interessierten Geister in der Umweltverwaltung von ihrer Hierarchie nach wie vor "ausgebremst" (Cupei 1994: 127). Wohl auch deshalb wird seitens der Ministrialbürokratie eine interessenorientierte Analyse umweltpolitischer Entscheidungsprozesse angeregt:

> "Vor dem Hintergrund einer häufig geäußerten Sorge der Industrie, ihre Vorschläge und Anregungen würden im Rahmen von Normierungsvorhaben nicht ausreichend berücksichtigt, erscheint es schließlich empfehlenswert, die Genese eines Regelungswerks wie etwa der UVP-Richtlinie unter politikwissenschaftlichen Aspekten zu analysieren und nachzuzeichnen, daß, wie und warum sich welche Interessen durchgesetzt bzw. nicht durchgesetzt haben" (Cupei 1994: 128).

Das Ergebnis einer solchen Analyse sieht nach Aussage eines Referatsleiters regelmäßig so aus:

> "Ich habe das einmal statistisch für meinen Bereich ausgewertet. Ich habe schlicht quantitativ untersucht, wieviele Verbände haben sich beteiligt, wieviele sind angesprochen worden, wieviele haben Gebrauch davon gemacht, wie haben sie sich inhaltlich geäußert und wie sind diese Äußerungen später umgesetzt worden [...]. Ich kann nur für die Dinge sprechen, die ich persönlich verfolgt habe. Aber da kann ich unschwer nachweisen, daß sich keine der Positionen, die bei uns Umwelt- oder Grünverbände verfolgt haben, durchgesetzt hat, keine einzige. Während von den Industriepositionen sich nicht alle, aber doch eine ganze Reihe durchgesetzt haben" (Interview BMU, 08.03.1994).

Als Fazit bleibt zunächst festzuhalten, daß die auf einen neuen Umgang mit den Umweltverbänden gerichteten Empfehlungen des Umweltrates in der Ministerialbürokratie durchaus auf offene Ohren treffen, eine Ausbalancierung des Einflusses von Wirtschaftsverbänden einerseits und Umweltverbänden andererseits durch die Änderung des Informations- und Beteiligungsverhaltens des Umweltministeriums politisch jedoch nicht gewünscht wird, wie auch aus folgendem Gesprächsauszug deutlich wird:[61]

> "Die Zusammenarbeit zwischen dem BMU und den Umweltverbänden zu verbessern, ja das ist schwer. Manchmal ärgert man sich schwarz und denkt sich: "Wenn das jetzt nur der BUND wüßte, der würde sofort was lostreten." Denn wenn die gute Argumente haben, und das kommt an die Öffentlichkeit, dann ist das schon eine große Hilfe [...].[62] Und das wissen natürlich auch die hohen Herren, die sich da treffen, aus Wirtschaft und Politik. Aber wenn es im Spiegel oder im Stern steht oder in Panorama kommt, dann ist eine gewisse Chance da [...]. Aber man ist ja Mitglied der Bundesregierung und tut es dann nicht, das mit dem BUND, und das ist natürlich bitter. Es gibt Kollegen, die haben schon mal ein Papier herausgegeben hier und da. Aber man ist da in einem dauernden Loyalitätskonflikt, das wird zu Gewissenskonflikten irgendwie" (Interview BMU, 10.03.1994).

---

61 Eines der bislang seltenen Beispiele für die Realisierung des Kooperationsprinzips mit den Umweltverbänden liefert ausgerechnet das von den Beamten des BMU so heftig kritisierte Verkehrsministerium, das sich auf mehrjährige Verhandlungen mit mehreren Umweltverbänden über den Ausbau der Elbe einließ, die vom Präsidenten des Stiftungsrates des WWF, dem Versandhauschef Michael Otto, moderiert wurden. Die Verhandlungen führten zu einer "Konsenslösung", die eine ökologische Korrektur der ursprünglichen Ausbaupläne beinhaltet (vgl. DER SPIEGEL, Nr. 37/1996: 20).

62 Auch der Sachverständigenrat für Umweltfragen begründet sein Votum für eine verbesserte Einbeziehung der Umweltverbände in die umweltpolitischen Entscheidungsprozesse u.a. damit, daß diese die Chance zur Aktivierung einer kritischen politischen Öffentlichkeit gegenüber Status quo-Interessen beinhalte (SRU 1996: 222).

Für eine andere, über die Verbändebeteiligung an der Programmentwicklung hinausgehende Forderung des Umweltrates kann sich die Beamtenschaft des BMU allerdings nicht im selben Maße erwärmen wie für die Weiterentwicklung ihrer allgemeinen Beziehungen zu den Umweltverbänden. Die Rede ist von der bundesrechtlichen Einführung der Verbandsklage, die vom Umweltrat für all die Bereiche gefordert wird, "[...] in denen Umweltverbänden eine Verbändebeteiligung eingeräumt ist" (SRU 1996: 249). "Unter Verbandsklage versteht man im Umweltrecht die Befugnis von Umweltschutzorganisationen, gegen Verwaltungsakte, deren Unterlassung und sonstige behördliche Maßnahmen, die die Umwelt beeinträchtigen können, die nach der Verwaltungsgerichtsordnung vorgesehenen Rechtbehelfe einzulegen" (Rehbinder 1994: 2559). Ihr Zweck ist die Behebung von Implementations- und Vollzugsdefiziten. Sinnvoll erscheint die Verbandsklage insbesondere in den Bereichen, in denen Drittbetroffene keine Klagebefugnis besitzen, weil die einschlägigen Gesetze nur dem Schutz des öffentlichen Interesses, nicht aber dem Schutz Privater dienen. Dies ist z.B. im Bereich des Naturschutzes der Fall. In mittlerweile zwölf Bundesländern ist die Verbandsklage denn auch in den Landesnaturschutzgesetzen verankert worden. Nachdem in diesen Ländern die befürchtete "Klageflut" ausgeblieben ist, haben zahlreiche Umweltrechtsexperten ihre ursprünglich kritische Einschätzung der Verbandsklage revidiert und zeigen sich mittlerweile offen für ihre Einführung in das Bundesrecht bei gleichzeitiger Ausdehnung ihres Anwendungsbereichs über das Naturschutzrecht hinaus (vgl. BMU 1994: 86f., Rehbinder 1994: 2567). Auch die politische Leitung des Bundesumweltministeriums tritt seit Jahren im Einklang mit dem Sachverständigenrat für Umweltfragen für die bundesrechtliche Verankerung der Verbandsklage ein, befindet sich jedoch innerhalb der Regierung diesbezüglich in einer Minderheitenposition. Nachdem sie sich hier - so der ehemalige Staatssekretär Stroetmann - auf "hochvermintem Gelände" bewegt (BMU 1994: 88), agiert sie entsprechend vorsichtig.[63]

Die Zurückhaltung der Ressortspitze in Sachen Verbandsklage scheint durchaus im Sinne der Beamtenschaft des Ministeriums zu sein. In ihrer Gesamtheit steht sie diesem Rechtsinstitut, wie die folgende Tabelle ausweist, unentschieden gegenüber.

---

63 Auch der Entwurf zur Novelle des Bundesnaturschutzgesetzes, den das Kabinett im November 1996 verabschiedete, enthielt keine Regelung zur Verbandsklage, wohl aber der Entwurf, den die vom BMU eingesetzte Unabhängige Sachverständigenkommission für ein Umweltgesetzbuch vorgelegt hat (vgl. BMU 1998: 536ff.).

Tabelle 6.14: Beurteilung der Verbandsklage für Umweltverbände

	absolut	v.H.
keine Angabe	1	0.7
ja	24	16.0
eher ja	25	16.7
unentschieden	49	32.7
eher nein	26	17.3
nein	25	16.7
gesamt	150	100.0

Tabelle 6.15: Abteilungsspezifische Beurteilung der Verbandsklage für Umweltverbände

	Abt.G	Abt.IG	Abt.N	Abt.RS	Abt. WA	Abt. Z	alle
keine Angabe	0	0	0	0	0	4.8% n=1	0.7% n=1
(eher) ja	30.8% n=4	50.0 % n=13	62.5% n=10	4.2% n=1	27.9% n=12	33.3% n=7	32.9% n=47
unentschieden	46.2% n=6	23.1% n=6	25.0% n=4	50.0% n=12	37.2% n=16	19.0% n=4	33.5% n=48
(eher) nein	23.1% n=3	26.9% n=7	12.5% n=2	45.8% n=11	34.9% n=15	42.9% n=9	32.9% n=47
gesamt	100.0% n=13	100.0% n=26	100.0% n=16	100.0% n=24	100.0% n=43	100.0% n=21	100.0% n=143

Bei dieser abteilungsspezifischen Aufbereitung des Antwortverhaltens fällt die relativ deutliche Zurückhaltung der ansonsten überdurchschnittlich reformfreudigen und umweltverbandsfreundlichen Mitarbeiter der Abteilungen IG und WA auf, während sich umgekehrt in der Abteilung N ein deutliches Übergewicht der Befürworter der Verbandsklage zeigt. Letzteres ist nicht verwunderlich, ist doch die Verbandsklage im Naturschutzrecht der Länder für die Mitarbeiter dieser Abteilung eine lang vertraute Einrichtung, deren bundesweite Einführung schon auf der Agenda der Naturschutzabteilung stand, als diese noch im Landwirtschaftsministerium ressortierte (Interview BMU, 23.04.1987). Die Tatsache, daß man die Einführung der Verbandsklage in den anderen Abteilungen deutlich zurückhaltender bewertet, mag als Indiz der nach wie vor dominierenden Medien- und Sektorenbefangenheit der BMU-Administration gewertet werden, die mangels Vernetzung von den Erfahrungen und Erwartungen der jeweils anderen Einheiten wenig weiß. Ist die eher dürftige Resonanz der Forderung nach Einführung der Verbandsklage darüber hinaus aber auch Ausdruck einer im konkreten Fall doch wieder durchscheinenden Umweltverbandsphobie der Verwaltung? Die Gesprächspartner im Ministerium legen eine andere Interpretation nahe, nämlich die, daß die Verbandsklage im Bundesrecht nach ihrer Ansicht schlicht deplaziert ist:

"Ich denke, die Verbandsklage ist dann sinnvoll, wenn eine konkrete Maßnahme vorliegt, gegen die geklagt werden kann. Und ich frage mich immer, wie sieht diese Maßnahme aus, die vom Bund kommen soll, und gegen die dann geklagt werden könnte. Außer, wenn der Bund eine Autobahn baut. Ich sehe, daß es auf Landesebene bestimmt sehr, sehr sinnvoll ist. Nur die konkreten Naturschutz- oder Kontranaturschutzmaßnahmen des Bundes, die verbandsklagefähig wären, die sehe ich nicht" (Interview BMU, 09.03.1994).

Die Forderung nach Einführung der Verbandsklage steht im übergreifenden Kontext einer Debatte über die Stärkung prozeduraler Instrumente im Umweltschutz. Diese in jüngerer Vergangenheit intensivierte Diskussion ist maßgeblich von der Ebene der Europäischen Union her beeinflußt und stellt das bundesstaatliche Entscheidungs- und Regelungssystem vor gravierende Probleme. Sie sollen im folgenden Kapitel analysiert werden.

7. "Wenn es ernst wird, stehen wir doch immer allein..."[1] Das BMU zwischen den Interessen der Länder und den Anforderungen europäischer Umweltpolitik

7.1 Die umweltpolitische Innenwelt des Föderalismus

Der Einfluß organisierter Interessen auf die Umweltpolitik, von dem im vorherigen Kapitel die Rede war, machte sich auch bezüglich einer Diskussion geltend, die die deutsche Umweltpolitik seit ihren Anfängen geprägt hat, nämlich die über eine problemadäquate Verteilung der Gesetzgebungskompetenzen zwischen Bund und Ländern. Diese Diskussion begann mit der Forderung der Bundesregierung nach der konkurrierenden Gesetzgebungskompetenz für den Bund in allen Umweltrechtsbereichen, welche dem seinerzeit für den Umweltschutz verantwortlichen Innenminister als unabdingbare Voraussetzung galt, um eine wirksame Umweltpolitik betreiben zu können (Umweltprogramm der Bundesregierung, Bundestag-Drucksache 6/2170 vom 14.10.1971: 8). Allerdings konnte sich die Bundesregierung mit ihrer Forderung nach einer umweltrechtlichen "Vollkompetenz" im Bundesrat nicht vollständig durchsetzen, sondern mußte sich mit einem Teilerfolg begnügen. Dieser bestand in der Aufnahme der Bereiche Abfallbeseitigung, Luftreinhaltung und Lärmbekämpfung in den Katalog der konkurrierenden Gesetzgebung des Bundes (Art.74 Nr.24 GG). Für die Bereiche Wasserhaushalt sowie Naturschutz und Landschaftspflege konzedierte der Bundesrat lediglich die Kompetenz zur Rahmengesetzgebung (Art.75 Nr.3 und Nr.4 GG).[2] Trotzdem konnten auf dieser Grundlage in relativ kurzer Zeit wichtige Umweltgesetze erarbeitet und verabschiedet werden (z.B. das Abfallbeseitigungsgesetz von 1972, das Bundesimmissionsschutzgesetz von 1974, das Bundesnaturschutzgesetz, die Novelle zum Wasserhaushaltsgesetz und das Ab-

---

1 Interview BMU, 10.03.1994.
2 Über die Gründe, warum der Bundesrat dem Bund die konkurrierende Gesetzgebungskompetenz für die genannten Bereiche verweigerte, läßt sich letztlich nur spekulieren. In der Sache argumentierte der Bundesrat, daß sich Natur- und Gewässerschutzmaßnahmen zumeist nur auf klar abgrenzbare Gebiete auswirkten, weshalb sie landesspezifischen Regelungen unterworfen bleiben müßten (Michelsen 1979: 136f.), eine, wie im Verlauf dieses Kapitels noch zu zeigen sein wird, durchaus bestreitbare Auffassung. Plausibel erscheint deshalb die Vermutung, daß die Mehrheit der Landesregierungen schlicht von einer allgemeinen "Angst vor weiterer Zentralisierung" (Fabritius 1977: 77) dazu bewogen wurde, das entsprechende Ansinnen der Bundesregierung im April 1973 abzulehnen. Schließlich hatten die Landesregierungen im vorangegangenen Jahr dem Bund nicht nur die bereits erwähnten umweltschutzrelevanten Gesetzgebungskompetenzen zugestanden, sondern auch einer Fülle weiterer Kompetenzausweitungen des Bundes zugestimmt, die sich auf die Gebiete Wirtschaft, Finanzen und Steuern bezogen.

wasserabgabengesetz von 1976). Die vorrangigen Vorhaben aus dem Umweltprogramm der Regierung waren damit abgearbeitet.

Die vom Bund vorangetriebene, umfassende Gesetzgebung, so der die einschlägige Literatur dominierende Konsens, dokumentiere, daß der Umweltschutz von vornherein einer zentralisierenden Tendenz unterlegen sei (Storm 1987: 36); der Trend zur "Unitarisierung", der den deutschen Bundesstaat allgemein kennzeichne, habe auch die Umweltpolitik voll erfaßt (Müller-Brandeck-Bocquet 1996: 146). Die Tatsache, daß das Umweltrecht ganz eindeutig von bundeseinheitlichen Regelungen geprägt ist, wird von Storm auf den "technischen Wesenszug des Umweltrechts" zurückgeführt. Je technischer der Charakter politischer Entscheidungen, desto größer die Chance zu inhaltlicher Einflußnahme durch spezialisierte Verbände (Mann 1994: 178f.). Tatsächlich wurde die Herausbildung einer im wesentlichen bundeseinheitlichen Umweltpolitik durch die Interessenlage der deutschen Wirtschaft befördert. Dies zeigte sich schon bei den Vorarbeiten zum Bundesimmissionsschutzgesetz im Jahre 1971, während derer die Industrieverbände signalisierten, daß ihnen zum Schutz gegen Wettbewerbsverzerrungen durchaus an einer bundeseinheitlichen Regelung gelegen sei (Müller 1986: 209). Deshalb konnte Bundesinnenminister Genscher den Gesetzesentwurf denn unter anderem auch damit begründen, "[...] daß in Zukunft bei der Standortwahl für Industriebetriebe die Frage des Umweltschutzes weder Vorteile noch Nachteile bewirken kann" (Umwelt Nr. 6/1971: 2). Bis heute setzen die Spitzenverbände der deutschen Wirtschaft auf die Vorzüge der Rechtseinheit (Scharpf 1994: 165). Diese Forderung richtet sich auch auf Materien, für die der Bund nach geltendem Verfassungsrecht nur Rahmenvorschriften erlassen kann:

> "Es gibt schon Bereiche, wo es besser wäre, wir hätten eine zentrale Regelung. Das wären zum Beispiel die Anforderungen an Anlagen zum Umgang mit wassergefährdenden Stoffen. Die sind vom Wasserhaushaltsgesetz her geregelt. Unsere Rahmengesetzgebungskompetenz regelt an dieser Stelle, daß diese Anlagen so gebaut und betrieben werden müssen, daß eine Verunreinigung der Gewässer nicht zu besorgen ist. Das heißt die Bundesregelung erschöpft sich in einer philosophischen Vorgabe. Und die muß mit Leben erfüllt werden, und dazu kommt man am Ende mit technischen Anforderungskatalogen [...]. Nehmen Sie nur mal das Beispiel Tankstellen. Die unterliegen genau diesem Paragraphen aus dem Wasserhaushaltsgesetz, das ganze geht also konkret nach Länderrecht. Jedes Land kann also an Tankstellen andere Anforderungen stellen. Oder nehmen Sie Pipelines, die gehen durch ganz Deutschland. Wenn Sie jetzt von Bundesland zu Bundesland andere Regelungen haben, dann wird so ein Pipeline-Betreiber natürlich völlig verrückt [...]. Wir haben hier zwar nur kleine Unterschiede, aber auch das hat die Firmen schon sehr aufgebracht. Die sind deshalb vor zwei Jahren zum Bundeskanzler gegangen und haben gesagt, wir fordern für diesen Bereich eine bundeseinheitliche Kompetenz. Und dann haben die einen Workshop veranstaltet - Bund-, Länder-, Industrievertreter - mit dem erstaunlichen, einvernehmlichen Ergebnis, daß nämlich alle gesagt haben, ja, in diesem Fall ist die Bundeskompetenz sinnvoll. Nur vollzogen ist das noch nicht. Denn nun kommen ja die politischen Überlegungen ins Spiel, denn

wenn die Länder ihre Kompetenzen abtreten sollen, gelten andere Gesichtspunkte" (Interview BMU, 10.03.1994).

Was der zitierte Referatsleiter mit der Geltung "anderer Gesichtspunkte" bei der konkreten Beantwortung der Frage nach der Zentralisierung von Gesetzgebungszuständigkeiten umschreibt, ist die hinlänglich bekannte Tatsache, daß die Länder einer weiteren Übertragung von Zuständigkeiten auf den Bund ablehnend gegenüberstehen. Anläßlich der einigungsbedingten Diskussion über eine Reform des Grundgesetzes versuchten sie darüber hinaus, die bisherige Entwicklung soweit wie möglich rückgängig zu machen. In den Beratungen der Gemeinsamen Verfassungskommission konnten sie diesbezüglich auch Erfolge verbuchen, wenngleich sie Abstriche an ihrer ursprünglichen Konzeption hinnehmen mußten. Die Ermächtigung für den Bund zum Erlaß von Gesetzen im Bereich der konkurrierenden und der Rahmengesetzgebung bezieht sich nunmehr auf die Herstellung gleichwertiger - nicht mehr einheitlicher - Lebensverhältnisse. In diesem Sinne nicht mehr erforderliches Bundesrecht kann durch Landesrecht ersetzt werden (Artikel 72 Absätze 2 und 3 GG)[3] und die Bedürfnisklausel des Artikel 72 Absatz 2 kann nunmehr durch länderseitige Initiative zum Gegenstand verfassungsrechtlicher Prüfung gemacht werden (Artikel 93 Absatz 2a GG). Zudem dürfen Rahmenvorschriften des Bundes seit der Änderung des Grundgesetzes vom Oktober 1994 nur in Ausnahmefällen in Einzelheiten gehende oder unmittelbar geltende Regelungen enthalten (Artikel 75 Absatz 2 GG).

Daß sich die Praxis der Umweltgesetzgebung aufgrund der genannten Neuregelungen grundsätzlich ändern wird, ist allerdings nicht nur wegen der insgesamt eher bescheiden ausgefallenen "Reföderalisierung" des Grundgesetzes zweifelhaft. Schließlich haben die Länder den Trend zur Unitarisierung in Form der vollständigen Nutzung des Katalogs der konkurrierenden Gesetzgebung und detaillierter "Umweltrahmengesetze" in der Vergangenheit durch ihre zumindest mehrheitliche Zustimmung im Bundesrat aktiv mitgetragen und zum Teil selbst initiiert. Auch hinsichtlich der umweltpolitischen Verflechtungsstrukturen gilt also, daß die

---

3   Dies ist der Punkt, in dem die Länder zu Konzessionen an den Bund genötigt wurden. Mit ihrer Absicht, die Wiedereröffnung von Landeszuständigkeiten im Bereich der konkurrierenden Gesetzgebung als eigenständige, von der Mitwirkung des Bundes unabhängige Ersetzungsbefugnis der Länder auszugestalten, konnten sie sich nicht durchsetzen. Indem die Beurteilung, ob ein Bedürfnis nach bundeseinheitlicher Regelung im Einzelfall nicht mehr besteht, dem Bundesgesetzgeber übertragen wurde (vgl. Gemeinsame Verfassungskommission 1993: 66f.), mutierte die bis heute als "Rückholbefugnis" der Länder bezeichnete Neuregelung faktisch zu einer Rückgabeermächtigung für den Bund.

Landesregierungen "Täter und Opfer zugleich" waren (Sturm 1996: 9). Und solange die Ministerpräsidenten von der Furcht vor regionalpolitischen Unterbietungsstrategien der anderen Bundesländer umgetrieben werden, werden sie auch weiterhin auf eine möglichst umfassende und dichte Bundesgesetzgebung[4] drängen, denn aus ihrer Sicht entfaltet sie den besonderen Charme, daß der Bund für die mit der Umweltgesetzgebung gemeinhin verbundenen, unangenehmen Beschränkungen verantwortlich gemacht wird.

Aufgrund der skizzierten Entwicklung ist es in vielen Fällen nicht mehr möglich, die konkurrierende von der Rahmengesetzgebung inhaltlich zu unterscheiden. Dies läßt sich exemplarisch an der Gesetzgebung zur Abfallwirtschaft ablesen. Das diesem Bereich gewidmete Bundesrecht hat bis hin zu seiner jüngsten Novellierung in Form des Kreislaufwirtschaftsgesetzes von 1994 inhaltlich eher den Charakter einer Rahmenbestimmung, obwohl alle Bundesgesetze zur Abfallwirtschaft im Zuge der konkurrierenden Gesetzgebung erlassen wurden. Dieser "Rahmencharakter" schlägt sich nicht nur in der Tatsache nieder, daß das Kreislaufwirtschaftsgesetz einer Fülle von untergesetzlichen Regelungen bedarf, um überhaupt wirksam werden zu können. Die Bundesgesetzgebung ließ und läßt nämlich durchaus Raum zur Verabschiedung landesspezifischer Regelungen bezüglich der Abfallvermeidung und -verwertung, der zu Beginn der neunziger Jahre verschiedentlich auch genutzt wurde.[5] Auf der anderen Seite steht die vielfach bis ins Detail gehende Bundesgesetzgebung zum Gewässerschutz (Rose-Ackermann 1995: 91), für die ja nur eine Rahmenkompetenz des Bundes besteht. Die Länder stimmten der extensiven Nutzung der Rahmenkompetenz hinsichtlich der Ausgestaltung des Wasserhaushaltsgesetzes ausdrücklich zu, denn das Bedürfnis nach einer relativ geschlossenen bundeseinheitlichen Regelung konnten sie angesichts der bekannten Oberlieger/ Unterliegerproblematik bei Fließgewässern nicht leugnen (Posse 1986: 120). Im hier inter-

---

4   Diese Sympathie für bundeseinheitliche Regelungen ist nicht zu verwechseln mit dem Streben nach einem möglichst hohen Schutzniveau. Die Diskussion über die jeweils zumutbaren Umweltauflagen und -standards war auch auf Länderseite nicht selten von industriepolitischen Interessen beeinflußt.
5   Bestätigt wurde dieser landespolitische Spielraum durch ein Urteil des Bayerischen Verfassungsgerichtshofs, das die Zulassung des unter der Bezeichnung "Das bessere Müllkonzept" firmierenden Volksbegehrens mit dem Argument bestätigte, daß weder die bundesstaatliche Kompetenzordnung noch die Abfallgesetzgebung des Bundes der Verabschiedung landesspezifischer Regelungen im Wege stünden. Auch wenn sich im Volksentscheid vom Februar 1991 der von der Landtagsmehrheit getragene Gegenentwurf durchsetzte, trägt die bayerische Abfallgesetzgebung seitdem spezifische, das Bundesrecht ergänzende Züge. Zwischen 1990 und 1992 wurden auch in Baden-Württemberg, Hessen und Niedersachsen Landesabfallgesetze verabschiedet, die insbesondere aufgrund der Einführung von Sondermüllabgaben ebenfalls als Ergänzung des Bundesrechts verstanden werden können (Müller-Brandeck-Bocquet 1993: 111).

essierenden Zusammenhang besonders bezeichnend ist die Entstehungsgeschichte des Abwasserabgabengesetzes, denn die bundeseinheitliche Festlegung der Abgabesätze in einem Rahmengesetz entsprach dem expliziten Wunsch der Länder (Müller-Brandeck-Bocquet 1996: 147).

Auch wenn zu Beginn der neunziger Jahre vereinzelt umweltpolitische Normsetzungsaktivitäten der Länder zu verzeichnen waren, blieb die generelle bundespolitische Dominanz in der Umweltschutzgesetzgebung erhalten. Sie erlaubt den Ländern, sich bei Bedarf hinter der vorgeblichen umweltpolitischen Allzuständigkeit des Bundes zu "verstecken" und auf die Entwicklung eigenständiger Problemlösungen zu verzichten (Müller-Brandeck-Bocquet 1993: 111). Die Tatsache, daß sich der Trend zur Unitarisierung der Umweltpolitik nur mit Billigung der Landesregierungen hat durchsetzen können, relativiert natürlich deren frühere Argumentation gegen eine umweltpolitische "Vollkompetenz" des Bundes ebenso wie die ursprünglich von der Bundesregierung vorgetragene Befürchtung, ohne die konkurrierende Gesetzgebungskompetenz für alle einschlägigen Materien an der Entwicklung wirksamer Umweltschutzprogramme gehindert zu sein. Doch obwohl sich der Föderalismus in umweltpolitischer Hinsicht unter anderem dadurch als "dynamisches System" (Benz 1985) erwiesen hat, daß er unter dem Deckmantel der Rahmengesetzgebung durchaus bundeseinheitliche Politikgestaltung ermöglicht, ist die traditionelle Kritik an der unzureichenden Kompetenzausstattung des Bundes im Bundesumweltministerium nach wie vor verbreitet.

Tabelle 7.1: Beurteilung der umweltpolitischen Gesetzgebungskompetenzen des Bundes

	absolut	v.H.
keine Angabe	2	1.3
ausreichend	15	10.0
eher ausreichend	27	18.0
unentschieden	34	22.7
eher unzureichend	42	28.0
unzureichend	30	20.0
gesamt	150	100.0

Zwar überrascht es nicht, daß die "Kompetenzkritik" insbesondere in den Abteilungen verbreitet ist, die mit Rahmengesetzen operieren müssen. Interpretationsbedarf wirft jedoch die

Tatsache auf, daß sich die Stimmung unter den Naturschützern als moderater erweist als in der Abteilung für Wasser- und Abfallwirtschaft, denn zumindest den "Gewässerschützern" im BMU wurde ja durch die Konzilianz des Bundesrates ein erheblich größerer Gestaltungsspielraum eingeräumt als ihr Kompetenztitel vermuten läßt.

Tabelle 7.2:   Abteilungsspezifische Beurteilung der Gesetzgebungskompetenzen des Bundes

	Abt.G	Abt.IG	Abt.N	Abt.RS	Abt. WA	Abt. Z	alle
keine Angabe	0	3.8% n=1	0	0	0	4.8% n=1	1.4% n=2
(eher) ausreichend	30.8% n=4	34.6% n=9	25.0% n=4	41.7% n=10	25.6% n=11	19.0% n=4	29.4% n=42
unentschieden	30.8% n=4	19.2% n=5	31.3% n=5	25.6% n=6	16.3% n=7	19.0% n=4	21.7% n=31
(eher) unzureichend	38.4% n=5	42.3% n=11	43.8% n=7	33.3% n=8	58.1% n=25	57.1% n=12	47.5% n=68
gesamt	100.0% n=13	100.0% n=26	100.0% n=16	100.0% n=24	100.0% n=43	100.0% n=21	100.0% n=143

Wie also ist der Umstand, daß die auf die Kompetenztitel bezogene Föderalismuskritik bei der in der Abteilung WA versammelten Beamtenschaft besonders ausgeprägt ist, zu erklären? Dies hat sehr viel damit zu tun, daß die "verfassungsrechtlichen Anomalien", die aus der teilweise sachlich nicht begründbaren Zuständigkeitsverteilung zwischen Bund und Ländern resultieren (Rose-Ackermann 1995: 91), insbesondere beim Gewässerschutz geradezu dazu einladen, das Spiel mit dem "Schwarzen Peter" zu spielen. So übernahm der Bund beispielsweise zwar die unangenehme politische Verantwortung für die Abwasserabgabe - unangenehm deshalb, weil sie eine zusätzliche finanzielle Belastung wichtiger Industriebranchen mit sich brachte -, die Verantwortung für die Erstellung von Gewässerbewirtschaftungsplänen überließ er jedoch bewußt den Ländern (Müller-Brandeck-Bocquet 1996: 148). Diese jedoch haben bis heute keine Bewirtschaftungspläne vorgelegt (Salzwedel 1994: 2732). Dadurch wurden und werden die allgemeinen wasserwirtschaftlichen Wirkungs- und Nutzungszusammenhänge praktisch in den Hintergrund gedrängt (Hartkopf/Bohne 1983: 365f.).[6] Es ist die aus der solchermaßen

---

6   Nur am Rande sei vermerkt, daß die Verabschiedung von Bewirtschaftungsplänen die Möglichkeit eröffnet, die im Wasserhaushaltsgesetz normierten Mindestanforderungen an eingeleitete Abwässer im Einzelfall zu verschärfen. An der Nutzung dieser Option besteht offensichtlich kein Interesse.

geteilten (Un)verantwortung resultierende Intransparenz der Entscheidungsprozesse, die sich paart mit der Verstellung von Handlungsmöglichkeiten des Bundes in ökonomisch sensiblen Bereichen wie dem der Sanierung von Altanlagen, die in der Abteilung WA Unbehagen erzeugt. Exemplarisch für eine weit verbreitete Problemwahrnehmung steht folgender Gesprächsauszug:

"Die Vorteile einer Vollkompetenz wären, daß auch bei uns Klarheit bestünde. Nichts ist schlechter für jegliche Politikbereiche, als daß Zuständigkeiten, Kompetenzen nicht klar sind, wie momentan eben in unserem Bereich, dem Gewässerschutz. Wir sagen etwa bei der Sanierung von Altanlagen, das ist ausschließlich Sache der Länder. Und die Länder sagen, jetzt müssen wir so etwas Strenges fordern, was wir gar nicht wollen, sondern was eigentlich nur der Bund haben will [...]. Und so wird das Ganze dann immer wieder hin- und hergeschoben. Hätte man hier eine klare Kompetenzverteilung und hätten wir zum Beispiel auch die Möglichkeit zu konkreten Regelungen für die Sanierung von Altanlagen, dann wäre die Kompetenz klar und die Verantwortung klar und dann wäre das ein durchsichtiger Umweltschutz [...]. Es würde entscheidend zur Akzeptanz von Umweltschutzanforderungen beitragen, wenn der Bürger ganz klar wüßte, wer verantwortlich ist" (Interview BMU, 09.03.1994).

Die Frage ist, welche konkreten Akteure mit der unspezifischen Rede von "den Ländern" gemeint sind, auf welcher Handlungsebene sich also die im BMU reklamierte, wechselseitige Zuschiebung der Verantwortung vollzieht. Zur Klärung ist ein Blick auf die "interföderalen Beziehungen im kooperativen Bundesstaat" (Klatt 1987) erforderlich. Das Kooperationsnetz der Länder untereinander und der Länder mit dem Bund ist in der Umweltpolitik besonders eng geflochten. Müller-Brandeck-Bocquet (1996: 157ff.) hat es ausführlich beschrieben und aus der Sicht des ihre Studie anleitenden "Dezentralitätsparadigmas" analysiert, so daß es hier, gestützt auf ihre Erkenntnisse, nur in seinen für die Bundesumweltpolitik relevanten Umrissen skizziert werden muß. Basis der interföderalen Kooperation ist die sogenannte "Dritte Ebene", also die mittlerweile institutionell verfestigte Kooperation und Koordination der Länder untereinander. Für eine Beteiligung des Bundes an diesen Strukturen hat sich die Rede von der "Vierten Ebene" eingebürgert. Der Umstand, daß der Bund frühzeitig begann, sich in die Selbstkoordination der Länder einzuschalten, darf als ein prägendes Merkmal des kooperativen Föderalismus in Deutschland verstanden werden. Dies bedeutet nichts anderes, als daß es kaum mehr sinnvoll erscheint, Dritte und Vierte Ebene streng voneinander trennen zu wollen. Die Vermischung vertikaler und horizontaler Kooperationsstrukturen prägte auch die Umweltpolitik von Anbeginn an. Bereits im Jahre 1973 errichtete man auf Drängen des Bundes eine zweimal jährlich tagende Konferenz der Umweltminister des Bundes und der Länder

(UMK).⁷ Dieser Konferenz vorgeschaltet ist seit 1986 die Konferenz der Amtschefs (ACK),⁸ die die Beschlußfassung auf der Ministerebene vorbereitet. Das auf der ministeriellen Arbeitsebene angesiedelte, eigentliche Fundament beider Konferenzen besteht aus sechs Länder- bzw. Bund-Länder-Arbeitsgemeinschaften. Es sind dies die *Länderarbeitsgemeinschaft Wasser (LAWA)*, die *Länderarbeitsgemeinschaft Immissionsschutz (LAI)*, die *Länderarbeitsgemeinschaft Naturschutz, Landschaftspflege, Erholung (LANA)*, die *Länderarbeitsgemeinschaft Abfall (LAGA)*, die *Länderarbeitsgemeinschaft Atomenergie (LAA)* und schließlich der *Bund-Länder-Arbeitskreis Umweltchemikalien (BLAU)*. Diese Arbeitsgemeinschaften sind reine Beamtengremien, die in der Regel die fachlich jeweils zuständigen Referatsleiter bzw. Referenten aus den Landesumweltministerien und dem BMU vereinen. Typisch sind die Ausdifferenzierung von "Unterarbeitsgruppen" sowie bei Bedarf die Einsetzung von ad-hoc-Kommissionen. Die Arbeitsgemeinschaften arbeiten zumeist ohne Geschäftsordnung und ihr Status ist nirgends präzise definiert. Ihre wesentliche Funktion steht gleichwohl außer Zweifel. Sie besteht darin, "[...] daß sie bei Gesetzgebungs-, Rechtsverordnungs- oder Verwaltungsvorschriftenvorhaben des Bundesumweltministeriums als Sachverständige sehr frühzeitig gehört werden; in ihre Stellungnahmen fließen dann sowohl die Vollzugserfahrungen der Länder als auch deren grundsätzliche Handlungsbereitschaft ein" (Müller-Brandeck-Bocquet 1996: 161).

Das Arbeitsklima in diesen Gremien, so bedeutet ein Referent, der bereits mit verschiedenen Umweltrechtsbereichen befaßt war, differiere je nach Politikbereich. Insbesondere im Gewässerschutz sei die Zusammenarbeit unbefriedigend:

> "Im Bereich Abfall ist die Zusammenarbeit traditionell hervorragend. Der LAGA hat sich bewährt. Ich selbst bin des öfteren in dessen Abfallrechtsausschuß gewesen - ARA nennt der sich - und da war die Zusammenarbeit kollegial wie es besser nicht sein kann. Ich habe das immer darauf zurückgeführt, daß im Abfallbereich jeder von jedem weiß, wo die Leichen im Keller liegen. Es befriedet die Situation unheimlich, wenn jeder ganz genau weiß, aus welchem Land beispielsweise welche Abfälle in welches Ausland geschafft worden sind [...]. Das funktioniert besser als im Bereich Immissionsschutz. Im Länderausschuß Immissionsschutz arbeitet man so "lala" zusammen. Und im Länderausschuß LAWA arbeitet man äußerst schlecht zusammen, denn da ist der Bund

---

7   Die Einrichtung der Umweltministerkonferenz ist ein Beispiel für die nicht untypischen "Tauschgeschäfte" zwischen Bund und Ländern. Getauscht wurde in diesem Fall die Mitwirkung des Bundes an der Selbstkoordination der Länder gegen deren Beteiligung an der internationalen Umweltpolitik. Letztere nahm ihren Anfang im Jahre 1973 mit der Aufnahme von Ländervertretern in die deutsche Delegation, die zur ersten Umweltministerkonferenz des Europarates entsandt wurde (Feuchte 1973: 483).

8   Vorgänger dieser Amtschefskonferenz, der die Verwaltungschefs der Umweltministerien vereint, war der sogenannte STALA ("Ständiger Abteilungsleiterausschuß Bund/Länder"), der angesichts der Politisierung des Umweltschutzes aus hierarchischen Gründen als ungenügend erachtet wurde.

überhaupt nur Gast, und die Gastrolle läßt man ihn täglich und stündlich spüren" (Interview BMU, 08.03.1994).

Das Bild, das hier von der Länderarbeitsgemeinschaft Wasser gezeichnet wird, korrespondiert zwar mit der oben belegten, bei den zuständigen Beamten verbreiteten Problemsicht, derzufolge die Länder dazu tendieren, die Verantwortlichkeiten in der Gewässerschutzpolitik nach den jeweils aktuellen politischen Opportunitäten zu definieren, wodurch die Umweltpolitik des Bundes gleichsam zum Spielball der Länderinteressen degeneriert. Gleichwohl repräsentiert die Negativbeschreibung der LAWA nicht deren in der Abteilung WA dominierende Perzeption. Alle anderen Gesprächspartner - die "Kompetenzkritiker" nota bene eingeschlossen -, die Erfahrungen mit bzw. in der LAWA sammeln konnten, vermitteln wesentlich positivere Eindrücke. Diese legen die Vermutung nahe, daß das Schwarze-Peter-Spiel nicht auf der Arbeitsebene, sondern anderswo gespielt wird:

"Wir haben eine riesige Fülle von Gesprächspartnern draußen, und dazu gehören ganz wesentlich die Bundesländer, weil wir machen hier im Gewässerschutz nur die Rahmenregelungen [...]. Ich kann erfolgreich Umweltpolitik nicht gestalten ohne Rückkopplung mit den Ländern. Wenn wir erfolgreich etwas durchsetzen wollen, dann nur im Zusammenwirken mit den Ländern und in ganz enger Abstimmung. Diese Abstimmung praktizieren wir auf verschiedenen Ebenen. Ein Instrument sind zum Beispiel die Bund-Länder-Besprechungen, zu denen wir hier von Bonn aus einladen. Die Länder haben aber auch eigene Gremien, zu denen sie Bundesvertreter einladen. Zum Beispiel sind zur Länderarbeitsgemeinschaft Wasser und ihren Arbeitsgruppen immer auch Bundesvertreter eingeladen. Wir haben da Rederecht - ein Abstimmungsrecht nicht, denn die Länder beschließen dort allein - und wir können durch unsere Argumentation die Ländermeinung beeinflussen. Und die Länder nehmen darauf im allgemeinen auch Rücksicht. So kann man die Aufgaben verteilen - der Bund macht das, die Länder machen jenes - und das läuft dann auch immer in eine Richtung" (Interview BMU, 10.03.1994).

Diese wechselseitige Koordination der Umweltverwaltungen des Bundes und der Länder, so wird in der Abteilung WA allseits bestätigt, sei unentbehrlich, weil es "völlig unsinnig" sei, ohne vorherige, genaue Absprache mit den Ländern im Bereich der Rahmengesetzgebung Normsetzungsinitiativen gleich welcher Art zu ergreifen (Interview BMU, 09.03.1994). Die Zusammenarbeit funktioniert auf der Arbeitsebene reibungslos und beschränkt sich nicht auf formelle Gremien:

"Wir haben mittlerweile eine Art "Agentennetz" ausgebreitet, d.h. wir haben Kollegen in den Ländern, die auch vor Ort tätig sind, mit denen wir aufgrund persönlicher Verbindungen sehr gut zusammenarbeiten, die uns einfach mit Informationen versorgen, und davon leben wir [...]. Ich persönlich, der ich von insgesamt 15 Jahren 11 Jahre im Wasserbereich tätig war, ich habe so an die 20, 25 Leute in Deutschland, in den Ländern, auf die ich zurückgreifen kann, wenn ich Probleme habe, die mich direkt mit Informationen versorgen und die sich für mich auch weiter an andere Kollegen wenden, die sie wiederum kennen. Meine Arbeit hängt davon entscheidend ab" (Interview BMU, 09.03.1994).

Auch im Naturschutz ist der Bund auf die Rahmenkompetenz beschränkt, und auch hier erhält das entsprechende Koordinationsgremium gute Noten:

207

> "Die Länderarbeitsgemeinschaft Naturschutz, die LANA, hat eine ganze Reihe von Unterarbeitskreisen. Wir haben einen Arbeitskreis "Vollzug des Artenschutzrechts", der etwa einmal im Vierteljahr tagt oder alle vier Monate, je nachdem was eben ansteht. Dort werden alle offenen Punkte, von der praktischen Anwendung bis hin zu änderungsbedürftigen Rechtsvorschriften, diskutiert. Und ansonsten haben wir Telephon und Briefe, um Einzelfragen abzuklären. Also das ist für uns kein Problem: Regelmäßige Treffen auf förmlicher Ebene und ansonsten Absprache, wo immer Bedarf ist. Nein, da gibt es nicht das geringste Problem" (Interview BMU, 09.03.1994).

Aufgrund langjähriger persönlicher Kontakte, so meint dieser Referent, sei man kollegial und "auf das freundschaftlichste" miteinander verbunden. So kommt es mitunter sogar dazu, daß BMU-Beamte auch in genuine Ländergremien berufen werden. Dort fungieren sie gleichsam als Mediatoren und können sich auf diese Art und Weise neue Gestaltungsmöglichkeiten erschließen:

> "Also ich habe sogar das Glück, in einer Länderarbeitsgemeinschaft mitzuwirken, wo der Bund überhaupt nicht berührt ist. Und die Ländervertreter haben mich doch tatsächlich zu ihrem Vorsitzenden gewählt [...]. Wenn es einer von ihnen geworden wäre, wäre wohl das Gleichgewicht untereinander nicht mehr ganz gegeben gewesen und deswegen haben sie mich sozusagen dazugerufen. Ich habe keinerlei Eigeninteressen dabei und dennoch koordiniere ich eine reine Landesangelegenheit. Das ist für mich ein großer Vertrauensbeweis, eine sehr erfreuliche Entwicklung, die mir die Gelegenheit gibt, mal die praktische Umsetzung mit organisieren zu können [...]. Und noch ein anderer Bereich: Es gibt Biosphärenreservate der UNESCO hier in Deutschland, und ich bin Vorsitzender des Nationalkomitees und kooperiere dort mit den Ländern. Diese Erfahrung ist außerordentlich positiv, denn ich kann tatsächlich auch hier gestaltend wirken in der Durchführung von Landesangelegenheiten, die es ja letzten Endes sind" (Interview BMU, 10.03.1994).

Von ganz ähnlichen Erfahrungen wird hinsichtlich des Bund-Länder-Arbeitskreises Umweltchemikalien berichtet:

> "Wir pflegen mit den Ländern engsten Kontakt, denn die Durchführung eines völlig neuen Gesetzes - und das war das Chemikaliengesetz 1982 - erfordert eine enge Zusammenarbeit mit den Ländern, und das machen wir bis zum geht nicht mehr. Immerhin zum Beispiel haben wir ein Bund-Länder-Chemikaliengremium gegründet, und die Länder waren immer darauf erpicht, daß der Bund den Vorsitz hat, obwohl das absolut unüblich ist. Und ich fand das immer so schön, daß ich persönlich da vorsaß [...]. Ich will damit nur sagen, auf allen Sektoren ist die Zusammenarbeit mit den Ländern ganz wichtig und wir pflegen da beste Kontakte" (Interview BMU, 08.03.1994).

Die Gelassenheit, mit der die Beamtenschaft des BMU den Verwaltungsalltag im kooperativen Föderalismus beschreibt, ist also zu einem Gutteil dem Umstand geschuldet, daß ihnen seitens der Kollegenschaft aus den Landesministerien bereitwillig Zugang zur Dritten Ebene gewährt wird. Dies findet seinen Niederschlag in einer eher neutralen, leicht positiv gefärbten Bewertung des inhaltlichen Einflusses, der von den Vertretern der Länderexekutiven im Prozeß der Abstimmung über Gesetzesentwürfe des BMU ausgeübt wird. Nur ein Fünftel der Beamtenschaft notiert negative Auswirkungen auf die "Gesetzesqualität", während immerhin ein Drittel positive Effekte verbucht. Sie werden vor allen Dingen in der Verbesserung der Vollzugstauglichkeit bundesgesetzlicher Regelungen gesehen, aber auch in fachlicher Hinsicht verzeichnet.[9]

Tabelle 7.3: Einfluß der Abstimmung mit den Ländern auf die Qualität der Gesetzesentwürfe des BMU

	absolut	v.H.
keine Angabe	3	2.0
positiv	9	6.0
(eher) positiv	40	26.7
unentschieden	68	45.3
(eher) negativ	23	15.3
negativ	7	4.7
gesamt	150	100.0

Neben der Beratung der Gesetzes- und Verordnungsentwürfe des BMU kommt den (Bund-) Länder-Arbeitsgemeinschaften eine weitere wichtige Funktion zu. Sie besteht darin, dem Bundesumweltministerium Empfehlungen und Wünsche bezüglich eines Tätigwerdens der Bundesregierung zu überweisen. Formal geschieht dies nicht direkt, sondern vermittelt über die Umweltministerkonferenz, deren zweithäufigste Tätigkeitskategorie in der Formulierung entsprechender Empfehlungen besteht (Müller-Brandeck-Bocquet 1996: 161).[10] Auch dieses Element der interföderalen Kooperation wird im Bundesumweltministerium überwiegend positiv bewertet. Mehr als die Hälfte der BMU-Beamten bejaht die Frage, ob von den Ländern weiterführende umweltpolitische Initiativen für den Bund ausgehen.

---

9   Die offene Frage nach Beispielen für Gesetze, die durch die Abstimmung mit den Ländern positiv beeinflußt wurden, erfuhr aufgrund der hohen Anzahl der in dieser Frage Unentschiedenen relativ geringe Resonanz. Die Beispielsnennungen verteilten sich wie folgt: Achtmal wurden Vollzugsregelungen namhaft gemacht, fünf Nennungen entfielen auf das Chemikalienrecht, je vier auf das Atom- und Abfallrecht, drei auf den Immissions- und zwei auf den Gewässerschutz.
10 Die Tatsache, daß die Umweltministerkonferenz in der Vergangenheit regelmäßig auf den Erlaß bundesrechtlicher Normen drängte, ist ein weiteres Indiz dafür, daß die Unitarisierung der Umweltpolitik auch länderseitig zu verantworten ist. Nicht selten kommt es sogar dazu, daß die UMK einzelne Länder dazu auffordert, bereits vorgelegte Entwürfe zu landesrechtlichen Regelungen zugunsten noch zu erlassenden Bundesrechts zurückzuziehen.

Tabelle 7.4: Kommen von Seiten der Länder weiterführende umweltpolitische Initiativen?

	absolut	v.H.
keine Angabe	3	2.0
ja	16	10.7
(eher) ja	62	41.3
unentschieden	39	26.0
(eher) nein	23	15.3
nein	7	4.7
gesamt	150	100.0

Bei der Betrachtung der abteilungsspezifischen Aufbereitung des Antwortverhaltens zeigen sich relativ deutliche Abweichungen.

Tabelle 7.5: Abteilungspezifische Beantwortung der Frage nach weiterführenden Initiativen der Länder

	Abt.G	Abt.IG	Abt.N	Abt.RS	Abt. WA	Abt. Z	alle
keine Angabe	0	0	0	0	2.3% n=1	9.5% n=2	2.1% n=3
(eher) ja	61.5% n=8	65.4 % n=17	68.7% n=11	41.7% n=10	44.2% n=19	33.7% n=7	50.3% n=72
unentschieden	15.4% n=2	19.2% n=5	25.0% n=4	33.3% n=8	25.6% n=11	42.9% n=9	27.3% n=39
(eher) nein	23.1% n=3	15.4% n=4	5.3% n=1	25.0% n=6	27.9% n=12	14.3% n=3	20.3% n=29
gesamt	100.0% n=13	100.0% n=26	100.0% n=16	100.0% n=24	100.0% n=43	100.0% n=21	100.0% n=143

Insbesondere die Beamten der Naturschutzabteilung und ihre für gesundheitlichen Umweltschutz, Anlagen- und Chemikaliensicherheit zuständigen Kollegen bewerten die von den Landesministerien ausgehenden Initiativen mit deutlicher Mehrheit positiv. Die deutlich unter dem Durchschnitt liegende Zustimmungsrate in der Abteilung Z resultiert aus dem einfachen Umstand, daß in den dort angesiedelten Referaten wenig föderalismusrelevante Materien bearbeitet werden. Auch der hohe Anteil der in dieser Frage unentschiedenen Beamten aus der Zentralabteilung deutet darauf hin, daß diese Frage an der Aufgabenstellung der "Z-Referate" gewissermaßen vorbeizielte. Auch die vergleichsweise reservierte Einstellung der für Reaktorsicherheit und Strahlenschutz zuständigen Beamtenschaft ist angesichts der in vielen Landesregierungen dominierenden "Ausstiegsorientierung" aus der Kernenergie unmittelbar verständlich. Schließlich bleibt die zurückhaltende Beurteilung des Ländereinflusses seitens der in der Abteilung WA tätigen Beamtenschaft zu klären. Sie ist einerseits vor dem Hintergrund der bereits skizzierten Unübersichtlichkeit der Gewässerschutzpolitik zu sehen. Angesichts der zum Zeitpunkt der schriftlichen Befragung aktuellen Auseinandersetzungen über die Novellierung des Abfallrechts übten aber offensichtlich auch die in der entsprechenden Unterabteilung tätigen Beamten Zurückhaltung, denn die Abstimmung mit den Ländern gestaltete sich beim Kreislaufwirtschaftsgesetz nicht einfach:

> "Soweit es bei diesem von der Schnelligkeit her atypischen Gesetzesverfahren möglich war, habe ich mich natürlich um frühzeitige Abstimmung mit den Ländern bemüht. Ich habe immer zweitägige Besprechungen gemacht; um kurze Anreisewege zu haben, immer in Berlin, denn da kann jeder hinfliegen. Wir haben sehr intensiv diskutiert da [...] und irgendwann war die Rede davon, daß bei dieser Novelle etwas für die Deregulierung getan werden müsse. Also haben wir das auf die Tagesordnung gesetzt bei einer dieser Bund-Länder-Besprechungen: Vollzugsdefizit, Deregulierung usw. Das ist ja das, was die Landesbehörden machen, Überwachung und dieser ganze Kram. Meine Ministerialkollegen meinten, da müßten wir eine Arbeitsgruppe machen, wo Vollzugsbeamte vertreten sind, unter Vorsitz des Bundes [...]. Es gab zwei Sitzungen. Und dann haben die Vollzugsbeamten gesagt, es soll alles beim alten bleiben. Und das habe ich dann wieder in die Länder eingespeist, und deren Vertretern gesagt, daß ihre eigenen Kollegen keine Änderungen wünschten. Trotzdem kam das noch mehrmals wieder hoch" (Interview BMU, 14.09.1994).[11]

Bisher war die Rede von der Bund-Länder-Koordination auf der ministeriellen Arbeitsebene, die von der BMU-Beamtenschaft als wenig dramatisch dargestellt wird. Daran ändert sich auch nichts, wenn die Umweltministerkonferenz in die Analyse einbezogen wird:

> "Absprachen in den Länderarbeitsgemeinschaften sind absolut erforderlich, um die Umweltministerkonferenzen erfolgreich gestalten zu können. Man kann nicht 16 Länderminister plus einen Bundesumweltminister an einen Tisch setzen, ohne daß die Dinge, die sie dort in zwei Tagen nach riesigen Tagesordnungen - 40, 50 Tagesordnungspunkte sind keine Seltenheit - beschließen sollen, fachlich voll vorbereitet sind. Und diese Vorbereitungen laufen eben in diesen AGs, wo man einfach gut zusammenarbeitet. Deswegen sind die Minister oft problemlos in der Lage, 40 Tagesordnungspunkte in zwei Tagen abzuwickeln.[12] Da ist dann ein Beschlußvorschlag da, dem haben im Vorfeld alle Fachleute zugestimmt. Und wenn bei den Ministern drinsteht, daß die Sache konsensfähig und schon abgestimmt ist, und dann haken die das ab. Da werden sogar Blockpunkte

---

11   42 Prozent der BMU-Beamten geben an, daß die Abstimmung mit den Ländern häufig zu Abstrichen an ihren usprünglichen Konzeptionen führe. Das Abfallrecht ist mit zwanzig Nennungen das am weitaus häufigsten genannte Beispiel für solche länderseitig initiierten Korrekturen. Zwar sagt dies über die inhaltliche Bewertung derselben nichts aus - die Kreuztabellierung der beiden auf die interföderale Kooperation bezogenen Variablen "Veränderung der BMU-Konzeptionen" und "Qualitätsverbesserung" ergab denn auch keinerlei signifikante Zusammenhänge -, aber es ist ein Indiz für den vergleichsweise hohen Koordinationsaufwand, der für die Weiterentwicklung des Abfallrechts erbracht werden muß. Er mag viele Abfallrechtler im BMU davon abgehalten haben, von "weiterführenden Initiativen" der Länder zu sprechen, v.a. wenn sie die Einschätzung des Referatsleiters teilen, der die Federführung für das Kreislaufwirtschaftsgesetz hatte: "Fazit: Wir hatten einen enormen Aufwand und am Schluß blieb trotzdem alles beim alten".

12   Die Umweltministerkonferenz stimmt wohlgemerkt nach der Einstimmigkeitsregel ab.

gebildet, d.h. die beschließen in einer Minute vielleicht 20 Tagesordnungspunkte, weil die faktisch alle schon durch sind" (Interview BMU, 10.03.1994).

Unter Berufung auf ein Interview mit einem hochrangigen Beamten aus dem bayerischen Umweltministerium schreibt Müller-Brandeck-Bocquet (1996: 162):

"Während gerade in der Umweltpolitik bei vielen Detailfragen in Fachkreisen Übereinstimmung besteht, so werden dieselben Fragen auf politischer Ebene oft strittig; denn hier gilt es, sowohl parteipolitische Differenzen zwischen den Ministerkollegen zu überwinden als auch Widerstände aus den anderen Ressorts einzukalkulieren."

Diese Sichtweise wird im BMU geteilt. Weil die Einigung zwischen den ministeriellen Experten meist ohne größere Probleme möglich ist, und die Minister sich gemeinhin auf die fachlichen Voten ihrer Bürokratie verlassen, erscheint die UMK aus der Perspektive der Ministerialbürokratie als eine relativ unproblematische, administrativ weitgehend steuerbare Einrichtung, innerhalb derer parteipolitische Differenzen eine untergeordnete Rolle spielen. Diese "Expertokratie" wird auch dadurch begünstigt, daß die Minister in der UMK allein aufgrund von ressortspezifischen Überlegungen entscheiden können. Sie benötigen dazu kein Mandat ihres Regierungschefs bzw. Kabinetts. In der UMK sind die Umweltminister unter sich und damit frei von der Einflußnahme konkurrierender Ressorts.[13] Das erlaubt ihnen nicht selten, auch parteipolitische Differenzen zugunsten gemeinsamer Ressortinteressen hintanzustellen. Dies war beispielsweise bei der Verabschiedung der "Radebeuler Erklärung" vom Mai 1994 der Fall, in welcher die Umweltminister ungeachtet des seinerzeit die politischen Parteien entzweienden Streites um eine Erhöhung der Mineralölsteuer gemeinsam für eine erneute "ökologische Offensive" der deutschen Politik eintraten (die tageszeitung, 24.05.1994: 7).

Die Freiheit des umweltpolitischen Entscheidungsprozesses findet allerdings ein Ende, sobald es zum formellen Gesetzgebungsprozeß kommt, an dem der Bundesrat beteiligt ist, denn hier votieren die Länder stets auf der Grundlage von Kabinettsbeschlüssen, bei deren Formulierung die Voten der Wirtschafts-, Finanz- und Landwirtschaftsminister erfahrungsgemäß ein

---

13　Deshalb ist es auch im Hinblick auf die Umweltpolitik des Bundes problematisch, wenn Landesumweltministerien aufgelöst und ihre Zuständigkeiten auf andere Ressorts verteilt werden, wie zum Beispiel im November 1994 in Mecklenburg-Vorpommern geschehen, wo man die Naturschutzabteilung des ehemaligen Umweltministeriums dem Landwirtschaftsressort eingliederte (Frankfurter Allgemeine Zeitung, 25.11.1994: 1). Ähnlich verfuhr man in Baden-Württemberg im Mai 1996. Dort einigten sich CDU und FDP in den Koalitionsverhandlungen darauf, das Umweltministerium abzuschaffen und seine Kompetenzen auf drei Ministerien, nämlich die für Landwirtschaft, Verkehr und Wirtschaft zu verteilen (Süddeutsche Zeitung, 03.05.1996: 2). Grundsätzlich beinhaltet dies den Reimport von Ressortkonflikten in die Konferenz der Umweltminister.

größeres Gewicht haben als die der Umweltminister.[14] Die umweltpolitische Rolle des Bundesrates, soviel sei vorweggenommen, wird im BMU vehement kritisiert, obwohl es sich bei genauerer Betrachtung als unzutreffend erweist, die Länderkammer pauschal als ökologische Blockadeinstanz zu diffamieren.

Müller-Brandeck-Bocquet (1996: 129ff.) unterscheidet hinsichtlich der Rolle des Bundesrates im umweltpolitischen Entscheidungsprozeß drei Phasen, deren erste sie von 1970 bis 1982 datiert. Die seinerzeit von unionsregierten Ländern beherrschte Länderkammer habe sich damals als "großer Blockierer in dem neu eröffneten Politikfeld" profiliert. Resultierend aus einer "die Erfordernisse der Gegenwart verkennenden Haltung" hätten die Länder während der siebziger Jahre "[...] oftmals strenge Umweltnormen in der Absicht, sich somit wirtschaftspolitische Handlungsspielräume erhalten zu können", verhindert. Verantwortlich für die umweltpolitische "Abwehrhaltung" des Bundesrates, für sein an "Verweigerung grenzendes Verhalten", sei jedoch nicht nur die umweltpolitische Borniertheit vieler Landesregierungen gewesen, sondern insbesondere auch die divergierenden Mehrheitsverhältnisse in Bundestag und Bundesrat während der sozial-liberalen Koalition. Diese hätten es der parlamentarischen Opposition im Bundestag erlaubt, den Bundesrat als ihren verlängerten Arm zu instrumentalisieren. Mit der sogenannten Wende von 1982 hätten sich die Verhältnisse diesbezüglich zwar wieder "normalisiert". Gleichwohl sei es seit 1983 zu einer bemerkenswerten Entwicklung gekommen, die die Rede von einer zweiten Phase im umweltpolitischen Verhältnis von Bundesregierung, Bundestag und Bundesrat rechtfertige. Trotz der Übereinstimmung der parteipolitischen Mehrheitsverhältnisse in den Bundesorganen habe der Bundesrat nämlich begonnen, die umweltpolitische Herausforderung anzunehmen und sie - durchaus gegenläufig zu seinem ansonsten durchaus "regierungskonformen" Verhalten - auch gegenüber der Bundesregierung offensiv zu vertreten. Bedeutendster Beleg hierfür sei die Tatsache, daß der Bundesrat im Rahmen der Verhandlungen zur Großfeuerungsanlagenverordnung insgesamt 58 durchweg verschärfende Veränderungen erstritt. Seit Beginn der neunziger Jahre falle es allerdings wieder schwer, "[...] parteipolitische von genuin umweltpolitischen Erwägungen in der Politikgestaltung des Bundesrates zu trennen." Dies deshalb, weil seit 1991 den SPD

---

14 Das weiß man auch im BMU: "Ja, natürlich können wir die Landesumweltminister mobilisieren, aber die sind doch genauso geschwächt wie wir, die haben auch keine Verhandlungsmasse und keine Verbündeten" (Interview BMU, 10.03.1994).

geführten, sogenannten A-Ländern die Mehrheit im Bundesrat zufiel: "Die neue einigungsbedingte Stimmenverteilung sowie die zahlreichen und unterschiedlichen Koalitionen auf Länderebene haben seither das Abstimmungsverhalten im Bundesrat recht kompliziert werden lassen." Wenngleich evident sei, daß die umweltpolitische Strategie des Bundesrates in allererster Linie auf die parteipolitischen Konstellationen in den einzelnen Landesregierungen zurückzuführen sei, sei doch festzuhalten, daß sich die Mitwirkung der Länder an der Gesetzgebung des Bundes als der Umweltpolitik insgesamt zuträglich erwiesen habe, denn die meisten umweltpolitischen Aktivitäten des Bundesrates in den frühen neunziger Jahren ließen sich "[...] als Versuche kategorisieren, das Schutzniveau von Bundesregeln zu erhöhen". Dabei sei es mehrfach auch zu parteiübergreifenden Koalitionen der Länder bzw. deren Umweltminister gekommen.[15] Damit sei zwar die mögliche These einseitig parteipolitischer Instrumentalisierung des Bundesrates durch die in der parlamentarischen Oppositionsrolle befindliche SPD nicht vollständig widerlegt, aber doch deutlich relativiert.

Die referierte Analyse umfaßt den Zeitraum bis Ende 1993. Für die Autorin blieb offen, ob der von ihr ausgemachte "Trend zu umweltpolitisch vorbildlichen Entscheidungen des Bundesrats" längerfristig gesichert sei. Gewiß schien ihr aber immerhin, "[...] daß umweltpolitische Belange einen derartigen Stellenwert erhalten haben und daß der ökologische Problemdruck eine solche Größenordnung erreicht hat, daß die Länder nun bereit sind, die Potentiale ihrer Einflußnahme offensiv zu aktivieren, denn im Rahmen ihrer Vollzugstätigkeit sind sie unmittelbarer als der Bund mit dem ökologischen Problemdruck konfrontiert" (Müller-Brandeck-Bocquet 1996: 134). Es gibt jedoch Anlaß, diese Prognose in Frage zu stellen, denn es mehren sich die Indizien, daß die umweltpolitische "Tugendphase" des Bundesrates doch von recht kurzer Dauer war. Die Bundesregierung jedenfalls moniert, daß der Bundesrat die Strategie umweltpolitischer "Obstruktion" wiederbelebt habe[16] und sich mit der pauschalen

---

15 Deren wohl spektakulärste bestand in dem gemeinsamen Vorstoß der damaligen niedersächsischen Umweltministerin Griefahn (SPD) und ihres bayerischen Kollegen Gauweiler (CSU), die anläßlich der Beratungen über die Verpackungsverordnung erfolgreich für eine stärkere Verankerung der Abfallvermeidung eintraten. Die von Müller-Brandeck-Bocquet jeweils kurz analysierten Beispiele für "umweltpolitisch zuträgliche" Aktivitäten des Bundesrates beziehen sich neben der Verpakkungsverordnung u.a. auf die Umwelthaftpflichtversicherung, die Wärmeschutz- und die sogenannte Sommersmogverordnung.

16 So zum Beispiel der Parlamentarische Staatssekretär des BMU, Hirche, in seiner Rede vor dem Bundesrat anläßlich der Debatte über den Entwurf der Novelle zum Bundesnaturschutzgesetz (Das Parlament Nr. 47 vom 15.11.1996: 17).

Ablehnung von Umweltgesetzen "unredlich" verhalte.[17] Gegen diese Vorwürfe wehren sich die Adressaten mit dem Argument, daß der Bund unzulässigerweise dazu tendiere, die mit der Verabschiedung neuer Umweltgesetze verbundenen finanziellen "Folgelasten" auf die Länder abzuwälzen. Das Finanzargument war sowohl bei der Ablehnung der Novelle des Naturschutzgesetzes[18] als auch bei der Beschlußfassung des Bundesrates über den Regierungsentwurf zum Bodenschutzgesetz entscheidend. Beide Gesetzesentwürfe wurden vom Bundesrat im ersten Durchgang abgelehnt, denn, so der damalige Präsident des Bundesrates, der hessische Ministerpräsident Eichel an die Adresse der Bundesumweltministerin: "Bundesgesetzen, mit denen sich der Bund schmückt, aber bei denen die Länder bezahlen, werden wir nicht mehr zustimmen, ganz generell nicht! Versuchen sie nicht mehr, solche Gesetze im Bundeskabinett zu machen",[19] eine Aussage, die aus Sicht der Bundesumweltministerin einer "absoluten Bankrotterklärung für den Umweltschutz" gleichkam (Bundesrat, Stenographischer Bericht 706. Sitzung vom 29.11.1996: 640).

Die Kritik, die seitens der Leitungsebene des BMU an dem aus ihrer Sicht kontraproduktiven Abstimmungsverhalten des Bundesrates geübt wird, wird auf der Arbeitsebene des Ministeriums geteilt. Kaum ein Gesprächspartner ließ, angesprochen auf die Föderalismusproblematik, die Gelegenheit aus, die Rolle des Bundesrates im umweltpolitischen Entscheidungsprozeß zu thematisieren. Der im folgenden zitierte Referatsleiter wähnt sich zu Unrecht in einer Minderheitenposition, denn die von ihm formulierte Kritik steht in weiten Teilen exemplarisch für ein in allen Fachabteilungen verbreitetes Meinungsbild:

> "Ich habe eine Auffassung, die sicherlich von den meisten Kollegen hier nicht mitgetragen wird. Ich muß leider feststellen, daß die Ländergremien zu reinen Politszenarien entartet sind. Der Bundesrat und seine Ausschüsse waren früher einmal exzellente Fachgremien, die von Fachleuten praktisch bedient und beherrscht wurden, und entsprechend fachbezogen waren die Stellungnahmen

---

17 So Umweltministerin Merkel in der Bundestagsdebatte am 12.12.1996 (Das Parlament Nr. 52-53 vom 20.12.1996: 13).
18 Auf die Problematik der Naturschutzgesetzgebung wird in Kapitel 8.4 noch ausführlich eingegangen.
19 Einen besonderen Schwerpunkt des Gesetzesentwurfs bildeten die Regelungen zur Sanierung von Altlasten, d.h. stillgelegten Deponien, wilden Abfallablagerungen und ehemaligen Industriestandorten. Diesbezüglich war vorgesehen, daß die zuständigen Landesbehörden altlastverdächtige Flächen erfassen, untersuchen, bewerten und überwachen sollten. Angesichts dieser neuen Verwaltungsaufgaben schenkten die Landesregierungen der Versicherung der Bundesregierung, dies könne ohne zusätzliches Personal bewerkstelligt werden (vgl. Umwelt Nr. 11/1996: 377), keinen Glauben. Zusätzliche finanzielle Belastungen befürchteten die Länder durch verschiedene im Gesetz vorgesehene Ausgleichszahlungen, wobei das Problem auftauchte, daß die diesbezüglichen Kostenschätzungen um das fünf- bis zehnfache voneinander abwichen (Süddeutsche Zeitung, 17.01.1997: 26).

> des Bundesrates. Das hat sich speziell im Umweltbereich - vielleicht ist es in anderen Bereichen anders, das kann ich nicht beurteilen - völlig geändert. Das ist ein reines Politfenster geworden, wo jeder versucht, noch eins draufzusetzen, speziell die von anderen Parteien getragenen Landesregierungen. Das geht bis hin zu völliger und offensichtlicher Unsinnigkeit und Sinnlosigkeit irgendwelcher Beschlußvorschläge [...]. Das wird als Gelegenheit gesehen, um der Bundesregierung eins auszuwischen. Ich halte dieses Geschäft, so wie es zur Zeit läuft, für ausgesprochen unerfreulich und destruktiv. Man sollte wirklich überlegen, ob man nicht auf irgendeine Art und Weise eine andere zweite Kammer installieren kann, die solche Politikaspekte weniger undurchsichtig erscheinen läßt" (Interview BMU, 09.03.1994).

Mit der - (verfassungs)politisch natürlich völlig unrealistischen - Forderung nach einer "anderen zweiten Kammer" steht der zitierte Referatsleiter im Ministerium allerdings weitgehend allein. Einer seiner Kollegen bringt die im Ministerium dominierende Gegenposition auf den Punkt: "Wer als Beamter seinen Eid auf das Grundgesetz geschworen hat, der muß eben akzeptieren, daß es diese Zuständigkeiten des Bundesrates gibt." Doch auch ihn hindert dies nicht, die "Undurchschaubarkeit und Unberechenbarkeit der Bundesratsspielchen" zu kritisieren (Interview BMU, 09.03.1994). Das Entscheidungsverhalten des Bundesrates stellt sich für die Ministerialbürokratie im BMU als weitgehend unkalkulierbar dar. Die daraus resultierenden Schwierigkeiten, umweltpolitischen Blockaden vorzubeugen, sind es, die viele Beamte verärgern:

> "Wenn es politisch brisant und kitzlig wird, dann ist es oft so, daß wir im Bundesrat ganz überraschende Konstellationen haben, wo dann wirklich kompliziert austarierte Gleichgewichte und austarierte Formulierungen plötzlich durch Interessen, die nichts mehr mit Fachpolitik zu tun haben, kaputt gemacht werden. Uns ist das bei ganz wichtigen Punkten von Rechtsverordnungen passiert, wo die Länder plötzlich aus irgendeinem Grund, den man nicht nachvollziehen konnte - weder damals noch im Nachhinein - Sachen kaputt gemacht haben. Und zwar zu Lasten des Umwelt- und Gesundheitsschutzes, was im Endeffekt überhaupt keinen Sinn hat" (Interview BMU, 08.03.1994).

Die Länderkammer, so meint auch ein anderer Referatsleiter, sei immer für eine Überraschung gut:

> "Im Länderausschuß Immissionsschutz gibt es eine institutionalisierte, sehr enge, unverzichtbar enge Zusammenarbeit. Das bedeutet aber nicht, daß Bund und Länder immer mit einer Zunge sprächen, immer einer Ansicht wären. Oft benutzen die Länder den Bund - der läßt sich auch benutzen, merkwürdigerweise - dazu, im Länderausschuß für Immissionsschutz viel zu hören und erst einmal Vorarbeiten zu fordern. Und im Bundesrat stimmen die Länder dann plötzlich ganz anders ab, als man nach dem Meinungsbild im Länderausschuß annehmen muß. Das ist eine Art des Selbstverständnisses des Bundesrats, zu der ich mich hier nicht weiter äußern möchte" (Interview BMU, 08.03.1994).

Die Tatsache, daß der Bundesrat wiederholt Hürden im umweltpolitischen Entscheidungsprozeß errichtet, die vom federführenden Umweltministerium nur schwer, manchmal gar nicht, überwunden werden können, wird von vielen Beamten mit den unterschiedlichen parteipolitischen Mehrheiten in Bundestag und Bundesrat begründet. So meint ein Referatsleiter mit Bezug auf das Kreislaufwirtschaftsgesetz:

"Also wenn ich an den ersten Durchgang dieses Gesetzesentwurfs im Bundesrat denke, dann stieß der ja trotz der vorhergehenden Abstimmung mit den Ländern plötzlich auf totale Ablehnung und ist in Bausch und Bogen zerrissen worden. Da war vom Bundesrat her sehr viel Taktik drin [...]. Also, bundesratsfest können Sie ein Gesetz nur machen, wenn da die Mehrheitsverhältnisse stimmen, sonst ist das sehr, sehr schwierig bis unmöglich" (Interview BMU, 14.09.1994).

Die Erinnerung des zitierten Beamten ist indes lückenhaft: In die Front derer, die den Entwurf zum Kreislaufwirtschaftsgesetz ablehnten, hatten sich nämlich auch unionsgeführte Landesregierungen eingereiht, weil sie massive Vollzugsprobleme befürchteten (Müller-Brandeck-Bocquet 1996: 133). Verkompliziert wird die Analyse zudem durch den Umstand, daß sich die Bundesratsmehrheit seinerzeit für schärfere Regeln eingesetzt hatte, als in dem vom Bundestag beschlossenen Gesetzestext enthalten waren. Die Tatsache, daß der Bundesrat in diesem Fall im Grunde sogar als Bündnispartner des BMU agierte, weil " [...] die SPD-geführten Länder im Bundesrat jene Punkte wieder durchsetzten, die Koalitionsabgeordnete vorher [aus dem Regierungsentwurf, der Verf.] herausgestrichen hatten" (Süddeutsche Zeitung, 01.09.1994: 4), vermag jedoch an der grundsätzlichen Antipathie, die die Beamtenschaft des Umweltministeriums der Länderkammer gegenüber hegt, nichts zu ändern. Der Bundesrat gehorcht anderen Regeln als denen, die von der Bürokratie präferiert werden. Durch administrativen Sachverstand allein ist er zumindest dann nicht mehr steuerbar, wenn den Ländern die finanziellen Folgelasten der Umweltgesetzgebung des Bundes aufgebürdet werden sollen. Die damit einhergehende Entwertung der aufwendigen Abstimmungsprozesse, denen sich die Umweltverwaltungen von Bund und Ländern täglich aussetzen, erklärt die Abneigung der Ministerialbürokratie ausgerechnet gegen eine Institution, deren Einrichtung vor allem mit der Nutzung des auf der Länderebene versammelten administrativen Sachverstandes begründet wurde und wird (Laufer/Münch 1997: 143). Das "gestörte Verhältnis" des Bundesumweltministeriums zum Bundesrat erweist sich als besonders problematisch bezüglich einer Entwicklung, die sich als "Europäisierung der Umweltpolitik" beschreiben läßt. Im Kontext ihrer Analyse wird es deshalb erneut zu diskutieren sein.

7.2 Die Proceduralisierung des europäischen Umweltrechts als Herausforderung für die Umweltpolitik im Bundesstaat

Umweltpolitik ist eine Erfindung der frühen siebziger Jahre. Dieser Befund gilt nicht nur für die Bundesrepublik und andere europäische Staaten, sondern auch für die Europäische Gemeinschaft (EG). Im Oktober 1972 erteilten die Staats- und Regierungschefs der Europäischen Kommission den Auftrag, ein umweltpolitisches Aktionsprogramm zu erarbeiten. Die Verabschiedung dieses Programms, das für die Jahre 1973 bis 1976 galt, markierte den Beginn einer gemeinschaftsweiten Umweltpolitik. Allerdings war im seinerzeit gültigen europäischen Vertragswerk keine explizite Ermächtigung zu umweltpolitischer Tätigkeit der Gemeinschaften enthalten, weshalb die entsprechenden Rechtsakte der EG hauptsächlich auf Artikel 100[20] und Artikel 235 EWG-Vertrag[21] gestützt wurden.

Bis etwa zum Ende der achtziger Jahre galt die Bundesrepublik als einer der maßgeblichen umweltpolitischen Schrittmacher innerhalb der Gemeinschaft. Das Bestreben der Bundesregierung ging entsprechend ihrer primär ordnungsrechtlichen Orientierung dahin, im europäischen Umweltrecht v.a. emissions- und technikbezogene Regelungen durchzusetzen. Als prominentestes Beispiel gilt die europäische Richtlinie über Großfeuerungsanlagen, die - orientiert am Stand der Technik[22] - sich eng an das deutsche Vorbild anlehnt, allerdings "großzügigere" Grenzwerte als die hierzulande gültigen zuläßt. Wenngleich das Einstimmigkeitsprinzip zähe und oft mehrere Jahre dauernde Verhandlungen erforderte (Pehle 1988b: 280), prägte die Bundesregierung den europäischen Normsetzungsprozeß vor allem im Bereich der Luftreinhaltung nachhaltig. Ihre europäischen Partner allerdings hielten ihr wiederholt vor, europäische Umweltpolitik im wirtschaftlichen Eigeninteresse zu betreiben. Der vor allem in Großbritannien erhobene Vorwurf lief darauf hinaus, daß "[...] die Bundesregierung [...] schon frühzeitig [versuchte], die Formulierung der europäischen Umweltgesetze so zu beeinflussen,

---

20 "Der Rat erläßt einstimmig auf Vorschlag der Kommission Richtlinien für die Angleichung derjenigen Rechts- und Verwaltungsvorschriften der Mitgliedsstaaten, die sich unmittelbar auf die Errichtung oder das Funktionieren des Gemeinsamen Marktes auswirken." Da unterschiedliche Umweltanforderungen in den Mitgliedsstaaten als Wettbewerbsverzerrungen bzw. Handelshemmnisse interpretieren lassen, bot Artikel 100 durchaus die Legitimation für umweltpolitische Aktivitäten von Kommission und Rat.

21 "Erscheint ein Tätigwerden der Gemeinschaft erforderlich, um im Rahmen des Gemeinsamen Marktes eines ihrer Ziele zu verwirklichen, und sind in diesem Vertrag die dafür erforderlichen Befugnisse nicht vorgesehen, so erläßt der Rat einstimmig auf Vorschlag der Kommission und nach Anhörung des Europäischen Parlaments die geeigneten Vorschriften."

22 Stand der Technik im Sinne der deutschen Immissionsschutzgesetzgebung ist der Entwicklungsstand fortschrittlicher Verfahren, Einrichtungen oder Betriebsweisen, die mit Erfolg im Betrieb erprobt worden sind (§ 3 Absatz 2 Satz 2 BImSchG). "Der rechtliche Maßstab für das Erlaubte oder Gebotene wird hierdurch an die Front der technischen Entwicklung verlagert" (BVerfGE 49: 135).

daß sie der eigenen hochentwickelten Umwelttechnologie-Industrie einen Kompetenz- und Konkurrenzvorteil im Binnenmarkt verschaffte" (Das Parlament 06.01.1995: 6).[23]

Nachdem mit der Einheitlichen Europäischen Akte, die am 1. Juli 1987 in Kraft trat, die Umweltpolitik ausdrücklich als Gemeinschaftspolitik verankert wurde,[24] lag es daher durchaus nahe, daß Großbritannien als schärfster Gegner des deutschen, emissionsbezogenen Ansatzes begann, die deutsche Dominanz im "regulativen Wettbewerb um die Gestaltung europäischer Politik" (Héritier u.a.1994: 386) zu bekämpfen und auf eine Umgestaltung des europäischen Umweltrechts eben nach britischem Vorbild hinzuwirken.[25]

Voraussetzung für die erfolgreiche Besetzung von Schrittmacherrollen auf der europäischen Bühne ist zunächst "[...] die Kongruenz der eigenen Strategien und Lösungsvorschläge mit denjenigen der europäischen Kommission" (Héritier u.a. 1994: 387). Eine Annäherung der umweltpolitischen Steuerungsparadigmen der britischen Regierung und der Europäischen Kommission deutete sich bereits mit der Verabschiedung des Vierten Aktionsprogramms für die Umweltpolitik - gültig für die Jahre 1987 bis 1992 - an, denn die Kommission stellte hierin fest, daß ihre bislang praktizierte "Grenzwertepolitik" dem in Artikel 130 EWG-Vertrag fixierten Verständnis von Umweltpolitik als Querschnittsaufgabe nicht länger gerecht werden könne (Hey 1990: 195). In deutlicher Abkehr vom "deutschen Weg" favorisiert sie nunmehr einen an der Umweltqualität orientierten Ansatz, der den Mitgliedsstaaten die Entscheidung über die Mittel zur Zielerreichung überläßt. Der neue Ansatz der Kommission findet seinen Ausdruck im Fünften Aktionsprogramm für die Umweltpolitik. Das Umweltaktionsprogramm "Für eine dauerhafte und zukunftsfähige Entwicklung" (ABl. C 138 vom 17.05.1993) wird in

---

23 Zu ergänzen wäre hinsichtlich der Richtlinie über die Großfeuerungsanlagen mit Héritier u.a. (1994: 195), daß es neben der Förderung der Absatzchancen für die deutsche Umwelttechnologie natürlich auch darum ging, Wettbewerbsnachteile für die deutsche Industrie, die durch den Erlaß durchgreifender nationaler Maßnahmen entstanden waren, zu kompensieren.
24 Artikel 130 r-t EWG-Vertrag. Die hierin vollzogene Aufwertung des Umweltschutzes verdeutlicht insbesondere die "Querschnittsbestimmung" des Artikel 130 r Absatz 2 Satz 2: "Die Erfordernisse des Umweltschutzes sind Bestandteil der anderen Politiken der Gemeinschaft." Auch der neu eingefügte Art. 100 a, der die Kommission verpflichtet, bei ihren Vorschlägen hinsichtlich der Schaffung des Binnenmarktes von einem "hohen Schutzniveau" im Bereich Umweltschutz auszugehen, bedeutete eine zumindest programmatische Aufwertung der Umweltpolitik.
25 Stark vereinfacht lassen sich die deutsche und die britische Regulierungsphilosophie dahingehend unterscheiden, daß der deutsche Ansatz für alle vom Umweltrecht erfaßten Anlagen gleichen Typs den Einsatz identischer Technologie zur Vermeidung bzw. Verminderung von Emissionen verlangt. Im Unterschied dazu bezieht das britische Modell die jeweilige Umweltsituation mit ein und verlangt den Einsatz der "best verfügbaren Technik" nur in Belastungsgebieten.

der Literatur allgemein als äußerst ehrgeizig und innovativ eingestuft (z.b. Hey/Brendle 1994b: 4); teilweise wird der Kommission sogar ein "radikaler Richtungswechsel" ihrer umweltpolitischen Programmatik attestiert (Wilkinson/Coffey 1995: 25). Wie Breuer (1993: 23) mit durchaus kritischem Unterton anmerkt, läßt das Aktionsprogramm auch hinsichtlich der anvisierten Erweiterung der Instrumentenpalette kaum eine umweltpolitische Wunschvorstellung mehr offen.

Die Kommission geht davon aus, daß der Stand der Technik nicht mehr für alle Anlagen einer bestimmten Kategorie in ganz Europa verbindlich gemacht werden könne und solle.[26] Ersatzweise müßten die Mitgliedsstaaten auf die Erreichung bestimmter Qualitätsziele z.B. für Luft oder Gewässer verpflichtet werden, wofür es anderer flankierender Maßnahmen zur Sicherstellung einer zieladäquaten Implementation der europäischen Vorgaben in und durch die Mitgliedsstaaten bedürfe.[27] Das aus dieser Sicht "veraltete" und "überregulierte" Umweltordnungsrecht der EG (Demmke 1994: 55) soll mittels Deregulierung modernisiert und sukzessive ersetzt werden durch Bestimmungen, die die Öffentlichkeit als nationale Kontrollinstanzen instrumentalisieren. Weitreichende Informationsrechte für die Öffentlichkeit, die einen "Druck von unten" ermöglichen, sollen die Einhaltung der europäischen Qualitätsstandards durch die Mitgliedsstaaten sichern (Héritier u.a. 1994: 192). Umweltschutz durch Verfahren ist also das aktuelle Credo der Kommission, die, wie erwähnt, diesbezüglich nach Kräften von der britischen Regierung unterstützt wird.

---

26 Diese Auffassung wird vom Rat von Sachverständigen für Umweltfragen (SRU 1994: 232) geteilt. Hinsichtlich der anspruchsvollen technologiebezogenen Umweltstandards für Industrieanlagen, so sein Befund, "[...] wurden die angestrebten Ziele bei weitem nicht erreicht und sind wohl auch nicht erreichbar."
27 Ausfluß dieser neuen Regulierungsphilosophie ist z.b. der von der Europäischen Kommission im September 1993 vorgelegte Vorschlag für eine "Richtlinie über die integrierte Vermeidung oder Verminderung der Umweltverschmutzung" (Kom (93) 423). Mit der IVVU- (oder englisch IPPC-) Richtlinie soll ein insgesamt hohes Schutzniveau erreicht und v.a. die bloße Verschiebung von Umweltbelastungen von einem Medium in ein anderes vermieden werden. Es handelt sich um eine Rahmenrichtlinie, die zwar gemeinschaftsweite Mindestanforderungen an die Umweltqualität, nicht aber detaillierte Regelungen für Genehmigungsverfahren und Standards vorschreibt. Trotz seiner Kritik an den gemeinschaftsweiten technologiebezogenen Umweltstandards der Vergangenheit, die grundsätzliche Sympathie mit dem neuen Ansatz signalisiert, teilt der Rat von Sachverständigen für Umweltfragen das Bedenken, daß die Freistellung vom Stand der Technik die Möglichkeit eröffnet, noch unbelastete oder weniger belastete Gebiete bis zur Toleranzschwelle mit Immissionen "aufzufüllen" (SRU 1996: 85).

Der Versuch, das europäische Umweltrecht in Richtung auf den Einsatz prozeduraler Instrumente weiterzuentwickeln, gewann zusätzliche Brisanz durch den "Vertrag über die Europäische Union" (EU) von Maastricht, der seit 1. November 1993 in Kraft ist,[28] denn der Vertrag änderte das Beschlußverfahren im Ministerrat. Hatte schon die Einheitliche Europäische Akte für binnenmarktrelevante Entscheidungen das Einstimmigkeitsprinzip durch die qualifizierte Mehrheit ersetzt,[29] so beschließt der Rat nunmehr auch umweltpolitische Maßnahmen grundsätzlich mit qualifizierter Mehrheit.[30] Die Konsequenzen aus dieser Neuregelung lassen sich wie folgt resümieren:

> "Die Option, Verhandlungen im Ministerrat zu blockieren, erweist sich für ein Mitgliedsland aufgrund der veränderten Entscheidungsregeln nicht mehr als erfolgversprechend [...]. Für die Sicherung nationaler Interessen ist es nun vorteilhafter, den europäischen Entscheidungsprozeß mit eigenen innovativen Richtlinienvorschlägen aktiv zu beeinflussen, als sich darauf zu verlassen, Vorschläge anderer Staaten, die eventuell den eigenen Zielen entgegenstehen, blockieren zu können. Diese Konstellation hat zur Folge, daß die Mitgliedsstaaten vermehrt versuchen werden, sich wechselseitig in ihren Regulierungsvorschlägen zu überbieten und im Rahmen dieses regulativen Wettbewerbs zunächst auf nationaler Ebene entsprechende Regelungen erlassen, um dann im suprastaatlichen Entscheidungsprozeß als Schrittmacher den Vorteil des ersten Schrittes genießen zu können" (Héritier u.a. 1994: 189ff.).

---

28 Auch nach Inkrafttreten des EU-Vertrages ist es gerechtfertigt, von der Umweltpolitik der Europäischen Gemeinschaft zu sprechen, denn an die Stelle des EWG-Vertrages rückte der "Vertrag zur Gründung der Europäischen Gemeinschaft" (EG-Vertrag). Im dritten Teil dieses Vertrages werden die Politiken der Gemeinschaft definiert, Titel XVI dieses Teils umfaßt die Artikel 130 r-t, die der Umweltpolitik gewidmet sind.
29 Umweltpolitische Entscheidungen hingegen fielen weiterhin nach dem Einstimmigkeitsprinzip, das lediglich symbolisch "aufgeweicht" wurde, und zwar durch die Bestimmung, daß der Rat einstimmig festlegen konnte, welche Entscheidungen nach dem Mehrheitsprinzip getroffen werden sollten (Art. 130 s EWG-Vertrag). Gleichwohl kam das Prinzip der qualifizierten Mehrheit mitunter auch bei umweltrelevanten Entscheidungen zur Anwendung, und zwar wenn die in Frage stehende Maßnahme der Realisierung des Binnenmarktes diente, die Kommission ihre Initiative also auf Art. 100 a EWG-Vertrag stützte.
30 Ausgenommen davon, und somit nach wie vor dem Einstimmigkeitsprinzip unterworfen, sind die Bereiche steuerliche Maßnahmen, Raumordnung, Bodennutzung, Wasserbewirtschaftung und partiell Energiewirtschaft (Artikel 130 s Absatz 2 EG-Vertrag). Die Einführung der qualifizierten Mehrheit für Entscheidungen über umweltpolitische Normen wird häufig als Fortschritt in dem Sinne gewertet, daß sie die Realisierung eines höheren Umweltschutzniveaus erleichtere (z.B. Ress 1992: 20f., Jachtenfuchs 1996: 254). Daß dem nicht so ist, zeigt Holzinger (1994: 386ff.) in Anwendung eines spieltheoretischen Ansatzes. Anhand des typischen Entscheidungsverhaltens der Regierungen im Ministerrat teilt sie die Mitgliedsstaaten der Zwölfergemeinschaft in die "Vorhut" (Dänemark, Niederlande und Deutschland mit zusammen 18 Stimmen), die "Nachhut" (Großbritannien, Irland, Griechenland, Portugal und Spanien mit zusammen 31 Stimmen) und das "Mittelfeld" (Frankreich, Belgien, Luxemburg und Italien mit zusammen 27 Stimmen). Auf dieser Grundlage kommt sie zu dem Ergebnis, "[...] daß bei der derzeitigen Konstellation, in der die "Vorreiterländer" bei qualifizierter Mehrheit nicht über die Sperrminorität verfügen, unter Umweltschutzgesichtspunkten die Einstimmigkeit die bessere Abstimmungsregel ist" und nur die einfache Mehrheit zu besseren Ergebnissen führen würde (ebenda: 467). Was für das Europa der Zwölf galt, bleibt auch nach der Erweiterung der Gemeinschaft um Finnland, Österreich und Schweden gültig (Holzinger 1997: 72). Begründete Skepsis hinsichtlich der Verbesserung des umweltpolitischen Problemlösungspotentials durch die neue Mehrheitsregel äußert auch Caspari (1995: 56f.).

"Nationale Testphasen" für neue umweltpolitische Instrumente, die dann auf europäischer Ebene in Form von Richtlinienvorschlägen eingebracht werden könnten, waren und sind indes in der Bundesrepublik in den vergangenen Jahren Mangelware.[31] Es häufen sich deshalb kritische Stimmen, die darauf verweisen, daß die Bundesregierung in die europäische Defensive geraten sei: "Die umweltpolitischen Schrittmacher der Europäischen Union, als welche sich die Deutschen selbst gerne darstellen, haben sich zu Bremsern entwickelt, [...] ihr umweltpolitischer Eifer [läßt] bei der Gestaltung prozeduraler Maßnahmen wie der Einführung ökonomischer Steuerungsinstrumente oder der Ausweitung der öffentlichen Beteiligung stark nach" (EU-Magazin, Nr. 12/1994: 22). Auch der Rat von Sachverständigen für Umweltfragen (SRU 1994: 231) sieht die Bundesregierung in einer europapolitisch kritischen Situation, wobei er das neue Entscheidungsverfahren im Ministerrat ausdrücklich in seine Analyse einbezieht. Nach seiner Auffassung müsse sich die Bundesregierung nämlich darauf einstellen, "[...] daß sie in Zukunft mit ihren vielfach in der Gemeinschaft nicht konsensfähigen Vorstellungen einen geringeren Einfluß auf die europäische Umweltpolitik ausüben kann als zu Zeiten, in denen bei reinen Umweltschutzregelungen das Einstimmigkeitsprinzip galt. Es werden zunehmend Regelungen getroffen werden, die konzeptionell oder rechtssystematisch mit dem bisherigen deutschen Umweltrecht nicht vereinbar sind, wie bisher schon die UVP-Richt-

---

31 So auch Breuer (1993: 30): "Während [...] das nationale Umweltrecht in der Bundesrepublik Deutschland in den letzten Jahren keine grundlegenden Strukturveränderungen, sondern lediglich einzelne sektorale oder nur punktuelle Fortentwicklungen erfahren hat, ist das supranationale Umweltrecht der europäischen Gemeinschaften in jüngster Zeit erheblich ausgeweitet und verdichtet worden."

linie,[32] die Richtlinie über Umweltinformationen[33] und die Umwelt-Audit-Verordnung[34] [...]."

Die drei vom Sachverständigenrat aufgeführten Beispiele stehen - wie auch die Fauna-Flora-Habitat-Richtlinie[35] - für europäisches Umweltrecht, das von der Bundesregierung zum Teil

---

32 Richtlinie 85/337 EWG zur Umweltverträglichkeitsprüfung bei bestimmten öffentlichen und privaten Projekten vom 27. Juni 1985, deren Umsetzungsfrist am 2. Juli 1988 endete. Das deutsche Gesetz zur Umweltverträglichkeitsprüfung ("UVP-Gesetz") trat jedoch erst am 12. Februar 1990 in Kraft. Die Richtlinie verlangt in materieller Hinsicht die medien- und fachübergreifende Ermittlung, Beschreibung und Bewertung aller Auswirkungen von bestimmten, in Anlage I der Richtlinie näher klassifizierten Großprojekten auf Menschen, Tiere, Pflanzen, Boden, Wasser, Luft, Klima, Landschaft und das kulturelle Erbe einschließlich der jeweiligen Wechselwirkungen. In Hinsicht auf das Verfahren schreibt die Richtlinie generell die Beteiligung der Öffentlichkeit an der UVP sowie die "Berücksichtigung der eingeholten Angaben" bei der Anlagengenehmigung vor. UVP-pflichtige Projekte sind laut Anlage I z.B. Raffinerien, Kraftwerke, Integrierte Hüttenwerke, Integrierte chemische Anlagen, Autobahnen und Schnellstraßen, Eisenbahn-Fernverkehrsstrecken, Flugplätze, Seehandels- und Binnenhäfen.
33 Richtlinie 90/313 EWG über den freien Zugang zu Informationen über die Umwelt vom 7. Juli 1990, deren Umsetzungsfrist am 31.12.1992 endete. Das deutsche "Umweltinformationsgesetz" trat jedoch erst am 8. Juli 1994 in Kraft. Die Richtlinie schreibt vor, daß juristischen und natürlichen Personen durch die Behörden der freie Zugang zu vorhandenen umweltrelevanten Daten, Programmen und Plänen gewährt werden muß. Die Zugangsberechtigung ist nicht abhängig vom Nachweis eines Interesses oder eines laufenden Verwaltungsverfahrens. Die Zugangsberechtigung der Öffentlichkeit erstreckt sich sowohl auf Daten aus Meßstellenerhebungen und ähnliches als auch auf umweltrelevante Informationen, die die Betreiber von genehmigungsbedürftigen Anlagen bei den Behörden einreichen müssen.
34 Verordnung 1836/93 EWG vom 29. Juni 1993 über eine freiwillige Beteiligung gewerblicher Unternehmen an einem Gemeinschaftssystem für das Umweltmanagement und die Umweltbetriebsprüfung. Die häufig als "Öko-Audit-Verordnung" bezeichnete Vorschrift hat die Verbesserung des betrieblichen Umweltschutzes zum Ziel. Hierzu sollen Unternehmen standortbezogen ihre betriebliche Umweltpolitik, Umweltschutzprogramme und Umweltmanagementsysteme festlegen und umsetzen. Darauf folgen interne Umweltbetriebsprüfungen als Basis für eine standortbezogene Umwelterklärung, welche alsdann von einem unabhängigen Umweltgutachter überprüft werden muß. Die als gültig deklarierten Umwelterklärungen werden in ein Verzeichnis eingetragen. Zwar darf die Teilnahme am Öko-Audit-System nicht unmittelbar für die Produktwerbung eingesetzt werden, wohl aber in Broschüren, Presseinformationen u.s.w. zum Zweck der allgemeinen Imagewerbung. Die Verordnung von 1993 gilt seit April 1995. Obwohl europäische Verordnungen im Gegensatz zu Richtlinien unmittelbar geltendes Recht in den Mitgliedsstaaten setzen, bestand dennoch Umsetzungsbedarf, weil ein System für die Zulassung von Umweltgutachtern und die Registrierung geprüfter Betriebsstandorte geschaffen werden mußte. Dies geschah mit dem "Umweltgutachterzulassungs- und Standortregistrierungsgesetz" vom Juli 1995.
35 Richtlinie 92/43 EWG zur Erhaltung der natürlichen Lebensräume sowie der wildlebenden Tiere und Pflanzen vom 21. Mai 1992, deren Umsetzungsfrist im Juni 1994 endete. Die Richtlinie wird meist abkürzend als "FFH-Richtlinie" zitiert. Mittels der Richtlinie soll der Aufbau eines kohärenten europäischen Schutzgebietssystems, welches unter der Bezeichnung NATURA 2000 firmiert, erreicht werden. Die FFH-Richtlinie steht insofern in direktem Zusammenhang mit der Proceduralisierung des europäischen Umweltrechts, als sie die Durchführung von Umweltverträglichkeitsprüfungen für alle Pläne und Projekte verlangt, die die besonderen Schutzgebiete beeinträchtigen könnten. Zur Umsetzung der Richtlinie hätte nicht nur das deutsche UVP-Gesetz, sondern auch das Bundes-Naturschutzgesetz geändert werden müssen. Dies ist bisher noch nicht geschehen. Zur ausführlichen Diskussion des Sachverhalts vgl. SRU (1996: 118ff.).

heftig, letztlich aber erfolglos bekämpft, mit erheblicher zeitlicher Verzögerung und inhaltlich unzureichend in nationales Recht umgesetzt worden ist.[36] Diese Problematik wird in Politik- und Rechtswissenschaft seit einiger Zeit lebhaft diskutiert, wobei sich hinsichtlich der Gründe für die umweltpolitisch mangelhafte Europatreue der Bundesregierung im wesentlichen drei Argumentationsfiguren ausmachen lassen, die einander, das sei vorab betont, ergänzen und nicht ausschließen.

Erstens wird - durchaus zu Recht - auf die primär ordnungsrechtliche Orientierung deutscher Umweltpolitiker verwiesen, die sich der prozeduralen Ausrichtung des Umweltschutzes schon deshalb nicht öffnen wollten, weil sie die für Deutschland typischen Regulierungsmuster nach wie vor für überlegen und vorbildhaft hielten. Die Überzeugung, so Breuer (1993: 54), über ein in formeller wie materieller Hinsicht besonders strenges Umweltrecht zu verfügen, habe offenbar auch die in Brüssel verhandlungsführende Ministerialverwaltung noch Mitte der achtziger Jahre zu der Meinung verleitet, daß eine förmliche Umsetzung z.B. der Richtlinie über die Umweltverträglichkeitsprüfung schlicht überflüssig sei.[37] Nachdem sich dies jedoch als fundamentaler Irrtum erwiesen hat, wehrt sich die Bundesrepublik "[...] mit aller Entschiedenheit gegen die Steuerungselemente, die in den letzten Jahren [...] auf der europäischen Ebene verbindlich gemacht werden [...]. Sie sieht in der Umweltverträglichkeitsprüfung fremde - angelsächsische Rechtselemente - die sich in die Ordnung des deutschen Regelungssystems [...] nicht einfügen und die gewohnten Pfade der deutschen Genehmigungspraxis stören. Sie betrachtet die Bemühungen, eine informationelle Öffnung und größtmögliche Transparenz in Verwaltungen und Industrie zu schaffen, mit Skepsis" (Héritier u.a.1994: 391f.). In der Tat drängt deshalb die Bundesregierung bei ihren Verhandlungen in Brüssel seit Jahren darauf, weiterhin materielle Umweltstandards, nicht aber Verfahrensregelungen zu erlassen.[38]

---

36 Dies schlug und schlägt sich in einer Vielzahl von umweltrechtlichen Vertragsverletzungsverfahren nieder, die die Europäische Kommission gegen die Bundesregierung angestrengt hat. Zusammenfassend hierzu SRU (1996: 110f.).
37 Nach Darstellung des seinerzeit mit der Verhandlungsführung in Brüssel betrauten Beamten stellt sich der Sachverhalt etwas differenzierter, gleichwohl aber dem Breuerschen Tenor korrespondierend, dar. Er habe nämlich nicht geringe Mühe aufwenden müssen, eine Vielzahl fachlich betroffener Kollegen im eigenen Hause vom Umsetzungsbedarf der UVP-Richtlinie, die ihm selbst von vornherein klar gewesen sei, zu überzeugen (Interview BMU, 08.03.1994).
38 So z.B. der Parlamentarische Staatssekretär bei der Bundesministerin für Umwelt, Naturschutz und Reaktorsicherheit, Ulrich Klinkert, vor dem Bundesrat (Stenographische Berichte, 682. Sitzung,
(Fortsetzung...)

Hier wird das bereits von Weidner (1989: 26) kritisierte Fehlen eines deutschen "Strategiekonzepts zur EG-Umweltpolitik" deutlich. Es wirkt sich angesichts der veränderten Rahmenbedingungen "nach Maastricht" deshalb besonders verhängnisvoll aus, weil die Bundesregierung sich eben nur noch selten mit eigenen Vorschlägen zur Fortentwicklung europäischer Umweltpolitik profiliert und sich statt dessen zunehmend in umweltpolitische Abwehrschlachten verwickelt, die sie aufgrund der Mehrheitsverhältnisse im Ministerrat nicht gewinnen kann.[39] Beispielhaft hierfür stehen die Verhandlungen über die Öko-Audit-Verordnung der EG, bei denen die Bundesregierung - offenbar auf Druck der Unternehmerverbände und gegen das positive Votum des Umweltausschusses des Bundestages - im Dezember 1992 den von allen anderen Mitgliedsstaaten getragenen Verordnungstext im Ministerrat durch ihr Veto stoppte. Wie Fahs (1995: 149) zeigt, versuchte die Bundesregierung erst angesichts der sich abzeichnenden Änderung des Abstimmungsmodus im Ministerrat, also gleichsam noch in letzter Minute, inhaltlichen Einfluß auf die Verordnung zu nehmen. Dieser wettbewerbspolitisch motivierte Versuch war jedoch nur von außerordentlich bescheidenem Erfolg gekrönt.[40] Ein weiteres Beispiel dokumentiert der Sachverständigenrat für Umweltfragen bezüglich des Kommissionsvorschlags zur IVU-Richtlinie.[41] Auch hier habe es die deutsche

---

38(...Fortsetzung)
31.03.1995: 166). In einer Rede auf der Konferenz "Europas Gemeinsame Zukunft", die im Oktober 1996 in Berlin stattfand, bestätigte Umweltministerin Merkel, daß die deutsche Verhandlungsstrategie auch in Zukunft darauf gerichtet sein soll, verfahrensorientierte Maßnahmen möglichst zu verhindern und auf die Setzung materieller Standards zu dringen (vgl. Umwelt Nr. 11/1996: 364ff.).

39 Hier sei nochmals auf das Gutachten des Rates von Sachverständigen für Umweltfragen (SRU 1994: 232) verwiesen, in dem zu dieser Problematik ausgeführt wird, daß "[...] die technologiebezogenen Vorsorgestandards ein Gutteil ihrer bisherigen Bedeutung in der Umweltpolitik der Gemeinschaft verlieren. Es erscheint daher zweifelhaft, ob die bisher weitgehend aus Wettbewerbsgründen verfolgte deutsche Politik der Europäisierung kostenträchtiger nationaler Vorsorgeregelungen nach dem Stand der Technik als vorherrschende Strategie mit Erfolg weiterverfolgt werden kann. Eine kooperative Politik, die von vornherein auf europäische Lösungen setzt und konsensfähige deutsche Lösungsmodelle offensiv in die europäische Debatte einbringt, sollte noch stärker entwickelt werden. Dazu gehört insbesondere eine an Umweltqualitätszielen und weniger am Stand der Technik orientierte Vorsorgepolitik [...]." Ähnlich sieht es auch die Unabhängige Sachverständigenkommission beim BMU. In ihrem Entwurf für ein Umweltgesetzbuch schreibt sie: "[...] es scheint immerhin nicht ganz fernliegend, daß von einer erfolgreichen nationalen Kodifikation Impulse für die Fortentwicklung des [...] Gemeinschaftsrechts ausgehen könnten" (BMU 1998: 81).

40 Die deutsche Forderung lief darauf hinaus, die am System partizipierenden Unternehmen auf den Einsatz des Standes der Technik zu verpflichten, woraus sich Wettbewerbsvorteile aufgrund des hohen technischen Schutzniveaus in Deutschland ergeben hätten. Die anderen Mitgliedsstaaten ließen sich hierauf jedoch nur mit der doppelten Einschränkung auf die "am besten verfügbaren Techniken" und deren "wirtschaftliche Vertretbarkeit" ein.

41 Vgl. zu dieser Richtlinie oben, Anmerkung 3 zu Kapitel 5.

Politik versäumt, die Kommission bezüglich des "britisch geprägten" Vorschlags frühzeitig mit eigenen Vorschlägen zu beeinflussen. Erst ein Jahr nach der Präsentierung des Kommissionsvorschlags sei die Bundesregierung schließlich aktiv geworden, mit dem Resultat, daß ihren Einwänden nur nur noch teilweise entsprochen worden sei (SRU 1996: 85).[42]

Das bislang skizzierte Argumentationsmuster hebt primär ab auf den (industrie)politisch motivierten Unwillen der Bundesregierung und der sie tragenden politischen Kräfte, sich auf den umweltpolitischen Paradigmenwechsel der Europäischen Union im Sinne einer konstruktiven Mitgestaltung einzulassen. Noch nicht beantwortet ist damit allerdings die Frage, ob der auf der europapolitischen Bühne beobachtbare Widerstand der Bundesregierung gegen verfahrensorientierte Instrumente nicht auch einen in der Sache begründbaren Kern hat; konkret, ob die hier beispielhaft herangezogenen europäischen Normen nicht tatsächlich nur schwer vereinbar sind mit deutschem Recht, mithin eine "optimale" Umsetzung, wie sie der Europäische Gerichtshof fordert, also gar nicht leistbar ist. Diesem Problem wendet sich die zweite, namentlich von Breuer (1993) entwickelte Argumentation zum problematischen Verhältnis deutscher und europäischer Umweltpolitik zu.

"Das Kardinalproblem der gegenwärtigen, querschnittartig angelegten Verfahrens- oder Instrumentenrichtlinien liegt in ihrer Blindheit gegenüber den Zusammenhängen der jeweiligen nationalen Rechtsordnung, in die sie eingefügt werden sollen" (Breuer 1993: 51). Mit besonderem Bezug auf die UVP-Richtlinie zeigt Breuer, daß die Einfügung prozeduraler umweltpolitischer Instrumente in das deutsche Verwaltungsrecht strukturelle Probleme aufwirft, die in der wissenschaftlichen und politischen Diskussion zumeist nach wie vor verkannt, zumindest aber unterschätzt würden. Die Problematik gründe auf dem Umstand, daß eine Rechtsordnung wie eben besonders die deutsche, die "[...] sich durch ein vergleichsweise hohes Maß an Verrechtlichung und Vollzugsstrenge sowie an gerichtlicher Kontrolldichte und Letztentscheidungsbefugnis aus[zeichnet]" und die "[...] dem juristischen Subsumptionsmodell folgt, also die strikte, rechtsbegrifflich-tatbestandliche und justitiable Festlegung von Verwaltungsentscheidungen favorisiert", sich weitgehend gegen eine Umweltverträglichkeits-

---

42 Auch in diesem Fall monierte die Bundesregierung, daß der Richtlinienentwurf der Verpflichtung zur Einhaltung des Standes der Technik nicht Rechnung trage. Und auch hier wurde aus dem Stand der Technik der Einsatz der am besten verfügbaren Technik zu "wirtschaftlich vertretbaren" Verhältnissen (SRU 1996: 85).

prüfung sperre, die dem US-amerikanischen Vorbild nachempfunden sei. Dies deswegen, weil letztere eine "prinzipielle Abwägungs- und Gestaltungsbefugnis der Genehmigungsbehörde" zugrundelege. Die UVP maximiere zwar den Prüfrahmen durch die Verpflichtung auf umfassende und medienübergreifende Untersuchungen der möglichen Umweltauswirkungen eines Vorhabens; gleichzeitig aber minimiere sie die materielle Inpflichtnahme der Verwaltung, indem sie sich auf die Vorschrift beschränke, daß die eingeholten Angaben bei der Anlagengenehmigung "zu berücksichtigen" seien. Dieser Konzeption widerspreche die in Deutschland auf der Basis des Gewerberechts entwickelte Idee der gebundenen Anlagengenehmigung, die vor allem für das Immissionschutzrecht kennzeichnend sei, denn sie bestimme abschließend die Voraussetzungen für die Erteilung von Anlagengenehmigungen. "Mit den rechtsbegrifflichen Genehmigungsvoraussetzungen sucht er [der deutsche Gesetzgeber, der Verf.] einen harten, unabdingbaren Kern der Schutz- und Vorsorgeanforderungen, aber auch der Rechtssicherheit im Interesse des Unternehmers wie der Umweltnachbarn zu gewährleisten. Insoweit wird im beiderseitigen Interesse die Verwaltungsmacht strikt begrenzt." Mit anderen Worten: Die gebundene Erlaubnis läßt faktisch keinen Raum für eine wie auch immer geartete "Berücksichtigung" weiterer möglicher Umweltauswirkungen eines Vorhabens. Auch der von der UVP-Richtlinie zumindest intendierte Vergleich möglicher Alternativen für ein bestimmtes Projekt "[...] läßt sich nicht in die Enge rechtsbegrifflicher Genehmigungsvoraussetzungen sowie einer juristischen Subsumption einspannen." Der Grundsatz einer möglichst weitgehenden, optimalen Umsetzung der UVP-Richtlinie hätte deshalb die Revision der strukturellen Vorentscheidung für die gebundene Anlagengenehmigung verlangt, eine Entscheidung, zu der der deutsche Gesetzgeber letztlich nicht bereit war, und der die Bundesregierung, offenbar in "anfänglicher Verkennung der normativen Zusammenhänge", mit ihrer Zustimmung zu der Richtlinie im Ministerrat auch nicht hatte den Weg bereiten wollen.[43]

Wie könnte sich der deutsche Gesetzgeber angesichts dieser Ausgangslage aus der umweltpolitischen Integrationsfalle befreien? Die von Kritikern des deutschen Gesetzes zur Umweltver-

---

43 Vor voreiliger umweltpolitischer Schelte sollte man sich indes hüten, denn der Umweltrechts- und Implementationsvergleich insbesondere mit Frankreich und Großbritannien - Staaten also, die die Genehmigung umweltrelevanter Großvorhaben von jeher administrativen Ermessensentscheidungen überlassen haben und die von daher auch keinerlei Schwierigkeiten mit der Umsetzung der Richtlinie hatten, zeigt, daß die dortige umweltpolitische Effizienz der UVP recht bescheiden ist. Der diesbezügliche Befund Breuers (1993: 63) wird gestützt durch eine von Cupei (1994) vorgelegte, international vergleichende Analyse, welche insbesondere die Bedeutung des behördlichen Ermessens bei der Handhabung der Umweltverträglichkeitsprüfung herausarbeitet.

träglichkeitsprüfung wiederholt empfohlene Einrichtung eigenständiger "UVP-Behörden", die, wie Rose-Ackermann (1995: 219) mit deutlicher Sympathie für diesen Vorschlag anführt, "nicht mit den üblichen fachgesetzlichen Behörden zum Vollzug immissionsschutzrechtlicher oder anderer Genehmigungsverfahren identisch" sein dürften, würde das Problem ersichtlich nicht lösen. Die Genehmigungsverfahren würden hierdurch nur mit zusätzlichen, rechtlich wiederum nicht lösbaren Konflikten belastet, denn wie sollte verfahren werden, wenn die "UVP-Behörde" eine negative Einschätzung der Umweltauswirkungen eines Vorhabens abgibt, welches gleichwohl die tatbestandlichen Genehmigungsvoraussetzungen erfüllt?[44]

Als möglicher Ausweg bliebe, "[...] daß der gebundenen Anlagengenehmigung eine planerische Entscheidungsstufe vorgeschaltet und dort eine Umweltverträglichkeitsprüfung nach Maßgabe administrativer Abwägung und Gestaltung vorgeschrieben wird" (Breuer 1993: 61). Hier trifft sich Breuer mit dem Rat von Sachverständigen für Umweltfragen (SRU 1994: 218). Auch dieser empfiehlt, die Umweltverträglichkeitsprüfung "im Vorfeld der eigentlichen Zulassungsentscheidung" anzusiedeln, wofür ihm insbesondere das Raumordnungsverfahren geeignet erscheint. Eben diesen Ausweg aus der umweltpolitischen Integrationsfalle aber hat der Gesetzgeber mit dem Erlaß der sogenannten "Beschleunigungsgesetze"[45] vorerst verstellt, denn die zunächst in das Raumordnungsverfahren aufgenommene Umweltverträglichkeitsprüfung wurde durch das Investitionserleichterungs- und Wohnbaulandgesetz wieder gestrichen,[46] zu einem Zeitpunkt also, bevor sie überhaupt Bedeutung für die Verwaltungspraxis

---

44   Damit revidiere ich meine positive Einschätzung des Vorschlages, eine entsprechende Bundesbehörde einzurichten (Pehle 1991b: 52).

45   Die Auswirkungen der Beschleunigungsgesetze auf die Umweltverträglichkeitsprüfung analysiert im Detail Baumgärtner (1996).

46   Die Vorbereitung dieses Gesetzes liefert ein Beispiel dafür, warum die Kritik, die anläßlich der Gründung des BMU an der Entscheidung geübt wurde, dem Umweltministerium die Zuständigkeit für die Belange der Raumordnung vorzuenthalten (vgl. oben, Kapitel 2.2), aus Sicht des Umweltschutzes berechtigt ist. Im Jahre 1991 erhob die "Bund-Länder-Kommission Wohnbauland" die Forderung, wegen des hohen Defizits an Wohnungen auf naturschutzrechtliche Eingriffsregelungen bei der Ausweisung von Wohnbauland zu verzichten. Darauf reagierte zuerst das BMU, und zwar mit den Vorarbeiten zu einer "Harmonisierung von Naturschutz- und Baurecht", die man im Rahmen der Novellierung des Bundesnaturschutzgesetzes vorzunehmen gedachte. Nur einige Monate später ging das Bauministerium, das dabei vom Wirtschaftsministerium unterstützt wurde, in die Gegenoffensive, brachte die BMU-Initiative zum Erliegen und übernahm selbst die Federführung für die strittige Materie (Kiel 1993: 18). Ob der Umweltminister das Feld kampflos räumte oder sich einer Anweisung aus dem Kanzleramt fügen mußte, ist ungeklärt.

erlangen konnte.[47] Mit diesem Hinweis auf den durch die Debatte über die Konkurrenzfähigkeit des Wirtschaftsstandorts Deutschland motivierten politischen Widerstand des Bundesgesetzgebers gegen die neuen, von der Europäischen Union dekretierten umweltpolitischen Instrumente läßt sich die rechtssystematische Begründung der mangelnden Europatreue Deutschlands im Umweltbereich wieder an die erste hier vorgeführte Argumentation anbinden: Mögliche Auswege aus den rechtlich begründeten, tiefgehenden Umsetzungsproblemen werden aus wettbewerbspolitischen Gründen verstellt.[48]

Die Umsetzung europäischen Umweltrechts steht indes noch vor einer dritten, zuweilen nur schwer überwindbaren Hürde, die durch das bundesstaatliche System errichtet wird. Das umweltpolitische Potential des deutschen Föderalismus steht auch und gerade unter integrationspolitischen Vorzeichen in Frage. Die im Grundgesetz vorgenommene Verteilung der Gesetzgebungskompetenzen im Umweltbereich, schreibt beispielsweise Rose-Ackermann (1995: 225f.), sei mit den europarechtlichen Vorgaben nicht zu vereinbaren: "Die Umsetzung der EG-Richtlinien deckt die Probleme eines dezentralisierten Ansatzes zur Lösung zahlreicher umweltpolitischer und ökologischer Probleme auf und könnte den Anstoß für eine verfassungsrechtliche Neuverteilung von Kompetenzen im Umweltbereich geben." Die von der Autorin angeregte, über das bisher erreichte Maß hinausgehende "Zentralisierung von Politik-

---

47 Auf die Gründe für die zeitlich verzögerte Implementationsfähigkeit des ohnehin verspätet erlassenen UVP-Gesetzes wird sogleich zurückzukommen sein. Die Einschränkung des Anwendungsbereichs der UVP durch das Investitionserleichterungs- und Wohnbaulandgesetz müßte im übrigen, soll die bereits angesprochene Fauna-Flora-Habitat-Richtlinie korrekt in deutsches Recht überführt werden, wieder rückgängig gemacht werden. Eine besondere Schwierigkeit ergibt sich darüber hinaus noch aus dem Umstand, daß diese Richtlinie verlangt, daß die in ihrem Anwendungsbereich durchgeführten Umweltverträglichkeitsprüfungen die Entscheidungen über die Zulässigkeit von Eingriffen in die Natur präjudizieren. Dies läuft dem deutschen Recht diametral entgegen, wie der Rat von Sachverständigen für Umweltfragen (SRU 1996: 121) mit Recht feststellt.

48 Wobei hier nicht abschließend geklärt werden soll und kann, ob die Verlagerung der Umweltverträglichkeitsprüfung von der Beurteilung konkreter Projekte auf planerische Vorstufen in einem möglichen Vertragverletzungsverfahren vor dem Europäischen Gerichtshof (EuGH) Bestand haben könnte. Skepsis scheint allerdings nicht nur angesichts des "judicial activism" des EuGH angebracht (hierzu Breuer 1993: 6ff. und SRU 1994: 232). Die Europäische Kommission befaßte sich nämlich seit der Verabschiedung des Fünften Aktionsprogramms mit der Vorbereitung einer Richtlinie zu einer sogenannten "strategischen Umweltverträglichkeitsprüfung", die exakt die planerische "Vorstufe" konkreter Projektentscheidungen erfassen und - darauf kommt es hier entscheidend an - *ergänzend* zu der bisher gültigen projektbezogenen Umweltverträglichkeitsprüfung in die nationalen Rechtssysteme implantiert werden soll. In diesem Bestreben wurde die Kommission vom Europäischen Parlament dezidiert unterstützt (vgl. Das Parlament 20.10.1995: 11). Im Dezember 1996 verabschiedete sie nach langen und kontroversen Verhandlungen ihren Richtlinienvorschlag KOM (96) 511, der nunmehr vom Ministerrat beraten werden muß.

programmen" (ebenda) stößt indes in den Ländern auf massiven Widerstand.[49] Er richtet sich sowohl gegen inner- als auch gegen suprastaatliche Zentralisierungstendenzen. Bezüglich letzterer waren die Länder insofern erfolgreich, als die auf ihr Betreiben von der Bundesregierung ergriffene Initiative zur Verankerung des Subsidiaritätsprinzips im europäischen Vertragswerk (von Borries 1995: 21) sich zunächst in der Formulierung des "Umweltartikels" im EWG-Vertrag niederschlug und schließlich zur Aufnahme des Artikel 3 b in den EG-Vertrag führte.[50]

Der Einsatz der Landesregierungen für die Einfügung der Subsidiaritätsklausel in den EG-Vertrag ist Ausdruck einer Doppelstrategie, mittels derer nicht nur der Vorrang der Mitgliedsstaaten gegenüber der Gemeinschaftsebene fixiert werden, sondern gleichzeitig auch inner-

---

49 Rose-Ackermanns Forderung nach weitgehender Zentralisierung umweltpolitischer Kompetenzen mag vor dem Hintergrund des integrationspolitischen Dilemmas der Bundesrepublik Deutschland plausibel erscheinen. Ansonsten läuft sie den Befunden der "Umweltkomparatistik" diametral zuwider. Vergleichende Untersuchungen kommen nämlich regelmäßig zu dem Befund, daß eine schwache Position von Kommunen und Regionen eher eine umweltpolitische Innovationsbarriere darstellt (vgl. z.B. Jänicke 1986: 188 und 1989: 49 sowie Weidner 1989:154; zusammenfassend hierzu Pehle 1993: 123f.). Gegenargumente gegen das Zentralisierungspostulat liefert auch die ökonomische Theorie des Föderalismus (vgl. Hansjürgens 1996, Schuldt 1996), worauf noch einzugehen sein wird.
50 Absatz 4 des im Rahmen der Einheitlichen Europäischen Akte verabschiedeten Artikel 130 r lautet: "Die Gemeinschaft wird im Bereich der Umwelt insoweit tätig, als die in Absatz 1 genannten Ziele besser auf Gemeinschaftsebene erreicht werden können als auf der Ebene der einzelnen Mitgliedsstaaten." Artikel 3 b des EG-Vertrages lautet: "In den Bereichen, die nicht in ihre ausschließliche Zuständigkeit fallen, wird die Gemeinschaft nach dem Subsidiaritätsprinzip nur tätig, sofern und soweit die Ziele der in Betracht gezogenen Maßnahmen auf Ebene der Mitgliedsstaaten nicht ausreichend erreicht werden können und daher wegen ihres Umfangs oder ihrer Wirkungen besser auf Gemeinschaftsebene erreicht werden können." Diese Formulierung repräsentiert aus Sicht der Länder nur die zweitbeste Lösung, da sie hatten sich nicht für das Effektivitätskriterium, also das bessere Erreichbarkeit der Ziele, sondern für das Kriterium der unbedingten Erforderlichkeit des Gemeinschaftshandelns eingesetzt (Hilz 1996: 14). Aufgrund der Interpretationsoffenheit des an das Effektivitätskriterium gebundenen Subsidiaritätsgedankens ist eine auch nur einigermaßen eindeutige Abgrenzung umweltpolitischer Kompetenzen zwischen der EU und ihren Mitgliedsstaaten noch nicht gegeben. Die sogenannte "Besser-Klausel" des Art. 3 b EGV harrt nach wie vor der Entwicklung handhabbarer und überzeugender Kriterien, die deutlich machen, welche Aufgaben auf welcher Ebene "besser" angegangen werden können. Bislang jedenfalls wird das Subsidiaritätsprinzip je nach Lesart (und damit letztlich willkürlich) sowohl zur Rechtfertigung für ein Tätigwerden der EU wie auch für eine mitgliedsstaatlich eigenverantwortliche Aufgabenwahrnehmung herangezogen (Hansjürgens 1996: 74, vgl. auch Jarras/Schreiber 1994: 128f.). Auf der Basis der ökonomischen Theorie des Föderalismus diskutiert Hansjürgens die Operationalisierungsmöglichkeit des Subsidiaritätsprinzips und kommt dabei zu dem Ergebnis, "[...] daß eine dezentrale Aufgabenerfüllung einer zentralen überlegen sein kann, insbesondere wenn die Präferenzen der Bürger in den Mitgliedsländern stark streuen und Umweltprobleme eine spezifische regionale (in diesem Falle nationale) Konzentration aufweisen." In dieser Sichtweise lassen sich EU-weite Maßnahmen am ehesten für die Luftreinhalte- und Klimapolitik sowie für europaweit gehandelte Produkte, die akute Gefahren für Leben und Gesundheit des Menschen bergen, rechtfertigen (Hansjürgens 1996: 90ff.).

staatliches Terrain gegenüber dem Bund gutgemacht werden sollte (Hilz 1996: 15). Diese Strategie hat eine Vorgeschichte, denn bereits anläßlich der Ratifizierung der Einheitlichen Europäischen Akte hatten sich die Länder dagegen gewandt, daß die Gemeinschaft umfassende Kompetenzen im Umweltbereich erhalten könnte. Sie plädierten statt dessen dafür, "[...] daß jeder Mitgliedsstaat allein verstärkte Schutzmaßnahmen treffen kann" (Hrbek 1986: 21).[51] Nach wie vor wird argumentiert, daß die Sorge der Länder primär der möglichen Übertragung ihrer Zuständigkeiten auf die Europäische Union durch den Bund gelte. Diese Problemsicht hinkt jedoch der faktischen Entwicklung der Bundesstaatlichkeit in Deutschland hinterher. Nachdem der Bund die Kompetenztitel für die konkurrierende und die Rahmengesetzgebung so gut wie vollständig ausgeschöpft hat, sind originäre Rechtsetzungskompetenzen der Länder (nicht nur) im Umweltbereich rar; sie wurden gegen die Mitwirkung der Landesregierungen an der Gesetzgebung des Bundes gleichsam eingetauscht (Kropp 1997: 256). Dies bedeutet zunächst einmal, daß die im Ratifizierungsgesetz zur Einheitlichen Europäischen Akte auf Druck der Länder kodifizierte Verpflichtung der Bundesregierung, den Bundesrat rechtzeitig und umfassend über alle bedeutsamen Vorhaben der Europäischen Union zu unterrichten und sich bei den Verhandlungen mit der Kommission und im Ministerrat - insbesondere, wenn Gesetzgebungsbefugnisse der Länder berührt sind - so weit wie möglich an die Stellungnahmen des Bundesrates zu halten, letztlich ins Leere lief. Denn die Länder leiden unter der Übertragung originärer Bundeskompetenzen im Grunde mehr als unter dem drohenden Eingriff der Europäischen Gemeinschaft in Landeskompetenzen, weil bei der Abgabe von Bundeszuständigkeiten "[...] der ersatzlose Verlust der Mitspracherechte im Bundesrat [droht], welche die Länder [...] bisher für den Verzicht auf eigene Zuständigkeiten entschädigt haben" (Scharpf 1993/94: 172). Nach dem Vertrag von Maastricht hat sich diese Problemlage weiter verschärft. In Fragen, die nunmehr im Ministerrat mit qualifizierter Mehrheit entschieden werden - und hierzu gehören eben wesentliche Bereiche der Umweltpo-

---

51 Diese Stellungnahme offenbart eine gewisse Vordergründigkeit, denn das implizierte Verdikt, daß "nationale Alleingänge" im Sinne verstärkter Schutzmaßnahmen durch das europäische Recht generell ausgeschlossen seien, war und ist in dieser Form unzutreffend. Schon die vor der Europäischen Akte auf Art. 100 EWG-Vertrag gestützten "Umweltrichtlinien" ließen strengere nationale Maßnahmen zwar nicht im Produkt-, sehr wohl aber im Anlagenbereich zu. Der durch die Europäische Akte neu eingeführte Art. 130 t EWG-Vertrag eröffnet explizit die Möglichkeit zu nationalen Alleingängen, indem er festlegt, daß die auf Art. 130 gestützten Umweltakte der EG die Mitgliedsstaaten nicht daran hindert, verstärkte Schutzmaßnahmen beizubehalten oder zu ergreifen. Es ging den Ländern also schlicht um die Verhinderung weiterer Kompetenzübertragungen an die Gemeinschaft.

litik[52] - können Zugeständnisse der Bundesregierung an die Länder zumindest dann keinen angemessenen Ersatz mehr bieten, wenn sie im Ministerrat überstimmt wird.

Dies erklärt den verbreiteten landespolitischen Unwillen, eine zügige Umsetzung europäischen Umweltrechts zu unterstützen. Infolge des Umstands, daß den Ländern der Vollzug beinahe des gesamten Umweltrechts zukommt, verfügen die Landesregierungen aufgrund der daraus abgeleiteten Zustimmungspflichtigkeit der entsprechenden Gesetze - auch derer, mit denen europäische Richtlinien in deutsches Recht transformiert werden sollen - über ein entscheidendes Machtinstrument.

Schon vor Verabschiedung der "UVP-Richtlinie" durch den Ministerrat hatte sich in Deutschland der "[...] Widerstand gegen die UVP organisiert und verfestigt", und zwar unter maßgeblicher Beteiligung föderaler Kräfte, namentlich der Bayerischen Staatsregierung (Cupei 1994: 19). Exemplarisch für dieses nach wie vor dominierende Einstellungsmuster mag folgende Aussage des bayerischen Umweltministers Goppel stehen: "Das hohe wissenschaftlich-technische Niveau unseres Landes spiegelt sich in zahlreichen, sehr differenzierten und anspruchsvollen Qualitätsstandards wider. Sie prägen das deutsche Umweltrecht. Das gilt für Belastungsgrenzwerte wie für Minimierungs- und Optimierungsgebote [...]. Rein bürokratische Verfahren nützen der Umwelt nichts. Deshalb fordere ich eine Abkehr von der verfehlten, verfahrensorientierten Umweltpolitik der EU" (Süddeutsche Zeitung 23.02.1995: 21).[53]

---

52 Die hier interessierenden prozedural orientierten Richtlinien fallen allesamt nicht unter die Ausnahmebestimmung des Artikel 130 s Absatz 2 EG-Vertrag.
53 Die strategische Konsequenz, die Goppel namens der Bayerischen Staatsregierung aus seiner Kritik an prozedural orientierten EU-Umweltrichtlinien zieht, besteht in der Forderung, die UVP auf die europäische "Subsidiaritätsliste" zu setzen, d.h. den Mitgliedsstaaten Entscheidungsfreiheit hinsichtlich der Durchführung von Umweltverträglichkeitsprüfungen einzuräumen, eine Forderung, die sich nahtlos in die bereits dargestellte europapolitische Strategie der deutschen Länder einpaßt. Die Mehrdeutigkeit des Subsidiaritätsgedankens offenbart sich indes auch hier. Interpretiert man nämlich wie beispielsweise Héritier (1995: 91ff.) den Paradigmenwechsel in der umweltpolitischen Steuerungsphilosophie der EG als Ausfluß der Anwendung des Subsidiaritätsprinzips - wofür es insofern Argumente gibt, als der Wegfall europaweit verbindlicher Grenzwerte im neuen, immissionsbezogenen Ansatz den Mitgliedsstaaten in der Tat neue Handlungsspielräume eröffnet -, erscheint der Kampf der Länder gegen diese Neuorientierung natürlich widersprüchlich. Die Interpretation Héritiers ist in dieser Hinsicht allerdings unzureichend, weil sie den Regulierungsansatz in der Luftreinhaltepolitik isoliert betrachtet, d.h. die anderen prozeduralen Instrumente, die vom Ministerrat beschlossen wurden, aus ihrer Subsidiaritätsargumentation ausschließt. Gerade diese aber bescheren der Bundesrepublik nicht nur enorme rechtliche Anpassungsprobleme, sondern auch bislang ungekannte administrative "Vollzugskosten", so daß das *gesamte* umweltpolitische Steuerungspaket von den Ländern eben nicht als subsidiaritätsgemäß beurteilt wird: "The increasing

(Fortsetzung...)

Zwar verstand sich der Bundesrat mehrheitlich dazu, die ohnehin verspätete Verabschiedung des Gesetzes über die Umweltverträglichkeitsprüfung nicht zu blockieren, wohl um die vom Bund wiederholt und nachdrücklich reklamierte "europapolitische Glaubwürdigkeit der Bundesregierung"[54] nicht über Gebühr zu strapazieren. Die Zustimmung zu diesem Gesetz fiel den UVP-Kritikern in den Reihen des Bundesrates nun allerdings relativ leicht, denn sie wußten um dessen faktische Nicht-Vollziehbarkeit ohne den Erlaß entsprechender Verwaltungsvorschriften, welche wiederum an die Zustimmung des Bundesrates gebunden waren. In seiner Stellungnahme zum Entwurf des UVP-Gesetzes der Bundesregierung hatte der Bundesrat die Bundesregierung gebeten, "[...] diese Verwaltungsvorschriften zügig vorzulegen und parallel zu den Beratungen des Gesetzes im Bundestag mit den Ländern abzustimmen, damit sie unverzüglich nach Inkrafttreten des Gesetzes [...] mit Zustimmung des Bundesrates erlassen werden können" (Bundestag-Drucksache 11/3919 vom 26.01.1989: 46). Die vom Bundesrat erbetene, zügige Erarbeitung der Verwaltungsvorschriften wurde vom Bundesumweltministerium auf durchaus anspruchsvollem Niveau geleistet;[55] der entsprechende Referentenentwurf wurde im Jahr 1991 vorgelegt und "intensiv mit den Umweltministerien der Länder und den Bundesressorts abgestimmt" (Umwelt Nr. 7/8 1995: 267). Die parallel organisierten Abstimmungsprozesse innerhalb der Bundesregierung[56] und auf der "Vierten

---

53(...Fortsetzung)
    use of so called "soft" instruments of environmental protection, as witnessed by the reinforcement of the planning and administrative approach, will bring substantial increases in the size of the environmental administrative structures in the Member States. Efforts [...] to create a lean administration as undertaken by the State of Bavaria, will be undermined and in some areas completely prevented, by these additional administrative requirements" (Lerche/Preußer 1997: 86).
54 So schon in einem Papier des Bundesministers für Umwelt, Naturschutz und Reaktorsicherheit. "Die politische Bedeutung des Entwurfs eines Gesetzes zur Umsetzung der Richtlinie des Rates vom 27. Juni 1985 über die Umweltverträglichkeitsprüfung bei bestimmten öffentlichen und privaten Projekten (85/337/EWG) (Stand 28.3.1988)", S. 9.
55 Erwähnung verdient diesbezüglich v.a. ein vom Umweltministerium in Zusammenarbeit mit der Hochschule für Verwaltungswissenschaften Speyer durchgeführtes Planspiel zum Test der Verwaltungsvorschriften, ein in der Bundesrepublik bis dahin "einzigartiges Experiment" (Das Parlament 3.8.1990: 14), welches zumindest nach Auffassung des federführenden Ressorts die auf erhebliche Verfahrensverzögerungen gerichtete Grundsatzkritik an der UVP-Gesetzgebung entkräftete (Umwelt Nr. 8/1990: 383).
56 Die Probleme, die sich dem BMU hinsichtlich der Ressortabstimmung stellten, waren offenbar mindestens ebenso groß, wie diejenigen, die in den Bund-Länder-Konferenzen gelöst werden mußten: "Wir haben in dieser Legislaturperiode, glaube ich, eigentlich kein einziges Projekt durchgekriegt. Die sind alle zum Stillstand gekommen. Jetzt gleich nach unserem Gespräch, da habe ich ein Gespräch auf Staatssekretärsebene, da muß ich hin, und da wird wahrscheinlich unser letztes Projekt beerdigt, weil der Wirtschaftsminister Nein sagt. Das ist die UVP-Verwaltungsvorschrift. Die kommen da mit ganz idiotischen Fragen. Das Kanzleramt, so sieht es jetzt aus, hat geschrieben und die Ressorts gebeten mitzuteilen, ob die Verwaltungsvorschrift die Zulassungsver-
(Fortsetzung...)

Ebene" zogen sich bis ins Jahr 1994 hin; erst am 29. September 1994 konnte der Regierungsentwurf vorgelegt werden. Diesem Entwurf stimmte der Bundesrat schließlich erst "[...] nach teilweise sehr kontroversen Diskussionen in einigen Ausschüssen am 31. März 1995 mit überwiegend redaktionellen Änderungsvorschlägen, die von der Bundesregierung übernommen worden sind" (Umwelt Nr. 7/8 1995: 267), mehrheitlich zu.[57] In der Aussprache des Bundesrats zu dieser Entscheidung profilierte sich insbesondere die Bayerische Staatsregierung als schärfste Kritikerin der UVP-Gesetzgebung. Zwar setzte sie sich mit ihrem Antrag auf Vertagung der Beschlußfassung und Neuerarbeitung der Verwaltungsvorschrift nicht durch, doch machten die in der Schlußaussprache vorgetragenen Argumente die aus dem Koordinationsbedarf zwischen Bund und Ländern resultierende Schwerfälligkeit des Normsetzungsprozesses erneut deutlich. Dieser "erhebliche Abstimmungsbedarf" wird von der Bundesregierung auch für die verspätete Verabschiedung des Umweltinformationsgesetzes verantwort-

---

56 (...Fortsetzung)
fahren beschleunigen könnte. Das wird natürlich kein Ressort sagen, weil man das ja auch wirklich nicht behaupten kann. Also wird das Kanzleramt sagen: "Da kein Ressort gesagt hat, es dient der Beschleunigung: Nicht weitermachen!" (Interview BMU, 10.03. 1994). Wie die weitere Entwicklung zeigte, war dieser Pessimismus bezüglich der angesprochenen Sitzung zwar berechtigt, der "Umsetzungsdruck" aus Brüssel aber letztlich doch hoch genug, um das Beschleunigungsargument zumindest formal außer Kraft zu setzen.

57 Nur am Rande sei vermerkt, daß der Bundesgesetzgeber mit dem verspäteten Erlaß des UVP-Gesetzes und der einschlägigen untergesetzlichen Normen zur Umweltverträglichkeitsprüfung gleichsam ein Eigentor geschossen hat. Für Aufsehen sorgten diesbezüglich zwei Gerichtsurteile, die sich beide mit den Konsequenzen aus der verzögerten Umsetzung der UVP-Richtlinie auseinandersetzten. Die Bundesregierung hatte die Rechtsauffassung vertreten, daß eine UVP nur für Projekte erforderlich sei, die nach Inkrafttreten des deutschen UVP-Gesetzes begonnen wurden. Diese Auslegung wies der Europäische Gerichtshof bereits im Sommer 1993 mit der Begründung zurück, daß die Richtlinie die Prüfung der Umweltverträglichkeit bestimmter Projekte ab 1988 zwingend vorschreibe. Die verspätete Umsetzung der UVP-Richtlinie in deutsches Recht könne diese vorrangige Bestimmung nicht außer Kraft setzen. Im Dezember 1994 folgte das Oberverwaltungsgericht Koblenz dem Urteil des EuGH und setzte den Planfeststellungsbeschluß für einen Autobahnneubau wegen der fehlenden UVP außer Kraft. Es wurde prognostiziert, daß dieses vieldiskutierte Urteil Präzedenzwirkung für eine Vielzahl UVP-pflichtiger Projekte haben würde, mit deren Planung in der Zeit zwischen 1988 und 1990 begonnen wurde (Süddeutsche Zeitung 30.12.1994: 5 und 09.01.1995: 4). Im Grunde hätte der "kritische" Zeitraum sogar bis Mitte 1992 verlängert werden müssen, jedenfalls hinsichtlich von Anlagen, die nach dem Bundesimmissionsschutzgesetz (BImSchG) genehmigungspflichtig sind. Denn unbeschadet des Inkrafttretens des UVP-Gesetzes wurden bis zum 1. Juni 1992 bei immissionsschutzrechtlichen Genehmigungsverfahren keine Umweltverträglichkeitsprüfungen durchgeführt. Erst mit diesem Datum wurde die Verordnung zur Durchführung des Genehmigungsverfahrens nach dem BImSchG geändert. Zwar hat das Bundesverwaltungsgericht das oben erwähnte Urteil des Oberlandesgerichts Koblenz im Januar 1996 revidiert und den Planfeststellungsbeschluß unbeschadet der fehlenden UVP wieder in Kraft gesetzt (Süddeutsche Zeitung 27./28.01.1996: 8), doch ist die Problematik wegen weiterer einschlägiger Klagen der Europäischen Kommission vor dem EuGH noch lange nicht vom Tisch. Zum Problem der unmittelbaren Rechtswirkung verspätet umgesetzter Richtlinien vgl. insgesamt Breuer (1993: 26f.)

lich gemacht (Kramer 1994: 1). Er resultierte aus der Empfehlung einer Bund-Länder-Arbeitsgruppe, " [...] ein Bundesgesetz zu verabschieden, das im Einvernehmen aller Länder erlassen wird" (Héritier u.a. 1994: 277).

Der immense Zeitaufwand, der für die Umsetzung europäischen Umweltrechts erbracht werden muß, ist für die Vertreter des Bundes zwar ärgerlich, weil er dessen Handlungsfähigkeit beeinträchtigt und im Falle der Überschreitung von Umsetzungsfristen europäischer Richtlinien seine grundsätzlich europafreundliche Politik unglaubwürdig erscheinen läßt (vgl. auch SRU 1996: 110). Auch entsprechen die von den Landesregierungen im Detail vorgebrachten Änderungsvorschläge häufig nicht den Intentionen der Bundesregierung und erfordern deshalb ein hohes Maß an Kompromißbereitschaft.

Der Kernpunkt der aktuellen Problematik im umweltpolitischen Verhältnis zwischen der EG, dem Bund und den Ländern ist indes an anderer Stelle zu suchen. Er liegt in der Frage nach der Gesetzgebungskompetenz für "allgemeine Umweltgesetze",[58] wie sie im Zuge der Umsetzung des europäischen Umweltrechts "britischer Prägung" seit einiger Zeit erlassen werden müssen. So konstatierte die Bayerische Landesregierung im Bundesrat, daß der Bund mit Erlaß der allgemeinen Verwaltungsvorschrift zur Umweltverträglichkeitsprüfung den gesetzlichen Ermächtigungsrahmen überschritten habe (Bundesrat Stenographische Berichte, 682.Sitzung: 165), und der Innenausschuß des Bundesrates stellte bezüglich des Umweltinformationsgesetzes unmißverständlich fest, daß es sich bei dieser Vorschrift weitgehend um Verfahrensrecht handele, wofür die Regelungskompetenz nach Art. 84 Abs. 1 GG grundsätzlich bei den Ländern liege (Kramer 1994: 5).

Der soeben angeführte Grundgesetzartikel erlaubt zwar die Normierung von Verfahrensrecht durch den Bundesgesetzgeber, dies jedoch nur als eine an die Zustimmung des Bundesrates gekoppelte Ausnahme. Daraus ergibt sich das Dilemma der Bundesregierung. Durch europarechtliche Vorgaben, die durch ein nationales Veto im Ministerrat nicht mehr verhindert werden können, war sie bereits mehrfach gezwungen - und wird es künftig noch häufiger sein

---

58 Der Begriff "allgemeines Umweltrecht" hat sich für medienübergreifende Umweltnormen durchgesetzt, welche insbesondere für europäische Richtlinien und Verordnungen der Gegenwart kennzeichnend sind.

- verfahrensorientiertes Bundesrecht im Umweltbereich zu setzen, ohne dazu explizit ermächtigt zu sein. Mit der den Ländern jederzeit möglichen Bestreitung der entsprechenden Gesetzgebungskompetenzen wird der Bund gleichsam erpressbar. Die einfache Stimmenmehrheit im Bundesrat zwingt ihn im Zweifelsfall in die "Politikverflechtungsfalle" (Scharpf 1985 b).

Zwar konnte deren endgültiges Zuschnappen bislang verhindert werden, denn in den meisten Fällen akzeptierte die Ländermehrheit letztlich dann doch die Ableitung der Kompetenz zur Regelung von Verfahrensrecht aus der Zuständigkeit der Bundes für das materielle Umweltrecht.[59] Zu prognostizieren, daß dem auch künftig so sein wird, wäre indes angesichts der sich abzeichnenden, grundsätzlichen "Umsteuerung" der europäischen Umweltpolitik in Richtung auf prozedurale Instrumente, die in den Ländern mit Mißtrauen beobachtet wird,[60] mehr als gewagt. Im Bundesumweltministerium herrscht diesbezüglich zu Recht Skepsis. Beispielhaft hierfür stehen die folgenden Ausführungen des Leiters der Zentralabteilung, Plaetrich:

> "Wir haben z.B. versucht, eine Kompetenz für den Bereich des medienübergreifenden Umweltschutzes in den Art. 74 GG zu bekommen.[61] Sie wissen, daß wir heute keine umfassende Umweltkompetenz im Art. 74 GG haben. Dort sind z.B. die Luftreinhaltung, die Abfallwirtschaft, in Art. 75 GG auch die Rahmenkompetenz für Wasser erwähnt. Diese Kompetenzen sind in Ordnung, aber die übergreifenden Ansätze wie etwa das UVP-Gesetz, das Umweltinformationsgesetz oder Öko-Audit-Regelungen und Bodenschutzregelungen sind explizit von den Kompetenzen nicht erfaßt. Die Kompetenzen für diese Regelungen müssen wir uns, ich sag es mal etwas salopp, mehr oder weniger aus den einzelnen Spiegelstrichen der Kompetenzregelungen zusammenklauben. Wir müssen dann im einzelnen erklären und begründen, warum eine Vollkompetenz für uns als Gesetzgeber vorhanden ist. Es hat bisher immer funktioniert, kostet aber ungeheuer viel Kraft und Argumentationsaufwand. Der Versuch, dies zu ändern und hier konkrete Gesetzgebungskompetenzen festzulegen, ist gescheitert [...]. Insgesamt hat diese Diskussion deutlich gemacht, daß allein die Klarstellung von Bundeskompetenzen, die der Bund eigentlich schon hat, mit den Ländern derzeit nicht zu machen ist. Die Länder haben hier immer die Besorgnis, daß der Bund sich eine umfassende Umweltkompetenz schaffen könnte, und spielen deshalb nicht mit [...]. Nach heutiger Ausgangslage ist nicht davon auszugehen, daß sowohl im Bereich des nationalen Rechts oder des EG-Rechts der Bund von den Ländern größere Kompetenzen erhalten könnte" (BMU 1994: 62f.).

---

59 Vgl. exemplarisch die ausführliche, teilweise gewundene Begründung der Gesetzgebungskompetenz für das Umweltinformationsgesetz durch die Bundesregierung bei Kramer (1994: 5ff.).
60 Stimmen wie die des baden-württembergischen Staatsministers Vetter (1995: 15) sind nach wie vor die seltene Ausnahme. Vetter zufolge sollten sich die deutschen Länder der neuen Ausrichtung der EU-Umweltpolitik auf den "britischen Ansatz" öffnen und " [...] sich aktiv an der Erneuerung der Umweltpolitik auf europäischer Ebene beteiligen." Dabei sollten auch neue institutionelle Elemente einbezogen werden.
61 Diese Versuche hatte das Umweltministerium nach Plaetrichs Ausführungen anläßlich der Beratungen der Gemeinsamen Verfassungskommission von Bundestag und Bundesrat unternommen. Sie sind im Schlußbericht der Verfassungskommission (Gemeinsame Verfassungskommission 1993) allerdings nicht dokumentiert.

Weil die Länder die ihnen verfassungsrechtlich zugewiesenen Kompetenzen energisch zu verteidigen wissen, steht die Bundesregierung aber nicht nur vor erheblichen Problemen bei der Umsetzung europarechtlicher Vorgaben im Umweltbereich,[62] sondern sieht sich mitunter schon bei der Verhandlungsführung in Brüssel in der föderalen Zwickmühle. Bei der Frage, so der damalige Bundesumweltminister Töpfer, nach einem möglichen "Export" deutscher umweltrechtlicher Vorstellungen in die Europäische Gemeinschaft[63] müsse nicht nur geprüft werden, inwieweit sie sich für eine gewachsene, ausdifferenzierte Verwaltung wie die deutsche eigne, sondern auch " [...] was wir in Kenntnis unserer föderalen Strukturen in der Bundesrepublik Deutschland mit Zustimmung eines Bundesrats wirklich durchsetzen können" (BMU 1994: 63). Die in diesem Kapitel einleitend referierte Kritik an der deutschen Europastrategie, die im wesentlichen die wettbewerbspolitisch motivierte deutsche Verweigerungshaltung hinsichtlich der Weiterentwicklung prozeduraler Instrumente ins Visier nimmt, bleibt ohne die Berücksichtigung der mit der Einführung dieser Instrumente verbundenen rechtlichen Strukturprobleme und der bundestaatlichen Hemmnisse, die dem empfohlenen Strategiewechsel im Wege stehen, also kurzschlüssig. Angesichts der seit 21. Dezember 1992 gültigen Verankerung weitgehender Mitwirkungsrechte des Bundesrates in Angelegenheiten der Europäischen Union in Artikel 23 des Grundgesetzes wird die europäische Umweltdiplomatie der Bundesregierung künftig noch stärker von innenpolitischer Rücksichtnahme geprägt sein als in der Vergangenheit.[64] Die Besetzung umweltpolitischer Vorreiterrollen ist im Falle Deutsch-

---

62 Ein weiteres bundesstaatliches Hemmnis, das der Umsetzung europäischen Umweltrechts nicht selten im Wege steht, ergibt sich in den Bereichen, in denen dem Bund lediglich die Kompetenz zur Rahmengesetzgebung zukommt. Namentlich im Gewässerschutz steht die Bundesregierung vor kaum überwindbaren Problemen. Beispielhaft kann das Urteil des Europäischen Gerichtshofs vom 28. Februar 1991 angeführt werden, in welchem der Bundesregierung Vertragsverletzungen hinsichtlich der mangelhaften Umsetzung der sog. "Grundwasserrichtlinie" der EG attestiert wurden. "Das Urteil verlangt zumindest, daß das Wasserhaushaltsgesetz und die Landeswassergesetze für den Bereich den Grundwasserschutzes umgeschrieben werden" (Breuer 1993: 10). Die Länder haben bislang jedoch noch keine Bereitschaft zu entsprechenden Korrekturen erkennen lassen. Und der Versuch der Bundesregierung, durch Einfügung eines § 6a in das Wasserhaushaltsgesetz, betitelt mit "Supra- und internationale Anforderungen", eine gesetzliche Grundlage für die Umsetzung von EG-Recht zu schaffen, wurde bei einer Anhörung des Umweltausschusses des Deutschen Bundestages von Sachverständigen als verfassungswidrig kritisiert (vgl. Umwelt Nr. 11/1995: 409). Die Ablehnung einer solchen Bestimmung durch den Bundesrat darf nach den bisherigen Erfahrungen ohnehin als sicher gelten.

63 Töpfer hatte bei dieser Aussage nicht materielle Umweltanforderungen in Form von Grenzwerten, die den deutschen "Export" der Vergangenheit bildeten, im Blick, sondern bezog sich explizit auf neue Verfahrensregelungen (vgl. BMU 1994: 56).

64 Dies insbesondere deswegen, weil die Auffassung des Bundesrates bei der Willensbildung des Bundes dann "maßgeblich zu berücksichtigen" ist, wenn im Schwerpunkt Gesetzgebungsbefugnisse der Länder, die Einrichtung ihrer Behörden oder ihre Verwaltungsverfahren betroffen sind (Art. 23
(Fortsetzung...)

lands - so ist der Befund Héritiers u.a. (1994: 387) also zu ergänzen - nicht nur abhängig von der Kongruenz der nationalen Strategien mit denen der Kommission, sondern auch vom innerföderalen Konsens. Hinsichtlich der Weiterentwicklung des Umweltrechts liegt die Herstellung eines solchen jedoch zumindest in bezug auf den Einsatz prozeduraler Instrumente noch in weiter Ferne.[65]

Besondere Brisanz gewinnt der Widerstand gegen verfahrensorientierte Umweltgesetze aus dem Umstand, daß letztere von der Europäischen Kommission als Flankierung freiwilliger Übereinkommen zwischen Staat und Wirtschaft konzipiert sind, welche eine öffentliche Kontrolle über die ausgehandelten Vereinbarungen und deren Einhaltung gewährleisten soll. Eben weil die Bundesregierung verstärkt auf freiwillige Selbstverpflichtungen setzt (vgl. oben, Kapitel 6), käme einer verbesserten Beteiligung der Öffentlichkeit verstärkte Bedeutung zu.[66] Dieser Befund gilt auch für die etwaige Realisierung des wohl vor allem im Wirtschafts-

---

64(...Fortsetzung)
    Abs. 5 GG). Wie gezeigt, treffen die beiden letzten Kriterien bei umweltrechtlichen Normen beinahe durchgängig zu.

65   Dieser fehlende Konsens manifestiert sich nicht nur im verzögerten Gesetzgebungsprozeß, sondern auch dahingehend, daß Landesregierungen, die sich dem Umsetzungszwang europäischen Umweltrechts im Bundesrat nur widerwillig fügen, eine kontraintentionale Implementation solcher Gesetze wenn schon nicht fördern, so doch zumindest dulden. Darauf lassen zumindest erste Berichte über den behördlichen Umgang mit dem Umweltinformationsgesetz schließen. Z.B. belegten mehrere Behörden Einzelanfragen mit Gebührensätzen von mehr als 1200 DM oder stellten für zweiseitige Kopien knapp 200 DM in Rechnung. Mit § 10 Umweltinformationsgesetz, der die Erhebung kostendeckender Gebühren vorschreibt, ist dies wohl ebensowenig zu vereinbaren, wie die Berechnung von 109 DM für die Mitteilung, daß ein Informationsbegehren nicht erfüllt werden könne, durch das Landratsamt Rosenheim (Süddeutsche Zeitung 18.11.1994: 7/ DIE ZEIT 10.03.1995: 35). Deutliche Kritik an derartigen Praktiken, von denen offenbar eine "abschreckende Wirkung" erhofft werde, äußert auch der Rat von Sachverständigen für Umweltfragen (SRU 1996: 108). Die Europäische Kommission hat mittlerweile reagiert und beschlossen, wegen der unzureichenden Umsetzung der Umweltinformationsrichtlinie ein Vertragverletzungsverfahren gegen die Bundesrepublik Deutschland zu eröffnen (DNR 1997: 7)

66   Ähnlich auch Bohne (1994: 1078), der sein ursprüngliches Bedenken, daß im Gefolge einer Umsetzung der Umweltinformationsrichtlinie "[...] all relevant information on informal agreements and all information voluntarily provided by industries would disappear from official agency files" (Bohne 1990: 228) offenbar deswegen aufgegeben hat, weil der Bereich staatlicher Normsetzung - und damit zwangsläufig auch der ihres "Ersatzes" durch Absprachen - von der Richtlinie nicht erfaßt wird. Weil, wie Bohne richtig sieht, die Richtlinie bewußt auf die Vollzugsverwaltung bezogen ist, ist im übrigen der Vorwurf des Rates von Sachverständigen für Umweltfragen (SRU 1994: 217), die Bundesregierung habe dieselbe zu restriktiv ausgelegt, weil sie Behörden, die beim Erlaß von Rechtsverordnungen tätig würden, aus dem Anwendungsbereich des Umsetzungsgesetzes ausnehme, haltlos. Artikel 2 b der Richtlinie schließt nämlich "Stellen, die im Rahmen ihrer Rechtsprechungs- oder Gesetzgebungszuständigkeit tätig werden", explizit aus ihrem Anwendungsbereich aus.

ministerium angedachten Vorhabens, Betriebe, die sich am Öko-Audit-System beteiligen, von bestimmten ordnungsrechtlichen Vorgaben zu befreien (DIE ZEIT, Nr. 35/1995: 21).[67]

7.3 Die Europaskepsis im BMU und ihre Gründe

Ob der Umweltschutz durch den verstärkten Einsatz verfahrensorientierter Instrumente tatsächlich an Wirksamkeit gewinnen kann, steht also noch dahin. Wie die - bislang noch zaghaften - Initiativen in Deutschland, die nicht auf eine Ergänzung, sondern auf eine Aufweichung oder gar Ersetzung des Ordnungsrechts durch Instrumentarien wie das Öko-Audit zielen, zeigen, ist die Gefahr, daß mit Hilfe einer angeblichen Modernisierung des Umweltrechts faktisch eine Aushöhlung desselben zu betreiben versucht wird, nicht auszuschließen. Dies insbesondere deswegen, weil bei der Umsetzung der einschlägigen europäischen Richtlinien in das deutsche Recht die Beteiligung der Öffentlichkeit bzw. die der Träger von Umweltschutzinteressen durchgängig defizitär geregelt ist. D.h. daß der von der Europäischen Kommission intendierte "Druck der Basis", durch welchen "[...] die nationale und subnationale Politik zur kritischen Überprüfung und Anpassung ihres eigenen Anspruchsniveaus" veranlaßt werden soll (Scharpf 1995: 90), in Deutschland institutionell und verfahrensrechtlich eben nicht hinreichend abgesichert wird (Hagenah 1996: 202ff.).

Doch nicht nur in Deutschland dominiert spätestens seit dem Jahr 1991 die Sorge um die schwindende Wettbewerbsfähigkeit des Wirtschaftsstandorts die Diskussion über das Spannungsverhältnis von Ökonomie und Ökologie.[68] Auch im europäischen Vertragswerk rangiert

---

67 Eine derartige Initiative könnte sich im übrigen der nachhaltigen Unterstützung der Bayerischen Staatsregierung, die prozedurale Instrumente ansonsten heftig bekämpft, sicher sein. In ihrem im November 1995 geschlossenen "Umweltpakt" mit der bayerischen Industrie sagte diese nämlich zu, sich für eine derartige Reform einzusetzen. Daß im übrigen ausgerechnet diejenigen politischen Kräfte, die die Öko-Audit-Verordnung auf europäischer Ebene lange Zeit bekämpften, nun dieses Instrumentarium als Ansatzpunkt für umweltpolitische Deregulierungsversuche zu nutzen beabsichtigen, entbehrt nicht einer gewissen Pointe und stößt auf scharfe umweltrechtliche Kritik: "Daß Unternehmen wegen ihrer Beteiligung an dem freiwilligen und "weichen" Öko-Audit-System von "harten" ordnungsrechtlichen Umweltpflichten oder der administrativen Vollzugskontrolle freigestellt werden sollen, halte ich ebenfalls für inkonsistent und sachlich nicht gerechtfertigt" (Prof. Dr. Rüdiger Breuer in einem Schreiben an den Verfasser vom 07.12.1995). Ausführlich hierzu und im selben Tenor Lübbe-Wolff (1996: 225ff.).

68 Vgl. dazu den von Schmidt/Spelthahn (1994) edierten Band. Repräsentativen Umfragen des Emnid-Instituts zufolge antworteten im Jahr 1989 66 % der Deutschen auf die Frage, in welchem politischen Bereich es die meisten Probleme gebe, mit dem Umweltschutz. 1990 waren es noch 60 %,
(Fortsetzung...)

trotz der skizzierten Aufwertung des Umweltschutzes zur explizit erwähnten Aufgabe der Gemeinschaft nach wie vor das wirtschaftliche Wachstum als Voraussetzung verbesserter Lebensbedingungen deutlich vor dem Umweltschutz; Artikel A des Vertrages über die Europäische Union beispielsweise definiert als primäres Ziel die "Förderung eines ausgewogenen und dauerhaften wirtschaftlichen und sozialen Fortschritts" und ist damit vom Konzept des "sustainable development" noch weit entfernt (SRU 1996: 108).

Der niedrige Stellenwert des Umweltschutzes läßt sich nicht nur am europäischen Vertragswerk ablesen, sondern auch am Institutionengefüge. Im Jahre 1971 wurde innerhalb er Kommission eine erste *Dienststelle Umwelt- und Verbraucherschutz* eingerichtet, die zehn Jahre später zur *Generaldirektion (GD) XI Umwelt, Verbraucherschutz und nukleare Sicherheit* aufgewertet wurde. Die bislang letzte Umorganisation erfolgte im Jahr 1990. Seitdem ist die GD XI zuständig für alle fachlich übergreifenden Probleme des Umweltschutzes, für die Koordinierung der Verwirklichung der Umweltaktionsprogramme und für die Einbeziehung der Umweltpolitik in die anderen Politiken der Gemeinschaft. Neben diesen allgemeinen Zuständigkeiten fallen der GD XI folgende besondere Fachkompetenzen zu: Strahlen- und Katastrophenschutz, Umweltchemikalien, Biotechnologie, Abfallwirtschaft, Boden- und Gewässerschutz, Lärmbekämpfung, Luftreinhaltung, Naturschutz, Umweltinformation und -erziehung, internationale Umweltpolitik (Holzinger 1994: 98). Insbesondere die Personalsituation der Umwelt-Generaldirektion wird kritisiert. Mit nur 300 Fachleuten, von denen mehr als die Hälfte externe Sachverständige ohne Beamtenstatus seien, könne die GD XI mit den Generaldirektionen, die den "Verursacherinteressen" nahestehen, nicht konkurrieren (Hey/ Brendle 1994a: 341). Die Situation der GD XI erinnert in vielem an das Bild, das in dieser Studie vom deutschen Umweltministerium gezeichnet wurde. Wie dieses, versucht auch die GD XI mitunter, die Öffentlichkeit gegen die konkurrierenden Ressorts zu mobilisieren. Ein Beispiel ist der Versuch der GD XI, die Bundesregierung mit Hilfe einer entsprechenden Verordnung zu einer Nachbesserung der Selbstverpflichtung zur Altautoentsorgung (vgl. dazu oben, Kapitel 6.1) zu zwingen. Nach Angaben eines "hochrangigen Mitglieds" der GD XI gegenüber der Presse stieß sie dabei jedoch auf den "erbitterten Widerstand" des Industrie-

---

68(...Fortsetzung)
im Folgejahr nur noch 39 %. Nach einem leichten Wiederanstieg bis auf 46 % im Jahr 1995 folgte ein Einbruch auf 28 % im Jahr 1996. Damit stand das Thema Umweltschutz nur noch an zwölfter Stelle der Prioriätenskala der Bevölkerung (DER SPIEGEL, Nr. 40/1996: 20).

kommissars, welcher von der Automobilindustrie gegen die Umweltkommissarin mobilisiert worden sei und einen Kommissionsbeschluß über die geplante Direktive bislang verhindert habe (Süddeutsche Zeitung, 19.12.1996: 27/16.01.1997: 26).

Die Unterbewertung der Umweltpolitik durch die Europäischen Gemeinschaft wird auch von einer Mehrheit der BMU-Beamten moniert. Dies weist die folgende Tabelle aus.

Tabelle 7.6: Beurteilung des Stellenwertes der Umweltpolitik in der EG

	absolut	v.H.
keine Angabe	3	2.0
zu niedrig	89	59.3
angemessen	58	38.7
zu hoch	0	0
gesamt	150	100.0

Läßt man die Mitarbeiter der Abteilung RS außer Betracht, die, wie Tabelle 7.7 verdeutlicht, mit großer Mehrheit die Auffassung vertreten, der Umweltschutz werde in den Gemeinschaftspolitiken angemessen berücksichtigt, steigt der Anteil der "Europakritiker" innerhalb der Ministerialbürokratie im BMU auf zwei Drittel. Am kritischsten erweisen sich die Beamten der Abteilung G, was insofern Beachtung verdient, als dieser Abteilung die Pflege der internationalen Zusammenarbeit in der Umweltpolitik obliegt, worunter im Ministerium auch die Koordination aller EU-relevanten Vorgänge und Initiativen fällt. Mit anderen Worten: Die in Fragen inter- und supranationaler Umweltpolitik am gründlichsten geschulten Beamten entwickeln besondere Skepsis bezüglich der ökologischen Sensibilität des europäischen "policy-making". Auch in den Abteilungen Z, WA und N dominiert diese kritische Grundstimmung, während sich die Abteilung IG diesbezüglich ausgewogen präsentiert. Auf die Gründe, welche die unterschiedliche Bewertung der Gemeinschaftspolitiken in bezug auf den Umweltschutz erklären können, wird im folgenden noch mehrfach zurückzukommen sein.

Tabelle 7.7: Abteilungsspezifische Bewertung des Stellenwerts der Umweltpolitik innerhalb der EG

	Abt.G	Abt.IG	Abt.N	Abt.RS	Abt. WA	Abt. Z	alle
keine Angabe	0	0	0	4.1% n=1	0	9.6% n=2	2.1% n=3
zu niedrig	76.9% n=10	50.0% n=13	62.5% n=10	25.0% n=6	69.8% n=30	71.4% n=15	58.8% n=84
angemessen	23.1% n=3	50.0% n=13	37.5% n=6	70.9% n=17	30.2% n=13	19.0% n=4	39.1% n=56
gesamt	100.0% n=13	100.0% n=26	100.0% n=16	100.0% n=24	100.0% n=43	100.0% n=21	100.0% n=143

Die bereits im Vorfeld des Maastrichter Vertrages vielfach geäußerte Kritik an der ausschließlich auf wirtschaftliche Ziele orientierten Programmatik zur Vollendung des Binnenmarktes (z.B. Sprenger 1991: 51)[69], an der zu engen Anbindung des Umweltschutzes an die "marktschaffende Politik" (Jachtenfuchs 1996: 256), hat sich dem Tenor der einschlägigen Literatur zufolge trotz der ambitionierten umweltpolitischen Programmatik, die von der Generaldirektion XI der Kommission entwickelt worden ist, weitgehend bestätigt. Diese Programmatik sei Ausdruck einer aufgeklärten Minderheitsvorstellung von ökologischer Modernisierung, die sich im Konflikt mit dem "technokratisch-industriellen Wachstumspfad" (noch?) nicht habe durchsetzen können (Jachtenfuchs u.a. 1993: 144), weshalb das Ziel eines möglichst einheitlichen Marktes nach wie vor regelmäßig mit dem Erfordernis eines hohen Umweltschutzniveaus kollidiere (Hillenbrandt 1995: 164). Konkret-regulatorisch werde den Belangen des Umweltschutzes in den ökologisch relevanten Gemeinschaftspolitiken, etwa der Verkehrs-, Energie- oder Landwirtschaftspolitik, noch immer nicht nur "keine besondere Bedeutung" zugemessen (ebenda), sondern die EG praktiziere in diesen Bereichen eine geradezu "pervertierte Integration" (Kraemer 1995: 220). Bei einer Bewertung der europäischen Umweltpolitik sei zu beachten, daß die umweltpolitischen Aktionsprogramme keine verbindliche Rechtsgrundlage für die Festlegung umweltpolitischer Maßnahmen darstellten und mithin nicht mehr verkörperten als "politische Absichtserklärungen des Rates" (Caspari 1995: 65). Aber auch

---

69 Sprenger (ebenda) weist in diesem Zusammenhang wie viele andere kritisch darauf hin, daß beispielsweise im sogenannten Cecchini-Bericht, eine von der Europäischen Kommission initiierte und im Jahre 1988 vorgelegte Studie über die Auswirkungen des Binnenmarktes, das Bruttoinlandsprodukt als alleinigen Wohlstandsindikator heranzog. Im Cecchini-Bericht wie auch in den Initiativen der Kommission seien Umweltgesichtspunkte "weitgehend ausgeklammert" worden.

schon die Analyse der rein konzeptionellen Ebene zeige, daß das auch von der Europäischen Gemeinschaft prioritierte Vorsorgeprinzip starken Einschränkungen unterworfen werde (ebenda: 78). Diesbezüglich lasse auch das ansonsten hochgelobte Fünfte Aktionsprogramm eine wirksame Umweltpolitik eher unwahrscheinlich erscheinen: "Ähnlich wie bei den vorhergehenden Aktionsprogrammen wird die Umweltpolitik voraussichtlich über die programmatische Verlautbarung der anspruchsvollen umweltpolitischen Zielsetzung nicht weit hinauskommen" (ebenda: 185).

Daß die vielbeklagte Schere zwischen programmatischem Anspruch und konkreter Normsetzung durch die Institutionen der Europäischen Union letztlich der mangelnden Integration der Umweltpolitik in die "Verursacherbereiche" geschuldet ist, sieht man auch im Bonner Umweltministerium:

"Es ist für uns ganz selbstverständlich, daß viele Dinge nicht mehr national geregelt werden können, sondern daß die natürlich auf Gemeinschaftsebene müssen. Ich denke da zum Beispiel an den ganzen Bereich der Landwirtschaft, denn die Landwirtschaftspolitik ist längst keine nationale Politik mehr, sondern das ist Gemeinschaftspolitik. Und wenn die Landwirtschaft im Gewässerschutz zum Beispiel Probleme bereitet, müssen diese Probleme dann durch entsprechende Gemeinschaftsaktionen im Agrarsektor in Kombination mit dem Umweltschutz wieder in Ordnung gebracht werden. Mein Eindruck ist nun aber, daß auf Gemeinschaftsebene zwar punktuell durchaus Verschiedenes getan wurde im Umweltschutz, aber eben ohne die Integration, d.h. ohne richtige Zusammenarbeit mit den anderen Politiksektoren auf Unionsebene, also Landwirtschafts- oder Verkehrspolitik. Diese Querschnittsarbeit, so ist mein Eindruck, funktioniert in Brüssel noch schlechter als hier bei uns in Deutschland" (Interview BMU, 09.03.1994).

In dieser im BMU durchaus verbreiteten Sichtweise, welche die grundsätzliche Berechtigung einer europaweiten Umweltpolitik gleichsam unter dem Vorbehalt anerkennt, daß eine "Politik des kleinsten gemeinsamen Nenners" (Holzinger 1994) verhindert werden müsse, erscheint das umweltpolitische Tätigwerden der EU insbesondere in Fragen, die die Agrarpolitik betreffen, gefährlich. Gefährlich deswegen, weil "Brüssel" dem nationalen Lager der Kontrahenten neue Bündnispartner beschert. Dies gilt insbesondere für Fragen des Gewässer- und Grundwasserschutzes:

"Im Wasserbereich ist es für uns von besonderer Bedeutung, wie bei den Pestiziden und den Düngemitteln und auch sonstigen in der Landwirtschaft eingesetzten Stoffen in der Zukunft verfahren wird. Es hat sich herausgestellt, daß alle Landwirtschaftsminister in Europa hier eine geschlossene Front darstellen, denen es in erster Linie darum geht, das Erreichte für die Landwirtschaft zu erhalten. Nicht umsonst wird der europäische Markt ab und zu fälschlicherweise als Agrarmarkt bezeichnet, denn von einer Marktordnung kann in diesem Bereich wirklich nicht die Rede sein, sondern nur von Privilegien, und um diese Privilegien wird jetzt gekämpft. Je nach Region bedeutet ja die Beschränkung derartiger Düngemittel, Pestizide usw. auch eine Beeinträchtigung der Landwirtschaft, sei es des Ertrages, sei es der Gewohnheiten. Und hier ist es dann besonders schwer, hier in Bonn etwas zu erreichen, weil sich der Landwirtschaftsminister immer mit seinen Kollegen in den anderen europäischen Ländern solidarisieren kann, weshalb in diesen

Fragen eigentlich einheitlich kaum festzustellen ist, daß dem Umweltschutz einmal Vorrang eingeräumt wird" (Interview BMU, 08.03.1994).

Von daher stellt sich die Harmonisierung von Umweltstandards im Gewässerbereich durch die Europäische Union als zweischneidiges Schwert dar. Zwar könnte die auf europäischer Ebene versäumte Integration der Umweltpolitik auf nationaler Ebene zumindest bei Maßnahmen, die auf Artikel 130 t des Vertrages über die Europäische Gemeinschaft gestützt sind, mittels Festlegung höherer nationaler Schutzniveaus bzw. Vermeidungsgebote in gewissem Rahmen kompensiert werden, doch stellen sich dem wettbewerbspolitische Hindernisse in den Weg, die nur schwer überwindbar scheinen. Das nationale "Nachbessern" europäischer Richtlinien erweist sich als aufwendiges Geschäft, das die Kapazitäten so manchen Referates im BMU zu überfordern droht:

> "Daß ein harmonisierter Umweltschutz angestrebt wird, begrüßen wir durchaus. Denn das ist auch uns klar, daß man die nationale Wirtschaft nicht überfordern darf mit einseitigen Anforderungen, die woanders nicht realisiert werden, bei gleichzeitiger Öffnung der Grenzen. Damit biete ich ja ausländischen Konkurrenten, die weniger hohe Anforderungen erfüllen müssen, einen riesigen Freiraum, hier preiswert auf den Markt zu kommen, und ruiniere damit die einheimische Wirtschaft. Das kann natürlich nicht Sinn und Zweck einer nationalen Umweltpolitik sein. Insoweit stehen wir auch als Verbündete auf Seiten der Wirtschaft. Aber auf der anderen Seite gibt es das Dilemma, daß Deutschland erstens sehr dicht besiedelt und zweitens sehr hoch industrialisiert ist. D.h. wir haben hier in Deutschland ein Vielfaches an wirtschaftlicher und menschlicher Tätigkeit im Vergleich zu vielen anderen Ländern der EG und damit auch eine höhere potentielle Umweltbelastung als woanders. Und da komme ich mit einer absoluten Harmonisierung nicht hin, denn ich muß an solchen Stellen in der Regel mehr tun als andere. Da sind also die Grenzen der Harmonisierung, wo ich dann auch wieder in Clinch komme mit der nationalen Industrie, wenn ich denen sage, hier müßt ihr denn doch mehr tun als woanders. Und aus diesem Dilemma sind wir noch lange nicht raus, sondern wir stecken mitten drin in diesem Dilemma, wo immer ein Widerstreit da ist, wieviel Harmonisierung will ich auf der einen Seite und wieviel nationale Freiheiten will ich auf der anderen Seite haben, um national mehr durchsetzen zu können. Ich gehe da mit dem gedanklichen Ansatz heran, daß wir sagen, wir streben als Basis eine weitgehende Harmonisierung auf hohem Niveau an [...]. Das läuft dann darauf hinaus, daß zum Beispiel festgelegt wird, europaweit festgelegt wird, daß Abwässer nur in einer bestimmten Mindestqualität eingeleitet werden dürfen. Wenn ich aber nun ganz viele Abwasserrohre in einem Gewässer habe, die diese Mindestanforderungen erfüllen, dann kann es sehr gut sein, daß dieses Gewässer trotzdem ruiniert ist. Und dann muß ich das Recht haben, genau an dieser Stelle, nicht überall, aber genau dort, mehr fordern zu dürfen. Und das darf nicht im Widerspruch stehen zum EG-Recht [...]. Also, europäische Harmonisierung auf möglichst hohem Niveau, ja. Nur ist das Niveau meist nicht so hoch zu erreichen, wie wir das gerne hätten. Deshalb muß ich individuell nachbessern können. Aber bei der Nachbesserung, das liegt in der Natur der Sache, gibt es enorm viel Konfliktstoff. Das kann man, glaube ich, nur fallweise austragen. Und da muß ich argumentieren können, Beweise bringen. Wenn ich das nicht kann, bleibt alles beim alten. Und das ist das Problem, daß man mir nicht die Ressourcen gibt, um meine Nachforderungen begründen und durchsetzen zu können" (Interview BMU, 10.03.1994).

Hier dokumentiert sich das auch von der ökonomischen Theorie des Föderalismus kritisch diskutierte Problem der Zentralisierung umweltpolitischer Aufgaben, die spezifische lokale oder regionale Problemlagen aufweisen. In einer solchen, ausschließlich wirtschaftstheoretisch angeleiteten Sichtweise[70] erweist sich der Gewässerschutz als Aufgabe, die mit Ausnahme grenzüberschreitender Verschmutzungen von Fließgewässern und dem Meeresumweltschutz besser auf der nationalen Ebene bzw. nachgeordneten Gebietskörperschaften wahrgenommen werden kann. Unter diesem Aspekt erscheint dann in der Tat klärungsbedürftig, warum die Eingriffsintensität der EU im Gewässerschutz höher ist als in der Luftreinhaltepolitik, die angesichts der weiträumigen Ausbreitungseigenschaften der Schadstoffe im Medium Luft für eine EU-bezogene Zentralisierung auch für die ökonomische Föderalismustheorie durchaus prädestiniert ist (Hansjürgens 1996: 92f.). Eine solche Analyse bleibt indes lückenhaft, weil sie die wohl wichtigste Voraussetzung für eine "bessere" Aufgabenwahrnehmung auf nationaler Ebene, nämlich den entsprechenden umweltpolitischen Gestaltungswillen seitens der Mitgliedsstaaten der Europäischen Union nicht problematisiert, sondern implizit schlicht unterstellt.[71] Daß es an dieser Voraussetzung allerdings häufig fehlt, zeigte bezüglich des Gewässerschutzes beispielsweise eine Bestandserhebung der Europäischen Umweltagentur, ausweislich derer maximal 20 Prozent der europäischen Binnengewässer den Anforderungen an eine "gute Wasserqualität" genügen. Diese Studie gab dem Europäischen Parlament Anlaß, in einer mehrheitlich verabschiedeten Entschließung eine "flächendeckende" Gewässerschutzpolitik der EU zu fordern, mittels derer nach den Worten des parlamentarischen Berichterstatters verhindert werden solle, daß "unter dem Deckmantel der Subsidiarität" Umweltqualitätsnormen unterlaufen würden (Das Parlament Nr. 46/1996: 17).

---

70 Die ökonomische Föderalismustheorie geht Neumann/von der Ruhr (1994: 82f.) zufolge davon aus, daß das gesamte gesellschaftliche Leben auf der Grundlage der "bewährten" ökonomischen Theorie erklärt werden könne. Deshalb könne das Konzept des homo oeconomicus auch auf die Suche nach einem optimalen Grad von Föderalismus übertragen werden, woraus sich als zentrale These der Theorie ableite, daß - unter der plausiblen Voraussetzung uneinheitlicher Präferenzstrukturen von Bürgern in verschiedenen Gebietskörperschaften - eine dezentrale Entscheidungsstruktur am ehesten geeignet scheine, die jeweiligen Präferenzen der Bürger politisch umzusetzen. Unbeachtlich für diese Theorie ist allerdings die Frage, ob der Politik nicht auch eine edukatorische Funktion zukommen könnte bzw. sollte. Bejaht man diese Frage und bezieht sie auf den hier interessierenden Problembereich, dann wird man den Institutionen der Europäischen Union auch die Aufgabe zusprechen müssen, die umweltpolitische "Präferenzstruktur" mitgliedsstaatlicher Regierungen in Richtung auf ein verbessertes Schutzniveau zu beeinflussen, was unter den gegebenen Bedingungen am ehesten durch die Festlegung verbindlicher Mindestnormen, gleich ob emissions- oder immissionsbezogen, möglich erscheint.

71 Der Fairness halber sei vermerkt, daß einige Vertreter der ökonomischen Föderalismustheorie, etwa Neumann/von der Ruhr (1994: 92), immerhin konzedieren, daß eine "[...] dezentrale Umweltpolitik [...] nur solange auf dem Boden des EG-Vertrages [steht], wie sie nicht zu einer allgemeinen Korrektur des Schutzniveaus nach "unten" führt." Unklar bleibt jedoch der maßstäbliche Ausgangspunkt für die Beurteilung einer etwaigen Unterschreitung des Schutzniveaus. Wählte man hierfür, wie es naheliegt, das bestehende EG-Umweltrecht, erwiese sich die Argumentation jedenfalls als zirkulär.

Die Möglichkeit, daß ein oder mehrere Mitgliedsstaaten europäische Umweltstandards unterlaufen, sei es, weil auf europäischer Ebene "unzureichende, schlechte oder mangelhafte Regelsetzung" im Sinne nicht umsetzungsfähiger Normen betrieben wurde, sei es, weil auf Grund anders gelagerter nationaler politischer Prioritäten und/oder Ressourcen europäische Umweltregelungen formal zwar umgesetzt, aber inhaltlich schlicht nicht befolgt werden, bezeichnet eine entscheidende Schwachstelle europäischer Umweltpolitik, welche angesichts der fehlenden Möglichkeiten der Kommission zur Vollzugskontrolle nur schwer behoben werden kann (Krämer 1996: 9ff.). Das unausgesprochene Vertrauen auf die Chance zu einer "laxen Implementation" europäischen Umweltrechts kann geradezu als notwendige Bedingung für die Zustimmungsbereitschaft vieler Mitgliedsstaaten zu relativ weitgehenden umweltpolitischen Maßnahmen verstanden werden (Jachtenfuchs 1996: 256). Ist dieses nicht gegeben, tendiert die Gemeinschaft hingegen zu einer Politik des kleinsten gemeinsamen Nenners. Diese Tendenz besteht, wie die Erfahrung lehrt, nicht nur beim Erlaß neuer Verordnungen und Richtlinien, sondern auch bei deren Novellierung.[72] Umweltrechtliche Harmonisierung auf niedrigstem Niveau, so meint ein Referatsleiter aus dem BMU mit Blick auf den Gewässer- und Trinkwasserschutz, drohe, "langsam zum Normalfall zu werden", ein Umstand, der der "Wirtschaftslastigkeit" des europäischen Willensbildungs- und Entscheidungsprozesses geschuldet sei (Interview BMU, 10.03.1994). Die Auffassung, daß die Umweltpolitik der Europäischen Gemeinschaft von ökonomischen, sprich binnenmarktbezogenen Zielsetzungen dominiert wird, teilt er mit der großen Mehrheit seiner Kollegen, wie die folgende Tabelle zeigt.

---

72 Ein Beispiel für die "Hinunterharmonisierung" umweltrelevanter Bestimmungen liefert die im Jahre 1994 beschlossene Novellierung der Zulassungsvoraussetzungen für das Inverkehrbringen von Pflanzenschutzmitteln. Vgl. hierzu ausführlicher Fußnote 75 zu diesem Kapitel.

Tabelle 7.8: Beurteilung der These von der Wirtschaftslastigkeit der EG-Umweltpolitik[73]

	absolut	v.H.
keine Angabe	2	1.3
zutreffend	51	34.0
(eher) zutreffend	60	40.0
unentschieden	20	13.3
(eher) falsch	15	10.0
falsch	2	1.3
gesamt	150	100.0

Die abteilungsspezifische Aufbereitung der Antworten auf die Frage nach der Berechtigung der Kritik, die auf die Dominanz der binnenmarktschaffenden Politik über umweltpolitische Belange gerichtet ist, zeigt, daß diese im Umweltministerium in allen Fachabteilungen mit Ausnahme der Abteilung RS mit deutlicher Mehrheit geteilt wird, wobei sich die Mitarbeiter der Naturschutzabteilung, deren Blick sich primär auf den Agrarbereich richtet, als ausgeprägteste Kritiker der europäischen Umweltpolitik erweisen.

Tabelle 7.9: Abteilungsspezifische Beurteilung der "Wirtschaftslastigkeitsthese"

	Abt.G	Abt.IG	Abt.N	Abt.RS	Abt. WA	Abt. Z	alle
keine Angabe	0	0	0	4.1% n=1	0	4.8% n=1	1.4% n=2
(eher) zutreffend	76.9 n=10	76.9 % n=20	93.7% n=15	37.5% n=9	81.4% n=35	76.0% n=16	73.4% n=105
unentschieden	15.4% n=2	7.7% n=2	0	29.2% n=7	11.6% n=5	9.6% n=2	12.6% n=18
(eher) falsch	7.7% n=1	15.4% n=4	6.3% n=1	29.2% n=7	7.0% n=3	9.6% n=2	12.6% n=18
gesamt	100.0% n=13	100.0% n=26	100.0% n=16	100.0% n=24	100.0% n=43	100.0% n=21	100.0% n=143

---

73 Die genaue Fragestellung lautete: "Ist die Kritik an der EG berechtigt, daß sie sich eher davon leiten läßt, Handelshemmnisse und Wettbewerbsverzerrungen zu verhüten als vorbeugenden Umweltschutz zu üben?"

Die bisherige Geschichte europäischer Umweltpolitik bescherte den Ministerialbeamten im BMU insgesamt mehr Negativerfahrungen als Erfolgserlebnisse. Die Frage, ob es zutreffe, daß, wie vielfach behauptet, die deutsche Umweltpolitik von der EG konterkariert bzw. behindert werde, beantworten deshalb nur 31 Beamte negativ, wobei sich nur sieben zu einem eindeutigen "Nein" verstehen; mehr als doppelt so viel empfinden die Europäische Gemeinschaft jedoch als umweltpolitischen Hemmschuh.

Tabelle 7.10:   Behindert die EG die deutsche Umweltpolitik?

	absolut	v.H.
keine Angabe	2	1.3
ja	18	12.0
(eher) ja	45	30.0
unentschieden	54	36.0
(eher) nein	24	16.0
nein	7	4.7
gesamt	150	100.0

Die abteilungsspezifische Aufbereitung dieses Antwortverhaltens zeigt, daß eine Behinderung der nationalen Umweltpolitik durch die Europäische Gemeinschaft vor allem in den Abteilungen WA und IG, in etwas schwächerem Maße auch in der Naturschutzabteilung konstatiert wird.

Tabelle 7.11:   Abteilungsspezifische Beurteilung der Behinderung deutscher Umweltpolitik durch die EG

	Abt.G	Abt.IG	Abt.N	Abt.RS	Abt. WA	Abt. Z	alle
keine Angabe	0	0	0	4.1% n=1	0	4.8% n=1	1.4% n=2
(eher) ja	30.8% n=4	57.7% n=15	43.8% n=7	20.9% n=5	60.6% n=26	14.3% n=3	41.9% n=60
unentschieden	3o.8% n=4	23.1% n=6	43.8% n=7	37.5% n=9	27.9% n=12	47.6% n=10	33.3% n=48
(eher) nein	38.4% n=5	19.2% n=5	12.4% n=2	37.5% n=9	12.5% n=5	33.3% n=7	23.1% n=33
gesamt	100.0% n=13	100.0% n=26	100.0% n=16	100.0% n=24	100.0% n=43	100.0% n=21	100.0% n=143

Die kritische Beurteilung der Auswirkungen europäischer Umweltpolitik auf das nationale Politikfeld in den drei mit "klassischen" Umweltproblemen befaßten Fachabteilungen ist ganz offenbar konkreten Erfahrungen mit bestimmten Rechtssetzungen des Ministerrats einschließlich der Verhandlungen und Auseinandersetzungen bei deren Vorbereitung geschuldet.[74] Dies wird deutlich, wenn man die Beispielsnennungen für derartige Störungen des nationalen policy-making durch die supranationale Ebene etwas näher betrachtet. Zwölf Befragte machen die Chemikalienpolitik[75] im weitesten Sinne namhaft, neunmal werden die Grenzwertbestimmungen für KFZ-Abgase genannt.[76] Gefolgt werden diese beiden Bereiche von der Abfall-

---

[74] Daß dem so ist, darauf deutet auch die Tatsache hin, daß sich die Beamtenschaft in der Abteilung G, die sich bei den allgemeiner gehaltenen Fragen zur europäischen Umweltpolitik als die kritischste erwies, hinsichtlich des hier interessierenden Aspektes deutlich zurückhaltender zeigt. Waren es noch zehn Mitarbeiter dieser Abteilung, die die Wirtschaftslastigkeit der EG-Umweltpolitik monierten, sind es nur noch vier, die eine Behinderung der nationalen Umweltpolitik durch die EG feststellen. In dieser Abteilung werden "grundsätzliche Fragen" internationaler und europäischer Umweltpolitik koordiniert; die inhaltliche Auseinandersetzung mit den einzelnen Verordnungs- und Richtlinienentwürfen der Europäischen Kommission obliegt den fachlich zuständigen Referaten in den anderen Abteilungen.

[75] Hierbei dürften insbesondere zwei zum Zeitpunkt der schriftlichen Befragung auf europäischer Ebene in der Diskussion befindliche Regelungen eine Rolle gespielt haben. Beide Regelungen, nämlich die "Zulassungsrichtlinie" für Pflanzenschutzmittel und die Neufassung der Trinkwasserrichtlinie standen in engem sachlichen Zusammenhang. Die Zulassung von Pflanzenschutzmitteln wurde durch die "Richtlinie des Rates zur Festlegung des Anhangs VI. der Richtlinie 91/414 EWG über das Inverkehrbringen von Pflanzenschutzmitteln (Richtlinie 94/43 EWG) insofern liberalisiert, als die Zulassung von Pflanzenschutzmitteln nur noch versagt wird, wenn zu erwarten ist, daß deren Rückstände im Grundwasser den Grenzwert der EG-Trinkwasserrichtlinie überschreiten. Dies jedoch nur dann, wenn das betreffende Grundwasser zur Trinkwassergewinnung genutzt wird. Für alle anderen Grundwassergebiete gilt diese Einschränkung nicht. Zusätzlich wurde den Mitgliedsstaaten die Möglichkeit eingeräumt, ein Pflanzenschutzmittel befristet auf fünf Jahre selbst dann zuzulassen, wenn der genannte Grenzwert für die für die Trinkwassergewinnung vorgesehenen Grundwässer überschritten wird (Süddeutsche Zeitung 22./23.04.1994: 23). Die Richtlinie wurde trotz einer gegenläufigen Intervention des Umweltministerrats vom Agrarministerrat verabschiedet (Hillenbrand 1995: 166). Die seit 1989 gültige Trinkwasserrichtlinie sieht vor, daß das Trinkwasser höchstens 0,1 Mikrogramm eines einzelnen Pestizids pro Liter enthalten darf, in der Summe dürfen maximal 0,5 Mikrogramm Pestizide enthalten sein. Ein im Januar 1995 von der Europäischen Kommission nach langwierigen, kontroversen Diskussionen endgültig beschlossener Richtlinienentwurf sah dem gegenüber vor, den letztgenannten Summenwert und damit auch die prinzipielle Begrenzung der im Trinkwasser jeweils erlaubten Chemikalien abzuschaffen (DIE ZEIT 21.10.1994: 31). Der Rat stellte den Entwurf zur Novellierung der Trinkwasserrichtlinie zwar vorläufig zurück, endgültig "vom Tisch" ist er jedoch damit noch nicht. Die Auseinandersetzungen über beide Richtlinien werden von Hillenbrand (1995: 166) zu Recht als Indizien für die überaus mangelhafte Verflechtung zwischen Agrar- und Umweltpolitik gedeutet.

[76] Die erste einschlägige Richtlinie wurde im Juli 1987 verabschiedet. Die Richtlinie 88/76/EWG teilte die Personenkraftwagen in drei Hubraumklassen ein, für die je unterschiedliche Grenzwerte und Einführungszeitpunkte festgelegt wurden. In der Konsequenz bedeutete dies, daß nur für die oberste Hubraumklasse der Einsatz eines geregelten Katalysators erforderlich wurde. Für die Kleinwagenklasse änderte sich zunächst wenig, denn die Einführung entsprechender Grenzwerte

(Fortsetzung...)

politik,[77] die acht Befragte als Beispiel nennen, und sechs Beamten gerät der Naturschutz[78] in den Blick.

Die im BMU weit verbreitete Ansicht, daß die deutschen Umweltstandards durch die Aktivitäten der europäischen Institutionen im Zweifelsfall eher gefährdet denn befördert werden, erfuhr aus Sicht der bundesdeutschen Umweltverwaltung im Jahre 1995 eine im Ministerium als durchaus dramatisch empfundene Bestätigung, nachdem die sogenannte Molitor-Gruppe, eine auf Initiative der Bundesregierung von der Europäischen Kommission eingesetzte "Gruppe unabhängiger Experten für die Vereinfachung der Rechts- und Verwaltungsvorschriften", benannt nach ihrem Vorsitzenden, dem früheren Leiter der Grundsatzabteilung im Bundesministerium für Wirtschaft, Bernhard Molitor, ihren Abschlußbericht vorgelegt hatte.

---

76 (...Fortsetzung)
auch für sie blieb zunächst offen; eine klare Niederlage für die deutsche Verhandlungsführung. Der zweite Anlauf bezüglich der Kleinwagen, den die Bundesregierung im Folgejahr unternahm, brachte zunächst auch nur einen Teilerfolg, nämlich Grenzwerte, die auch ohne Katalysator von sogenannten Magermotoren hätten erreicht werden können. Dieser Teilerfolg konnte zudem nur durch eine Paketlösung mit der Großfeuerungsanlagenverordnung erreicht werden, denn Frankreich hatte seine Zustimmung zu letzterer von einem Nachgeben Deutschlands in der Kleinwagenfrage abhängig gemacht. Da die Kleinwagenrichtlinie jedoch nach dem Kooperationsverfahren verabschiedet werden mußte, konnte das Europäische Parlament, das mit einer Ablehnung der Vorlage drohte, die deutsche Initiative retten, weil sich die Kommission auf seine Seite schlug und den Vorschlag so abänderte, daß die Grenzwerte nur durch Einsatz geregelter Katalysatoren eingehalten werden konnten. Diesen Vorschlag hätte der Ministerrat nur einstimmig zurückweisen können, was von vornherein aussichtslos war, weshalb ihm nichts anderes übrigblieb, als die Richtlinie (88/436/EWG) in ihrer neuen Form zu verabschieden (Holzinger 1994: 146ff.). Ob und inwieweit sich dieser mühevolle, langwierige und aus deutscher Sicht von (Teil-)Niederlagen begleitete Entscheidungsprozeß bei der Diskussion der für das Jahr 2000 festzulegenden Abgas- und Lärmgrenzwerte für Kraftfahrzeuge, die seit geraumer Zeit geführt wird, wiederholt hat bzw. wiederholen wird, kann derzeit nicht beurteilt werden.

77 Die diesbezügliche Kritik wird verständlich, wenn die förmliche Beschwerde erinnert wird, die die britische Regierung im Mai 1993 dagegen einlegte, daß im Gefolge des Erlasses der deutschen Verpackungsverordnung und der damit verbundenen Einführung des "Dualen Systems" der europäische Recyclingmarkt mit deutschem Verpackungsmüll überschwemmt wurde (EG-Magazin Nr.6/1993: 30f.). Die von den Briten geforderten "drastischen Gegenmaßnahmen" resultierten schließlich in der Verabschiedung der EG-Verpackungsrichtlinie (94/62/EG), welche die nationalen Recyclingquoten für Verpackungsabfälle auf maximal 45 Prozent des jeweiligen Gesamtaufkommens begrenzt. Die deutsche Delegation war in ihrem Versuch, diese Richtlinie zu verhindern, zwar nicht erfolgreich, konnte aber immerhin durchsetzen, daß diese Quote überschritten werden darf, wenn der jeweilige Mitgliedsstaat entsprechende Entsorgungskapazitäten nachweist. Gleichwohl wurde die Richtlinie vom deutschen Umweltminister als Niederlage, als "absolut falsches Signal", gewertet (Süddeutsche Zeitung, 17.12.1993: 2).

78 Diesbezüglich bestimmt die "Flora-Fauna-Habitat-Richtlinie" (92/43/EWG), die in mehreren Fragebögen explizit genannt wird, seit geraumer Zeit den Problemhaushalt, wobei die BMU-Beamten gewiß nicht das Schutzziel der Richtlinie kritisieren, sondern wohl eher deren oben (Kapitel 7.1) bereits skizzierte Unverträglichkeit mit dem deutschen Recht, die mit dafür verantwortlich war, daß eine Umsetzung erst im Frühjahr 1998 gelang.

Der Abschlußbericht dieser Arbeitsgruppe hat die Form eines offiziellen Kommissionsdokumentes (Kom (95) 288 endg./2), welches den Regierungen der Mitgliedsstaaten zum Zweck der Formulierung offizieller Stellungnahmen zu den Reformvorschlägen zugestellt wurde. Der Molitor-Bericht zielte auf eine umfassende Deregulierung europäischen Rechts, die im Schwerpunkt im Umweltbereich greifen soll.[79] Das mit der Federführung für die Abfassung der deutschen Stellungnahme zu diesem Bericht betraute Wirtschaftsministerium hatte im August 1995 zu einem Ressortgespräch geladen, in dessen Folge das BMU eine vierzigseitige, regierungsinterne Stellungnahme formulierte, die eine "rigorose, undiplomatisch-deutliche" Ablehnung des Molitor-Papiers beinhaltete (DIE ZEIT Nr. 36/1995: 27). Die Tatsache, daß die eigentlich interne Stellungnahme aus dem BMU auch der Presse zugespielt wurde,[80] weist darauf hin, daß sich die Umweltverwaltung durch den vom Wirtschaftsministerium mit Sympathie begleiteten Molitor-Bericht derart in Bedrängnis gebracht sah, daß sie sich aus dieser Defensive nur mit Hilfe der Öffentlichkeit befreien zu können glaubte. Die mit der Abfassung des Ressort-Standpunktes zu diesem Bericht betraute Beamtenschaft des BMU empfand dessen Vorschläge als Frontalangriff auf die mühsam erkämpften Umweltgesetze sowohl auf europäischer wie auch auf nationaler Ebene. Diesen Angriff hatte die Arbeitsgruppe nach Auffassung der BMU-Beamten gleichsam als Sprachrohr interessierter Wirtschaftsverbände, insbesondere der der Chemischen Industrie, gestartet. Dieser, der Berichterstattung der "ZEIT" zu entnehmende Eindruck wurde im Ministerium bestätigt:

> "Der Trend, daß die Wirtschaftsverbände gegen die Umweltpolitik angehen, ist noch immer nicht gestoppt. Genau, wie die Industrie weiter Arbeitsplätze abbaut aus wirtschaftlichen Gründen, sind sie auch gegen den Umweltschutz. Erst war die Stoßrichtung sehr national, dann haben sie gemerkt, daß wir international viel vereinbart haben auch in der EG. Und jetzt läuft die Stoßrichtung so, daß das Gemeinschaftsrecht abgebaut werden soll, um im Wettbewerb mit Japan und den USA bestehen zu können. Die haben also die Stoßrichtung auf die EG verlagert, und deshalb auch die Molitor-Gruppe. Das ist ein Riesenproblem. Wenn wir uns nach den schlappsten Regelungen richten, dann dürfen wir ja nichts machen, bis auch der letzte Staat auf der Welt endlich Umweltregelungen hat. Aber dieses Umweltdumping kann ja wohl nicht die Lösung sein" (Interview BMU, 10.07.1995).

Diese Sichtweise schlägt sich in der ungewohnten Schärfe nieder, mit der das BMU seine Stellungnahme formulierte. Zusammenfassend stellt das Papier fest: "Substantielle Empfehlungen der Molitor-Gruppe können in der vorliegenden Form nicht mitgetragen werden [...]", da sie "[...] nicht hinreichend durchdacht, zu wenig differenziert und hinsichtlich der geforderten umweltpolitischen Neuorientierung abzulehnen sind." Die Empfehlungen der

---

79 Vgl. hierzu und zum folgenden auch DIE ZEIT Nr. 36/1995: 27.
80 Über diesen Umweg erreichte sie auch den Verfasser.

Molitor-Gruppe, so heißt es weiter, enthielten im Grunde "[...] eine pauschale Absage an verbindliche umweltrechtliche Regelungen auf europäischer Ebene", was den vertraglichen Grundlagen der Europäischen Gemeinschaft deutlich widerspreche und der "notwendigen Harmonisierung" umweltrechtlicher Vorschriften entgegenstünde. Insbesondere bezüglich des Vorschlags der Arbeitsgruppe, das europäische Recht auf die Festlegung allgemeiner Umweltschutzziele zu reduzieren "[...] und den Mitgliedsstaaten und insbesondere den Unternehmen die Wahl der Mittel zur Umsetzung" zu überlassen, vertrete das BMU eine der Molitor-Gruppe "diametral entgegengesetzte Position" und zwar mit besonderem Nachdruck bezüglich der Luftreinhalte- und Gewässerschutzpolitik, deren wichtigste Bausteine die Arbeitsgruppe offenbar zerstören wolle.

Der geschilderte Vorgang hat in gewisser Weise paradigmatischen Charakter. Er besteht darin, daß die Federführung für die Verhandlungsführung über künftiges europäisches Recht trotz der umweltpolitischen Sensibilität vieler Themen häufig solchen Ressorts zukommt, die sich auf heimischem Territorium als Kontrahenten des Umweltministeriums verstehen. Diesbezüglich gerät vor allem das Landwirtschaftsministerium in den Blick, das in Brüssel beispielsweise die Richtlinie über die Zulassung von Pflanzenschutzmitteln und die für den Umweltschutz ebenso bedeutsame "Verordnung für umweltgerechte und den natürlichen Lebensraum schützende landwirtschaftliche Produktionsverfahren"[81] verhandelte. Vieles deutet darauf hin, daß sich die Zurückhaltung, mit der die Mitarbeiter des Umweltministeriums die Umweltpolitik der Europäischen Gemeinschaft beurteilen, auch der Erfahrung verdankt, daß die Strategie der Ausgrenzung ihres Ressorts aus der Entscheidungsvorbereitung, mit der sie sich schon bei der Ressortabstimmung über nationale Gesetzgebungsvorhaben konfrontiert sehen, sich bezüglich der Verhandlungsführung in Brüssel bei potentiellen Interessenkonflikten geradezu anbietet. Kabinettsvorlagen anderer Ministerien können bei entsprechender Konfliktbereitschaft mit dem Hinweis auf deren mangelnde Abgestimmtheit durchaus noch gestoppt werden, doch in bezug auf das europäische Geschäft schützt die Gemeinsame Geschäftsordnung der Bundesministerien vor Alleingängen bestimmter Ressorts nicht mehr:

---

81 Verordnung (EWG) Nr. 2078/92 des Rates vom 30. Juni 1992. Die Verordnung verpflichtet die Mitgliedsstaaten zur Durchführung von Beihilferegelungen für Landwirte, die sich verpflichten, den Einsatz von Dünge- und Pflanzenschutzmitteln einzuschränken, die Belastung durch den Viehbestand je Weideeinheit zu verringern oder Ackerflächen für mindestens zwanzig Jahre stillzulegen.

"Das BML läßt doch in einigen Bereichen bezüglich der Kooperation sehr zu wünschen übrig, vor allem was die EG-Politik angeht. Da beteiligen sie grundsätzlich nicht sehr viel, und die Umwelt vergessen sie doch sehr. Und das hat zur Folge, daß die Umweltgesichtspunkte, die wir gerne einbringen wollen in die Politik in Brüssel, gar nicht vorgebracht werden können, weil sie erst gar nicht diskutiert wurden. Und das zweite ist, wenn sie schon einmal hier diskutiert worden sind, dann können wir gar nicht kontrollieren, ob sie dann auch vorgebracht werden. Und das hängt eben damit zusammen, daß bei der Politik in Brüssel das Verfahren ganz anders abläuft als wenn hier in Bonn, in der Bundesrepublik, ein Gesetzesvorhaben oder eine Verordnung erarbeitet und verabschiedet wird. Da gibt es hier die ganz förmlichen Verfahren, und wer dagegen verstößt, der kriegt dann auch echt was auf die Nase, während das in diesem Brüssel-Geschäft irgendwie nicht so auffällt. Da kann es sein, gerade heute hatte ich so ein Beispiel, daß Sie plötzlich irgendwo in der Zeitung lesen, das und das ist in Brüssel beschlossen worden. Und man weiß, das hat doch auch einen Umweltaspekt, und da wären wir gern dabeigewesen oder gefragt worden. Hat uns aber keiner gefragt. Und dafür gibt es eine ganze Reihe Beispiele [...]. Heute betraf das den Bereich nachwachsende Rohstoffe. Damit sind Pflanzen gemeint, die man für industrielle Zwecke verwendet. Das findet sowieso schon statt, aber es werden Möglichkeiten gesucht, das noch zu verstärken [...]. Diese Förderung der nachwachsenden Rohstoffe findet unter anderem dadurch statt, daß man erlaubt [...], auf stillgelegten Flächen landwirtschaftliche Kulturpflanzen anzubauen für industrielle Zwecke. Also eigentlich müssen die Flächen ja stilliegen, es darf nicht darauf geerntet werden. Aber es gibt eben Ausnahmen: Rapsöl für Biodiesel und alles mögliche für Schmierstoffe. Und jetzt hat man gesagt, Mais darf auch darauf gebaut werden, für Maisstärke zur Kunststoffherstellung. Und da habe ich so gedacht: "Na Mensch, jetzt haben die da wieder die Liste geändert!" Es geht da nur um eine Liste. Aber niemand hier hat uns gesagt, daß diese Liste überhaupt in der Diskussion ist. In irgendwelchen Gremien muß sie schließlich beraten worden sein. Das ist ein ganz lapidares Beispiel. Aber es zeigt sofort wieder, da hat uns schon wieder einer gar nicht beteiligt" (Interview BMU, 09.03.1994).

Für den umgekehrten Fall, also die Verhandlungsführung über europäisches Recht durch Vertreter des Umweltministeriums, berichten die Ministerialbeamten nur selten von einer durch andere Ministerien "ungestörten" Europadiplomatie. Eines der wenigen einschlägigen Beispiele, die von den Gesprächspartnern im Ministerium erwähnt wurden, legt den Schluß nahe, daß der vorherige Abschluß entsprechender nationaler Entscheidungsprozesse die entscheidende Voraussetzung dafür bildet, daß die konkurrierenden Ressorts dem BMU die Entfaltung eigenständiger Initiativen, die auf die europäische Politik gerichtet sind, gestatten. Bezüglich des Verbots der Anwendung von Pentachlorphenol (PCP) war dies der Fall, weshalb das Umweltministerium trotz einer gegenläufigen Richtlinie das deutsche PCP-Totalverbot durchsetzen konnte.[82]

---

82 Nachdem es während der 80er Jahre mehrfach zu Vergiftungsfällen durch PCP-haltige Holzschutzmittel gekommen war, wurde im Jahre 1989 die Herstellung, Vermarktung und Verwendung von PCP in Deutschland verboten. Gegen die Stimmen Deutschlands, Dänemarks, Luxemburgs und der Niederlande verabschiedete jedoch der Ministerrat im März 1991 eine Richtlinie, welche die Verwendung von PCP unter bestimmten Einschränkungen weiter zuließ. Auf Initiative des Umweltministeriums beantragte die Bundesregierung daraufhin im August 1991 bei der Kommission, ihr Totalverbot weiterhin aufrechterhalten zu dürfen. Sie bezog sich dabei auf Art. 100 a Absatz 4 EG-Vertrag, dem zufolge ein Mitgliedsstaat an abweichenden Regelungen festhalten kann, wenn dies wichtige Erfordernisse in bezug auf den Umweltschutz gerechtfertigt ist. Die Kommission gab dem deutschen Antrag statt. Der dagegen von der Regierung Frankreichs vor
(Fortsetzung...)

> "Die PCP-Verbotsverordnung haben wir zuerst in Deutschland, wenn auch mühsam, durchgesetzt. EG-weit haben wir es nicht durchgesetzt, haben aber dafür mit der EG dieses ganz interessante, hochinteressante Verfahren mit dem Artikel 100 a Absatz 4 EG-Vertrag [...]. Die EG hat uns diesen Artikel 100 a Absatz 4 gegeben. Sie merken, jetzt könnte ich Ihnen Bände erzählen, weil es auch spannend ist und Spaß macht. Die EG hat uns also Recht gegeben, und die Franzosen haben die Kommission verklagt deswegen. Jetzt hat die Kommission uns gefragt, ob wir sie unterstützen bei dem Verfahren vor dem EuGH. Was wir natürlich gemacht haben [...]. Also wenn Frankreich diesen Prozeß gewinnen würde, dann wäre das ein Skandal ersten Ranges, und daraus würden wir sicherlich auch politisch noch eine Menge machen" (Interview BMU, 08.03.1994).

Frankreich erreichte zwar die vorläufige Aufhebung der Ausnahmegenehmigung, konnte aber deren erneute Bestätigung durch die Kommission nicht verhindern, denn letztere vermochte - auch dank der Zuarbeit durch das deutsche Umweltministerium - genügend Argumente zur Abwehr des Vorwurfs zu mobilisieren, Deutschland habe mit ihrer Genehmigung ein willkürliches Handelshemmnis etabliert. So ist die Verteidigung des nationalen PCP-Verbots eines der seltenen Beispiele für eine rundum erfolgreiche "Europapolitik" des BMU.

Eine Voraussetzung für diesen Erfolg war, wie erwähnt, die Tatsache, daß das BMU auf der Basis eines gefestigten innergouvernementalen Konsenses über die Notwendigkeit des PCP-Verbotes operieren konnte. Der europapolitische Normalfall sieht bezüglich der Umweltpolitik allerdings seit geraumer Zeit anders aus, denn seitdem die Bundesregierung ihre Vorreiterrolle im umweltpolitischen Normsetzungsprozeß der EG an Großbritannien verloren hat, wird sie gleichsam permanent mit Regelungsvorschlägen konfrontiert, über welche die "Regierungsmeinung" erst noch gebildet werden muß. Die Beteiligung an deren Zustandekommen lassen sich potente Ressorts offenbar nicht streitig machen. Ihr Interesse am Ergebnis der umweltpolitischen Verhandlungsführung in Brüssel resultiert aus der plausiblen Überlegung, daß die spätere Umsetzung entsprechender Richtlinien die Belange ihrer jeweiligen Klientel unter Umständen empfindlich zu stören vermag. Dem vorzubeugen, wurde beispielsweise hinsichtlich der Richtlinie über die Umweltverträglichkeitsprüfung dadurch versucht, daß man dem Vertreter des federführenden Ressorts einen Kreis von "Aufpassern" zuordnete:

> "Ich will Ihnen ein konkretes Beispiel geben. Wenn der Verkehrsminister über Richtlinien, die in *seinen Bereich fallen, in Brüssel verhandelt, dann fährt er in der Regel alleine und hält das auch* für richtig. Als ich damals ein etwas diffiziles Querschnittsinstrument, die UVP-Richtlinie verhan-

---

82(...Fortsetzung)
dem EuGH angestrengten Nichtigkeitsklage war zunächst Erfolg beschieden, denn der Gerichtshof befand, daß die Kommission ihre Ausnahmegenehmigung nicht hinreichend begründet habe (Frankfurter Allgemeine Zeitung 18.05.1994: 17). In Form einer "Nachbesserung" ihrer Begründung und einer damit verbundenen erneuten Entscheidung über die Zulässigkeit der deutschen Ausnahmeregelung beendete die Kommission im September 1994 den Rechtsstreit endgültig. Es war dies der erste Anwendungsfall des Art. 100 a Absatz 4 EG-Vertrag.

delt habe in Brüssel, da hat mich der Verkehrsminister mit zwei Personen begleitet, der Wirtschaftsminister mit einer Person, der Verteidigungsminister mit einer Person, der Landwirtschaftsminister mit einer Person. Habe ich jemanden vergessen? Bestimmt habe ich jemanden vergessen. Natürlich, die Länder mit zwei Beobachtern. Die waren natürlich alle in erster Linie als Aufpasser gedacht. Also, die anderen Delegationen haben über uns nur noch milde gelächelt. Wir reisten in Fußballteamstärke an, ein sagenhafter Aufwand, auch von den Kosten her" (Interview BMU, 08.03.1994).

Derartige Verhandlungen werden zunächst im Rahmen von sogenannten Sachverständigengruppen geführt, die die Kommission problembezogen zur Vorbereitung ihrer Vorschläge einsetzt. Die Beschlußfassung auf Ebene des Ministerrats wird sodann von sogenannten Arbeitsgruppen des Rates vorbereitet und vorentschieden. In der zweiten Hälfte der achtziger Jahre waren insgesamt etwa 600 solcher Arbeitsgruppen tätig, in denen pro Jahr mehr als 17 000 nationale Beamte und 10 000 andere Sachverständige zusammentrafen (Wessels 1996: 171). Bezogen auf das Jahr 1995 ließen sich immerhin sechzehn verschiedene Arbeitsgruppen identifizieren, die sich mit umweltpolitischen Angelegenheiten befaßten (Nordvig Rasmussen/ Skou Andersen 1996: 18). Eine entscheidende Voraussetzung, um in diesem Modell "fusionierter Verwaltung", in dem nationale und EG-Beamte Steuerungsinstrumente beider Ebenen gemeinsam einsetzen (Wessels 1996: 184), erfolgreich agieren zu können, ist die längerfristige Abstellung eines mit der Materie vertrauten Beamten in die entsprechende Arbeitsgruppe; anders läßt sich in der Brüsseler Administration, in welcher gerade im Umweltbereich schon aufgrund der technischen Komplexität der Materie über mehrere Jahre sich hinziehende Verhandlungen keine Seltenheit sind, eine erfolgreiche Verhandlungsführung nicht sicherstellen. Das weiß man auch im deutschen Umweltministerium:

"Für uns ganz wichtig war und ist der Bereich der Biozide, die Frage nach der EG-weiten Regelung der Zulassung von Bioziden. Deshalb haben wir einen Mitarbeiter von uns für 18 Monate abgestellt nach Brüssel. Die haben dort einen Entwurf einer Biozid-Richtlinie erarbeitet. Ich habe das für notwendig gehalten, und heute können wir deshalb auch sagen, daß ist von uns initiativ mitgestaltet worden" (Interview BMU, 08.03.1994).

Die Abstellung eines Referenten in die Brüsseler Arbeitsgruppe für anderthalb Jahre fiel dem zitierten Referatsleiter schwer, verfügt er doch nur über zwei Mitarbeiter des höheren Dienstes. Seine bereits seit Jahren vorgetragene Forderung nach einem dritten Referenten, die er im Kontext mit der Biozid-Arbeitsgruppe erneuert hatte, wurde ihm zwar abgeschlagen, doch war er bereit, den Preis "unglaublichen Arbeitsanfalles" für sich und den in Bonn verbleibenden Referenten zu zahlen, um die Biozidfrage, die er als Arbeitsschwerpunkt seines Referates definiert hatte, auf europäischer Ebene angemessen vertreten zu können.

Doch ist dies nicht der Normalfall, denn die längerfristige Besetzung der von der Europäischen Kommission eingesetzen Arbeitsgruppen mit fachlich qualifiziertem Personal stellt die meisten Kleinreferate im BMU vor gehörige, oft unüberwindliche Probleme:

> "Es ist wirklich so, daß die meisten nicht mehr wissen, wie die zunehmende Internationalisierung und Europäisierung der Umweltpolitik personell noch aufgefangen werden soll" (Interview BMU, 10.07.1995).[83]

Dies stellt sich im konkreten Fall etwa so dar:

> "Ich habe in meinem Referat zwei Referenten verloren innerhalb der letzten zwei Jahre, so daß wir hier eine gigantische Aufgabe mit drei Personen bewältigen sollen, von denen zwei in Bonn sitzen und eine in Berlin, d.h. ich habe noch einen Mitarbeiter hier und einen in Berlin. Wie soll man denn da arbeiten? [...] Ein Beispiel: Wir verhandeln zur Zeit eine Richtlinie in Brüssel. Ich habe dafür mal die Federführung gehabt und dafür einen Mitarbeiter eingesetzt. Dann wurde die Stelle wegrationalisiert. Da bin ich zu meinem Chef gegangen und hab ihm gesagt, daß ich das nicht mehr verantworten kann, so eine wichtige Richtlinie ohne Ressourcen in Brüssel zu vertreten. Da haben meine Chefs die Federführung einem Juristen im Hause übertragen, der auch keinen Mitarbeiter hat. Der macht das jetzt und kommt in Fachfragen zu mir. Wenn das die Lösung sein soll?" (Interview BMU, 11.07.1995)

Auch unter dem Gesichtspunkt der zunehmenden Europäisierung der Umweltpolitik wären also die in anderem Zusammenhang bereits diskutierten Vorzüge von Großreferaten bzw. Arbeitsgruppen (vgl. oben, Kapitel 5.1) insbesondere hinsichtlich der erhöhten Flexibilität des Personaleinsatzes nochmals zu überdenken. Ein Ministerium jedenfalls, das den - unumgänglichen - Grundsatz fachlicher Spezialisierung angesichts eng begrenzter Personalressourcen organisatorisch in der Art umsetzt, daß einem Referatsleiter durchschnittlich 2.25 Stellen des höheren Dienstes zur Verfügung stehen, kann den Anforderungen der "fusionierten Verwaltung" auf europäischer Ebene letztlich nicht genügen.

Die Arbeit der Ressortvertreter in den von der Europäischen Kommission eingerichteten Arbeitsgruppen wird koordinierend begleitet, überwacht und auf höherer Verhandlungsebene fortgeführt von nationalen Beamten, welche die Regierungen der Mitgliedsstaaten in den Ausschuß der Ständigen Vertreter (COREPER) entsenden. Diesem Ausschuß, der in den Gründungsverträgen nicht vorgesehen war, kommt eine Schlüsselrolle im Entscheidungsprozeß zu, denn alle Streitpunkte, über die auf Ebene der Arbeitsgruppen keine Einigung erzielt werden kann, werden von COREPER weiter verhandelt. Kommt es auf der Ebene von COREPER zur Einigung, ist damit faktisch die Entscheidung gefallen, denn im Ministerrat werden die

---

83 In diesem Zusammenhang wurde von mehreren Gesprächspartnern, deren Referate von der Einrichtung der Außenstelle Berlin in der Form betroffen waren, daß sie einen von zwei verfügbaren Referenten an die Hauptstadt abgeben mußten, darauf hingewiesen, daß damit eine angemessene Präsenz in den Brüsseler Arbeitsgruppen vollends verunmöglicht worden sei.

entsprechenden Vorlagen ohne Diskussion (als sogenannte A-Punkte der Tagesordnung) verabschiedet (Wallace/Hayes-Renshaw 1996: 196f.). Der Ausschuß der Ständigen Vertreter tagt auf zwei Ebenen, auf derjenigen der Botschafter jedes Mitgliedsstaates (COREPER II) und auf der Ebene ihrer Stellvertreter (COREPER I). Letztere treten mehrmals wöchentlich zusammen und leisten die eigentliche fachliche Arbeit. COREPER I bildet damit gleichsam das Pendant zur sogenannten Arbeitsebene nationaler Ministerien, aus welcher seine Mitglieder denn auch rekrutiert werden.

Die ständige Vertretung der Bundesrepublik Deutschland bei der Europäischen Union umfaßt insgesamt 120 Mitarbeiter, die in Brüssel postiert sind, d.h. während ihrer Abordnung voll in Brüssel arbeiten. Davon gehören 50 dem höheren Dienst an, von denen wiederum zehn im Rahmen ihrer Außenprobezeit[84] nur für sechs bis längstens zwölf Monate nach Brüssel abgeordnet sind, während die "vollwertigen" Mitarbeiter durchschnittlich drei bis fünf Jahre in der Ständigen Vertretung verbleiben.[85] Auf der Ebene von COREPER I setzt sich nach Einschätzung eines vom BMU delegierten Beamten die mangelnde Repräsentanz des deutschen Umweltministeriums in den Arbeitsgruppen fort. Im Vergleich mit anderen deutschen Ministerien sei man deutlich unterrepräsentiert. Im Jahre 1996 stellte beispielsweise das Bundesministerium für Wirtschaft neun Beamte in der Ständigen Vertretung (davon drei Außenprobezeitbeamte), das Finanzministerium sechs (davon ein Außenprobezeitbeamter) und das Landwirtschaftsministerium vier (davon ebenfalls ein Außenprobezeitbeamter). Das Umweltministerium hingegen begnügt sich mit zwei Beamten, wovon einer seine Außenprobezeit in Brüssel ableistet.

---

84 Die zumeist sechs Monate während Außenprobezeit, die ein Ministerialbeamter des Bundes üblicherweise während seiner drei Jahre währenden Probezeit durchläuft, dient der Gewinnung von Praxiserfahrung außerhalb des Regierungsapparates. Die im Ministerialjargon "Kinderlandverschickung" genannte Außenprobezeit, die den Beamten den Bestimmungen des Bundesbeamtengesetzes zufolge Gelegenheit geben soll, sich fachlich weiter zu qualifizieren, wurde und wird üblicherweise bei Landes- und Kommunalbehörden abgeleistet, um den Bundesbeamten Einblicke in die Probleme des Gesetzesvollzugs zu ermöglichen. Die Ableistung der Außenprobezeit in europäischen Institutionen ist erst in jüngerer Vergangenheit möglich geworden und dürfte nach wie vor die Ausnahme darstellen.

85 Diese und die folgenden Angaben verdankt der Verfasser einer schriftlichen Auskunft eines vom BMU in die Ständige Vertretung der Bundesrepublik Deutschland bei der Europäischen Union abgeordneten Beamten.

Die europapolitische Selbstbeschneidung, die in der Abordnung eines einzigen ständigen Vertreters nach Brüssel zum Ausdruck kommt, stößt bei vielen Beamten des Umweltministeriums auf Kritik. Exemplarisch hierfür steht folgender Gesprächsauszug:

> "Schon seit einiger Zeit zeichnet sich ab, auch wenn es viele leider noch nicht begriffen haben, daß alle Entscheidungen, insbesondere wenn sie zu stärkeren Einschränkungen führen, allein in Brüssel getroffen werden. Es gibt kaum noch Gebiete, die nicht produktbezogen sind und damit auch den Wettbewerb in der Europäischen Union betreffen, so daß man sich klar machen muß, daß man in erster Linie im Kreis der Kollegen in Brüssel überzeugen muß und nicht durch noch so gut gemeinte Ver- und Gebote in innerstaatlichen Gesetzen. Meines Erachtens hätten wir in Brüssel längst ein kleines Umweltministerium aufbauen müssen, das vor Ort in den dort tagenden Kränzchen unsere Gedanken einbringt, denn entscheidend ist [...], daß man vor Abfassung der Kommissionspapiere mit den dafür verantwortlichen Personen Kontakt aufgenommen hat. Und ich würde sagen, daß unser Haus, vielleicht auch wegen Sprachproblemen in diesem Bereich, sehr vieles vernachlässigt, was sehr viel größere Effizienz haben könnte als das, was wir hier zuhause tun" (Interview BMU, 08.03.1996).

Die unterentwickelte Vertretung des Umweltministeriums auf der europäischen Bühne hat zwei Seiten. Deren eine besteht im Ungleichgewicht gegenüber konkurrierenden nationalen Ressorts, welche sich aufgrund ihrer weitaus stärkeren Repräsentanz "vor Ort" zumindest einen informationellen Vorsprung vor dem Umweltministerium gesichert haben, was Rückwirkungen auf die ohnehin prekäre Konfliktfähigkeit des BMU im nationalen Prozeß der Ressortabstimmung vermuten läßt. Von größerer Bedeutung ist jedoch angesichts des in der europäischen Umweltpolitik seit geraumer Zeit laufenden "regulativen Wettbewerbs" die Tatsache, daß das Bonner Umweltministerium auch im Vergleich mit anderen Mitgliedsstaaten eher dürftig vertreten ist. Neun Mitgliedsstaaten der EU haben zwei oder mehr Umweltbeamte "dauerhaft" nach Brüssel abgestellt, darunter die Regierungen Portugals und Spaniens, die, wie ein in Brüssel tätiger Beamter nicht ohne Ironie anmerkt, "[...] gemeinhin nicht eben als Repräsentanten einer fortschrittlichen Umweltpolitik angesehen werden."[86] Das Umweltrecht dieser beiden beispielhaft genannten Staaten, die zum Zeitpunkt ihres Beitritts zur Europäischen Gemeinschaft im Grunde über kein einziges Umweltgesetz verfügten, das diese Bezeichnung ernsthaft verdient hätte, ist beinahe vollständig vom Gemeinschaftsrecht geprägt (Krämer 1996: 43f). Ihre Regierungen wissen daher um die Relevanz einer mit angemessenen Ressourcen ausgestatteten umweltpolitischen Interessenvertretung im Umkreis von Europäischer Kommission und Rat. Gleiches gilt auch für die umweltpolitisch allgemein als "progressiv" eingestuften Regierungen "kleiner" Staaten wie die Österreichs und Schwedens, die nach ihrem Beitritt zur Europäischen Union sogleich drei bzw. zwei Umweltbeamte auf Dauer in

---

86 Das Zitat entstammt einem Schreiben an den Verfasser vom 11.12.1996.

den COREPER abstellten, um die umweltpolitischen Entwicklungen in Brüssel aufmerksam beobachten und gegebenenfalls beeinflussen zu können. Die deutsche Umweltministerin hingegen - so das Zwischenfazit - beklagt vernehmlich "Defizite" und "Fehlentwicklungen" der europäischen Umweltpolitik (vgl. Umwelt Nr.11/1996: 364ff.) und sie weiß nach eigenen Worten, daß "[...] die Musik in der Umweltpolitik längst in Brüssel [spielt]" (DIE ZEIT, 21.03.1997: 18). Eine europapolitische Strategie, die dem entgegenwirken könnte, hat sie allerdings ebensowenig wie ihr Vorgänger entwickelt. Dies gilt sowohl in programmatischer als auch in personeller und organisatorischer Hinsicht.

7.4 Europa als Chance? Zur Instrumentalisierung von Umweltrichtlinien im Bundesstaat

Die Festlegung europaweit gültiger Emissionsnormen mag durchaus den Nachteil bergen, daß dabei regionale Besonderheiten zwangsläufig ignoriert werden müssen, woraus im Einzelfall dann eine ökonomische Ineffizienz bestimmter Vermeidungsanstrengungen "vor Ort", beispielsweise im Sinne überzogener Auflagen zur Emissionsreduzierung in Reinwassergebieten, resultieren kann. Nicht nur für den Gewässerschutz, sondern auch für die Abfallwirtschaft und den Schutz von Natur und Landschaft gilt, daß sich aus ökonomischer Sicht für diese Aufgaben eine EU-weite Regelungskompetenz nur in Ausnahmefällen, etwa bezüglich der grenzüberschreitenden Abfallverbringung oder des Schutzes von Landschaftsgebieten, die sich über mehrere Mitgliedsländer erstrecken, begründen läßt (Hansjürgens 1996: 93f.).

Deshalb erscheint es nur konsequent, daß sich nur ein Viertel der befragten Ministerialbeamten (25.4 %) dafür ausspricht, daß die Europäische Gemeinschaft künftig mehr umweltpolitische Felder besetzen sollte. Die zurückhaltende Beurteilung einer möglichen Intensivierung der europäischen Umweltpolitik korrespondiert auf den ersten Blick durchaus mit subsidiaritätstheoretischen Überlegungen, die - wie die ihnen im Ergebnis verwandte ökonomische Föderalismustheorie - letztlich darauf zielen, daß spezifische Problemlagen spezifische (und damit nicht europaweit gültige) Lösungen erfordern. Dieses Argument hat im BMU sozusagen Tradition:

"Das Interesse an Umweltschutzmaßnahmen in Gremien wie denen der EG ist notgedrungen ganz unterschiedlich. Wenn wir zum Beispiel sagen, Irland soll bei Großfeuerungsanlagen den Stand der Technik realisieren, dann sagen die doch: Um Gottes Willen, das bißchen SO_2, das bei uns emittiert wird. Guckt Euch doch die Statistik an, bei uns ist die Luft am saubersten in der ganzen

Gemeinschaft. Warum sollen wir denn genauso strenge Regeln einhalten müssen wie Ihr in der Bundesrepublik Deutschland?" (Interview BMU, 05.10.1987).

Betrachtet man jedoch die von der innerministeriellen Minderheit genannten Beispiele für Regelungsbereiche, in denen man sich künftig mehr umweltpolitische Aktivitäten auf europäischer Ebene wünscht, wird deutlich, daß der Subsidiaritätsgedanke in der BMU-Beamtenschaft keineswegs durchgängig verankert ist. Vor allem nämlich der Gewässerschutz (acht Nennungen) sowie die Abfall- und Verkehrspolitik (jeweils sechs Nennungen) werden der EU zu intensiverer Bearbeitung empfohlen. Wie im vorigen Abschnitt gezeigt wurde, wurden eben diese Bereiche gleichzeitig am häufigsten als Beispiele für Behinderungen der deutschen Umweltpolitik durch europäische Normsetzung genannt. Mit Ausnahme eines Teilaspektes der Verkehrspolitik, nämlich der Produktnormen für Kraftfahrzeuge, handelt es sich zudem sämtlich um Materien, für die sich unter ökonomischen bzw. subsidiaritätsgeleiteten Gesichtspunkten eine gesamteuropäische Zuständigkeit schwerlich begründen läßt. Mit anderen Worten: Die umweltpolitischen Fachabteilungen werden zwar ganz eindeutig von einer kritischen Grundstimmung gegenüber der europäischen Ebene dominiert, doch spaltet sich das Lager der Kritiker in zwei Fraktionen, deren eine, die hier interessiert, auf die bisherigen Defizite der EG-Umweltpolitik eben nicht mit der Forderung nach einem Rückzug Europas aus dem Umweltschutz reagiert, sondern im Gegenteil für eine stärkere Regelungsdichte des europäischen Umweltrechts votiert. Getragen wird dieses Votum von der Einsicht, daß "[...] eine Harmonisierung auf möglichst hohem Niveau natürlich die Probleme bei der Durchsetzung von Anforderungen an die nationale Wirtschaft reduziert" (Interview BMU, 10.03.1994). Die Hoffnung auf umweltpolitischen Flankenschutz aus Brüssel für die nationale Umweltpolitik ist also das ausschlaggebende Motiv derer, die künftig mehr auf die europäische Karte setzen wollen.

Zum Zeitpunkt der schriftlichen Befragung, die dieser Studie zugrundeliegt, wurde die skizzierte Argumentation lediglich von einem Viertel der BMU-Beamtenschaft getragen. Es gibt jedoch Indizien dafür, daß diejenigen Beamten, die umweltpolitische Initiativen der Europäischen Union als mögliche Argumentationshilfe und politische Stütze für die nationalen Prozesse der Konfliktaustragung perzipieren, mittlerweile die Meinungsführerschaft im Ressort übernommen haben. Dies zeigt die bereits referierte Stellungnahme der BMU-Beamten zum "Molitorbericht", dessen - mehr oder weniger zentraler -Vorschlag, den Mitgliedsstaaten künftig die Wahl der umweltpolitischen Instrumente zu überlassen, unter anderem mit dem

Argument zurückgewiesen wird, daß damit "[...] die entsprechenden negativen Konsequenzen für die Durchsetzbarkeit von umweltrechtlichen Regelungen auf nationaler Ebene" verbunden seien. Für dieses Argument ist die Frage nach der möglichen ökonomischen Ineffizienz europäischen Umweltrechts nachrangig, denn es zielt ausschließlich auf dessen politische Funktion. Sie besteht im Zwang für die Mitgliedsstaaten zu umweltpolitischer Normsetzung. Unter diesem Aspekt bleiben europäische Richtlinien, die dem Gedanken eines hohen Schutzniveaus entsprechend Art. 130 r Absatz 2 EG-Vertrag verpflichtet sind, unverzichtbar, solange ein gleichwertiges Regulierungstimulans nicht zur Verfügung steht. Auch für Deutschland, das bezüglich der gesetzlichen Fixierung von Emissionsnormen noch immer umweltpolitischer Vorreiter ist, gilt also, daß europäisches Umweltrecht grundsätzlich durchaus geeignet ist, die innerstaatliche Konfliktfähigkeit des Umweltschutzes zu stärken. Auch deshalb erscheint das vom Sachverständigenrat für Umweltfragen seit längerem geforderte kooperative Sich-Einlassen auf die Fortentwicklung europäischen Umweltrechts (SRU 1994: 232) trotz aller Probleme, die dessen Prozeduralisierung aus deutscher Perspektive mit sich bringt, geradezu überfällig. Bislang allerdings ist die Bundesregierung hierzu nicht bereit. Seit dem programmatischen Richtungswechsel in der europäischen Umweltpolitik zugunsten regulativer Instrumente scheint auch die politische Leitung des BMU geradezu von einer Art "Xenophobie gegenüber importierten Umweltregeln" (Krämer 1996: 19) befallen, die den Blick verstellt für mögliche Modernisierungspotentiale, die das neue gemeinschaftliche Umweltrecht für die nationale Politikgestaltung bereithalten könnte. Wie die folgende Tabelle deutlich macht, ist die Neigung, der EG auch positive Einflüsse auf die deutsche Umweltpolitik zu attestieren, auch innerhalb der Ministerialbürokratie des BMU nicht sonderlich ausgeprägt. Angesichts der in den umweltpolitischen Fachabteilungen mit überwältigender Mehrheit (zwischen 76 und 93 Prozent, vgl. Tabelle 7.9) verbreiteten Perzeption der EU als primär binnenmarktbezogener, "wirtschaftslastiger" Organisation, der mehrheitlich eine Behinderung der deutschen Umweltpolitik vorgeworfen wird (vgl. Tabelle 7.10),[87] verwundert dies freilich nicht.

---

87 Sämtliche Gesprächspartner im BMU wurden zum Zusammenhang deutscher und europäischer Umweltpolitik befragt. Keiner von ihnen thematisierte das Problem der Rechtsunverträglichkeit europäischer Umweltregelungen. Dies ist ein deutliches Indiz dafür, daß die Zurückhaltung, welche die Ministerialbürokratie gegenüber der europäischen "Umweltunion" an den Tag legt, andere Gründe hat, als die von der politischen Leitung des Hauses geübte Kritik.

Tabelle 7.12: Beurteilung des Einflusses der EG auf die deutsche Umweltpolitik

	absolut	v.H.
keine Angabe	2	1.3
positiv	6	4.0
(eher) positiv	24	16.0
unentschieden	45	30.0
(eher) negativ	51	34.0
negativ	22	14.7
gesamt	150	100.0

Auch hier handelt es sich um eine von lediglich 20 Prozent der Befragten geteilte Minderheitenposition, die zudem von 24 ihrer insgesamt dreißig Vertreter nur mit Zurückhaltung ("eher ja") vertreten wird. Gleichwohl lohnt der Blick auf die Beispielsnennungen für positiv bewertete Einflüsse der Europäischen Gemeinschaft auf die deutsche Umweltpolitik. Mit weitem Abstand an der Spitze rangieren nämlich zwei prozedural orientierte Richtlinien, nämlich diejenigen zur Umweltverträglichkeitsprüfung (zehn Nennungen) und zur Umweltinformation (acht Nennungen).[88] Beide Richtlinien, die im gesellschaftlichen Lager der Umweltschützer grundsätzlich sehr positive Resonanz fanden, stoßen indes nicht nur im Leitungsbereich des BMU auf wenig Gegenliebe, sondern insbesondere auch bei den Ländern, die dem Bund die Kompetenz zur Normierung von Verfahrensabläufen ja grundsätzlich bestreiten. In der Tat spricht denn auch vieles dafür, daß das Argument vom umweltpolitischen Flankenschutz aus Brüssel von der Mehrzahl seiner Vertreter in der Bundesverwaltung mit besonderem Nachdruck bezüglich der umweltpolitischen Bund-Länder-Konstellationen formuliert wird. Vor allem die Bereiche, in denen dem Bund nur die Kompetenz zur Rahmengesetzgebung zukommt, werden im Ministerium einschlägig thematisiert:

> "In dem Maße, wie wir europäisch werden, muß natürlich der Bund tiefer eingreifen in die bisherigen Kompetenzen der Länder. Einfach, um den Verpflichtungen nachzukommen, die wir auf europäischer Ebene eingegangen sind. Es gab eine ganze Reihe von europäischen Dingen im Naturschutz umzusetzen, die mir furchtbare Mühe machten. Die Länder da auf eine Reihe zu bekommen, damit alle im Gleichschritt den europäischen Vorgaben nachkommen, ist furchbar mühsam und dauert oft sehr, sehr lang. Als föderativer Staat kommen wir auch häufig in Verzug [...]. Deshalb müßte es eigentlich zu einer gewissen Kompetenzverlagerung auf den Bund kommen,

---

[88] Sie werden gefolgt von der Chemikaliengesetzgebung mit fünf Nennungen, die dadurch motiviert sein dürften, daß das deutsche Chemikaliengesetz letztlich erst aufgrund des europäischen "Harmonisierungsdrucks" zustande kam (Damaschke 1986: 76), und der in anderem Zusammenhang bereits mehrfach erwähnten Biozid-Richtlinie, die von drei Beamten genannt wird.

um handlungsfähig zu bleiben gegenüber den supranationalen Einrichtungen, denen wir uns unterworfen haben" (Interview BMU, 10.03.1994).

Auch dem hier zitierten Referatsleiter ist bewußt, daß die von ihm favorisierte Kompetenzverlagerung "wahrscheinlich nicht zu realisieren" sei und man auf diesem Feld "außerordentlich behutsam" agieren müsse. Insgesamt dominiert bezüglich der "doppelten Politikverflechtung" im Umweltschutz Realismus, der einer als durchaus prekär empfundenen Entwicklung die möglichen positiven Seiten abzugewinnen sucht:

"Weil im Zuge der Verfassungsreform jetzt die Länder auch bezüglich der EG nochmals gestärkt werden, kommen wir als Bund in eine sehr merkwürdige, noch schwer abschätzbare Lage. Als richtige Entscheidungsebene gibt es uns vielleicht bald gar nicht mehr, und wir müssen sehr aufpassen, daß wir nicht zu bloßen Briefträgern für EG-Sachen werden [...]. Daß wir heute fast alles auf EG-Ebene machen müssen, könnte trotzdem für uns eher förderlich sein. Der Druck der aus der Gemeinschaft kommt, kann für uns recht hilfreich sein bei der Durchsetzung von Naturschutz. Wir haben natürlich Probleme zwischen Bund und Ländern bei der Umsetzung, aber im Prinzip steigt der Druck auf den Naturschutz, und das kann nützlich sein" (Interview BMU, 08.03.1994).

"Druck aus Brüssel", so berichtet ein Referent, der über mehrere Jahre Aufgaben im Bereich Gewässerschutz wahrnahm, werde mitunter von der Bundesregierung ganz bewußt erzeugt, um innerföderale Entscheidungsbarrieren zu umschiffen und die Länder unter Zugzwang zu setzen:

"Es gibt ganz viele Bereiche, wo der Bund über Brüssel auf die Länder eingewirkt und Fortschritte erzielt hat. Wo Deutschland in Brüssel Initiativen ergriffen hat, bestimmte Grenzwerte festzusetzen, die dann europaweit gekommen sind und die eben anders nicht durchzusetzen gewesen wären. Ich denke da zum Beispiel an den Nitratgehalt vom Grundwasser, vom Trinkwasser. Ja, das ist ein Wert, der vor Jahren bewußt und gezielt über Brüssel durchgesetzt worden ist, weil er hier mit den Ländern nicht verhandelbar war" (Interview BMU, 08.03.1994).

Die Hoffnung, daß der von der Europäischen Union ausgehende Harmonisierungsdruck die Länder im Sinne des Bundesumweltministeriums zu disziplinieren vermag, täuscht jedoch mitunter. Der dritte Anlauf zur Novellierung des Bundesnaturschutzgesetzes seit 1987, den das BMU im Jahre 1996 unternahm, lieferte ein Beispiel dafür. Die Novelle, so betonte die Umweltministerin wiederholt, "[...] sei dringend erforderlich, da Deutschland durch eine entsprechende Richtlinie der Europäischen Union ins Hintertreffen geraten sei" (Frankfurter Allgemeine Zeitung, 03.02.1996: 4). Nicht nur einer, sondern drei europäischen Umweltnormen sollte durch das neue Naturschutzgesetz Genüge getan werden, nämlich der Vogelschutzrichtlinie, der Flora-Fauna-Habitat-Richtlinie sowie der in Vorbereitung befindlichen Artenschutzverordnung. Dies hob auch der Parlamentarische Staatssekretär des BMU in seinem Beitrag zur Debatte des Bundesrates hervor (vgl. hierzu und zum folgenden Das Parlament Nr. 47 vom 15.11.1996: 16f.). Der Appell an die "Europatreue" der Landesregierungen verhallte jedoch ungehört; der Bundesrat lehnte den Gesetzesentwurf als "unzureichend" ab und forderte die Bundesregierung gleichzeitig zu dessen grundlegender Überarbeitung auf. Drei zentrale Argumente wurden für die Ablehnung ins Feld geführt. Zum einen sei der Entwurf verfassungsrechtlich bedenklich, weil er an "bundesrechtlich geregelte Verwaltungsverfahren" anknüpfe. Die der Novelle solchermaßen eigene Vermischung von Rahmengesetzgebung mit Elementen der konkurrierenden Gesetzgebung widerspreche dem neugefaßten Artikel 75 des Grundgesetzes und sei so nicht hinnehmbar. Zweitens sehe der Entwurf bundesrechtlich vorgegebene Zahlungspflichten der Länder an die Land- und Forstwirtschaft für Nutzungsbeschränkungen vor, welche, weil sie die Sozialbindung des Eigentums nicht überstrapazierten, weder notwendig, noch angesichts der angestrengten Lage der Länderhaushalte finanzierbar seien. Zudem habe es die Bundesregierung nicht vermocht, zuverlässige und überprüfbare Schätzungen hinsichtlich der zu erwartenden Gesamtsumme dieser Ausgleichszahlungen zu liefern, was ein zusätzliches und inakzeptables Haushaltsrisiko für die Länder bedeute.[89] Drittens führe eine gesetzliche Verankerung des Anspruchs auf Ausgleichszahlungen zum Verlust der von der Europäischen Union für Maßnahmen zur Extensivierung der Landwirtschaft zur Verfügung gestellten Mittel,[90] so daß die Länder in der Konsequenz doppelt bestraft würden. Aus Sicht der Bundesratsmehrheit hatte die Bundesregierung also durch die Kompromißbildung zwischen Umwelt- und Landwirtschaftsministerium, deren hier interessierendes Ergebnis eben im Zugeständnis des BMU an das BML zu den Ausgleichszahlungen bestand, die potentielle "Trumpfkarte Europa" also selbst entwertet. Für die Länder bleibt die verweigerte Umsetzung europäischer Umweltrichtlinien in deutsches Recht folgenlos, denn bekanntlich ist es die Bundesregierung, die sich vor der Europäischen Kommission und dem Europäischen Gerichtshof hierfür verantworten muß. Dem Interesse der Länder an der Bewahrung eigenständiger Gesetzgebungszuständigkeiten im Naturschutzbereich läßt sich europapolitisch so lange nicht gegensteuern, wie es nicht gelingt, die von den Ländern als

---

89 In der Tat divergierten die Schätzungen der Höhe der Ausgleichszahlungen, die nach Verabschiedung des Regierungsentwurfs fällig geworden wären, auf geradezu groteske Weise. Umweltministerin Merkel bezifferte die erforderliche Gesamtsumme auf ca. 20 Millionen DM jährlich, eine Summe, die in den "kommenden Jahren" auf etwa das Doppelte ansteigen werde (Süddeutsche Zeitung, 22.08.1996: 6). Aus Sicht der parlamentarischen Opposition und einer Mehrheit der Landesregierungen wäre eine derartige Summe indes auf jedes einzelne Bundesland zugekommen (Das Parlament Nr. 52-53 vom 20.12.1996: 15).
90 Zwischen 1993 und 1997 floß ca. 1 Milliarde ECU in die entsprechenden Förderprogramme der Länder. Diese Tatsache versuchte die Bundesumweltministerin bereits anläßlich der Vorlage des Gesetzesentwurfs als Gegenargument zur Klage der Länder über zusätzliche Haushaltsbelastungen ins Feld zu führen (Frankfurter Allgemeine Zeitung, 03.02.1996: 4). Das gegenläufige Argument der Bundesratsmehrheit, daß die Länder dieser Mittel nach Inkrafttreten des Regierungsentwurfs verlustig gehen würden, wurde vom BMU bis zuletzt, jedoch erfolglos, bestritten.

Einmischung in ihre Angelegenheiten empfundene Bundesgesetzgebung zumindest finanziell zu kompensieren. Pikanterweise ist es aber gerade die Nicht-Verabschiedung des Naturschutzgesetzes und die damit unterbliebene Umsetzung der Fauna-Flora-Habitat-Richtlinie, die verhindert, daß die Länder in den Genuß zusätzlicher Fördermittel der Europäischen Union gelangen könnten. Diese Mittel werden nämlich ausschließlich zur Förderung von Schutzgebieten gewährt, die entsprechend der genannten Richtlinie ausgewiesen und bei der Europäischen Kommission gemeldet werden. Das Bundesumweltministerium befindet sich damit bei der Naturschutzgesetzgebung zwischen allen Stühlen: Ohne den Anspruch auf Ausgleichszahlungen für betroffene Landwirte ist das Einvernehmen des Landwirtschaftsministeriums nicht zu bekommen, eben dieser bewirkt jedoch die Ablehnung des Bundesrates, welche wiederum nicht nur für das Versiegen europäischer Finanzquellen, sondern voraussichtlich auch für neuerliche Vertragsverletzungsverfahren gegen die Bundesregierung vor dem Europäischen Gerichtshof verantwortlich sein wird. Die politische Gestaltungsrolle des BMU, die durch die intensive Ressortkonkurrenz auf der Bundesebene ohnehin schon beschädigt ist, droht durch den doppelten Druck, dem das Ministerium seitens der Europäischen Kommission einerseits und der Landesregierungen andererseits ausgesetzt ist, vollends beschädigt zu werden. Aus dieser Lage kann sich das Umweltministerium aus eigener Kraft nur schwer befreien. Mehr als der Appell an die Europatreue der Länder und die "Bitte um Rücksichtnahme" auf die besondere Situation Deutschlands durch die Europäische Kommission (Der Spiegel, Nr.5/1997: 29) steht der Umweltministerin auch im Ernstfall nicht zu Gebote. Dieser Ernstfall trat ein, nachdem die Europäische Kommission entschieden hatte, den Artikel 171 des EG-Vertrages erstmals in dessen Geschichte zur Anwendung zu bringen, und zwar in bezug auf die Bundesrepublik, die trotz zweier von der Kommission gegen sie erfolgreich angestrengter Vertragsverletzungsverfahren vor dem EuGH, die aus den Jahren 1990 und 1991 datieren, die Umsetzung dreier Umweltrichtlinien nicht vollzog.[91] Angesichts der Tatsache,

---

91 Es handelt sich um Richtlinien zum Grundwasserschutz, zur Trinkwassergewinnung und zum Vogelschutz. Nur bei der Umsetzung erstgenannter Richtlinie kann die Bundesregierung mit einer Verordnung, die der Zustimmung des Bundesrates bedarf, überhaupt aktiv werden. Die beiden anderen Richtlinien bedürfen der unmittelbaren Umsetzung durch die Länder. Während das Monitum bezüglich der Vogelschutzrichtlinie ausschließlich das Saarland betraf, war die Trinkwasserrichtlinie zum Zeitpunkt der Kommissionsinitiative nur von Bayern umgesetzt worden, so daß in allen anderen Ländern noch Handlungsbedarf bestand. An diesem Fall wird die Problematik der weiter oben von einem Referenten beschriebenen Umwegstrategie deutlich, die darin besteht, national mit den Ländern nicht verhandelbare Schutzbestimmungen europarechtlich zu fixieren. Kann dieser Umweg grundsätzlich schon durch eine "Blockadehaltung" einer Ländermehrheit im
(Fortsetzung...)

daß vom Zeitpunkt eines erneuten Urteils an für jeden Tag legislativer Untätigkeit Zwangsgelder in Höhe von etwa 500.000 ECU drohten,[92] forderte die Bundes-Umweltministerin nachdrücklich zur zügigen Umsetzung europäischer Richtlinien auf (Süddeutsche Zeitung, 31.01.1997: 1). Der Bundesrat signalisierte ihr jedoch umgehend, daß er trotz der Androhung von Zwangsgeldern keinesfalls bereit sei, europäisches Recht "ohne weiteres zu übernehmen" (Süddeutsche Zeitung, 01./02.02.1997: 2). Wenn es ernst wird, steht das BMU tatsächlich allein. Das umweltpolitische Potential des deutschen Bundesstaates ist der Europäisierung der Umweltpolitik, die in ihren Ursprüngen von der Bundesrepublik maßgeblich mit angestoßen und vorangetrieben wurde, nicht mehr gewachsen.

91(...Fortsetzung)
    Bundesrat verstellt werden, ist die hier interessierende Materie noch prekärer, denn der Bundesregierung kommt nicht einmal das Recht zur Verordnungsinitiative zu, d.h. das BMU ist zur Untätigkeit verurteilt.
92   In Artikel 171 Absatz 2 EG-Vertrag heißt es: "Hat der betreffende Mitgliedstaat die Maßnahmen, die sich aus dem Urteil des Gerichtshofs ergeben, nicht innerhalb der von der Kommission gesetzten Frist getroffen, so kann die Kommission den Gerichtshof anrufen. Hierbei benennt sie die Höhe des von dem betreffenden Mitgliedstaat zu zahlenden Pauschalbetrags oder Zwangsgelds, die sie den Umständen nach für angemessen hält. Stellt der Gerichtshof fest, daß der betreffende Mitgliedstaat seinem Urteil nicht nachgekommen ist, so kann er die Zahlung eines Pauschalbetrags oder Zwangsgelds verhängen."

8. Reformen und Reformvorschläge

8.1 Umweltschutz als Staatsziel: Stärkung des BMU in der interministeriellen Konkurrenz?

Im Jahr 1970 erklärte der seinerzeit für die Umweltpolitik zuständige Innenminister Genscher vor dem Parlament: "Im Grundrechtskatalog fehlt ein Menschenrecht auf unschädliche Umwelt. Dennoch ist der Schutz der Umwelt des Menschen eine Pflicht aller staatlichen Gewalt, die ihr mit den Grundentscheidungen der Verfassung aufgegeben ist" (Deutscher Bundestag, Stenographische Berichte 6/87.Sitzung: 4797). Diese sehr weitgehende Verfassungsinterpretation diente dazu, der Umweltpolitik den ihr gebührenden Platz neben den etablierten und teilweise konkurrierenden Politikfeldern zu erkämpfen. In diesem genuin politischen Sinne war das Argument von der Verpflichtung des Staates zum Schutz der Umwelt sicherlich tragfähig. Einer streng systematischen Verfassungsinterpretation hielt es allerdings nicht stand, denn die Ableitung einer allgemeinen Umweltschutz*pflicht* des Staates z.B. aus dem Sozialstaatsprinzip wurde von der Rechtslehre ganz überwiegend abgelehnt (Kimminich 1994: 2469). Immerhin aber hatte sich seit Beginn der siebziger Jahre innerhalb der Rechtswissenschaft die Auffassung durchgesetzt, daß der Staat sich selbstverständlich des Schutzes der natürlichen Lebensgrundlagen des Menschen annehmen dürfe. Dies ergebe sich unter anderem und vor allem aus Artikel 2 des Grundgesetzes, der das Recht eines jeden auf körperliche Unversehrtheit garantiert. Doch verpflichtet war der Staat der herrschenden Meinung zufolge eben nur zur Sicherung eines "ökologischen Mindeststandards" (Bock 1990: 190ff.). Auch Hans-Peter Bull (1973: 224), der den Sachverhalt außergewöhnlich pointiert umriß, ließ die Frage nach einer staatlichen Verpflichtung zum Umweltschutz letztlich offen: "Wenn der Staat überhaupt Aufgaben hat, dann gehört dazu, daß er die natürlichen ("biologischen") Grundlagen menschlichen Lebens schützt. Dazu bedarf es keiner weiteren verfassungsrechtlichen Begründung als des Hinweises auf die Grundrechte, insbesondere Artikel 2 GG (beide Absätze), und das Sozialstaatsprinzip."

Auf der Grundlage des Konsenses über die grundsätzliche Berechtigung staatlicher Umweltpolitik entwickelte sich in den Folgejahren die Diskussion über die Frage, ob es nicht angemessen sei, die neuentdeckte Staatsaufgabe Umweltschutz explizit im Grundgesetz aufzuführen. Vor dem 50. Deutschen Juristentag im Jahre 1974 erklärte Ernst Friesenhahn dazu: "Ganz sicher ist Umweltschutz in unserer hochindustrialisierten Gesellschaft eine wichtige und dringliche Aufgabe des Staates. Wenn man es für nötig hält, mag man Umweltschutz als Staatsziel in der Verfassung verankern, obwohl damit wenig gewonnen wäre" (zitiert nach Kimminich 1994). Andere Diskutanten sahen das Problem weniger gelassen. Angesichts der von ihm diagnostizierten "allgemeinen Unsicherheit" über den verfassungsrechtlichen Status des Umweltschutzes empfahl beispielsweise der Rat von Sachverständigen für Umweltfragen im ersten seiner periodisch erstellten Gutachten die Einführung eines Grundrechts auf menschenwürdige Umwelt, welches "entsprechend seinem Inhalt und seiner Bedeutung" hinter Artikel 1 des Grundgesetzes eingefügt werden sollte (SRU 1974: 173).

Allerdings ließ sich der Rat in den Folgejahren eines Besseren belehren und konzedierte, daß ein einklagbares Grundrecht auf Umweltschutz weder praktikabel noch der angestrebten Weiterentwicklung der Umweltpolitik dienlich sei (SRU 1978: 579).[1] Seine Empfehlung galt nunmehr der Einfügung einer Staatsaufgabe Umweltschutz in die Verfassung. Die revidierte Sichtweise des Sachverständigenrates fand innerhalb der von der Bundesregierung im Herbst 1981 eingesetzten "Sachverständigenkommission Staatszielbestimmungen/Gesetzgebungsaufträge" positive Resonanz. Sie empfahl die Einfügung folgenden Satzes 2 in Artikel 20 Absatz 1 GG: "Sie [die Bundesrepublik Deutschland, der Verf.] schützt und pflegt die Kultur und die natürlichen Lebensgrundlagen des Menschen." Im Jahr 1987 kam es daraufhin zu einschlägigen Gesetzesentwürfen des Bundesrates (Bundestag Drucksache 11/885), der Fraktion der SPD (Bundestag Drucksache 11/10) und der Fraktion DIE GRÜNEN (Bundestag Drucksache 11/663). Eine öffentliche Anhörung, die der Rechtsausschuß des Bundestages im Oktober 1987 durchführte,[2] erbrachte ein höchst unterschiedliches Meinungsbild der geladenen Sachverständigen. Die parlamentarische Mehrheit zeigte sich von den bei der Anhörung vorgetragenen Bedenken allerdings stärker beeindruckt als von den Argumenten der Befürworter einer Verfassungsänderung. Die erwähnten Gesetzesentwürfe scheiterten deshalb zwar im Bundestag, doch gelang es den über alle Parlamentsfraktionen verstreuten Anhängern einer Grundgesetzänderung immerhin, das Problem in der Diskussion zu halten. Im BMU sah

---

1   Der Rat begründete seine gewandelte Auffassung v.a. mit der Gefahr der Juridifizierung politisch zu entscheidender Fragen. Er wies ergänzend darauf hin, daß ein Umweltgrundrecht der verfassungsrechtlichen Verankerung individueller Ansprüche auf die Herstellung eines Kollektivguts gleichkäme, was in sich widersprüchlich sei.
2   Sie ist dokumentiert in: Zur Sache. Themen parlamentarischer Beratung Nr. 2/1988.

man dies naturgemäß gern, denn von einer Verfassungsänderung erhofften sich knapp drei Viertel seiner Beamtenschaft eine Statusverbesserung des Umweltressorts.

Tabelle 8.1: Stärkung des BMU durch eine Staatszielbestimmung Umweltschutz?

	absolut	v.H.
ja	77	51.3
(eher) ja	31	20.7
unentschieden	20	13.3
(eher) nein	9	6.0
nein	13	8.7
gesamt	150	100.0

Das Beharrungsvermögen der Befürworter einer Staatszielbestimmung zum Umweltschutz wurde nach Vollendung der deutschen Einheit belohnt. Die im November 1991 eingesetzte "Gemeinsame Verfassungskommission" von Bundestag und Bundesrat sollte sich gemäß Einsetzungsbeschluß zwar nur mit einigungsbedingten und durch die Verwirklichung der Europäischen Union erforderlichen Grundgesetzänderungen befassen. Die Kommission verständigte sich jedoch darauf, auch andere verfassungsrechtliche Fragen, die in der politischen Diskussion aktuell geworden waren, zu diskutieren (Gemeinsame Verfassungskommission 1993: 5). Daher nahm sie sich auch des Themas "Schutz der natürlichen Lebensgrundlagen" an (ebenda: 128ff.). Ausgangspunkt ihrer Beratungen "[...] war die parteiübergreifende Auffassung, daß - unabhängig von der Frage, wie man sich zur Aufnahme sonstiger Staatszielbestimmungen in das Grundgesetz stellt - jedenfalls die verfassungsrechtliche Verankerung eines Staatsziel Umweltschutz erwünscht sei", denn: "Die geltende Verfassungsordnung gewährleiste den natürlichen Lebensgrundlagen weder durch die Grundrechte noch durch objektiv-rechtliche Verfassungsprinzipien hinreichenden Schutz." Trotz allgemeiner Übereinstimmung darüber, daß der Umweltschutz "[...] den in Artikel 20 Abs. 1 GG genannten Staatszielen und Strukturprinzipien in Rang und Gewicht gleichkomme", wurde der - aufgrund der bei Verfassungsänderungen erforderlichen Zweidrittelmehrheit[3] - notwendige Kompromiß zwischen CDU/CSU und SPD erst nach "langen, teilweise verschlungenen Verhandlungen"

---

3   Mit Blick auf Artikel 79 Abs. 3 GG war es nur konsequent, die Zweidrittelmehrheit auch für die von der Verfassungskommission zu verabschiedenden Empfehlungen vorzusehen.

(Kloepfer 1995: 37) und buchstäblich erst in letzter Minute erreicht. Streitpunkt war der sogenannte "Gesetzesvorbehalt", also die Frage, ob Verwaltung und Rechtsprechung einem Staatsziel Umweltschutz *unmittelbar* oder nur im Rahmen der jeweils geltenden, "einfachen" Gesetze unterworfen werden sollten. Damit verbunden stellte sich das Problem, ob und inwieweit der Gesetzgeber selbst durch eine Staatszielbestimmung in die Pflicht genommen werden sollte. Die Position von CDU und CSU, die sich im Kern letztlich durchsetzte, war, daß der Ausgleich des Staatsziels Umweltschutz mit den anderen Staatsaufgaben, mit dem öffentlichen Interesse und mit den Rechten des Einzelnen nur durch politische Entscheidungen des Gesetzgebers, nicht von Fall zu Fall durch Verwaltung und Gerichte erfolgen solle. Umweltschutz dürfe nicht zu einem vorrangigen oder gar allein ausschlaggebenden Belang werden, sondern müsse immer in Relation zu anderen Zielsetzungen wie Wirtschaftswachstum oder der Schaffung von Arbeitsplätzen gesehen werden, was eben bei einer unmittelbaren Bindung von Exekutive und Judikative an ein Staatsziel Umweltschutz im Einzelfall nicht gesichert sei. Man einigte sich schließlich auf folgende, nach ihrer Verabschiedung durch Bundestag und Bundesrat am 15. November 1994 als Artikel 20a gültige Verfassungsbestimmung:

> "Der Staat schützt auch in Verantwortung für die künftigen Generationen die natürlichen Lebensgrundlagen im Rahmen der verfassungsmäßigen Ordnung durch die Gesetzgebung und nach Maßgabe von Gesetz und Recht durch die vollziehende Gewalt und die Rechtsprechung."

Zwar meinte beispielsweise Renzsch (1995: 15), daß die Frage durchaus offen sei, ob durch den neuen Umweltschutzartikel lediglich die bestehende Staatspraxis sanktioniert oder aber "neue Politiken" initiiert würden. In verfassungstheoretischer Perspektive hingegen ergab sich eine deutlich pessimistischere Prognose. Schnell zeichnete sich ab, daß der mehr als zwei Jahrzehnte währende Verfassungsstreit mit dem in Artikel 20a kodifizierten "Sprachungetüm" keineswegs beendet werden konnte (van den Daele 1994: 364). Der sprachlich zumindest unglückliche, technisch teilweise schlicht mißlungene Text wurde geboren aus Furcht vor nicht vorhersehbarem Richterrecht. Nicht zufällig hat man den Gesetzesvorbehalt des Artikel 20a GG auch als "Angstklausel bezeichnet (Schink 1997: 225). Nach dem Willen des verfassungsändernden Gesetzgebers "[...] soll die Rechtsprechung möglichst nicht Lösungen von Fällen direkt aufgrund von Art. 20a GG unter Übergehung der einfachen Gesetzeslage, in der sich Art. 20a GG konkretisiert, suchen" (Waechter 1996: 323).[4] Der Umweltschutzartikel erinnert deshalb an "eine in eine Verfassungsnorm gegossene Mißtrauenserklärung an Exekutive und Judikative", läßt jedoch gleichzeitig durch den Rückgriff auf das Merkmal "Recht" in der Formulierung "nach Maßgabe von Gesetz und Recht" ein Einfallstor eben für die Rechtsprechung offen. So wird denn paradoxerweise ausgerechnet an die Verfassungsgerichtsbarkeit, deren demokratisch nicht legitimierter (umwelt)politischer Gestaltungsmacht ja vorzubeugen versucht wurde, appelliert, den Artikel 20a GG zu einem "handhabbaren Staatsziel" weiterzuentwickeln (Kloepfer 1995: 40f.).[5] Der Umweltschutzartikel macht damit auf eine vom Gesetzgeber gewiß ungewollte Weise deutlich, "[...] daß die Beachtung des Umweltverfassungsrechts zum Prüfstein für das politische System geworden ist" (Kimminich 1994: 2-476).

Die Diskussion über die Einfügung eines Staatsziels Umweltschutz in das Grundgesetz war stets auch regierungsseitig beeinflußt. Erfahrene Beamte sind deshalb in der Lage, den im BMU häufig angestellten Vergleich der Position ihres Hauses mit der der seinerzeit im Innenministerium beheimateten Umweltschutzabteilung auch auf die Verfassungsdiskussion zu beziehen. Wie so häufig, fällt auch hier die Bilanz für das Umweltministerium negativ aus:

"In den ganzen Verhandlungen über das Staatsziel Umweltschutz hat unser Ministerium überhaupt keine Rolle gespielt. Das haben das Innen- und das Justizministerium unter sich ausgemacht und dann natürlich die Fraktionen [...]. Auch damals war das so, so daß dadurch, daß der Innenminister Verfassungsminister ist, die Umweltschutzabteilung im Innenministerium diese Sachen mitbeeinflussen konnte. Das war so um 1983, da war auch ich mit meiner damaligen Zuständigkeit involviert. Es war so, daß der Kanzler das Staatsziel Umweltschutz nicht wollte, denn das sei alles Quatsch. Das Justizministerium hatte schon eine Kabinettvorlage vorbereitet, derzufolge die Bundesregierung offiziell die Ablehnung des Staatsziels beschließen sollte. Das konnte es aber nicht alleine, das mußte vorher ins Innenministerium. Der Innenminister wollte das Staatsziel zwar

---

4 Aufschlußreich ist in diesem Zusammenhang ein Blick auf die Verfassungen der Länder. Sie sind bezüglich der Staatsaufgabe Umweltschutz wesentlich weniger zurückhaltend und ohne Gesetzesvorbehalte ausgestaltet. So bestimmt beispielsweise Artikel 3 Absatz 2 der Bayerischen Verfassung seit 1984 umstandslos: "Der Staat schützt die natürlichen Lebensgrundlagen und die kulturelle Überlieferung." Diese Bestimmung wird ergänzt durch Artikel 141, der den Schutz von Boden, Wasser und Luft zu einer vorrangigen Aufgabe von Staat und Gemeinden erklärt. Daß hinsichtlich der Landesverfassungen das skizzierte Argument von der Notwendigkeit eines Gesetzesvorbehalts nicht geltend gemacht wurde, führt Hofmann (1994: 1008) auf die Dominanz des Bundes in der Umweltgesetzgebung zurück: "Die Kompetenzverteilung zwischen Bund und Ländern und der Vorrang des Bundesrechts (Art. 31 GG) verhindern [...], daß eine solche höchst moderne Umweltschutzbestimmung [gemeint ist Art. 141 Bayerische Verfassung, der Verf.] nennenswerte Folgen hat. Und dessen war man sich bewußt."
5 In diese Richtung weist auch die Bemerkung von Waechter (1996: 327): "Insgesamt zeigt sich, daß eine Auslegung des Art. 20a GG, die die in der Norm selbst angelegten Fragen klären will, die Vorschrift mit mehr Inhalt füllen kann, als dem Verfassungsgesetzgeber vielleicht bewußt war."

auch nicht, und die Verfassungsabteilung hat auch gesagt, daß sie die Kabinettvorlage unterstützt. Aber damals war die Umweltabteilung innerhalb des Ministeriums sehr stark. Sie hat gesagt, daß sie das Staatsziel sehr wohl will.[6] Darüber hat sich der Zimmermann dann auch nicht hinweggesetzt und so ist damals auch kein negativer Regierungsbeschluß zustandegekommen. Sonst hätte sich die Regierung 5 Jahre später fragen lassen müssen, warum sie denn plötzlich ein Staatsziel befürwortet,[7] das sie damals nicht wollte. Solche Einflußnahmen - es war damals wirklich drauf und dran, zum Kabinettsbeschluß zu werden - die können Sie hier im Umweltministerium völlig vergessen" (Interview BMU, 10.03.1994).

Die im Innenministerium beheimatete Umweltabteilung war zu Beginn der achtziger Jahre also intensiv an der Staatszieldiskussion beteiligt und konnte der Verfassungsabteilung des Ressorts immerhin soviel entgegensetzen, daß ein regierungsamtlicher Ablehnungsbeschluß nicht zustandekam. Ihr damaliger Erfolg bestand darin, daß sie das Problem immerhin offenhalten konnte. Zehn Jahre später war das BMU hingegen aus dem Prozeß der regierungsinternen Meinungsbildung weitestgehend ausgeschlossen. Gleichwohl verfolgte man im Umweltministerium die Diskussion aufmerksam. Auch bemühte sich die Ressortleitung um die Herstellung einer Hausmeinung zu den politisch kontrovers diskutierten Aspekten einer Verfassungsergänzung:

"Der ganze Streit geht ja darum, daß die Regierungskoalition das Staatsziel beschränken will auf die Gesetzgebung und die Verwaltung und Rechtsprechung ihm nicht unmittelbar unterwerfen will. Nur darum gehen doch diese ganzen Formulierungskunststücke. Man befürchtet einen ungewissen Ausgang, wenn irgendein unkontrollierter Richter damit zu arbeiten anfängt. Ich habe einen Auftrag gekriegt vom Staatssekretär, ich solle mal darlegen, was alles passieren könnte, wenn ein Staatsziel ohne diese gesetzliche Vorbehaltsklausel in die Verfassung käme, was dann die Gerichte alles machen würden. Das wurde ernsthaft von mir verlangt! Ich sagte, schauen Sie, das kann ich nicht. Die beste Phantasie reicht nicht aus, um zu sagen, was ein Richter damit machen könnte. Sie

---

6 Über die ressortinterne Auseinandersetzung zwischen Umwelt- und Verfassungsabteilung berichtet ein anderer Beamter ergänzend: "Wir hatten damals ein mit der Verfassungsabteilung abgestimmtes Konzept der Verfassungsänderung mit dem Ziel, den Umweltschutz als Staatsziel einzufügen. Unsere Verfassungsrechtler waren nicht begeistert, weil sie sagten, das ist ein Problem, denn die Ausgewogenheit der Verfassungsziele wird natürlich tangiert, wenn ein neues Ziel hinzukommt. Alles bekannte und berechtigte Sorgen, aber nach langem Diskussionsprozeß hatte man sich auf eine ausgewogene Formulierung verständigt, von der man sich Impulse erhoffte, die aber nicht zu stark und einseitig durchschlugen. Die gleichen Verfassungsrechtler haben in dem Augenblick sofort wieder die Position gewechselt, als unser damaliger Innenminister Zimmermann als Privatmann - hat er extra gesagt: "als Privatmann" - sich einmal im Rundfunk zum Staatsziel äußerte und sagte, persönlich sei er gegen das Staatsziel. Am nächsten Tag wurden wir schon aufgefordert, unsere Voten abzugeben, und dann hat die Verfassungsabteilung sich ins Zeug gelegt. Sie glaubte, nun sei es ihre Aufgabe, die ganzen Dinge, die eine Verfassungskommission erarbeitet hatte, auf einmal zu widerlegen. Und sie hat sich dabei viel Mühe gegeben [...]. Ich habe dann ein verfassungsrechtliches Gegenvotum gemacht zum Verfassungsvotum unserer Verfassungsrechtler. Und das haben die als eine so große Impertinenz empfunden, daß sie sich beschwert haben bei meinem Unterabteilungsleiter. Es sei in der Geschichte des Innenministeriums noch nicht vorgekommen, daß ein verfassungsrechtliches Votum der Verfassungsabteilung von einem Nichtverfassungsrechtler verfassungsrechtlich angegriffen werde" (Interview BMU, 08.03.1994).
7 Tatsächlich befürwortete die Bundesregierung das Staatsziel Umweltschutz "offiziell" erstmals in der Regierungserklärung des Bundeskanzlers vom 18.03.1987 (Deutscher Bundestag, Stenographische Berichte 11/4.Sitzung: 62).

können da so viel reinschreiben wie Sie wollen, ein Richter findet immer einen Weg, daran vorbeizukommen, wenn er denn will und wenn das gesellschaftliche Verständnis so ist. Und deswegen hängt das Ding, weil man da so eine enorme Angst hat. Mit dem Adjektiv "sozial" in der Verfassung - "sozialer Rechtsstaat" - da ist enorm viel passiert. Genau das ist die Horrorvision und der Kern der Auseinandersetzung" (Interview BMU, 10.03.1994).

Der vom damaligen Staatssekretär erteilte Auftrag, die möglichen Folgen einer Staatszielbestimmung ohne Gesetzesvorbehalt zu prüfen, legt die Vermutung nahe, daß die Ressortleitung des BMU den Bedenken gegen eine zu weitgehende Formulierung zumindest ein gewisses Verständnis entgegenbrachte, sie vielleicht sogar teilte. Verifizieren läßt sich dies allerdings nicht, denn das Ministerium hielt sich aus der öffentlichen Verfassungsdebatte völlig heraus. Anders der Sachverständigenrat für Umweltfragen, der sich unmißverständlich gegen den Gesetzesvorbehalt aussprach:

"Wie das Sozialstaatsprinzip hätte eine Staatszielbestimmung Umweltschutz vorwiegend eine Appell- und wertbildende Funktion; sie wäre aber auch inhaltliche Direktive für die Anwendung und Auslegung des Rechts durch Behörden und Gerichte und könnte in einem Kern der Gefährdung des ökologischen Existenzminimums selbst subjektive Rechte begründen [...]. Die Gefahren, die hiervon nach Auffassung der Kritiker der Staatszielbestimmung Umweltschutz ausgehen sollen, sind im Lichte der Erfahrungen mit dem Sozialstaatsprinzip unbegründet. Deshalb ist auch die von der Gemeinsamen Verfassungskommission von Bundestag und Bundesrat [...] vorgeschlagene Konzentration auf den Bereich der Gesetzgebung in Form eines bloßen Gesetzgebungsauftrages nicht zu empfehlen. Eine Staatszielbestimmung, die für Verwaltung und Rechtsprechung nur "nach Maßgabe von Gesetz und Recht" gilt, stellt eine entscheidende Schwächung der Staatszielbestimmung dar, die der fundamentalen Bedeutung des Umweltschutzes im Sinne einer dauerhaftumweltgerechten Entwicklung nicht gerecht wird" (SRU 1994: 63).

Ähnlich argumentiert Ladeur (1993: 170f.), der die "Systemwidrigkeit" des umweltpolitischen Gesetzesvorbehalts im Kern wie folgt begründet: "Zu berücksichtigen ist auch, daß das Umweltrecht aufgrund des Übergangs zu einer eher prozeduralen und situativen Rationalität sich an praktischen Fällen weiterentwickelt und der Rechtsprechung über Konflikte eine Problemwahrnehmung ermöglicht wird, die dem Gesetzgeber weitgehend verschlossen bleiben muß." Zur Kritik am Versuch des Gesetzgebers, eine Fortbildung des Umweltrechts durch die Rechtsprechung zu verhindern, gesellt sich ein weiterer Gesichtspunkt. Mit plausiblen Argumenten kann eine grundsätzliche Systemwidrigkeit von Gesetzesvorbehalten in Staatszielbestimmungen konstatiert werden, denn sie laufen auf eine normative Tautologie hinaus: Wer, wenn nicht der Gesetzgeber, sollte aufgerufen sein, "Staatsziele" zu realisieren (Hoppe/ Beckmann 1989: 52)? Prominente BMU-Beamte sahen dies nicht anders. Ein Gesetzesvorbehalt, so beispielsweise Cupei (1988: 72f.), verhindere die "notwendige Einbeziehung des

Gesetzgebers in das umweltpolitische Vorsorgeprinzip" und stünde damit auch einer Modernisierung der Umweltpolitik im Sinne der Einführung neuer Politikinstrumente im Wege.[8]

Die gemeinsame Verfassungskommission verabschiedete ihre Empfehlung zum Staatsziel Umweltschutz am 01. Juli 1993. Die Freude über die sich abzeichnende Verankerung des Umweltschutzgedankens im Grundgesetz hielt sich im Umweltministerium gleichwohl in engen Grenzen, weil dessen Ministerialbürokratie eben das erstrebt hatte, was die Regierungskoalition erfolgreich zu verhindern wußte, nämlich die dem Umweltschutz unmittelbar verpflichtete Judikative:

"Ich hatte Auswirkungen des Umweltstaatsziels erwartet zwar nicht programmatischer Natur, sondern vielmehr Auswirkungen durch die stärkere Einflußnahme auf die Rechtsprechung. Es ist ja schon zu einigen Fortschritten durch die Rechtsprechung gekommen. Da sind ganz erfreuliche Urteile im Interesse des Gemeinwohls ergangen, und solche Urteile brauchen ihren Hintergrund auf gesetzlicher Ebene. Deswegen wäre ein Staatsziel Umweltschutz, an dem die Rechtsprechung sich auszurichten hätte, sinnvoll gewesen. Ich hätte da auch überhaupt keine Gefahr drin gesehen" (Interview BMU, 08.03.1994).

Artikel 20a des Grundgesetzes, so sehen es fast alle Befragten, hat durch den Gesetzesvorbehalt seine eigentliche Funktion verloren und wirkt sich deshalb auch nicht fördernd auf die Verhandlungsmacht des BMU aus:

"Eine stärkere Verankerung im Grundgesetz hätte unsere Hausmacht vielleicht verbessern können, weil ein gewisser Zwang dagewesen wäre, daß sich die anderen Häuser auch mal Gedanken zum Umweltschutz machen. Wenn wir eine Gesetzesvorlage machen, müssen wir ja auch immer reinschreiben: Kosten, Auswirkungen auf die Verbraucherpreise. Wir werden also auch ständig konfrontiert mit anderen Staatszielen [..]. Es hätte also eine Chance gegeben, den Umweltgedanken in andere Häuser reinzubringen. Aber wenn der Vorschlag, den die Verfassungskommission gemacht hat, Realität wird, bleibt davon wohl nicht mehr viel übrig" (Interview BMU, 09.03.1994).

Der dem Umweltschutzartikel zugrundeliegende Kompromiß, so das Fazit, wird im BMU als vertane Chance gewertet:

"Das Staatsziel Umweltschutz hätte sowieso nur etwas bringen können in bezug auf die Gerichte, wenn die Richter nämlich unbestimmte Rechtsbegriffe im Sinne des Umweltschutzes hätten auslegen können. Ich hatte mir wesentlich mehr davon versprochen, eben wegen der richterlichen Auslegung. Aber so können Sie das vergessen. Das ist für mich eine reine Sprechblase. Das ist Blabla offen gesagt, das Umweltstaatsziel, und es verbessert auch nicht die Beziehungen zwischen den Ministerien" (Interview BMU, 10.03.1994).

---

8   Der Autor war Ministerialrat im BMU. Er plädiert in seinem Aufsatz für die Einführung einer gesetzesbezogenenUmweltverträglichkeitsprüfung.Dieses Instrumentarium, dessen Einführung auf dem Wege über eine Richtlinie von der Europäischen Kommission derzeit vorbereitet wird, basiert in der Tat auf einer Logik, welche der des Gesetzesvorbehalts diametral entgegengesetzt ist, weil der Gesetzgeber damit in die Pflicht genommen werden soll.

So drastisch formulieren zwar nur wenige Beamte. Doch ist die Stimmungslage im Ministerium bezüglich der verfassungsrechtlichen "Aufwertung" des Umweltschutzgedankens insgesamt ebenso resignativ wie die des Rates von Sachverständigen für Umweltfragen. Das Gremium, das sich in der Vergangenheit vehement für ein Staasziel ohne Gesetzesvorbehalt ausgesprochen hat, beschränkt sich bei der Kommentierung des Artikel 20a auf einen einzigen Satz: "Immerhin ist es noch gelungen, den Schutz der natürlichen Lebensgrundlagen in das Grundgesetz aufzunehmen, wie dies auch vom Umweltrat befürwortet worden ist" (SRU 1996: 59). Im Vergleich mit der vom Sachverständigenrat noch 1994 vertretenen Empfehlung verkörpert der neue Umweltschutzartikel indes nicht mehr als rein symbolische Politik.[9] Daß der Rat gleichwohl auf eine kritische Auseinandersetzung mit der Verfassungsergänzung verzichtet, zeigt, daß er die Schlacht für geschlagen hält. Kloepfers Postulat nach der Weiterentwicklung des Artikel 20a zu einem "handhabbaren Staatsziel" (siehe oben) stößt auf der Arbeitsebene des Umweltministeriums gewiß auf Sympathie. Einen wichtigen Bündnispartner zur Durchsetzung dieser Forderung in Gestalt des SRU hat die Ministerialbürokratie jedoch offenbar verloren.

8.2 Vetorecht des BMU im Kabinett: Ein neues "Superministerium"?

Umweltpolitik hat Querschnittsansprüche. Sie kann sich nicht mit der Federführung für spezielle Umweltgesetze begnügen, sondern ist darauf verwiesen, die Fachprogramme anderer Ministerien im Sinne des Umweltschutzes zu beeinflussen. Die Frage, wie dieser Anspruch auf Einflußnahme auf die potentiellen Verursacher von Umweltbelastungen - besser: auf die Vertreter ihrer Interessen innerhalb der Bundesregierung - institutionell bzw. verfahrensrechtlich abzusichern sei, beschäftigte die Umweltpolitiker seit Beginn ihres Wirkens im Innenministerium. Wie oben (Kapitel 2.3) gezeigt, mußte sich die Umweltabteilung des BMI diesbezüglich allerdings mit Teilerfolgen zufriedengeben. Diese bestanden in der Verabschiedung der "Grundsätze für die Prüfung der Umweltverträglichkeit öffentlicher Maßnahmen des

---

9   Ein im März 1997 ergangenes Urteil des Bundesverwaltungsgerichts bestätigt die Einschätzung, daß sich am Stellenwert des Umweltschutzes nichts geändert hat. Artikel 20a GG hinderte das Gericht nämlich nicht daran, in seinem Urteil, das sich auf die Trassenführung für ein neues Autobahnteilstück bezog, die auch nach Einschätzung der Richter "für Natur und Landschaft unstreitig ungünstigste Trassenführung" zu bestätigen, weil im konkreten Fall die Abwägung aller betroffenen öffentlichen und privaten Interessen die Nachrangigkeit der ökologischen Belange ergeben habe" (Süddeutsche Zeitung, 08./09.03.1997: 8).

Bundes" durch das Bundeskabinett im Jahre 1975 und der Verpflichtung für alle Ressorts, bei der Erarbeitung von Gesetzesentwürfen das Innenministerium immer dann frühzeitig zu beteiligen, wenn "Belange des Umweltschutzes berührt sein können" (§ 23 Absatz 2 GGO II). Diese beiden Bestimmungen aus der Frühzeit der Umweltpolitik sind bis heute gültig. Und bis heute gilt - auch dies wurde in Kapitel 2 ausführlich diskutiert -, daß sie nicht geeignet sind, einen wirksamen Einfluß des Umweltressorts auf die Programmentwicklung der anderen Ministerien sicherzustellen.[10] In der Diskussion ist deshalb seit geraumer Zeit die Verankerung eines "Veto-Rechts" des Umweltministers im Kabinett. Den Vorstellungen der Reformbefürworter zufolge soll es analog zu den entsprechenden Rechten des Finanz-, des Innen- und des Justizministers ausgestaltet werden.[11] Die Geschäftsordnung der Bundesregierung (§ 26) schützt die beiden Güter Geld und Recht - konkreter: die Staatsfinanzen, die Verfassungsordnung und die Einheitlichkeit des Rechtssystems - durch eine Bestimmung, die sinngemäß festlegt, daß Einsprüche der genannten Minister gegen einen Beschluß der Bundesregierung nur dann mehrheitlich zurückgewiesen werden können, wenn der Kanzler mit der Mehrheit stimmt. Die Aufnahme der Umwelt als drittes "Schutzgut" in die Geschäftsordnung der Bundesregierung, so die Idee, würde "[...] vermutlich im Kabinett selten und nur als letzte "Notbremse" benutzt zu werden brauchen. Seine Hauptwirkung würde es bereits im Rahmen der ressortinternen sowie interministeriellen Entscheidungsvorbereitung entfalten. Es würde nicht nur das Umweltressort selbst, sondern auch die für Umweltaufgaben in den Fachressorts zuständigen Arbeitseinheiten bei ihren Bemühungen um Positivkoordination stärken [...]" (Müller 1986: 535).

Um die Bundesregierung unter umweltpolitischen Druck zu setzen, brachten SPD und Grüne das Vetorecht nach Gründung des BMU wieder ins Spiel (Süddeutsche Zeitung, 24.06.1987: 1). Wohl in Antizipation der Widerstände anderer Ressorts gegen eine verfahrensrechtliche Aufwertung des Umweltschutzes schloß sich das Umweltministerium selbst dieser Forderung zunächst jedoch nicht an. Umweltminister Wallmann lehnte es sogar dezidiert ab.[12] Auch sein Nachfolger Klaus Töpfer, der als Umweltminister des Landes Rheinland-Pfalz entspre-

---

10   Cupei (1986: 69ff.) dokumentiert die praktischen Erfahrungen mit der (Nicht-)Anwendung dieser Grundsätze noch aus Sicht der Umweltabteilung des BMI.
11   Im wissenschaftlichen Schrifttum wurde dieser Reformvorschlag wohl erstmals von Müller (1986: 534f.) diskutiert.
12   "Mir kommt es auf solche institutionellen Regelungen überhaupt nicht an. Ich bin so stark wie meine Argumente" (DIE ZEIT Nr.51, 12.12.1986: 19).

chende Vorstöße der SPD noch unterstützt hatte, äußerte sich nicht zu den Vorschlägen der Opposition, sein Ressort zu stärken. Die Zurückhaltung, mit der die politische Leitung des BMU auf die Forderung nach einem "Umwelt-Veto" reagierte, könnte sich aus dem Umstand erklären, daß man im Ministerium seinerzeit an der Umsetzung der EG-Richtlinie zur Umweltverträglichkeitsprüfung (UVP) arbeitete. Verhielt es sich aber tatsächlich so, daß dabei eine Konzeption verfolgt wurde, deren Realisierung ein Vetorecht im Kabinett weitgehend überflüssig gemacht hätte (Pehle 1988a: 201f.)? Richtig ist, daß die UVP seinerzeit als "einmalige Chance" für die Umweltpolitik gepriesen wurde, "[...] ihr Einflußinstrumentarium im regierungsinternen Entscheidungsprozeß zu verstärken." Diese Chance sollte, so die zum Beispiel von Müller (1986: 533) gehegte Vorstellung, in Form der "Prüfung der Umweltverträglichkeit der Fachprogramme der Bundesregierung" unter Federführung und alleiniger Verantwortlichkeit des Umweltressorts genutzt werden.[13] Doch die Hoffnung der Umweltschützer, mit der UVP ein neues, querschnittstaugliches Instrument in die Hand zu bekommen, erwies sich als trügerisch. Dies hatte unter anderem den Grund, daß keineswegs geklärt war, ob das Gestaltungspotential der UVP-Richtlinie, die eine Prüfung der Umweltverträglichkeit nur für bestimmte Großprojekte vorsieht, für die Verankerung von Querschnittsansprüchen, die sich auf die "Programmplanung" anderer Ressorts richten, überhaupt ausreicht. Es zeigte sich, daß sich diese Frage allenfalls mit Einschränkungen bejahen ließ.[14] Doch wurde auch die Nutzung des ohnehin eingeschränkten Umsetzungsspielraums, wie Cupei (1986: 292) schon frühzeitig prophezeit hatte, schnell verstellt. Der Sprecher der Bundestagsfraktion DIE GRÜNEN, Brauer, vermutete, daß die Verantwortung für die Verhinderung eines eigenständigen UVP-Gesetzes[15] bei den Verursacherressorts gelegen habe. Offenbar gestützt auf einen Bericht des SPIEGEL (Nr. 5/1988: 217), führte Brauer aus, daß die anderen Ressorts um die Beschneidung ihrer Kompetenzen gefürchtet und deshalb einen im BMU bereits fertig-

---

13 Vgl. dazu auch Cupei (1986: 290), der sich für die Einbeziehung der "Grundsätze für die Prüfung der Umweltverträglichkeit öffentlicher Maßnahmen des Bundes" in die Umsetzung der UVP-Richtlinie aussprach.
14 Beispielsweise bezüglich der Aufstellung des Bundesverkehrswegeplans, weil die UVP-Richtlinie sich ausdrücklich auch auf den Bau von Autobahnen, Schnellstraßen, Eisenbahn-Fernverkehrsstrecken sowie von Flugplätzen bezieht. Bei entsprechender Umsetzung der Richtlinie hätte das BMU also erheblichen Einfluß auf das Verkehrsministerium gewinnen können.
15 Die Kritik, daß die Bundesregierung kein "eigenständiges" UVP-Gesetz eingebracht habe, gründete auf dem Umstand, daß der dem Bundestag vorgelegte und schließlich verabschiedete Entwurf in einem sogenannten Artikelgesetz bestand. Das bedeutet, daß die Artikel 2ff. des Gesetzes lediglich Änderungen anderer Fachgesetze enthalten, denen zufolge die Genehmigungsverfahren für bestimmte Großprojekte den Anforderungen einer UVP genügen müssen.

gestellten Referentenentwurf für ein solches Gesetz verhindert hätten (Deutscher Bundestag, Stenographische Berichte 11/74. Sitzung: 5041f.). Die Wirklichkeit war allerdings komplizierter:

"Der SPIEGEL hat mir mehr Ehre angetan als mir gebührt, obwohl er in der Sache schon richtig lag. Aber rein formal ist das, was der SPIEGEL geschrieben hatte, daß ich schon ein fertiges Gesetz gehabt hätte, unrichtig. Hatte ich nicht. Ich hatte eine Vorgabe meines Hauses, daß ich eigentlich nichts machen müsse, denn die hätten schon alles, soll heißen, es bestünde gar kein Umsetzungsbedarf mehr, weil die bestehenden Gesetze die Ansprüche der UVP-Richtlinie bereits decken würden. Und da habe ich gesagt: "Das kann nicht richtig sein." Und als ich dann merkte, daß ich überall auf Granit biß, habe ich das UVP-Buch geschrieben. In diesem Buch habe ich meine Vorstellungen niedergelegt, und vielleicht hat der SPIEGEL das Buch mit den Fakten verwechselt. Richtig ist, daß ich mich klar zur Präferenz für ein bestimmtes Modell bekannt habe. Das war ein eigenständiges UVP-Gesetz. So weit war ich. Aber ich durfte ja gar nicht auf normativer Ebene an eine Umsetzung denken. Wir hatten eine Abfrage im Haus gemacht. Sämtliche Abteilungen des Umweltministeriums, mit Ausnahme der Immissionsschützer, haben überhaupt jeden Umsetzungsbedarf verneint. Das war meine Vorgabe, gegen die ich versucht habe, ein bißchen zu kämpfen. Ich habe versucht, eine wenig anspruchsvoll erscheinende Form der Umsetzung zu wählen, die aber den Vorteil gehabt hätte, unheimlich breit sich umsetzen zu können. Weil ich ja wußte, daß eigentlich keiner ein eigenes UVP-Gesetz haben wollte, habe ich gesagt, in Anlehnung an das Planfeststellungsverfahren führen wir das in das Verwaltungsverfahrensgesetz ein. Dagegen haben sich die Verwaltungsverfahrensrechtler im BMI lange gesträubt, dann aber - da war Wallmann schon Umweltminister - doch geöffnet. Da war ich richtig glücklich, denn das ist ja ein sehr zentrales Gesetz, das subsidiär in alle Bereiche hineingeht. Und da wollte ich die zentralen Bestimmungen der Richtlinie, vor allem den Pflichtenkatalog des Anhangs, noch hineinbringen. Das hatte ich auch so weit in der Ressortabstimmung durch, und dann kam der Ministerwechsel zu Töpfer. Und Töpfer wollte, aus Gründen, die ich aus seiner Sicht auch akzeptieren muß, nicht abhängig sein von einem anderen Ministerium bei der Interpretation und Fortentwicklung der UVP und hat deswegen die Inkorporation der UVP in das Verwaltungsverfahrensgesetz gestoppt" (Interview BMU, 08.03.1994).

Es stand also von vornherein fest, daß starke Kräfte innerhalb der Bundesregierung ein eigenständiges UVP-Gesetz verhindern würden. Und die Verneinung des Umsetzungsbedarfs der UVP-Richtlinie im Umweltministerium zeigt, daß man selbst in den dortigen Fachabteilungen die Chance zur Aufwertung des eigenen Ressorts nicht erkannte, die sich mit derselben verband. Umweltminister Töpfer allerdings wußte um die Bedeutung der Richtlinie. Für ihn eröffnete sich mit ihr "so etwas wie der Königsweg der Umweltpolitik" (Deutscher Bundestag, Stenographische Berichte 11/74. Sitzung: 5047). Doch der Preis, den er zu zahlen bereit war, um seine konzeptionelle Unabhängigkeit vom Innenministerium bei der Umsetzung der Richtlinie zu bewahren, war hoch. Er bestand in bezug auf die Bundesregierung, um die es hier geht, darin, daß das BMU eben nicht mit der Prüfung der Umweltverträglichkeit der von anderen Ressorts geplanten Maßnahmen betraut wurde.[16] Diese können die gesetzlich vor-

---

16 Die oben (Kapitel 7.2) zustimmend referierten Einwände gegen die Unverträglichkeit der UVP mit dem deutschen Recht, das die Anlagengenehmigung regelt, berühren die hier diskutierte Problematik nicht. Was Müller und andere bezüglich der Bundesregierung seinerzeit im Kopfe hatten, war
(Fortsetzung...)

geschriebene Umweltverträglichkeitsprüfung im eigenen Ressort gleichsam im "eigenen Sinne" durchführen. Aus der intendierten Mitzeichnung des Umweltministers, mit der die ordnungsgemäße Durchführung aller umweltrelevanten Maßnahmen anderer Ressorts kontrolliert werden sollte (Müller 1986: 532), wurde also nichts. Dies mag Umweltminister Töpfer dazu bewogen haben, bezüglich eines Vetorechts doch wieder offensiver zu werden:

> "Ich habe nie einen Hehl daraus gemacht, daß ich eine solche Einspruchsmöglichkeit für sehr gut begründet ansehe [...]. Wir haben ein Wirtschaftswunder erreicht. Was wir jetzt für den Rest dieses Jahrtausends brauchen, ist ein "Umweltwunder". Und daß deshalb eigentlich die Position des Umweltministers gestärkt werden müßte, ist völlig unabhängig von irgendwelchen persönlichen Zielsetzungen eines bestimmten Amtsinhabers" (DIE ZEIT Nr.6, 05.02.1988: 23).

Knapp drei Viertel der BMU-Beamten unterstützen diese Sichtweise. Sie meinen, daß die Einführung eines Vetorechts die Position des Umweltministeriums stärken würde.

Tabelle 8.2: Stärkung des BMU durch ein Vetorecht im Kabinett?

	absolut	v.H.
ja	66	44.0
(eher) ja	43	28.6
unentschieden	13	8.7
(eher) nein	13	8.7
nein	15	10.0
gesamt	150	100.0

Politikwissenschaftliche Aussagen zur Institution des Vetorechts für bestimmte Minister im Kabinett sind rar und fast ausschließlich auf den Finanzminister bezogen. "Das Vetorecht des Finanzministers nach Artikel 113 GG wurde bereits in den sechziger Jahren als politisch wirkungslos erkannt", resümieren lapidar Kaltefleiter/Naßmacher (1994: 257) unter Berufung auf eine vergleichende Studie von Kammler u.a. (1967), wobei sie allerdings die unterschied-

---

16(...Fortsetzung)
eine extensive Richtlinienumsetzung, die sich neben der Prüfung einzelner - öffentlicher und privater - Projekte auch auf die "politischen Programme" der Bundesministerien beziehen sollte. Wie erwähnt, hat die Europäische Kommission mittlerweile eine Initiative ergriffen, die zur Einführung einer "strategischen", also eben programmbezogenen UVP in den Mitgliedsstaaten führen soll. Ob dieser Richtlinienvorschlag die nunmehr anstehenden Verhandlungen im Ministerrat und die nachfolgende Umsetzung in deutsches Recht in einer Form übersteht, die die Chance zur Aufwertung des BMU nochmals eröffnen könnte, bleibt abzuwarten. Insbesondere wegen der Kollision einer strategischen UVP mit dem Gesetzesvorbehalt in Artikel 20a GG, die im vorigen Abschnitt bereits angesprochen wurde, ist allerdings Skepsis geboten.

liche Bezugnahme von Artikel 113 GG und § 26 der Geschäftsordnung der Bundesregierung übersehen.[17] Die praktische Bedeutung des Vetorechts, so hingegen Sturm (1989: 146) liege "vor allem in seinem Vorhandensein, nicht in seiner Anwendung im Kabinett." Dies läßt sich dahingehend verstehen, daß das institutionelle Privileg "Vetorecht" zunächst nicht viel mehr bedeutet als eine symbolische Bestätigung der umfänglichen Entscheidungsbefugnisse des Finanzministers, die unmittelbare Wirkungen für alle Fachressorts beinhalten. Als gleichsam zusätzlicher Ausweis seiner faktisch ohnehin gegebenen Hausmacht, deren effektive Nutzung vom politischen Gewicht des jeweiligen Amtsinhabers abhängt, vermag das Vetorecht, das in der Regierungspraxis so gut wie nie angewandt wird (Oldiges 1983: 300), offenbar gleichwohl gewisse "Vorwirkungen" auf den regierungsinternen Entscheidungsprozeß zu entfalten.[18] Vermutlich aber wird das dem Finanzminister zukommende Recht auf ein suspensives Veto tendenziell überschätzt, denn der Aktualisierung der "politisch doch recht ungelenken Möglichkeit, in budgetär kontroversen Angelegenheiten Kabinettsbeschlüsse gemeinschaftlich mit dem Bundeskanzler im Wege eines Minderheitsoktrois zu unterlaufen" (Oldiges 1983: 300), bedarf es gar nicht, wenn sich Finanzminister und Kanzler in der Sache einig sind, denn letzterer kann eine von ihm unterstützte Fachpolitik jederzeit richtlinienmäßig abstecken (Herzog 1984: 35).[19]

---

17 Artikel 113 GG enthält nämlich kein Vetorecht des Finanzministers, sondern bindet Gesetzesbeschlüsse, welche die von der Bundesregierung vorgeschlagenen Ausgaben erhöhen, an die Zustimmung der Bundesregierung. Deswegen differenzieren Kammler u.a. (1967: 58f.) völlig zu Recht: "Obwohl also das Veto nach Artikel 113 GG der Regierung und nicht dem Finanzminister zusteht, ist ihm doch durch die Geschäftsordnung nach dem Kanzler die stärkste Stellung im Kabinett gegeben." Das Resümee der Autoren, daß das Vetorecht nicht mehr als die Rolle eines "Paradedegens" spiele, bezieht sich daher *nicht* auf die durch das Vetorecht gestärkte Position des Finanzministers innerhalb der Regierung, sondern auf das Zusammenspiel letzterer mit dem Parlament im Falle ausgabensteigernder Gesetzesbeschlüsse.
18 In diese Richtung weist auch der "Erfahrungsbericht", den Bernhard Vogel (1991) zur politikwissenschaftlichen Diskussion über das "Regieren in der Bundesrepublik" beisteuerte. Bezugnehmend auf die Konflikte zwischen den verschiedenen Fachministerkonferenzen der Länder schreibt er (S.107): "Die Tatsache, daß dem Finanzminister ein Vetorecht zusteht - ich erinnere mich allerdings nicht, daß es in den fast 21 Jahren meiner Kabinettszugehörigkeit je formell dazu kam -, wirkte sich auch hier, zumindest indirekt zugunsten der Finanzministerkonferenz aus."
19 Die dem Kanzler nach Artikel 65 GG zukommende Richtlinienkompetenz hat eine doppelte Funktion. Einerseits dient sie dazu, dem Kanzler erhebliche Einflußmöglichkeiten auf die Ressortpolitik seiner Minister zu schaffen, andererseits soll sie dieselben auch begrenzen. Der von Böckenförde (1964: 206f.) begründete Standpunkt, daß Richtlinienkompetenz und einzelne Sachentscheidung trotz der Eigenverantwortung der Minister für ihren jeweiligen Geschäftsbereich zusammenfallen können, "weil das Prinzipielle seinen Sitz in der konkreten Sachfrage selbst" haben könne, ist mittlerweile zum Bestandteil der "herrschenden Lehre" geworden: "Die Richtlinienkompetenz schließt nicht aus, daß der Regierungschef politische Vorgaben im Einzelfall und im Detail ausgibt" (König 1989: 62). Herzog (1984: 6f.) begründet dies zusätzlich damit, daß es

(Fortsetzung...)

Die Heraushebung einer bestimmten Fachpolitik aus dem ansonsten nach dem Kollegialprinzip organisierten Entscheidungsprinzip qua Vetorecht könnte überhaupt nur dann wirksam werden, wenn diese Politik vom Kanzler im konkreten Fall unterstützt würde. Er müßte im Zweifelsfall mit dem jeweiligen Minister gegen die Kabinettsmehrheit stimmen. Dieser Vorbehalt aber macht das verfahrensrechtliche Privileg im Grunde überflüssig. Zudem: Wenn denn überhaupt je eine umweltrelevante Kontroverse derart auf die Spitze getrieben würde, daß der Einsatz des Vetorechts ernstlich erwogen würde, dürfte wohl davon auszugehen sein, daß der Interessengegensatz zwischen Kanzler und Umweltminister und nicht zwischen Kanzler plus Umweltminister gegen die Kabinettsmehrheit bestünde.[20] Eine weitere Entwertung des Vetorechts ergibt sich aus dem Umstand, daß die "Tagesordnungsmacht" für das Kabinett den Bestimmungen der Geschäftsordnung der Bundesregierung (§§ 15ff.) zufolge vollständig dem Kanzler zukommt. Es steht ihm frei, strittige Fragen nicht im Kabinett erörtern und entscheiden zu lassen, sondern sie in den interministeriellen Abstimmungsprozeß zurückzuverweisen. Dies ist das - zumindest von Bundeskanzler Kohl - bevorzugt praktizierte Verfahren. Deshalb geben zwar knapp 50 Prozent der BMU-Beamten zu Protokoll, daß ihre Vorlagen im interministeriellen Abstimmungsprozeß mehr oder weniger regelmäßig abgeschwächt werden, von gelegentlichen Änderungen ihrer Entwürfe im Kabinett berichten hingegen nur 10 Prozent. Auf einem der Fragebögen findet sich als Randbemerkung zu der entsprechenden Frage der treffende Kommentar: "Im Kabinett Kohl wird nicht mehrheitlich entschieden!".[21] Angesichts einer Regierungspraxis, die die Aktualisierung eines Vetorechts von vornherein verunmöglicht, ist die in der schriftlichen Befragung ermittelte, breite Zustimmung der Umweltbeamtenschaft zur möglichen Einführung eines solchen nur als Ausdruck der im Haus generell erwünschten politischen Aufwertung des BMU zu erklären. Die Ministerialbeamten sind sich der mit dem Vetorecht verbundenen politischen Problematik nämlich durchgängig bewußt:

19(...Fortsetzung)
 eben ausschließlich der Kanzler sei, der dem Parlament unmittelbar verantwortlich ist. Wenn eine Entscheidung nach Einschätzung des Kanzlers "schwerwiegende parlamentarische Konsequenzen" nach sich ziehen könnte, sei er deshalb berechtigt, von der Richtlinienkompetenz Gebrauch zu machen.
20 Ähnlich auch Oldiges (1983: 304) in bezug auf die Haushaltspolitik. Wenn die Konfliktlinien im Zweifelsfall wie beschrieben verliefen, käme unter Umständen auch die Richtlinienkompetenz wieder ins Spiel.
21 Soweit man weiß, sind auch inhaltliche Diskussionen selten (vgl. hierzu den "Erfahrungsbericht" des ehemaligen Innenministers Seiters 1995: 191ff.).

"Politische Entscheidung, das bedeutet natürlich, daß, wenn es ernst wird, die Sache nur durch einen Kanzlerentscheid gemacht werden kann. Niemand anders ist da gefragt; nur der, der die politische Oberleitung hat, kann das machen. Aber das Problem muß dann wirklich so virulent sein, daß es unbedingt entschieden werden muß. Und es wird wahrscheinlich selten der Fall sein, daß so ein Chaos und Desaster herrscht, daß man sozusagen den Kanzler persönlich bemühen müßte" (Interview BMU, 08.03.1994).

"Ich weiß nicht mehr, wie ich die Frage im Fragebogen beantwortet habe. Aber es ist doch völlig klar, wenn ein Umweltminister sein Vetorecht gegen die allgemeinen Interessen des Kabinetts nutzen würde, würde er das nur überleben, wenn er eine politisch absolut ganz große Größe wäre. Und ob ein wirkliches politisches Schwergewicht wirklich Umweltminister werden wollte, ob der nicht lieber etwas anderes wäre, wage ich zu bezweifeln" (Interview BMU, 08.03.1994).

"Ein strukturell schwacher Minister wie der Umweltminister könnte so ein Vetorecht doch überhaupt nicht zur Anwendung bringen. Es sei denn, er droht zurückzutreten. Damit kann er aber auch ohne Vetorecht drohen. Das bringt doch alles nicht viel. Er kann doch nicht jedesmal mit seinem Veto drohen oder mit seinem Rücktritt. Ich glaube nicht, daß uns das viel bringen würde" (Interview BMU, 10.03.1994).

Zu den Zweifeln, ob ein Vetorecht aus politischen Gründen überhaupt eingesetzt werden könnte - schließlich kann der Kanzler, wie ein Referatsleiter anmerkt, "einen Minister, der ihn mit dem Vetorecht ärgert, jederzeit in die Wüste schicken, solange die Koalitionsraison ihn daran nicht hindert" (Interview BMU, 10.03.1994) -, gesellt sich verschiedentlich die Überlegung, ob die von Müller (1990: 171f.) nachdrücklich betonte Analogie der beiden Querschnittsaufgaben Haushalts- und Umweltpolitik tatsächlich plausibel ist:

"Also beim Finanzminister ist das eine völlig andere Situation, denn er verwaltet die Bundesgelder und muß natürlich sehen, daß er mit den Bundesgeldern zurechtkommt. Er hat aber kein Vetorecht für die Länder und Kommunen oder sonstige öffentliche Einrichtungen, mit ihrem Geld umgehen. Sondern er hat sein Vetorecht, sagen wir mal so, nur für sein eigenes Geld. Also auch sehr begrenzt. Das hat mit Politik eigentlich gar nichts zu tun. Also ich halte das mit dem Veto für völlig falsch, denn Politik kann ja nur so gemacht werden, daß man Kompromisse schließt, und Vetorechte führen davon eben weg" (Interview BMU, 09.03.1994).

Was zum Ende dieses Gesprächsauszugs anklingt, ist ein in der Beamtenschaft des BMU absolut dominierendes Politikverständnis, das auf diskursive Entscheidungsfindung, sachliche Überzeugung und den Kompromiß, nicht aber auf formal erzwungene Durchsetzung setzt. Dies trifft sich mit einer Einschätzung, die auch Böckenförde (1964: 186) dazu bewog, Vetorechte einzelner Minister abzulehnen. Derartige Vorzugsrechte könnten nämlich dazu verführen, relative Gebote zu absoluten Imperativen umzuformulieren. Auf diese Art und Weise komme es nicht selten dazu, daß einzelne Ressortpartikularismen eine Integration von Teilaufgaben in die Gesamtpolitik verhinderten. Auch in der Ministerialbürokratie sieht man diese Gefahr:

"Ich kenne dieses Modell und ich kenne diese Überlegungen. Ich kann sie auch nachvollziehen, aber ich bin doch sehr, sehr skeptisch, ob das wirklich was bringt, ob man deswegen mehr durchsetzt. Denn ein Vetorecht ist ja noch lange nichts Konstruktives. Und Umweltschutz muß man konstruktiv betreiben, man muß in die verschiedenen Bereiche mit Kreativität und neuen

Ideen reingehen und die dann durchsetzen. Nur mit einem Veto zu drohen, das bringt einen in der Sache nicht weiter" (Interview BMU, 08.03.1994).

"Ein Vetorecht für den Umweltminister würde ich gern ausschließen, denn ich sage mir, Umweltpolitik muß sich wie alle anderen Politikbereiche im Rahmen der Gesamtpolitik bewähren, muß also von daher auch einen Interessenausgleich mit anderen Politikbereichen wahrnehmen, und da ist ein Vetorecht nicht der richtige Weg" (Interview BMU, 09.03.1994).

Trotz ihrer ernüchternden Erfahrungen mit dem Interessenausgleich zwischen der Umweltpolitik einerseits, vor allem der Wirtschafts-, Verkehrs- und Landwirtschaftspolitik andererseits, hält die Beamtenschaft des BMU also an den "hergebrachten Grundsätzen" der interministeriellen Abstimmung über die politischen Programme der Bundesregierung fest. Dem Integrationsgedanken stimmt sie zu, von einer "Überprivilegierung" des Umweltressorts verspricht sie sich indes wesentlich weniger als das Ergebnis der schriftlichen Befragung vermuten ließ, und dies nicht nur, weil sie zu Recht argumentiert, daß die Ausstattung ihres Ministers mit einem Vetorecht allenfalls symbolische Bedeutung hätte. Die Beamten des BMU, so läßt sich das Meinungsbild zum "Umweltveto" deuten, möchten nicht mehr, als daß ihr Ministerium als ein "normales", gleichberechtigtes Ressort unter anderen anerkannt wird. Das schließt nicht aus, daß unterhalb der Schwelle des Vetorechts institutionelle Reformen denkbar und sinnvoll wären. Sie werden im folgenden diskutiert.

8.3 Umweltbeauftragte als Agenten des BMU in fremden Revieren?

Müller (1986: 531ff., 1990: 172ff.) begnügt sich nicht mit der Forderung nach einem "Umwelt-Veto". Sie schlägt ein umfassendes umweltpolitisches Reformpaket vor, für welches die Organisation der Haushaltskontrolle des Bundesfinanzministeriums Pate stand. Bezogen auf die in ihrem Finanzgebaren zu kontrollierenden Institutionen geraten dabei die Haushaltsbeauftragten in den Blick, die gemäß § 9 Bundeshaushaltsordnung in jeder Dienststelle, die Einnahmen oder Ausgaben bewirtschaftet, bestellt werden müssen. In den Bundesministerien fungieren die Haushaltsreferenten in der Regel gleichzeitig als Haushaltsbeauftragte. Sie nehmen damit eine Doppelfunktion wahr. Zunächst einmal vertreten sie die Interessen ihres Ressorts bei der jährlichen Haushaltsaufstellung. Verantwortlich für die Voranschläge seiner Dienststelle für den jeweils neuen Haushaltsplan und in aller Regel beteiligt an den Verhandlungen mit dem Finanzministerium, wird der Haushaltsreferent dabei erfahrungsgemäß mehr fordern als gewährt werden kann, um das optimale Ergebnis für sein Ressort zu erreichen (Sturm 1989: 141). Diese Perspektive ändert sich, sobald der Haushaltsreferent ressortintern als Beauftragter für den Haushalt agiert. In dieser Funktion ist er den in § 7 Bundeshaushaltsordnung festgelegten Grundsätzen der Wirtschaftlichkeit und Sparsamkeit bei der Aufstellung und Ausführung des Haushaltsplans verpflichtet, was Müller zufolge zu einem Selbstverständnis der Haushaltsbeauftragten als einer Art Vorposten des BMF in ihren Ressorts führt. Der Beauftragte für den Haushalt ist bei allen Maßnahmen von finanzieller Bedeutung, die sein Ministerium durchzuführen beabsichtigt, zu beteiligen. Verweigert er seine Mitzeichnung, so kann er nur von der Ressortleitung, also dem Staatssekretär oder dem Minister, angewiesen werden, dem Vorhaben zuzustimmen. In diesem Fall steht es ihm frei, seine Bedenken aktenkundig zu machen. Dies wiederum eröffnet dem Bundesrechnungshof die Möglichkeit, entsprechenden Vorgängen mit besonderer Aufmerksamkeit nachzugehen. Deshalb, so Müller, werde die Ressortleitung von ihrem formellen Weisungsrecht in aller Regel nur zurückhaltenden Gebrauch machen. Die Frage, wie es in der Praxis um die ressortinterne Konfliktfähigkeit und -bereitschaft der Haushaltsbeauftragten bestellt ist, wie oft also von der Ressortleitung abweichende Voten eingelegt und aktenkundig gemacht werden, ist allerdings mangels einschlägiger, empirisch fundierter Studien offen.

Müllers Vorschlag läuft nun darauf hinaus, analog zum Beauftragten für den Haushalt in allen Bundesministerien einen Beauftragten für den Umweltschutz (BfU) zu installieren, "[...] der bei allen umweltrelevanten Maßnahmen dieser Ressorts durch seine Mitzeichnung die ordnungsgemäße Durchführung einer Umweltverträglichkeitsprüfung bestätigen muß und allein von der Weisung der Ressortleitung abhängig ist" (1986: 532).[22] Wie die folgende Tabelle zeigt, stößt dieser Vorschlag zwar auf mehrheitliche Zustimmung der BMU-Beamtenschaft, doch fällt diese Mehrheit deutlich geringer aus als bei der Beurteilung des vorgeschlagenen Vetorechts für den Umweltminister.

---

22 Hier scheint erneut die im vorigen Abschnitt diskutierte Strategie durch, die europäische UVP-Richtlinie bezüglich der Regierungsorganisation zu instrumentalisieren.

Tabelle 8.3: Beurteilung einer Einsetzung von Umweltbeauftragten in allen Ressorts

	absolut	v.H.
keine Angabe	3	2.0
ja	44	29.3
(eher) ja	32	21.3
unentschieden	19	12.7
(eher) nein	14	9.3
nein	38	25.4
gesamt	150	100.0

Die Hälfte der Befragten gibt also zu Protokoll, daß sie die Einsetzung von Umweltbeauftragten grundsätzlich für hilfreich erachten würde. Im Gespräch jedoch verdeutlicht die große Mehrzahl der BMU-Beamten[23] ihre nachhaltige Skepsis gegenüber dem Reformvorschlag.[24] Viele Ministerialbeamte reagieren auf die Frage nach Umweltbeauftragten mit Unverständnis und stellen deshalb die Rückfrage nach der intendierten Funktion derselben:

"Wo sollen die denn sitzen? [...] Vergleichbar der Rolle der Haushaltsbeauftragten? Also im Sinne der Beschaffung oder so etwas. Ob das eine Stelle rechtfertigt, daß einer aufpaßt, daß nun immer graues Papier gekauft wird und kein weißes, na, ich weiß nicht. Ich glaube, das können wir auch durch Informationspolitik erreichen, indem wir - das passiert ja auch - Umweltempfehlungen für das Beschaffungswesen erarbeiten [...]. Ob das einen ganzen eigenen Umweltbeauftragten rechtfertigt, da muß man auch mal an "tax pays money" denken. Ich glaube, der Aufwand wäre zu hoch" (Interview BMU, 10.03.1994).

Derartige Statements deuten darauf hin, daß die als Vorbild für die vorgeschlagene Reform dienende Einrichtung des Haushaltsbeauftragten im Bewußtsein der Ministerialbürokratie wenig verankert ist. Zumindest vom Haushaltsreferenten des BMU gehen offenbar entweder wenig Einsprüche gegen finanzwirksame Maßnahmen des Ministeriums aus oder sie werden

---

23 Auch die wenigen Interviewpartner, die dem Modell "Umweltbeauftragte" überhaupt positive Seiten abzugewinnen vermögen, lassen dabei wenig Begeisterung spüren. Hierfür ein charakteristisches Beispiel: "Also mir ist ehrlich gesagt die Rolle eines Umweltbeauftragten nicht ganz klar. Ich hätte jetzt eher gedacht, ein Umweltbeauftragter hätte so eine Rolle, festzustellen, ob ein Haus als solches umweltgerecht arbeitet [...]. Aber gemeint ist wohl, daß ein Umweltbeauftragter prüfen soll, ob die Vorhaben in einem Ressort eventuell Umweltrelevanz haben und von daher dann besser mit dem BMU abzuklären wären. Also, als Ansatz wäre das vielleicht schon ganz gut" (Interview BMU, 09.03.1994).

24 Das Antwortverhalten bei der schriftlichen Befragung scheint hier wie auch bezüglich des Vetorechts also einem Einstellungsmuster zu entspringen, das angesichts der unterentwickelten Konfliktfähigkeit des BMU und der schlechten Konjunktur der Umweltpolitik schlichtweg jeden Reformvorschlag positiv aufnimmt. Das Motto scheint zu sein: "Was uns nicht schadet, kann uns vielleicht nützen".

in den Referaten nicht registriert. Letzteres dürfte allerdings wegen ihrer konkreten Auswirkungen auf die Arbeitsebene wenig wahrscheinlich sein. Dies sind Indizien dafür, daß Müller die konkrete Funktion der Haushaltsbeauftragten wohl überschätzt. Auch Beamte, die die Analogie zum Haushaltsbeauftragten nachvollziehen (können), demonstrieren deshalb Zurückhaltung:

> "Also ich bin skeptisch, ob solche Querschnittsleute wie Umweltbeauftragte so sehr viel bringen können. Das wage ich zu bezweifeln. Vielleicht könnten die hin und wieder sozusagen wenigstens mal auffallen und ein bißchen drücken. Aber im Grunde genommen, wenn man sich die Konstruktion von solchen Sachen anschaut, haben die nicht die richtige Power, um tatsächlich etwas durchzusetzen" (Interview BMU, 08.03.1994).

Der generelle Zweifel an der Durchsetzungsfähigkeit von Querschnittseinheiten verstärkt sich in bezug auf mögliche Umweltbeauftragte, wenn deren fiktive Situation mit der der Haushaltsbeauftragten verglichen wird. Da letztere in der Regel auch für die Etatverhandlungen mit dem Finanzministerium zuständig sind, sind sie zumindest grundsätzlich in der Lage, "Tauschmasse" zu mobilisieren. Einem Haushaltsreferenten, der aufgrund guter Beziehungen zum Finanzministerium die Interessen seines Hauses bei der jährlichen Aufstellung des Haushalts erfolgreich zu vertreten weiß, wird man auch seitens der Ressortleitung den einen oder anderen Widerspruch gegen finanzwirksame Maßnahmen des Ressorts durchgehen lassen. Was aber hätte ein Umweltbeauftragter auch im Falle "guter Beziehungen" zu seinem Referenzressort - also dem Umweltministerium - anderes anzubieten als weitere, ökologisch motivierte Restriktionen für das Ministerium, in dem er tätig ist? Müllers Vorschlag leidet darunter, daß sie den Umstand, daß die Karriereerwartungen von Ministerialbeamten nur durch ihr "Mutterressort" befriedigt werden können, zwar in bezug auf die Organisation interministerieller Projektgruppen in Anschlag bringt (1990: 171, vgl. auch oben, Kapitel 2.5), ihn bei der Vorstellung des Umweltbeauftragten jedoch völlig unberücksichtigt läßt. Für viele ihrer ehemaligen Kollegen im BMU ist dies jedoch ein zentraler Kritikpunkt:

> "Wenn die Kompetenz dieser Umweltbeauftragten richtig gestaltet würde, könnte ich darin einen Vorteil sehen, aber ich kann mir nicht vorstellen, daß man solche Stellen mit den richtigen Kompetenzen ausstattet. Wenn das Durchgangsstellen sind, wie häufig in den Referaten, daß ein Kollege drei Jahre diese Arbeit macht und drei Jahre jene Arbeit macht, dann steht im Sicht dieses Kollegen seine eigene Karriere im Vordergrund. Und dieser Umweltbeauftragte müßte ja sehr häufig gegen die Politik seines eigenen Hauses argumentieren. Wenn der das nur im Durchgangslager macht von drei Jahren, dann wird er seine Karriere dafür nicht auf's Spiel setzen. D.h. er wird Gefälligkeitsgutachten machen und wird sich aus den kritischen Fragen heraushalten, wird die Augen davor verschließen [...]. Wie will ich denn als Umweltbeauftragter in einem Wirtschaftsministerium oder ein Landwirtschaftsministerium in die Pflicht nehmen, wenn auf der Umweltseite etwas schiefgeht? Politisch wird der Wirtschaftsminister und der Landwirtschaftsminister doch höchstens in die Pflicht genommen, wenn die Wirtschaft nicht richtig läuft. Und dabei hilft ihm sein Umweltbeauftragter bestimmt nicht weiter. Der ist sogar noch hemmend für ihn, also wird er

versuchen, den irgendwo auf ein Abstellgleis zu schieben, damit er nicht im eigenen Hause zu sehr stört" (Interview BMU, 10.03.1994).

Ein vom jeweiligen Minister im jeweiligen "Verursacherressort" hinsichtlich seiner Beförderungschancen abhängiger Beamter wäre wohl kaum willens, die Interessen des Umweltministeriums gegen den Willen seiner Ressortleitung zu verfechten. Eine mögliche Alternative wäre, den Umweltminister zu ermächtigen, "eigene Leute" als Umweltbeauftragte in die anderen Ressorts zu entsenden. Doch abgesehen davon, daß diese Variante politisch schon deswegen unrealistisch ist, weil sie eine Privilegierung bedeutete, die über die des Finanzministers noch hinausginge, wäre auch diese Lösung wenig erfolgversprechend. Ein formell eingesetzter "Agent" des BMU, so steht zu vermuten, würde im fremden Ressort schnell isoliert und aus der internen Kommunikation herausgehalten werden:

"Wenn ich mir vorstelle, ich müßte morgen als Umweltbeauftragter im Wirtschaftsministerium arbeiten, ich wäre da bestimmt kreuzunglücklich. Es kommt doch für so einen Mann, der in einem solchen Referat sitzt, darauf an, daß er das Vertrauen seines Ministeriums hat. Da muß er doch seine Kraft herziehen, da verankert sein. Also, das ist kein richtiger Gedanke, dort überall Leute aus dem Umweltministerium zu installieren als Attachés für den Umweltschutz. Nein und nochmal nein" (Interview BMU, 10.03.1994).

Neben die kritische Einschätzung von Konfliktpotential und -bereitschaft möglicher Umweltbeauftragter treten zwei weitere Einwände gegen die Schaffung derartiger Einrichtungen. Sie lassen sich in der doppelten Frage bündeln, worin denn eigentlich "umweltrelevante Maßnahmen" anderer Ressorts bestehen und wie die auf sie bezogene, vom Umweltbeauftragten zu attestierende Umweltverträglichkeitsprüfung ausgestaltet sein soll. Viele Bundesministerien, auch solche, die über große Etats verfügen, wie beispielsweise das Bundesministerium für Arbeits- und Sozialordnung, planen keine Investitionen, denen in irgendeiner Weise Umweltrelevanz zukommt. Hier wäre die Funktion eines Umweltbeauftragten in der Tat wohl auf die Kontrolle des Beschaffungswesens oder die Propagierung von Fahrrädern als Dienstfahrzeuge reduziert:

"Nehmen wir nur mal das Wirtschaftsministerium. Da ist mir eigentlich nie ganz klar, wie denn umweltrelevante Vorhaben dieses Ministeriums aussehen sollen, weil ich immer davon ausgehe, daß der BMWi in einer liberalen Marktwirtschaft eigentlich relativ wenig macht, d.h. dessen erste Aufgabe müßte es eigentlich sein, den Staat möglichst weit draußen zu halten. Von daher stelle ich mir Umweltbeauftragte, wenn man schon meint, daß man so etwas braucht, beim BM-Verkehr und beim BML wesentlich wichtiger vor" (Interview BMU, 09.03.1994).[25]

Aber auch in den letztgenannten Ministerien, deren Tätigkeit wesentlich "näher an der Umwelt" ist als die des Innen-, des Justiz-, Familien- oder Arbeitsministeriums, handelt es sich zumeist nicht um die Veranlassung konkreter Einzelprojekte, die einer Umweltver-

---

25 Das Beispiel Wirtschaftsministerium ist allerdings ein wenig unglücklich gewählt, weil dessen Zuständigkeit für die Energiepolitik natürlich hohe Umweltrelevanz zukommt.

träglichkeitsprüfung im Sinne der bereits mehrfach zitierten EWG-Richtlinie von 1985 zugänglich wären. Auch in bezug auf die vorgeschlagenen Umweltbeauftragten zeigt sich deshalb, daß das institutionenbezogene Gestaltungspotential der UVP-Richtlinie leicht überschätzt wird.[26] Solange eine gesetzesbezogene Umweltverträglichkeitsprüfung nirgendwo verankert ist, stünden Umweltbeauftragte mithin gleichsam mit leeren Händen da, nämlich ohne ein auf ihre potentielle Funktion zugeschnittenes Instrumentarium.[27] Daran würde sich auch dann nichts ändern, wenn ein ergänzender Vorschlag Müllers realisiert würde. Wegen des Fehlens einer "Umweltprüfungsbehörde" regt sie die Schaffung eines umweltpolitischen Äquivalents zum Bundesrechnungshof an. Dieses sollte nach ihrer Vorstellung durch einen "Arbeitskreis der Beauftragten der Bundesministerien für Umweltschutz" gebildet werden. Seine Aufgabe wäre es, einen jährlichen "Bericht zur Umweltverträglichkeit der Fachprogramme der Bundesregierung" vorzubereiten. Dieser Bericht wäre vom federführenden Umweltressort dem Bundestag vorzulegen, wobei der Umweltminister bei der Abfassung des Berichtes weder an das Votum des Arbeitskreises noch an einen Beschluß der Bundesregierung gebunden sein sollte. Diese Konstruktion, so Müller (1990: 172), würde das Gewicht der Umweltbeauftragten gegenüber der Leitung ihrer Ressorts stärken, "[...] da sie bei abweichenden Voten auf die alleinige Entscheidungsbefugnis des Umweltministers für den Inhalt des Berichts verweisen könnten". Der Hoffnung auf solchermaßen gestärkte, "unabhängige" Umweltbeauftragte steht indes ein bereits angeführtes Argument entgegen: Den Umwelt-

---

26 Wobei die bereits angesprochene Ausnahme Verkehrsministerium mittlerweile noch an Bedeutung gewonnen hat. Seit Ende 1993 kann nämlich über die Linienführung von Verkehrswegen von europäischer und besonderer nationaler Bedeutung per Gesetz entschieden werden (vgl. Pehle 1997: 725). Die einschlägigen, vom BMV vorzubereitenden Gesetze betreffen also konkrete, "UVP-pflichtige" Einzelmaßnahmen.

27 Seit dem Jahr 1994 gibt es auf europäischer Ebene eine Einrichtung, an der sich die Funktionsfähigkeit von Umweltbeauftragten empirisch prüfen läßt. Die Europäische Kommission hat nämlich in allen Generaldirektionen sogenannte Umweltkorrespondenten ernannt. Ihre Aufgabe ist es, umweltschutzrelevante Vorhaben ihrer "Ressorts" zu identifizieren und die Einbeziehung des Umweltaspektes in den Politikentscheidungsprozeß ihrer Dienststelle zu sichern. Die für Umweltschutz zuständige Generaldirektion XI ihrerseits soll sicherstellen, daß die Umweltkorrespondenten regelmäßig informiert und unterstützt werden (Com 94.453 final). Die Ausgangslage der Umweltkorrespondenten ist allerdings günstiger als diejenige, die ihre möglichen deutschen Kollegen derzeit vorfinden würden, weil die Kommission davon ausgeht, daß die "Querschnittsklausel" des Artikel 130 r Absatz 2 EG-Vertrag die Durchführung strategischer Umweltverträglichkeitsprüfungen zwingend vorschreibe (vgl. auch Jahns-Böhm/Breier 1992: 53ff.). Die Tätigkeit der Umweltkorrespondenten ist wissenschaftlich bislang noch nicht untersucht worden. Im Rahmen des Forschungsprojektes "Europa auf dem Weg zur integrierten Umweltpolitik?" soll unter anderem versucht werden, diese Lücke zu schließen. Mit den Arbeiten an diesem Projekt wurde im März 1997 begonnen. Es wird von der Volkswagen-Stiftung finanziert wird steht unter der wissenschaftlichen Leitung des Verfassers.

beauftragten wird auch hier zugemutet, den Konflikt mit der eigenen Ressortleitung auszuhalten. Um die Aufstiegschancen eines Umweltbeauftragten, der sich bei Interessendivergenzen seines Ministers mit dem BMU auf die Entscheidungsbefugnis des Umweltministers beriefe, würde es voraussichtlich schlecht bestellt sein. Das Fazit der meisten BMU-Mitarbeiter bezüglich der vorgeschlagenen Umweltbeauftragten fällt daher eindeutig negativ aus, auch wenn es nicht immer so drastisch formuliert wird, wie im folgenden Gesprächsauszug:

"Das würden nun ganz sicher keine Referate, in denen man in den anderen Häusern Karriere machen kann; es gäbe eigentlich keine richtigen Zuständigkeiten, man wäre im Haus nicht besonders wichtig und gewiß nicht besonders angesehen [...]. Das ist genauso heiße Luft wie Vetorecht und all diese Spielsachen, die seit zwanzig Jahren immer wieder wie Kai aus der Kiste kommen und die selbst, wenn es sie gäbe, nichts bringen würden. Das ist wie Frauenbeauftragte. Das ist derselbe Quatsch" (Interview BMU, 10.03.1994).

Die Einschaltung zusätzlicher Kontrollinstrumente oder Durchlaufstationen wäre nach Ansicht vieler BMU-Ministerialer nicht nur überflüssig, sondern unter Umständen sogar kontraproduktiv, weil sie die direkte Kooperation mit den jeweilig zuständigen Spiegelreferaten in den betreffenden Ressorts zusätzlich erschweren würde:

"Im Grunde wäre das doch nur eine andere Bezeichnung für die Umwelt-Spiegelreferate. Das sind doch im Grunde die Umweltbeauftragten. Die gibt es doch schon in jedem Ministerium. Die kann man so nennen oder auch nicht. Das ändert so viel nicht" (Interview BMU, 08.03.1994).

8.4 Der innerministerielle Reformbedarf und seine Hemmnisse

Oben (Kapitel 2.4) wurde gezeigt, daß die in den anderen Ressorts tätigen Umwelt-Spiegelreferate zwar teilweise als Frühwarnsysteme zur Abwehr umweltpolitischer Restriktionen eingesetzt werden, etliche Spiegelreferenten jedoch ein Selbstverständnis entwickelt haben, welches sie als potentielle Bündnispartner des BMU qualifiziert. Es wurde gleichzeitig darauf verwiesen, daß dieses Potential vom BMU nur unzureichend genutzt wird. Mit diesem Hinweis kehrt sich die Perspektive wieder um. Nachdem sich die Forderung nach einer "ökologischen Organisationsreform" der einzelnen Fachressorts weder als realistisch noch als sonderlich sinnvoll erwiesen hat, muß es um die Stärkung der "Bereichsaufmerksamkeit" des BMU selbst gehen, welche das Ressort überhaupt erst in die Lage versetzen würde, entsprechende Beteiligungsansprüche rechtzeitig anmelden zu können. Weil nur von der "kooperierenden Arbeitsebene" sichergestellt werden kann, daß umweltrelevante Themen von anderen Ressorts in wirklicher Zusammenarbeit mit dem Umweltministerium bearbeitet werden (Interview BMU, 09.03.1994), wäre "[...] die systematische Verankerung von Spiegelreferaten in der Aufbauorganisation des Bundesumweltministeriums [...] eine wesentliche Voraussetzung, um den Querschnittsanspruch der Umweltpolitik dauerhaft zur Geltung bringen zu können. Notwendig wäre die Einrichtung solcher Spiegelreferate für die Verkehrspolitik, die Energie- und Landwirtschaftspolitik, aber auch für die Zuständigkeiten des Bundesministeriums für Raumordnung, Bauwesen und Städtebau und des Bundesministeriums für wirtschaftliche Zusammenarbeit" (Müller 1990: 171). Die Einrichtung von funktionsfähigen "Gegenspiegeln" zu den entsprechenden Einheiten in den genannten Fachministerien, so wird auch von den betroffenen Beamten bestätigt, "[...] wäre ein wichtiger Schritt, um mit den schwierigen Ministerien, also denen, die für Investitionsfragen zuständig sind, zurechtzukommen" (Interview BMU, 08.03.1994). Einige solcher "Gegenspiegel" finden sich mittlerweile in der Aufbauorganisation des BMU. Beispiele sind das Referat N II 5 "Umwelt und Landwirtschaft" und die Arbeitsgruppe G I 6 "Umwelt und Energie". Von einer "systematischen Verankerung" solcher Einheiten kann aber nach wie vor keine Rede sein. Die Regel ist nach wie vor, daß auch diejenigen Referate, denen Bereichszuständigkeiten im Sinne von "Ressortspiegeln" zugeordnet sind, zugleich weitere Aufgaben wahrnehmen müssen und ihre Arbeitskapazität deshalb nicht ausschließlich dem zu begleitenden Politikbereich widmen können (vgl. auch Müller 1990: 171). Auch werden nicht selten nur spezifische Teilzuständigkeiten anderer Ressorts einzelnen Referenten zur "Beobachtung" zugewiesen. Häufig müssen sie diese Aufgabe gleichsam als Nebentätigkeit wahrnehmen. Dies führt nicht nur zur Zersplitterung der jeweiligen Bereichsaufmerksamkeit des BMU, sondern auch dazu, daß entsprechende Gegengewichte nicht aufgebaut werden können. Folgendes Beispiel mag dies illustrieren:

> "Ich bin hier nebenbei Spiegelreferent für den Gefahrguttransportbereich zum Verkehrsminister [...]. Womit mußte ich mich befassen? Zum Beispiel mit der Eisenbahnneuordnung. Jetzt hatten wir diesen Unfall mit der Sherbro.[28] Da waren wir dick am Formulieren, aber da macht der

---

28   Im Januar 1994 verlor der Frachter "Sherbro" in der Nordsee mehrere Container, die das in Plastikbeutel verpackte Pestizid "Apron Plus" enthielten. Ein Großteil dieser "Giftbeutel" wurde an deutsche Strände gespült. Die "Beutelpest" bestimmte mehrere Tage die Schlagzeilen der Presse. Umweltminister Töpfer bezeichnete die Bedrohung der Nordseestrände als "Menetekel, das zum Handeln zwingt" (die tageszeitung, 25.01.1994: 6). Der von ihm angemahnte Handlungszwang bestand auf internationaler Ebene. Hier wurde allerdings nicht der Umwelt-, sondern der Verkehrsminister tätig. Er setzte sich auf einer nach Paris einberufenen Konferenz für einen Maßnahmenkatalog ein, der nach seinen Worten geeignet war, die Wahrscheinlichkeit von Schiffsunfällen zu reduzieren. Die Presse kommentierte tags darauf nicht ohne Häme die mangelnde Sachkenntnis des Ministers und dessen europäischen Kollegen. Sie hatten nämlich beschlossen, was längst geltendes Recht war (Süddeutsche Zeitung 29.01.1994: 3). Das Umweltministerium kommentierte die offensichtlich unzureichende umweltpolitische Repräsentanz der Bundesregierung nicht. Dies besorgte an seiner Stelle der der CDU/CSU-Fraktion angehörende Vorsitzende des Umweltausschusses des Deutschen Bundestages: Die Pariser Vereinbarungen seinen "wahrscheinlich nicht mehr als ein Versuch, die empörte Öffentlichkeit zu beruhigen." Nötig seien aber ganz neue

(Fortsetzung...)

Verkehrsminister letztlich doch mehr oder weniger, was er will. Er hat auch eine ganz andere Manpower. Sehen Sie, im Gefahrguttransportbereich hat er 15 Spezialisten, die zum Teil seit über 20 Jahren da sind. Ich mache diesen ungeliebten Aufgabenbereich als Einzelkämpfer seit einem guten Jahr" (Interview BMU, 08.03.1994).

Der hier zitierte Referatsleiter, der als "Nebenjob" Spiegelaufgaben wahrnehmen muß, macht die "Unterlegenheit gegenüber der Expertise auf der anderen Seite", die "Disproportionalität im Sachverstand und in der Ausstattung" dafür verantwortlich, daß es sich letztlich verbiete, den Minister in Gefechte wie das um die Konsequenzen aus dem Sherbro-Unfall zu führen. Am Beispiel der "Beutelpest" läßt sich erklären, warum das Umweltministerium von der Bevölkerung eher schlechte Noten erhält (ipos 1994: 24ff.): Die Schaffung des Bundesumweltministeriums hat offensichtlich zu einer Erwartungshaltung der Öffentlichkeit beigetragen, die sich eben nicht mehr an den engeren Ressortgrenzen orientiert (Müller 1990: 171).

Um diesen Erwartungen gerecht werden zu können, bedürfte es indes organisatorischer Anstrengungen, die über die formale Ausweisung von Spiegelbereichen hinausgehen. Insbesondere angesichts der Sparbeschlüsse der Bundesregierung, die sich auf die Personalsituation des BMU bislang dergestalt ausgewirkt haben, daß der Personalbestand zwischen 1993 und 1997 sukzessive von 840 auf 757 zurückgeführt wurde,[29] gilt es, die Kräfte zu konzentrieren. Deswegen kommt der Organisationsform der "Großreferate", die bereits mehrfach angesprochen wurde, auch bezüglich der "Spiegelungslogik" Bedeutung zu. Die herkömmlichen Zwei- bis Drei-Mann-Referate, das zeigen die Erfahrungen mehr als deutlich, sind nicht in der Lage, genügend Kapazität und Flexibilität zu mobilisieren, um die umweltrelevanten Tätigkeiten und Vorhaben konkurrierender Großressorts auch nur einigermaßen verfolgen zu können. Daß weniger Organisationseinheiten innerhalb des BMU in der Tat ein konzeptionelles Mehr bedeuten könnten, gilt auch in anderer Hinsicht, nämlich bezüglich der Personalstruktur. Da sich nämlich das quantitative Verhältnis zwischen den Mitarbeitern des höheren und denjenigen des mittleren und gehobenen Dienstes dergestalt darstellt, daß ein absoluter Mangel an Bürofachkräften herrscht, könnte eine Verminderung der absoluten Zahl der

---

28(...Fortsetzung)
Vorschriften bezüglich des Seetransports giftiger Stoffe. Möglicherweise eben aufgrund der Wahrnehmung der umweltpolitischen Interessenvertretung durch den BMV hat die Bundesregierung derartige Konsequenzen aus dem Giftmüllskandal jedoch nicht auf die internationale Tagesordnung zu bringen versucht. Die "dicken Formulierungen", an denen der Spiegelreferent im BMU gearbeitet hatte, erreichten jedenfalls die Öffentlichkeit nicht.

29 Vgl. hierzu den Einzelplan 16 des Bundeshaushaltsplans.

Referate dazu beitragen, Referenten und Referatsleiter in Großreferaten jeweils mit einem, wenn auch wohl eher bescheidenen "Stellenpool" zu versorgen, der bei entsprechend flexiblem Einsatz die "eigentliche" Ministerialbürokratie von der Büroroutine entlasten und fachliche Kapazitäten freisetzen könnte. Bislang jedoch sieht der Alltag auch in einer der wenigen Arbeitsgruppen, die nach dem Muster eines Großreferates ausgestaltet ist, so aus:

> "Gucken Sie sich meine Arbeitsgruppe an. Wir haben einen riesigen Wasserkopf, wir haben viele Häuptlinge und ganz wenige Indianer hier: Drei Referatsleiter, wenn die Stelle ausgebaut ist, sechs Referenten und vier Sachbearbeiter, aber keinen Bürosachbearbeiter und keine Sekretärin. Jeder kopiert selber, jeder gibt seine Telefaxe ab, jeder hängt 'ne Stunde dran und ist bemüht, seine Selbstmotivationskraft aufrechtzuerhalten. Betriebswirtschaftlich-kostenmäßig ist das eine Todsünde, was hier abläuft. Hier bei uns im Hause stehen Leute, die Spitzenpositionen haben, am Kopierer. Daß Leute, die Spitzenpositionen haben, noch nicht einmal eine Sekretärin haben, die organisatorische Dinge wahrnimmt, den Terminkalender führt, die Reisen organisiert und einem die vielen Hilfsarbeiten, die heute bei einem selbst bleiben, abnimmt, das muß man ändern. Es wäre meines Erachtens dringend notwendig, daß man hier eine schlanke, effiziente Organisation macht. Ich glaube, daß man auch bei einem Stellenabbau hier in der Administration sehr viel mehr erreichen könnte als das heute möglich ist, wenn man nur den Willen hätte, eine schlagkräftige Organisation aufzubauen" (Interview BMU, 12.07.1995).

Mit der Konzentration der ohnehin schwachen Kräfte ist die organisatorisch-institutionelle Herausforderung an das BMU formuliert. Mit dem effizienten Einsatz des Personals ist die andere Seite der Medaille angesprochen. Es geht um die Personalführung durch die Leitungsebene, an deren Rationalität so mancher Mitarbeiter Zweifel hegt:

> "Der Verkehrsminister, der Bauminister, der Wirtschaftsminister, all die haben eine hervorragende Infrastruktur, haben neue Häuser, sind einheitlich untergebracht, haben auch nicht die absolut lächerliche und antiquierte Schreibausstattung, die wir haben, die wir hier noch - zum Teil, um Zeit zu sparen, unsere eigenen Vorgänge zur Kanzlei bringen [...]. Selbst Leute, die wie ich früher einmal mit dem Aufbau von Datenbanken beauftragt waren, die dann auch funktionsfähig verwertet werden konnten, sind heute nicht in der Lage, die Datenbanken, die sie selbst schufen, zu benutzen, weil sie keinen PC haben. Ich selbst wurde plötzlich Leiter des Referates Information und Datenverarbeitung und habe in der ganzen Zeit keine einzige Schulung bekommen. Und das, obwohl damals zwei Millionen Mark investiert werden mußten. Und bis heute, wo ich damit arbeiten müßte, habe ich keinen von diesen Computern gesehen" (Interview BMU, 08.03.1994).

Die Versetzung eines absoluten Laien in das Referat für Datenverarbeitung mag in Verbindung mit der Tatsache, daß sein mehrere Jahre andauerndes Wirken in diesem Referat letztlich ohne jeden Nutzen war, als ein besonders krasses Beispiel für personalpolitisches Mißmanagement im Umweltministerium erscheinen. Doch wird die Verschwendung der personellen Ressourcen quer durch alle Abteilungen beklagt. Hierfür soll ein Beispiel genügen:

> "Hier werden viel zu viele Bürgerbriefe beantwortet. Es schreibt also ein fünfzehnjähriger Schüler, und der kriegt eine Antwort, als wenn ein prominenter Bundestagsabgeordneter eine offizielle Anfrage gestellt hätte. Fachlich alles wohl begründet. Da werden 'zig nachgeordnete Stellen eingeschaltet, denn das läuft alles den üblichen Weg wie eine Ministervorlage. Der Minister

unterschreibt das nur, das ist für den ein Akt von wenigen Sekunden. Aber er ist sich überhaupt nicht klar, daß da etliche Mann-Tage an Arbeit dranhängen [...]. Das ist einfach nicht zu verantworten. Da wird eine ungeheure Ressourcenverschwendung betrieben. Der Minister ist viel zu großzügig mit dem Grünkreuz, was bedeutet, daß er sich die Unterschrift vorbehält. Und damit ist dann das ganze Stufenverfahren verbunden, so daß auch die Abteilungsleiter mit so einem Kleinkram aufgehalten werden. Aber der sollte sich mit Konzepten auseinandersetzen und nicht mit Briefen an fünfzehnjährige Schüler. Also hier liegt wirklich einiges im argen, was verbessert werden könnte" (Interview BMU, 15.09.1994).

Auch nach dem Ministerwechsel, so berichtet ein Referatsleiter, hat sich bezüglich der Belastung des Personals mit Nebensächlichkeiten wenig geändert:

"Da liest man so beiläufig solche Vermerke in der ÖTV-Publik, der Mitgliederzeitung, da wird zitiert aus einer Haushaltssitzung. Auszug aus dem Kurzprotokoll der vierten Sitzung des Bundestagsausschusses für Umwelt. Bericht des BMU zum Personal: "Staatssekretär Jauck führt bezüglich der Stellenkürzung von einem Prozent beim Bundeshaushalt aus, dieses Stellenpotential mache es möglich, die vom Parlament und der Regierung bestimmten Prioritäten zu bearbeiten." Das lese ich hier und weiß dabei überhaupt nicht, wie ich meine Aufgaben erledigen soll. Da lehnt sich doch jeder entspannt zurück und sagt sich, wenn der Herr Staatssekretär das meint, dann wird das schon in Ordnung sein. Derselbe Staatssekretär schickt uns aber laufend Aufträge ins Haus. Zum Beispiel hat er kürzlich ein Gespräch gehabt mit irgendeiner Firma, völlig belanglos, hat überhaupt keine Bedeutung für den Umweltschutz. Da taucht also diese Firma auf, die hier irgendwelche Geräte verkaufen will, und spricht mit dem Herrn Staatssekretär. Der Bund kauft überhaupt keine solchen Geräte, weil wir ja überhaupt keinen Vollzug haben. Wenn, dann hätten die mit den Ländern sprechen sollen. Herr Staatssekretär Jauck spricht aber mit denen, zumal ja vorher Töpfer schon mal mit denen gesprochen hat, und in beiden Fällen mußten wir das Gespräch vorbereiten. Das hat meine Mitarbeiterin aus Berlin gemacht, die hat für das Töpfergespräch einen Aktenordner Unterlagen aufbereitet, hatte dann das Vergnügen, von Berlin nach Bonn zu kommen, um an diesem einstündigen Gespräch teilzunehmen. Damit war für sie ein ganzer Arbeitstag kaputt. Und mit Jauck wiederholte sich der ganze Spaß. Das sind absolute Ärgernisse, die nun bestimmt nicht zielführend sind für die umweltpolitische Aufgabe, die wir hier eigentlich erfüllen müssen" (Interview BMU, 11.07.1995).

Klagen über den Personalmangel, so wurde in einer Vielzahl von Interviews bestätigt, sind solange wenig plausibel, wie die vorhandenen Ressourcen nicht gebündelt und sinnvoll genutzt werden. Mehr als zehn Jahre nach der Gründung des Ministeriums ist es an der Zeit, daß sich sein Leitungsbereich um die effiziente Nutzung des Ressortpotentials Gedanken zu machen beginnt. Eingeklagt wird damit nicht die "große ökologische Wende" der Politik schlechthin, sondern eine interne Verwaltungsreform der kleinen Schritte. Der institutionenbezogene Mut zu Reformen, der sich als erster Schritt zu einer inhaltlichen Modernisierung der Umweltpolitik erweisen könnte, wird dem Umweltminister aber auch aus anderen Gründen abverlangt werden, denn die Pläne für den Umzug der Bundesregierung nach Berlin sehen für das BMU nur eine "Kopfstelle" in der Hauptstadt vor. Wie das Ressort auf die Herausforderung reagieren könnte bzw. sollte, wird im folgenden Kapitel, das diese Studie abschließt, erörtert. Diese Diskussion ist allerdings nur sinnvoll, wenn das Umweltministerium tatsächlich zu den wenigen Ressortneuschöpfungen in der Geschichte der Bundesrepublik gehört, die sich als dauerhaft erwiesen haben (Derlien 1996: 559). Deshalb soll dieser Aspekt vorab behandelt werden.

9. Ein zusammenfassender Ausblick auf die institutionelle Zukunft der Umweltpolitik

Anlaß zur Sorge sieht der Sachverständigenrat für Umweltfragen angesichts der Tatsache, daß verschiedene Landesregierungen in jüngerer Vergangenheit ihre Umweltministerien auflösten oder mit anderen "sachfremden Bereichen" zusammenlegten (SRU 1996: 56). Die Tendenz zur Eliminierung von Landes-Umweltministerien hat sich nach der Abfassung des Gutachtens fortgesetzt. Die vom SRU genannten Beispiele Mecklenburg-Vorpommern, Thüringen, Hessen und Bremen müssen mittlerweile um Baden-Württemberg ergänzt werden. Der Umweltrat sieht das ausschlaggebende Motiv für die Auflösung von Umweltministerien - bzw. für ihre Zusammenlegung mit anderen Ressorts - ausschließlich in "koalitionstaktischen Überlegungen". Ähnlich kurz fällt seine Kritik an derartigen Entscheidungen aus. Sie erschöpft sich in dem Hinweis, daß die Integration des Umweltschutzes in andere Politikbereiche gewiß nicht dadurch erreicht werden könne, daß man die umweltpolitischen Kompetenzen zersplittere und anderen Ressorts zuschlage. Diese Kritik zielt jedoch insofern ins Leere, als eine verbesserte Integration der Umweltpolitik in konkurrierende Politikbereiche gewiß nicht das Ziel der institutionellen Umgestaltungen der Umweltpolitik in den genannten Ländern war. Maßgeblich war vielmehr der Versuch, den politischen Willen zur Konsolidierung der Landeshaushalte durch öffentlich sichtbare Sparmaßnahmen bezüglich der Landesverwaltung zu unterstreichen.[30] Grundsätzlich ist natürlich auch das Umweltministerium des Bundes vor einem solchen Schicksal nicht gefeit. Auch wenn sie nur "zwischen den Zeilen" des Gutachtens aufscheint, ist dies wohl die eigentliche Sorge des Umweltrates.

In Zeiten leerer öffentlicher Kassen stößt die Forderung nach einer Reduzierung der Zahl der Bundesministerien, wie sie beispielsweise der Bund der Steuerzahler erhebt (Süddeutsche Zeitung 21.04.1997: 2), naturgemäß auf große öffentliche Sympathie. Bezogen auf die von der Öffentlichkeit ohnehin nicht sonderlich geliebte "Bürokratie" erweist sich das betriebswirtschaftlich angeleitete Argument der Reduzierung von Kosten, die man mit einer Verkleinerung der Bundesregierung realisieren zu können meint, als besonders zugkräftig. Auch in der

---

30 So zuletzt bei der Verkleinerung des Kabinetts in Baden-Württemberg. Die im Koalitionsvertrag zwischen CDU und FDP vereinbarte Auflösung des Umweltministeriums, dessen Zuständigkeiten auf die Ministerien für Landwirtschaft, Verkehr und Wirtschaft verteilt wurden, wurde ausdrücklich mit den notwendigen "Sparmaßnahmen" der öffentlichen Hand begründet (Süddeutsche Zeitung, 03.05.1996: 2).

politik- und verwaltungswissenschaftlichen Diskussion wird auf die Notwendigkeit "wirtschaftlichen Denkens" verwiesen, wenn über die Modernisierung der Bundesverwaltung nachgedacht wird (Jann 1994: 28). Deswegen überrascht es nicht, daß eines der vorrangigen Ziele, die in der Diskussion über die Reform der Bundesexekutive genannt werden, in der Verkleinerung des Kabinetts besteht. Zu den *economies of scale* tritt das Argument vom "überforderten Staat", der sich wieder auf seine wesentlichen Aufgaben besinnen und auf das beschränken müsse, was wirklich notwendig und machbar sei (Ellwein/Hesse 1994: 231). Eine Reduzierung der Zahl der Bundesministerien erscheint in dieser Sichtweise als politisch sichtbare Konsequenz aus einer längst überfälligen Aufgabenkritik. Dies ist das Motiv, das Ellwein und Hesse (1994: 194) dazu bewegt, die angemessene Ressortgröße bei zehn Ministerien zu veranschlagen. Auch Jann (1994: 33f.) schwebt eine ähnliche Größenordnung vor. Er hält die Einrichtung von 11 statt der 16 Bundesministerien, wie sie seit der Regierungsbildung von 1994 existieren, für "möglich, machbar und attraktiv". Beide Vorschläge unterscheiden sich auf den ersten Blick lediglich in einem Punkt. Jann sieht für den Bereich der Sozialpolitik zwei Ressorts vor, während Ellwein und Hesse befinden, daß ein Ministerium für den Gesamtbereich der "sozialen Ordnung" ausreiche. Beide Reformmodelle sehen ein Umweltministerium vor. Deshalb scheinen sie auf den ersten Blick auch gleichermaßen geeignet, die Interessen derer zu wahren, die - wie der Rat von Sachverständigen für Umweltfragen - meinen, daß die Umweltpolitik von der Aufgabenkritik ausgenommen werden müsse und auch weiterhin eines eigenständigen Ressorts bedürfe.

Bei genauerer Betrachtung zeigt sich indes, daß dem Umweltschutz mit der von Jann vorgeschlagenen Regierungsreform ein Bärendienst erwiesen würde. Seine Vorstellungen laufen hinsichtlich der hier interessierenden Problematik darauf hinaus, daß das im Bestand von materiellen und verfahrensrechtlichen Kompetenzen unveränderte Umweltministerium einer grundlegend reformierten "Regierungsumwelt" ausgesetzt werden soll. Die angestrebte Reform würde allerdings die Regierungsorganisation deutlich zu Ungunsten des BMU verändern. Insbesondere gilt dies für die angestrebte Einrichtung eines "Infrastrukturministeriums", die Jann als "besonders attraktiv" erscheint. Dort sollten "[...] die langfristig entscheidenden "harten" infrastrukturellen Aufgaben gebündelt werden (Verkehr, Telekommunikation, Wohnungsbau, Raumordnung, ggf. auch Ländlicher Raum, Küstenschutz, Regionalpolitik und Energiewirtschaft)." Damit würden konkrete und vor allem politisch sichtbare Schlußfolgerungen aus der Erkenntnis gezogen, daß der Infrastruktur zentrale Bedeutung für den "Standort Deutschland" zukomme (Jann 1994: 34). Das Infrastrukturministerium entstünde im Kern aus der Zusammenführung der Zuständigkeiten von Verkehrs- und Bauministerium. Diese soll "gegebenfalls"[31] ergänzt werden um zwei der drei in Artikel 91a Absatz 1 GG genannten Gemeinschaftsaufgaben. Es handelt sich um die bislang im BML ressortierende Zuständigkeit für die "Verbesserung der Agrarstruktur und des Küstenschutzes" und die "Verbesserung der regionalen Wirtschaftsstruktur", für die bislang das BMWi federführend ist. Wenn sich hierzu "gegebenfalls" auch noch die - umweltpolitisch mindestens ebenso relevante - Zuständigkeit für die Energiepolitik gesellte, wäre dem Umweltministerium wohl endgültig ein innergouvernementaler Gegenspieler erwachsen, dem es in keinerlei Hinsicht mehr standhalten könnte. Ähnliches gilt für die von Jann propagierte Zusammenlegung von Wirtschafts- und Landwirtschaftsministerium.

Der Kritik an Janns Reformmodell liegt nicht die Vorstellung zugrunde, daß der Umweltpolitik ein Primat über andere Politikbereiche zukommen müsse. Postuliert wird vielmehr die "Gleichberechtigung" partiell konkurrierender Politikfelder beziehungsweise der sie repräsentierenden Ministerien. Janns Vorschläge zur Modernisierung der Bundesverwaltung erweisen sich als unzulänglich, weil er einen Grundsatz ignoriert, der schon von der Projektgruppe Regierungs- und Verwaltungsreform (PRVR 1969: 9) zu Recht als zentral erkannt worden ist: "Unabhängig von der Zahl der Ressorts und den dazu angestellten Überlegungen sollten die Zuständigkeiten so aufgeteilt werden, daß eine annähernde Ausgewogenheit der Ressorts erreicht wird." Die Forderung nach kompetenzieller Auswogenheit hat nicht nur den in Artikel 65 Satz 2 GG fixierten Grundsatz der Gleichrangigkeit der Minister für sich (Böckenförde 1964: 178), sondern in Verbindung damit auch ein pragmatisches Argument. Dieses kann aus der Erfahrung mit der Praxis der interministeriellen Koordination gewonnen werden. Es gilt in Rechnung zu stellen, daß eine Konstruktion der Regierung, die verfassungsrechtlich formal gleichgestellte Ministerien ungleichgewichtig ausstattet, Ressortegoismen und -partikularismen gleichsam vorprogrammiert. Zwischen "großen" und "kleinen" Ministerien entwickelt sich beinahe zwangsläufig ein von Mißtrauen und Eifersucht geprägtes Verhältnis der Akteure untereinander (PRVR 1969: 12). Die hier vorgelegte Untersuchung hat bestätigt, daß dieser

---

31   Jann spezifiziert nicht näher, welche Kriterien mit der Formulierung "gegebenfalls" gemeint sein könnten oder sollten.

Erfahrungssatz samt seiner Konsequenzen für die Ressortabstimmung noch heute gilt: Das kleine BMU wird von seinen großen Partnern häufig schon deshalb nicht angemessen beteiligt, weil man ihm aufgrund seiner beschränkten personellen und informationellen Kapazitäten ein "sachlich angemessenes" Beteiligungsverhalten erst gar nicht zutraut. Aus Sicht der Umweltverwaltung werden so aus Partnern Gegner, ja "Feinde". Eine unausgewogene Ministerialstruktur schwächt erfahrungsgemäß "[...] das Gefühl für die gemeinsame Gesamtverantwortung" (PRVR 1969: 12). Fazit: Der bloße Erhalt des Umweltministeriums bei gleichzeitiger Konzentration der potentiell konkurrierenden Kräfte in neuen Schwerpunktministerien würde die ohnehin bestehenden Ungleichgewichte weiter verstärken. Eine derartige Regierungsreform liefe dem Integrationsgedanken diametral zuwider; die institutionelle Absicherung des Umweltschutzes in der Regierungsorganisation würde endgültig zur Makulatur. Auch wenn es sich hierbei um eine Prognose handelt, hat sie doch die Empirie auf ihrer Seite. Ihr läßt sich auch mit einem Plädoyer für ein geändertes Selbstverständnis künftiger Minister schlecht beikommen:

> "Die zentrale Funktion des Kabinetts sollte nicht darin bestehen, möglichst alle Ressortinteressen zu artikulieren, sondern übergreifende politische Interessen gegenüber den Ressorts durchzusetzen. Fachminister sehen sich heute allzuoft nur als Vertreter der sektoralen Interessen ihres Ressorts im Kabinett. Hier ist eine umgekehrte Rollenauffassung anzustreben: Die Minister sollten die politischen Interessen des Kabinetts in ihren Ressorts durchsetzen, weil nur so politische Führung überhaupt denkbar ist" (Jann 1994: 34).

Das hier vorgestellte Leitbild verläßt sich nicht darauf, daß der interessendeterminierte interministerielle Diskurs - institutionalisiert in Form der Geschäftsordnungsbestimmungen zur Ressortabstimmung - die Rationalität der Kabinettsentscheidungen grundsätzlich[32] sicherstellen könnte. Es orientiert sich statt dessen an der Vorstellung, die Minister könnten und sollten gleichsam über den jeweiligen Ressortinteressen stehen. Unausgesprochen verbindet sich damit der Gedanke, daß der übergreifende Zielkonsens, der eine Regierung gemeinhin einigt, Differenzen in Einzelfragen ausschließen kann. Gewiß ist es richtig, daß politische Führung etwas damit zu tun hat, Prioritäten nicht nur zu definieren, sondern auch durchzusetzen. Innovative Politik ist eben häufig nur um den Preis negativer Externalitäten für bestimmte Einzelinteressen zu haben. Insofern ist es berechtigt, den Fachministern die Orientierung am Gesamtinteresse auch dann zuzumuten, wenn einzelne Problemzusammenhänge, die die von ihrem Ressort verwalteten Bereiche tangieren, aus übergeordneten Erwä-

---

32 Mit "grundsätzlich" ist hier vor allem gemeint: Unter der Voraussetzung einer durch kompetenzielle Ausgewogenheit gesicherten Machtbalance unter den Ministerien.

gungen unberücksichtigt bleiben (müssen). Doch sollte man darüber nicht vergessen, "[...] daß es essentielle Probleme geben kann, die optimale und nicht maximale Lösungen erfordern und denen es besser bekäme, wenn Konflikte zwischen Ressorts artikuliert und im Kabinett explizit behandelt würden" (Derlien 1996: 571). Eine solchermaßen verstandene Institutionalisierung von Konflikten per "Gegenkontrolle" (PRVR 1969: 11) fällt bei Jann einer Überhöhung des Prinzips der politischen Führung zum Opfer. Dieses Opfer würde ein kleines Ressort wie das BMU, das ja immerhin mit der hohen Erwartung konfrontiert wird, Querschnittspolitik zu betreiben, endgültig ins politische Abseits stellen. Soll eine wirksame Gegenkontrolle anderer Fachpolitiken im Sinne des Umweltschutzes sichergestellt werden, bedarf es zumindest annähernd austarierter Machtverhältnisse.

Jann geht auf die möglichen Konsequenzen seines Organisationsmodells für die Handlungsfähigkeit der Umweltverwaltung nicht ein. Auch Ellwein und Hesse thematisieren sie nicht näher, doch nehmen sie (1994: 194) hinsichtlich des Umweltschutzes eine feine Differenzierung vor. Sie lohnt einer kurzen Betrachtung deswegen, weil sich hinter der optischen Ähnlichkeit ihrer Reformvorstellungen mit denen Janns ein für die Umweltpolitik entscheidender Unterschied verbirgt. Neben Außen-, Verteidigungs-, Justiz-, Finanz- und Innenministerium, so die Autoren, seien weiter erforderlich je ein Ministerium für wirtschaftliche und soziale Ordnung, eines für Verkehr und Kommunikation, eines für Wissenschaft und Forschung "und wohl auch eines für Umweltbelange". Die dezente Absetzung der Umweltpolitik von den anderen Politikbereichen ist nun allerdings nicht so zu interpretieren, daß die Autoren eine institutionelle Abwertung des Umweltschutzes im Sinne hätten. In bezug auf die anzustrebende Struktur der Landesregierungen befinden sie nämlich umstandslos: "Die sich mit dem Umwelt- und Raumordnungsbereich verbindenden Aufgaben gehören ins Innenministerium."[33] Deswegen ist das einschränkende "wohl auch", das einem eigenständigen Umweltressort vorausgeschickt wird, dahingehend zu verstehen, daß die Autoren die Rückführung des Umweltschutzes ins Innenministerium als prinzipiell gangbare Alternative sehen. Eine Re-Inkorporierung des Umweltschutzes in das Innenministerium würde sich nahtlos einfügen in

---

33 Vgl. auch Ellweins Ausführungen zu den Konstruktionsalternativen für die - damals noch möglich erscheinende - Verwaltung des Landes Berlin-Brandenburg: "Zu unterschiedlichen Auffassungen kann es im Zusammenhang mit der *Umweltpolitik* kommen. Bei ihr befürworte ich die Zusammenlegung mit der Raumordnung, wie das heute in Brandenburg der Fall ist, aber mit Einbindung ins Innenministerium. Das stärkt die Umweltpolitik und wertet das Innen- als Querschnittsministerium auf" (Ellwein 1996: 18, Hervorhebung im Original).

die von Ellwein und Hesse (1994: 132) insgesamt propagierte Rückführung und Bündelung verschiedener Fachaufgaben in die klassischen Ressorts, aus denen sie einst ausdifferenziert wurden. Auch könnte sich wohl der mit der Gründung des BMU verbundene Entzug "politischer Tauschmasse" wieder wettmachen lassen, wenn der Umweltschutz wieder dem Innenministerium anvertraut würde.

Doch obwohl die BMI-Lösung gerade unter dem "Machtaspekt" einiges für sich hat - nicht von ungefähr erinnert man sich ja im Umweltministerium mit Wehmut an die Zeiten der "Abteilung U" im Innenministerium -, entscheiden sich Ellwein und Hesse letztlich doch für ein eigenständiges Umweltministerium. Für diese Entscheidung, die, wie gezeigt, auch von einer deutlichen Mehrheit der BMU-Beamtenschaft geteilt wird, gibt es nachvollziehbare Gründe. Allein die Bedeutung des "semantischen Managements"[34] der allgemein akzeptierten Staatsaufgabe Umweltschutz spricht dafür, das BMU zu erhalten, denn mit einer Zurückstufung des Umweltschutzes zu einer Abteilungsaufgabe würde sich eine erhebliche negative Symbolwirkung verbinden. Die symbolische Hervorhebung der Umweltpolitik mittels ihrer Repräsentanz durch einen Fachminister auf nationaler Ebene verbindet sich mit dem Vorteil einer spezialisierten Außenvertretung der umweltpolitischen Interessen der Bundesrepublik. Umweltministerien gehören heutzutage zur Normalausstattung von Regierungen moderner Industrienationen.[35] In den ständig an Bedeutung gewinnenden inter- und supranationalen Verhandlungen zur Umweltpolitik kann - so das auch im BMU häufig vorgetragene Argument - nur ein fachlich spezialisierter Minister bestehen, dessen Zeitbudget nicht durch andere Aufgaben restringiert ist. Mit anderen Worten: Angesichts der mittlerweile erreichten internen Ausdifferenzierung des Umweltschutzes ist seine Vertretung durch einen "Generalisten" wie den Innenminister weder nach außen noch nach innen mehr angemessen. Dieses Argument führt zurück zur aktuellen verwaltungswissenschaftlichen Reformdebatte. Nicht nur deshalb ist es einer näheren Betrachtung wert.

Es geht um das "Dilemma aus akzeptabler Kabinettsgröße und Leitbarkeit von Ressorts" (Derlien 1996: 567). Soweit mit einer Verkleinerung der Zahl der Bundesministerien nicht auch die "Abschaffung" von Staatsaufgaben verbunden ist, führt sie zwangsläufig zu einer

---

34 Der Begriff vom semantischen Management findet sich bei Derlien (1996: 563).
35 Vgl. die Übersicht bei Jänicke 1990: 216.

Vergrößerung der Zuständigkeitsbereiche der verbleibenden Ressorts. Bezüglich einer Rückführung des Umweltschutzes in das Innenministerium würde dies konkret bedeuten, daß diesem Ressort, das derzeit über zwölf Fachabteilungen verfügt, bei Beibehaltung der in beiden Ministerien erreichten administrativen Ausdifferenzierung weitere fünf Fachabteilungen inkorporiert würden. Auch wenn es schwierig ist, sich auf eine exakte Grenze festzulegen, jenseits derer die Kontrollspanne eines Ministers endgültig überschritten ist,[36] dürfte es sich hier um eine Konstruktion handeln, die Derlien (1996: 567) meint, wenn er die Nachteile von "Superministerien" skizziert: Der Innenminister könnte seiner Ressortverantwortung gegenüber Kanzler und Bundestag ebenso wenig befriedigend nachkommen, wie er sein gesamtes Ministerium noch steuern könnte. Ellwein und Hesse wissen, warum es auf Bundesebene "wohl auch" eines Ministeriums für Umweltbelange bedarf. Weil der Umweltschutz nicht zu den Aufgaben gehört, für die ein Rückzug des Staates empfohlen wird, kann er in das Leitbild einer Verwaltungsreform, das geprägt ist von der Einsicht, daß sich mit der Verringerung der Zahl der Ministerien das Problem ihrer Kontrollierbarkeit verschärft, nicht in Form einer erneuten Umressortierung eingebunden werden. Im Gegenteil: Das Umweltministerium müßte bei konsequenter Umsetzung des "Zehn-Ressort-Modells" sogar ausgebaut werden, denn es setzt, worauf bereits verwiesen wurde, die Gleichrangigkeit der verbleibenden "Kernressorts" voraus. Bezogen auf ein denkbares Umweltministerium der Zukunft böte das von Ellwein und Hesse skizzierte Konzept besonders gute Chancen, weil es unter anderem den Fortfall des Bau- und des Gesundheitsministeriums vorsieht. Es würde deshalb naheliegen, dem BMU im Zuge einer solchen Reform sowohl die Zuständigkeit für die Raumordnung als auch die bis heute im BMG ressortierenden umweltpolitischen "Restkompetenzen" zuzuweisen. Vergegenwärtigt man sich die Kontrollspanne, die im neuen Ministerium für wirtschaftliche und soziale Ordnung abgedeckt werden müßte, erschiene es darüber hinaus auch vorstellbar, das Umweltressort zusätzlich mit der Verantwortung für die Energiepolitik zu betrauen.[37]

Ellwein und Hesse präsentieren ihre Vorstellungen zur Regierungsorganisation als "Vision". Dies gilt zwangsläufig auch für den auf der Basis ihres Modells skizzierten möglichen Zuschnitt eines Umweltministeriums der Zukunft. Trotz der Attraktivität dieses Modells

---

36 Vgl. hierzu schon Böckenförde (1964: 196f.).
37 Es mag in diesem Zusammenhang genügen, an die Aussage des Beamten zu erinnern, der begründete, warum die Zuweisung der Energiepolitik an das BMU eine entscheidende Verbesserung seiner politischen "Tauschmasse" bedeuten würde (vgl. oben, Kapitel 2.1).

kommt man jedoch nicht umhin, die institutionelle Zukunft der Umweltpolitik auf der Grundlage des Fortbestandes des derzeitigen Zuständigkeitsbereichs des BMU zu diskutieren. Dafür spricht, daß die Bundesregierung ihre Planungen für ihren Umzug nach Berlin auf den derzeitigen Bestand von 15 Ministerien bezieht. Wenngleich die "Bonn-Berlin-Pläne" also als Signal - nicht als Garantie, denn schließlich steht es dem Bundeskanzler ja jederzeit zu, den Ressortzuschnitt zu ändern - für den weiteren Bestand des BMU gewertet werden können, bergen sie für das Umweltministerium dennoch Gefahren. Von ihnen soll nunmehr die Rede sein.

Der Umzugplan der Bundesregierung geht von einem "Kombinationsmodell" aus. Es wurde entwickelt, um den Interessenausgleich zwischen Bonn und Berlin sicherzustellen (Kroppenstedt 1995: 119). Danach werden neben dem Bundeskanzleramt und dem Presse- und Informationsamt der Bundesregierung neun Ministerien ihren 1. Dienstsitz in Berlin nehmen[38] und sechs Ressorts mit dem 1. Dienstsitz in Bonn verbleiben.[39] Am jeweils anderen Ort werden die Ministerien einen 2. Dienstsitz erhalten (Busse 1995: 110f.).

Zeh (1995: 156f.) umreißt die Ausgangslage der Berlin-Bonn-Entscheidung wie folgt:

"[...] bei der Aufteilung von Ministerien auf Berlin und Bonn spielte die Erwartung mit, es könne sich eine bessere Sortierung von politischen und exekutiven Funktionen der Ministerialbürokratie verwirklichen lassen, die zugleich noch effizienzsteigernd und kostensparend sein würde. Dahinter steht, vereinfachend zusammengefaßt, die Vorstellung, ein Teil der Ministerialbürokratie sei für die eigentlich ministeriellen Aufgaben nicht oder weniger nötig, man könne deshalb die Ministerien auftrennen in eine Art politisch-parlamentarisches Hauptquartier und einen nachgeordneten oder ausgelagerten administrativ-exekutiven Teil."

Dieser Einschätzung liegt eine Unterscheidung von Politik und Verwaltung zugrunde, die empirisch nicht haltbar ist (Derlien 1995: 164). Zeh (1995: 157) tritt ihr wie folgt entgegen:

"[...] die Vorstellung, die Vielzahl der fachlich orientierten Unterabteilungen und Referate wirke gewissermaßen mehr nach innen und sei von geringer Bedeutung für die Rolle der Ministerien im parlamentarisch vermittelten Entscheidungsprozeß, geht fehl. Es mag sein, daß die eine oder andere Funktion, die heute in den Ministerien wahrgenommen wird, abgetrennt oder ausgelagert werden kann; aber dabei handelt es sich nicht, wie landläufig oft vermutet, um den Großteil der Aufgaben und des Personals der Ressorts, sondern lediglich um einzelne Arbeitsgebiete."

---

38   Es handelt sich neben dem Auswärtigen Amt um die Bundesministerien des Innern, der Justiz, der Finanzen, für Wirtschaft, für Arbeit und Sozialordnung, für Familie, Senioren, Frauen und Jugend, für Verkehr sowie für Raumordnung, Bauwesen und Städtebau.
39   Es sind dies die Bundesministerien für Ernährung, Landwirtschaft und Forsten, für Verteidigung, für Gesundheit, für Umwelt, Naturschutz und Reaktorsicherheit, für Bildung, Wissenschaft, Forschung und Technologie sowie für wirtschaftliche Zusammenarbeit und Entwicklung.

Von Seiten der Verwaltungswissenschaft wird dies verschiedentlich als durchsichtige Apologie einer am eigenen Fortbestand interessierten Bürokratie abgetan. König (1994: 193) beispielsweise hält den Vorwurf aufrecht, daß in vielen Bundesministerien kaum mehr regiert, sondern primär verwaltet würde.[40] Das Schlagwort "Verwaltung statt Regierung" meint dabei weniger, daß in jedem Ressort Routineaufgaben mit Binnenbezug auf die Administration selbst wahrgenommen werden,[41] sondern vor allem, daß die Ministerien dazu tendierten, ihre eigenen Programmentwürfe selbst umzusetzen. Dabei wird insbesondere kritisiert, daß auch die Bundesministerien eine Vorliebe zu Einzelfallentscheidungen im Programmvollzug entwickelt hätten. Bei genauerer Prüfung finden sich hierfür jedoch nur Einzelbeispiele. Die Eigenarten des deutschen Verwaltungsföderalismus beschränken die Bundesministerien im wesentlichen auf Vollzugskontrolle und -steuerung, so daß der Pauschalvorwurf, die Bundesministerien würden sich entgegen ihrer eigentlichen Aufgabenstellung mit Vollzugsaufgaben beschäftigen, nicht haltbar ist (Derlien 1995: 165f.). So wird diese Kritik mitunter denn auch eingeschränkt: "Am meisten verwaltet - im weitesten Sinne - wird sicher in den großen Ministerien, am wenigsten wohl in den kleineren" (König 1994: 133). Diese allgemeine Unterscheidung entlastet das Umweltministerium schon deswegen, weil es unstreitig nicht zu den großen Ressorts gehört. Die Konkretisierung des Vorwurfs, daß viele Bundesministerien ihre eigentlichen Aufgaben verfehlten, schützt das BMU vollends vor der Aufgabenkritik. Mit "Verwaltung" im Sinne der Wahrnehmung von Funktionen, die den vorliegenden Reformmodellen zufolge nicht von Bundesministerien, sondern - wenn überhaupt - von nachgeordneten Behörden wahrgenommen werden sollen, sind nämlich insbesondere "über den Haushalt laufende Vorhaben", d.h. Investitionen und Subventionen gemeint. Sie bereiteten wesentlich mehr administrative Mühe als etwa die Vorbereitungen zum Erlaß von Rechtsnormen (König 1994: 133). Auf das Umweltministerium kann man diese Kritik nicht beziehen. Mit der "Verwaltung" von Investitionen und Subventionen ist es nicht befaßt, und "Einzelfallentscheidungen" fallen als Konsequenz der Bundesauftragsverwaltung auf dem Gebiet der Kernenergie (Artikel 87 c GG) nur gelegentlich in der Abteilung RS an.

---

40 Eine ganz ähnliche Sichtweise vertritt Werner Jann (vgl. Süddeutsche Zeitung, 08.09.1996: 5).
41 Daß bezüglich dieser in den Zentralabteilungen der Ministerien wahrgenommenen Aufgabenbereiche Effizienzsteigerungen möglich sind und "laufend geprüft werden sollte, ob sie nicht auf nachgeordnete Behörden verlagert werden können" (Derlien 1995: 165), ist im übrigen weitgehend unstrittig und wird hier deshalb nicht weiter thematisiert.

Eben aufgrund des Umstandes, daß es verwaltende Funktionen im oben skizzierten Sinne so gut wie nicht wahrnimmt, wird es dem Umweltministerium aber besonders schwerfallen, den Spagat zwischen Bonn und Berlin organisatorisch auch nur einigermaßen zu bewältigen. Es verfügt nicht über die "Teilungsmasse", die bei der Entscheidung über die Aufteilung der Ministerien vorausgesetzt wurde. Dies wird deutlich, wenn man sich den Beschluß des Deutschen Bundestages zur Hauptstadtfrage etwas näher betrachtet. Zur Präsenz der Bundesregierung in Berlin trifft dieser Beschluß zwei Aussagen von grundsätzlicher organisatorischer Bedeutung (Kroppenstedt 1995: 118):

> "Der Bundestag erwartet, daß die Bundesregierung geeignete Maßnahmen trifft, um ihrer Verantwortung gegenüber dem Parlament in Berlin nachzukommen und in entsprechender Weise in Berlin ihre politische Präsenz dadurch sichert, daß der Kernbereich der Regierungsfunktionen in Berlin angesiedelt wird. Zwischen Berlin und Bonn soll eine faire Arbeitsteilung vereinbart werden, so daß Bonn auch nach dem Umzug des Parlaments nach Berlin Verwaltungszentrum der Bundesrepublik Deutschland bleibt, indem insbesondere die Bereiche in den Ministerien und die Teile der Regierung, die primär verwaltenden Charakter haben, ihren Sitz in Bonn behalten; dadurch bleibt der größte Teil der Arbeitsplätze in Bonn erhalten."

Die Crux liegt in der Trennung des "Kernbereichs der Regierungsfunktionen" von den "primär verwaltenden" Einheiten der Ministerien. Der von der Regierung eingesetzte "Arbeitsstab Berlin/Bonn" hat das zur Umsetzung dieses Parlamentsbeschlusses diskutierte Modell einer generellen "horizontalen Abschichtung", d.h. des Umzugs aller Minister und ihrer engeren Arbeitsstäbe nach Berlin und des Verbleibs des restlichen Regierungsapparates in Bonn, mit guten Gründen als unpraktikabel verworfen. Den mit dem 1. Dienstsitz in Bonn verbleibenden Ministerien wird durch das Kombinationsmodell jedoch genau diese Abschichtung zugemutet (Müller 1994: 615f.).

Die Frage nach den Gründen, warum sich das BMU besonders zur Präsenz im künftigen "Verwaltungszentrum Bonn" eignen, bzw. umgekehrt, warum es als Ressort ohne nennenswerte Verwaltungsfunktionen seinen 1. Dienstsitz nicht in Berlin nehmen soll, bleibt dabei ohne befriedigende Anwort. Der "Kernbereich der Regierungsfunktionen", der von allen Ressorts nach Berlin verlagert werden soll, besteht offensichtlich in der Vorbereitung von Gesetzen und Verordnungen sowie der Begleitung der folgenden Willensbildungs- und Entscheidungsprozesse von Bundestag und Bundesrat durch die Ministerialbürokratie. Schon die Tatsache, daß der Bundestag mit der von ihm gewählten Begrifflichkeit seine Forderung nach der

"Parlamentsnähe" der Regierung begründet, spricht für diese Deutung.[42] Wenn sie zutrifft, ist es inkonsequent, eine beinahe reinrassige "Vorschriftenwerkstatt" wie das BMU (Mertes/ Müller 1987: 463) schwerpunktmäßig in Bonn zu belassen. Anläßlich der Debatte des Bundestages über den Umzug der Regierung brachte die Abgeordnete Dr. Hartenstein die Kritik an den Aufteilungskriterien wie folgt auf den Punkt:

> "Meine spezielle Frage richtet sich darauf, welche Gründe es denn dafür gibt, daß unter den vorgeschlagenen Ressorts, die in Bonn verbleiben, auch Ressorts wie z.B. das Umweltressort, in denen intensive Gesetzgebungsarbeit geleistet werden muß [sic!]. Der Gesetzgeber sitzt ja schließlich in Berlin. Was gibt es also für Kriterien, an denen Sie entlanggegangen sind, um diese Entscheidung zu fällen, und wie stellt man sich die sachliche und organisatorische Verzahnung beispielsweise in einem solchen Bereich vor, in dem es unerläßlich ist, daß Parlament und Ministerium eng zusammenarbeiten und deswegen auch räumlich nahe beieinander angeordnet werden müssen?" (Deutscher Bundestag, Stenographische Berichte 12/66. Sitzung: 5624)

Der damalige Innenminister Seiters beantwortete diese Frage mit dem Hinweis, daß die Entscheidung über die Frage, welche Ministerien ihren 1. Dienstsitz auch künftig in Bonn haben sollten, der Suche nach Politikfeldern entsprungen sei, die sich besonders für den Verbleib in Bonn eigneten. In der Tat läßt sich die Entscheidung über den künftigen Standort des BMU mit Argumenten, die sich auf die Regierungsfunktionen beziehen, nicht begründen. Was aber verbirgt sich hinter der Zuweisung des Umweltressorts zu einem technisch-wissenschaftlichen Politikbereich, der in Bonn ausgebaut werden soll? Müller (1994c: 613) vermutet dahinter die Vorstellung, "[...] daß umweltpolitische Entscheidungsvorbereitung primär der Kontakte zu wissenschaftlich-technischem Sachverstand bedarf." Die Frage nach der Beeinflussung umweltrelevanter Programme anderer Ressorts, für die es "exzellenter Informationskontakte" zu den jeweiligen Ministerien und den betroffenen Verbänden sowie glaubhafter "Drohpotentiale" bedürfe, sei dem gegenüber völlig unterbewertet worden. Die Konsequenz des Bonn-Berlin-Beschlusses besteht in dieser Sichtweise in einer Entpolitisierung des Umweltschutzes, die in seiner räumlichen Abkopplung von konkurrierenden Politikbereichen ihren sichtbaren Ausdruck findet. Die damit verbundene Abwertung der Umweltpolitik wird verstärkt durch die künftige Parlamentsferne der BMU-Arbeitsebene, denn "Wirkungschancen und Status der Ministerien" hängen wesentlich davon ab, daß ihre "[...] Fachreferate in den aktuellen Zusammenhang der parlamentarischen Prozesse kontinuierlich einbezogen werden" (Zeh 1995: 157). Die in der Beamtenschaft des Umweltministeriums dominierende Einschätzung, einem Ministerium zweiter Klasse zu dienen, erfährt durch den Umzugsbeschluß

---

42 Deshalb ist es durchaus konsequent, daß auch der Bundesrat beschlossen hat, seinen Sitz entgegen der ursprünglichen Planung ebenfalls in Berlin zu nehmen (Laufer/Münch 1997: 119ff.).

gleichsam offizielle Bestätigung; die Aufteilung der Ministerien ist nicht zuletzt auch Ausdruck ihrer politischen Gewichtung durch die Regierungsspitze (Derlien 1995: 164).[43]

Wie kann bzw. sollte das Umweltministerium auf diese Situation reagieren? Die Angaben, wieviel Personal von den "Bonner Ressorts" in ihre 2. Dienstsitze nach Berlin verlagert werden wird, schwanken zwischen 10 Prozent (Kroppenstedt 1995: 123) und 20 Prozent (Zeh 1995: 144). Die Entscheidung über die Größe des Personalbestandes des künftigen 2. Dienstsitzes hängt davon ab, wie der zuständige Minister den Bedarf an administrativem Fachwissen in seiner unmittelbaren Umgebung einschätzt. Doch wo immer er den Schnitt in seinem Ressort ansetzen will, wird er sich mit dem Problem der künftigen Rolle der Führungszwischenschicht auseinandersetzen müssen. Insbesondere die Abteilungsleiter drohen ihre zentrale Funktion im Dialogmodell zwischen politischer Leitung und Arbeitsebene, das sich bisher in täglichen, persönlichen Kontakten mit dem Staatssekretär einerseits und den Unterabteilungsleitern andererseits manifestiert (Derlien 1995: 168), zu verlieren. Unter Bezug auf die drohende Gefährdung des innerministeriellen Dialogs prognostiziert Müller (1994c: 616f.) eine Rückentwicklung der Bonner Dienststelle zu einem weitgehend reaktiven Apparat:

> "Die Spitzenbeamten werden sich in dem zu befürchtenden Dauerkonflikt mit den - zumindest ihrer Meinung nach - fachlich unerfahrenen Mitarbeitern des Berliner Stabs, in der Weise zur Wehr setzen, daß sie sich dem Typus des "klassischen Bürokraten" annähern, das heißt weitgehend reaktiv die politischen Weisungen in den Apparat umsetzen und ansonsten die Arbeitsebene vor allzuviel "politischer" Einmischung schützen wollen. Entsprechend werden die Referate, vom unmittelbaren Kontakt mit der Leitungsebene in Berlin abgeschnitten, sich zu bloßen "Wasserträgern" der in Berlin operierenden Stabsmitarbeiter degradiert fühlen und auf ihre reine Fachkompetenz zurückziehen. Sie werden sich entweder zu bloßen Bedenkenträgern entwickeln und sich in ihren fachlichen Nischen bequem einrichten oder aber durch Informationsvorenthaltung und mangelnde Unterstützung so viel Reibungen in die innerministeriellen Abläufe bringen, daß hierunter die Leistungsfähigkeit des Gesamtressorts nach innen und außen ganz erheblich leiden dürfte."

---

43 Die "Degradierung" des BMU erfolgte übrigens mit Zustimmung des damaligen Umweltministers Töpfer. Müller (1994c: 614) erklärt dies neben der Rücksichtnahme auf die Pro-Bonn-Stimmung, die in der Beamtenschaft aller Ministerien dominiere, damit, daß Minister generell dazu tendierten, "[...] die Mechanismen und Voraussetzungen einer auf kooperative Einflußnahme und Konfliktvermeidung angelegten Referatsarbeit" zu unterschätzen, weil sie mit der Programmarbeit nur in Konfliktfällen konfrontiert würden. Daß Minister so wenig über den Alltag der Regierungsarbeit wissen sollen, mag man kaum glauben. Das Sich-Abfinden des damaligen Umweltministers mit dem Verbleib seines 1. Dienstsitzes in Bonn entspricht jedenfalls auch der Einschätzung seiner Beamtenschaft, daß ihr damaliger Minister wenig Konfliktbereitschaft erkennen ließ. Sie entspricht zudem der Beschreibung seines Führungsstils. Töpfer war demnach ein Umweltminister, der keinen besonderen Wert auf fachliche Beratung legte. Es mag also sein, daß er nach eigener Einschätzung seine Funktionen gegenüber dem Parlament und den anderen Ressorts nur mit Hilfe eines engeren Arbeitsstabes zu bewältigen können meinte. Seine Nachfolgerin, die nach Bekunden ihrer Untergebenen die fachliche Beratung permanent einfordert, hätte dies wohl anders beurteilt.

Für die politischen Leitung wird sich das Problem der Kontrolle und Steuerung des in Bonn verbleibenden Linienapparates ergeben. Aus der Perspektive der Arbeitsebene entspricht dem die erschwerte Vermittlung fachlicher Anliegen "nach oben". Dem wird mit dem Einsatz moderner Informations- und Kommunikationstechnologien im Rahmen des im Aufbau befindlichen "Informationsverbundes Bonn/Berlin", mit dem Ersatz für den unmittelbaren, persönlichen Kontakt geschaffen werden soll (Kroppenstedt 1995: 123f.), beizukommen versucht. Dagegen gibt es Bedenken. Ellwein/Hesse (1994: 213) betonen die Unersetzbarkeit des "persönlichen Umgangs" zwischen Leitungs- und Arbeitsbereich innerhalb der einzelnen Ministerien, und Derlien (1995: 172) weist ergänzend darauf hin, daß es Konfliktsituationen zwischen Ministerien gebe, die nur im persönlichen Gespräch zwischen den zuständigen Ministerialbeamten geklärt werden könnten. Man mag diese Einwände für überzogen halten. Doch gründet Müllers negative Prognose für die Zukunft des Umweltministeriums letztlich auf Erwägungen, denen man durch den Einsatz von Bildschirmtelephonen ohnehin nicht gerecht werden kann. Ihr geht es darum, daß durch die Bonn-Berlin-Dislozierung nicht nur zwischen den Ministerien, sondern auch innerhalb derselben neue, wenngleich informelle Hierarchien geschaffen werden. Bei - mit Ausnahme des Umzugs des Leitungsbereichs - unveränderter Organisation des Ressorts würde dies das Selbstverständnis der in Bonn verbleibenden Beamtenschaft empfindlich beschädigen und zu dem von Müller befürchteten "Wasserträgersyndrom" führen. Will das Umweltministerium nicht vollends in die politische Bedeutungslosigkeit absinken, ist es deshalb zur internen Modernisierung gezwungen.

Damit kommt der allgemeinen Diskussion über die Modernisierung der öffentlichen Verwaltung für die Umweltpolitik besondere Bedeutung zu. Ihr wohl wesentlichster Aspekt, der sich analog auch in Managementtheorien findet, betrifft die (Wieder-)Herstellung von Verantwortung im Apparat. Damit wird der politischen Führung die Kunst des Delegierens abverlangt. Sie setzt allerdings klar strukturierte, überschaubare Verantwortlichkeitsstrukturen voraus. Die Ausdifferenzierung kleiner und kleinster Bereichszuständigkeiten in den herkömmlichen Fachreferaten wird dem nicht gerecht. Das vielzitierte *lean management* läßt sich zudem nur realisieren, wenn überflüssige Hierarchiestufen abgebaut und die organisatorische Basis mittels der Übertragung der früher von ihnen wahrgenommen Funktionen gestärkt wird. Dies bedeutet nichts anderes, als daß die tragenden Elemente der Ministerialorganisation, und das sind die Referate, aufgewertet werden müssen. Zusammengefaßt läuft dies auf die

Wiederbelebung der schon seit Beginn der siebziger Jahre erhobenen Forderung nach der Zusammenfassung von Aufgabenbereichen in Großreferaten hinaus, wie sie auch in der hier vorliegenden Studie mehrfach thematisiert wurde. Auch der Forderung nach Abflachung der Hierarchien könnte mittels einer konsequenten Orientierung am Leitbild des Großreferats bzw. der Arbeitsgruppe entsprochen werden, denn sie ließe sich ohne größere Probleme mit der Abschaffung der hinsichtlich ihrer Funktionslogik ohnehin umstrittenen Unterabteilungen (König 1989: 58) verbinden.

Der besondere Charme dieses von Verwaltungswissenschaftlern seit langem propagierten Modells liegt darin, daß es sich aus verschiedenen Gründen für die Umweltverwaltung des Bundes ganz besonders eignet. Sie wurden in den vorausgegangenen Kapiteln bereits herausgearbeitet und sollen deshalb abschließend nur noch stichpunktartig angesprochen werden.

Großreferate bieten sich für die Bearbeitung der umweltpolitischen Fragen der Zukunft deshalb besonders an, weil der bislang dominierende Bezug des Umweltschutzes auf einzelne Medien der Vergangenheit angehört. Dem "integrierten Ansatz", wie er auch von der Europäischen Union vorangetrieben wird, könnte bei der bisherigen Struktur, die beispielsweise den Gewässerschutz organisatorisch säuberlich vom Naturschutz und der Luftreinhaltung zu trennen weiß, nur unvollkommen und um den Preis einer noch weiter ausfernden "Kultur der Mitzeichnung" entsprochen werden. Arbeitsgruppen wären somit der angemessene Ausdruck einer ressortinternen Querschnittsorientierung. Der Querschnittsanspruch erstreckt sich jedoch auch auf die anderen Ministerien. Auch hier ist, wie gezeigt, das Kleinreferat überfordert. Arbeitsgruppen wären wesentlich besser in der Lage, Spiegelaufgaben auch gegenüber großen Ressorts wahrzunehmen. Ein weiterer Gesichtspunkt tritt hinzu. In fast jedem Referat des BMU sind heutzutage inter- und supranationale Dimensionen der jeweiligen Fachaufgaben zu beachten. Die bisherige Organisation wird dem insofern nicht gerecht, als sie die Bearbeitung europäischer und internationaler Fragen gesonderten Arbeitseinheiten, die vor allem in der Abteilung G konzentriert sind, zuweist. Auch hier böten Großreferate einen entscheidenden

Vorteil, nämlich den der Integration des auf die internationalen Beziehungen bezogenen Sachverstandes in die Facharbeit.[44]

Aus der umzugsgeborenen Not könnte eine weitere Tugend entstehen. Der in Berlin residierenden Leitungsebene wird gar nichts anderes übrig bleiben, als das Bonner "Stammhaus", das aufgrund der nicht mehr benötigten Regierungsgebäude in Bonn nach der Jahrtausendwende diesen Namen wohl endlich verdienen wird, an der langen Leine zu führen. Unter der Voraussetzung, daß sie eine "moderne" Organisationsstruktur im obigen Sinne realisiert, die Verantwortung sichtbar und damit prinzipiell auch aus der räumlichen Distanz kontrollierbar macht, könnte sie sich das wohl auch leisten. Wenn "Berlin" mit der Aufwertung der Bonner Arbeitsbereiche ernst machen und darauf verzichten würde, sie mit Detailvorgaben zu steuern, würde sich für die Beamtenschaft des BMU die Chance eröffnen, nach und nach die "Netzwerkfähigkeit" zu entwickeln, derer sie dringend bedarf, um den Ansprüchen des "Kooperativen Umweltstaates" standhalten zu können. Funktionierende umweltpolitische Netzwerke setzen indes auch die Beteiligung von "Verursacherinteressen" voraus. Sie werden ihr Hauptaugenmerk gewiß auf die "große Politik" in Berlin richten. Insbesondere die Dachverbände werden den Regierungsumzug nachvollziehen (Lehmbruch 1995: 230). Der Gefahr, daß der Umweltschutz an der "Peripherie des Regierungssitzes" (Müller 1994c: 619) verkümmern wird, kann das Ministerium also aus eigener Kraft nur unvollkommen begegnen. Daß ein "überholtes Politikverständnis" den Umweltschutz nunmehr auch räumlich vollends sichtbar an den Randbereich des Regierens zu drängen droht (ebenda), hat letztlich der Bundeskanzler zu verantworten. Von ihm, dem "Konstrukteur der Bundesregierung" (Eschenburg), hängt es entscheidend ab, ob dieses Verständnis revidiert wird. Aber wie meinte noch resignierend der Referatsleiter, der das Motto zu Kapitel 4 dieser Studie lieferte: "Wenn es ernst wird, stehen wir doch immer allein [...]".

---

44 Nur am Rande sei vermerkt, daß die personelle Flexibilität, die Großreferate grundsätzlich auszeichnet, auch hinsichtlich der räumlichen Zweiteilung des BMU an Bedeutung gewinnen wird. Die Reiseintensität der Bonner Beamten wird künftig erheblich zunehmen. Zum Pendeln zwischen den Arbeitsgruppen der Europäischen Kommission in Brüssel und den Umweltkoordinationsgremien der Länder kommen künftig die Ausschußsitzungen des Bundestages in Berlin. Da in den Dependancen der Berliner Ministerien in Bonn wahrscheinlich kaum mehr kompetente Ansprechpartner für die Ressortabstimmung über Gesetzgebungsvorhaben zu finden sein werden, wird zudem so mancher Besprechungstermin in den Berliner Ressorts hinzukommen (Derlien 1995: 172). Die heutigen "Zweieinhalb-Mann-Referate" wären zu kontinuierlicher Arbeit kaum mehr imstande.

Literaturverzeichnis

Abromeit, Heidrun (1993): Interessenvermittlung zwischen Konkurrenz und Konkordanz. Studienbuch zur Vergleichenden Lehre politischer Systeme, Opladen.

Achterberg, Norbert (1984): Rechtsprechung als Staatsfunktion, Rechtsprechungslehre als Wissenschaftsdisziplin, in: Deutsches Verwaltungsblatt, H. 22, S. 1093ff.

Alemann, Ulrich von (1987): Organisierte Interessen in der Bundesrepublik, Opladen.

Alemann, Ulrich von/Rolf G. Heinze (Hrsg.) (1979): Verbände und Staat. Vom Pluralismus zum Korporatismus. Analysen, Positionen, Dokumente, Opladen.

Baumgärtner, Wilfried (1996): Die unmittelbaren Auswirkungen des Investitionserleichterungs- und Wohnbaulandgesetzes auf die Umweltverträglichkeitsprüfung (UVP), in: Herbert Pfaff-Schley (Hrsg): Die Umweltverträglichkeitsprüfung. Probleme in der Planungspraxis und ihre Ursachen, S. 1ff.

Becker, Bernd (1989): Öffentliche Verwaltung. Lehrbuch für Wissenschaft und Praxis, Percha.

Benz, Arthur (1985): Föderalismus als dynamisches System. Zentralisierung und Dezentralisierung im föderativen Staat, Opladen.

Benzner, Bodo (1989): Ministerialbürokratie und Interessengruppen. Eine empirische Analyse der personellen Verflechtung zwischen bundesstaatlicher Ministerialorganisation und gesellschaftlichen Gruppeninteressen in der Bundesrepublik Deutschland im Zeitraum 1949-1984, Baden-Baden.

Berg, Michael von (1990): Umweltschutz in Deutschland. Verwirklichung einer deutschen Umweltunion, In: Deutschland-Archiv H.6, S. 897ff.

Beyme, Klaus von (1991): Das politische System der Bundesrepublik Deutschland nach der Vereinigung, Neuausgabe, München/Zürich.

Biedenkopf, Kurt H./Rüdiger von Voss (1977): Staatsführung, Verbandsmacht und innere Souveränität. Von der Rolle der Verbände, Gewerkschaften und Bürgerinitiativen in der Politik, Stuttgart.

Bischoff, Friedrich/Michael Bischoff (1989): Parlament und Ministerialverwaltung, in: Schneider, Hans- Peter/ Wolfgang Zeh (Hrsg.): Parlamentsrecht und Parlamentspraxis, Berlin/ New York, S. 1457ff.

BMU (1994): Denkschrift für ein Umweltgesetzbuch, hrsg. vom Umweltbundesamt, Berlin.

BMU 1998: Bundesministerium für Umwelt, Naturschutz und Reaktorsicherheit (Hrsg): Umweltgesetzbuch. Entwurf der Unabhängigen Sachverständigenkommission zum Umweltgesetzbuch beim Bundesministerium für Umwelt, Naturschutz und Reaktorsicherheit, Berlin.

Bock, Bettina (1990): Umweltschutz im Spiegel von Verfassungsrecht und Verfassungspolitik, Berlin.

Böckenförde, Ernst-Wolfgang (1964): Die Organisationsgewalt im Bereich der Bundesregierung. Eine Untersuchung zum Staatsrecht der Bundesrepublik Deutschland, Berlin.

Bohne, Eberhard (1990): Recent Trends in Informal Environmental Conflict Resolution, in: Wolfgang Hoffmann-Riem/Eberhard Schmidt-Aßmann (Hrsg.): Konfliktbewältigung durch Verhandlungen. Informelle und mittlerunterstützte Verhandlungen in Verwaltungsverfahren, Baden-Baden, S. 217ff.

Bohne, Eberhard (1994): Informales Verwaltungshandeln, in: Otto Kimminich u.a. (Hrsg.): Handwörterbuch des Umweltrechts, 2. Aufl., Berlin, S. 1046 ff.

Böhret, Carl (1990): Folgen. Entwurf für eine aktive Politik gegen schleichende Katastrophen, Opladen.

Borries, Reimer von (1995): Deutschland: Die Sicht der Bundesregierung, in: Rudolf Hrbek (Hrsg.): Die Anwendung des Subsidiaritätsprinzips in der Europäischen Union - Erfahrungen und Perspektiven, Baden-Baden, S. 21ff.

Breuer, Rüdiger (1993): Entwicklungen des europäischen Umweltrechts - Ziele, Wege und Irrwege, Berlin/New York 1993.

Breuer, Rüdiger (1990): Verhandlungslösungen aus Sicht des deutschen Umweltschutzrechts, in: Wolfgang Hofmann-Riem/Eberhard Schmidt-Aßmann (Hrsg.): Konfliktbewältigung durch Verhandlungen, Baden-Baden, S. 231ff.

Bryde, Brun-Otto (1989): Stationen, Entscheidungen und Beteiligte im Gesetzgebungsverfahren, in: Hans-Peter Schneider/Wolfgang Zeh (Hrsg.): Parlamentsrecht und Parlamentspraxis in der Bundesrepublik Deutschland, Berlin/New York, S. 859ff.

Bull, Hans-Peter (1989): Artikel 87, in: Kommentar zum Grundgesetz für die Bundesrepublik Deutschland, Reihe Alternativkommentare, hrsg. von Rudolf Wassermann, 2. Aufl., Neuwied, S. 729ff.

Bull, Hans Peter (1973): Die Staatsaufgaben nach dem Grundgesetz, Frankfurt/Main.

Bunge, Thomas (1994): Umweltverträglichkeitsprüfung, in: Otto Kimminich u.a. (Hrsg.): Handwörterbuch des Umweltrechts, 2. Aufl., Berlin, S. 2478ff.

Burhenne, Wolfgang E./Joachim Kehrhahn (1982): Neue Formen parlamentarischer Zusammenarbeit, in: Jochen Vogel u.a. (Hrsg).: Die Freiheit des Anderen. Festschrift für Martin Hirsch, Baden-Baden, S. 311ff.

Busse, Volker (1988): Die Neuregelung der Kompetenzen des Bundesministeriums für Jugend, Familie, Frauen und Gesundheit als Frauenministerium, in: Verwaltungsarchiv, H. 2, S. 203ff.

Busse, Volker (1994): Bundeskanzleramt und Bundesregierung. Aufgaben, Organisation, Arbeitsweise mit Blick auf Vergangenheit und Zukunft, Heidelberg.

Busse, Volker (1995): Umzugsplanung Berlin/Bonn aus staatsorganisatorischer Sicht, in: Werner Süß (Hrsg.): Hauptstadt Berlin, Band 2, Berlin, S. 93ff.

Busse, Volker (1996): Zur Gesetzgebungsarbeit der Bundesregierung. Politik, Kooperation und Planung heute, in: Verwaltungsarchiv, H. 3, S. 445ff.

Caspari, Stefan (1995): Die Umweltpolitik der Europäischen Gemeinschaft. Eine Analyse am Beispiel der Luftreinhaltepolitik, Baden-Baden.

Cornelsen, Dirk (1991): Anwälte der Natur. Umweltschutzverbände in Deutschland, München.

Cupei, Jürgen (1986): Umweltverträglichkeitsprüfung (UVP). Ein Beitrag zur Strukturierung der Diskussion, zugleich eine Erläuterung der EG-Richtlinie, Köln/Berlin/Bonn/ München.

Cupei, Jürgen (1988): Umweltverträglichkeitsprüfung bei der Vorbereitung von Rechts- und Verwaltungsvorschriften, In: Zeitschrift für Gesetzgebung, H. 2, S. 46ff.

Cupei, Jürgen (1994): Vermeidung von Wettbewerbsverzerrungen innerhalb der EG durch UVP? Eine vergleichende Analyse der Umsetzung der UVP-Richtlinie in Frankreich, Großbritannien und den Niederlanden, Baden-Baden.

Czada, Roland (1991): Regierung und Verwaltung als Organisatoren gesellschaftlicher Interessen, in: Hartwich, Hans-Hermann/ Göttrik Wewer (Hrsg.): Regieren in der Bundesrepublik III. Systemsteuerung und "Staatskunst", Opladen, S. 151ff.

Czada, Roland (1992): Steuerung und Selbststeuerung der Verwaltung im Krisenfall. Reaktionen auf den radioaktiven Fallout nach "Tschernobyl", in: Arthur Benz/Wolfgang Seibel (Hrsg.): Zwischen Kooperation und Korruption. Abweichendes Verhalten in der Verwaltung, Baden-Baden, S. 153ff.

Czada, Roland (1994): Konjunkturen des Korporatismus: Zur Geschichte eines Paradigmenwechsels in der Verbändeforschung, in: PVS, Sonderheft 25, S. 37ff.

Damaschke, Kurt (1986): Der Einfluß der Verbände auf die Gesetzgebung: Am Beispiel des Gesetzes zum Schutz vor gefährlichen Stoffen (Chemikaliengesetz), München.

Demmke, Christoph (1994): Umweltpolitik im Europa der Verwaltungen, in: Die Verwaltung, H. 1, S. 49ff.

Dennert, Jürgen (1968): Entwicklungspolitik - geplant oder verwaltet? Entstehung und Konzeption des Bundesministeriums für wirtschaftliche Zusammenarbeit, Bielefeld.

Derlien, Hans-Ulrich (1982): Methodik der empirischen Verwaltungsforschung, in: Joachim Jens Hesse (Hrsg.): Politikwissenschaft und Verwaltungswissenschaft, PVS-Sonderheft 13, S. 122ff.

Derlien, Hans-Ulrich (1987): Qualitatives und quantitatives Vorgehen in der Verwaltungsforschung, in: Rainer Koch (Hrsg.): Verwaltungsforschung in Perspektive, Baden-Baden, S. 78ff.

Derlien, Hans-Ulrich (1995): Regierung und Verwaltung in der räumlichen Zweiteilung, in: Werner Süß (Hrsg.): Hauptstadt Berlin, Band 2, Berlin, S. 159ff.

Derlien, Hans-Ulrich (1996): Zur Logik und Politik des Ressortzuschnitts, in: Verwaltungsarchiv 4, S. 548ff.

Deutscher Naturschutzring (1997): EU-Rundschreiben Nr. 2, Bonn.

Dittmann, Armin (1994): Organisation der Umweltverwaltung, in: Otto Kimminich u.a. (Hrsg.): Handwörterbuch des Umweltrechts, 2. Aufl., Berlin, S. 1548ff.

Dose, Nicolai/Rüdiger Voigt (1995): Kooperatives Recht: Norm und Praxis, in: Dies. (Hrsg.): Kooperatives Recht, Baden-Baden, S. 11ff.

Dose, Nicolai (1995): Kooperatives Handeln der Umweltschutzverwaltung, in: Nicolai Dose/Rüdiger Voigt (Hrsg.): Kooperatives Recht, Baden-Baden, S. 91ff.

Eichhorn, Peter (Hrsg.) (1985): Verwaltungslexikon, Baden-Baden.

Ellwein, Thomas (1996): Konstruktionsalternativen für die Verwaltung des Landes Berlin-Brandenburg, in: Staatswissenschaften und Staatspraxis H. 1, S. 3ff.

Ellwein, Thomas/ Joachim Jens Hesse (1994): Der überforderte Staat, Baden-Baden.

Enderle, Martin/Dieter Zimmermann (1991): Organisation des kommunalen Umweltschutzes, in: Klaus P. Fiedler (Hrsg.): Kommunales Umweltmanagement. Handbuch für praxisorientierte Umweltpolitik und Umweltverwaltung in Städten, Kreisen und Gemeinden, Köln, S. 13ff.

Eschenburg, Theodor (1964): Der Bundeskanzler als Regierungskonstrukteur, in: Ders.: Zur Politischen Praxis in der Bundesrepublik, München, S. 35ff.

Fabritius, Georg (1977): Wechselwirkungen zwischen Landtagswahlen und Bundespolitik, Meisenheim am Glan.

Fahs, Markus (1995): Die EG-Öko-Audit-Verordnung aus sozial-ökologischer Perspektive, in: Anja-Grothe-Senf/Ulrich Kadritzke (Hrsg.): Versöhnung von Ökonomie und Ökologie? Theoretische und praktische Überprüfungen, S. 141ff.

Feuchte, Paul (1973): Die bundesstaatliche Zusammenarbeit in der Verfassungswirklichkeit der Bundesrepublik Deutschland, in: AöR, 98. Band, S. 473ff.

Friedrichs, Jürgen (1985): Methoden der empirischen Sozialforschung, 13. Aufl., Opladen.

Geißler, Heiner (1993): Heiner Geißler im Gespräch mit Gunter Hofmann und Werner A. Perger, Frankfurt/Main.

Gemeinsame Verfassungskommission (1993): Bericht der Gemeinsamen Verfassungskommission (Zur Sache. Themen parlamentarischer Beratung 5/93).

Göhler, Gerhard (1987): Institutionenlehre und Institutionentheorie in der deutschen Politikwissenschaft nach 1945, in: Ders. (Hrsg.): Grundfragen der Theorie politischer Institutionen. Forschungsstand, Probleme, Perspektiven, Opladen, S. 15ff.

Grimm, Dieter (1994): Verbände, in: Ernst Benda u.a. (Hrsg.): Handbuch des Verfassungsrechts der Bundesrepublik Deutschland, 2. Aufl., Berlin/New York.

Hagenah, Evelyn (1993): Problemeinführung: Die derzeitige Situation bei der Festlegung von Umweltstandards in Deutschland, in: UBA-Texte 55, S. 4ff.

Hagenah, Evelyn (1994): Neue Instrumente für eine neue Staatsaufgabe: Zur Leistungsfähigkeit prozeduralen Rechts im Umweltschutz, in: Dieter Grimm (Hrsg.): Staatsaufgaben, Baden-Baden.

Hagenah, Evelyn (1996): Prozeduraler Umweltschutz. Zur Leistungsfähigkeit eines rechtlichen Regelungsinstruments, Baden-Baden.

Hansjürgens, Bernd (1996): Föderalismustheorie und europäische Umweltpolitik. Ökonomische Kriterien für die Verteilung umweltpolitischer Kompetenzen in der EU, in: Dieter Postlep (Hrsg.): Aktuelle Fragen zum Föderalismus. Ausgewählte Probleme aus Theorie und politischer Praxis des Föderalismus, Marburg, S. 73ff.

Hansmeyer, Karl-Heinrich/Schneider, Hans-Karl (1990): Umweltpolitik. Ihre Fortentwicklung unter marktsteuernden Aspekten, Göttingen.

Hartkopf, Günter/Eberhard Bohne (1983): Umweltpolitik, Bd. 1. Grundlagen, Analysen und Perspektiven, Opladen.

Hartkopf, Günter (1986): Umweltverwaltung - eine organisatorische Herausforderung, in: Umweltschutz und Verwaltung - der öffentliche Dienst zwischen politischem Anspruch und Realisierungsnot, Bonn.

Hartwich, Hans-Hermann/Göttrik Wewer (Hrsg) (1991): Regieren in der Bundesrepublik II: Formale und informale Komponenten des Regierens, Opladen.

Heinze, Rolf G. (1992): Verbandspolitik zwischen Partikularinteressen und Gemeinwohl - Der Deutsche Bauernverband, Gütersloh.

Héritier, Adrienne (1993): Einleitung. Policy Analyse. Elemente der Kritik und Perspektiven der Neuorientierung, in: dies. (Hrsg.): Policy-Analyse. Kritik und Neuorientierung, PVS-Sonderheft 24, Opladen, S. 9ff.

Héritier, Adrienne (1995): Subsidiaritätsprinzip im Bereich Umweltpolitik, in: Rudolf Hrbek (Hrsg.): Das Subsidiaritätsprinzip in der Europäischen Union - Bedeutung und Wirkung für ausgewählte Politikbereiche, Baden-Baden, S. 87ff.

Héritier, Adrienne u.a. (1994): Die Veränderung von Staatlichkeit in Europa, Opladen.

Herzog, Dietrich/ Hilke Rebenstorf/ Camilla Werner/ Bernhard Weßels (1990): Abgeordnete und Bürger. Ergebnisse einer Befragung der Mitglieder des 11. Deutschen Bundestages und der Bevölkerung, Opladen.

Herzog, Roman (1983): Artikel 64, in: Maunz/Dürig/Herzog: Grundgesetzkommentar, München (Loseblattsammlung).

Herzog, Roman (1984): Artikel 65, in: Maunz/Dürig/Herzog: Grundgesetzkommentar, München (Loseblattsammlung).

Hesse, Joachim Jens/ Thomas Ellwein (1992): Das Regierungssystem der Bundesrepublik Deutschland, 7. Aufl., Opladen

Hey, Christian (1990): Umweltpolitik in der EG: Kooperation oder Konkurrenz der Standards?, in: Rudolf Welzmüller (Hrsg.): Marktaufteilung und Standortpoker in Europa. Veränderungen in der Wirtschaftsstruktur in der Weltmachtregion Europa, Köln, S. 191ff.

Hey, Christian/Uwe Brendle (1994a): Umweltverbände und EG. Strategien, Politische Kulturen und Organisationsformen, Opladen.

Hey, Christian/Uwe Brendle (1994b): Towards a new Renaissance: A new development model. Reversing the roll-back of environmental policies in the European Union (Part A), Brüssel.

Hilbert, Josef/Helmut Voelzkow (1984): Umweltschutz durch Wirtschaftsverbände? - Das Problem verbandlicher Verpflichtungsfähigkeit am Beispiel umweltschutzinduzierter Selbstbeschränkungsabkommen, in: Manfred Glagow (Hrsg.): Gesellschaftssteuerung zwischen Korporatismus und Subsidiarität, Bielefeld, S. 140ff.

Hillenbrand, Olaf (1995): Umweltpolitik, in: Werner Weidenfeld/ Wolfgang Wessels (Hrsg.): Jahrbuch der Europäischen Integration 1994/95, Bonn, S. 161ff.

Hilz, Wolfram (1996): Das Subsidiaritätsprinzip im Maastricht-Prozeß: Eine europapolitische Karriere, in: Roland Sturm (Hrsg.): Europäische Forschungs- und Technologiepolitik und die Anforderungen des Subsidiaritätsprinzips, Baden-Baden, S. 11ff.

Hofmann, Hasso (1994): Technik und Umwelt, in: Ernst Benda u.a. (Hrsg.): Handbuch des Verfassungsrechts der Bundesrepublik Deutschland, 2.Aufl., S. 1005ff.

Holzinger, Katharina (1994): Politik des kleinsten gemeinsamen Nenners? Umweltpolitische Entscheidungsprozesse in der EG am Beispiel der Einführung des Katalysatorautos, Berlin.

Holzinger, Katharina (1997): The Influence of the New Member States on EU Environmental Policy Making: A Game Theoretic Approach, in: Duncan Liefferinck/Michael Skou Andersen (Eds.): The Innovation of EU Environmental Policy", Kopenhagen/Oslo, S.59ff.

Hoppe, Werner/Martin Beckmann (1989): Umweltrecht. Juristisches Kurzlehrbuch für Studium und Praxis, München.

Hrbek, Rudolf (1986): Doppelte Politikverflechtung: Deutscher Föderalismus und Europäische Integration. Die deutschen Länder im EG-Entscheidungsprozeß, in: Rudolf Hrbek/Uwe Thaysen (Hrsg.): Die Deutschen Länder und die Europäischen Gemeinschaften. Referate und Diskussionsbeiträge eines Symposiums der Deutschen Vereinigung für Parlamentsfragen am 20./21. Juni in Stuttgart, Baden-Baden, S. 17ff.

Hrbek, Rudolf (1994): Umweltparteien, in: Otto Kimminich u.a. (Hrsg.): Handwörterbuch des Umweltrechts, Berlin, S. 2211ff.

Huber, Michael (1995): Climate Change Policies: Country Report Germany. Report prepared for the Research Project "Climate Change Policies in the European Communities", Hamburg (unveröffentlicht).

Hucke, Jochen/Arieh A. Ullmann (1980): Konfliktregelung zwischen Industriebetrieb und Vollzugsbehörde bei der Durchsetzung regulativer Politik, in: Renate Mayntz (Hrsg.): Implementation politischer Programme. Empirische Forschungsberichte, Königstein/Ts., S. 105ff.

Hucke, Jochen (1990): Umweltpolitik: Die Entwicklung eines neuen Politikfeldes, in: Klaus von Beyme/Manfred G. Schmidt (Hrsg.): Politik in der Bundesrepublik Deutschland, Opladen, S. 382ff.

ipos (1994): Einstellungen zu Fragen des Umweltschutzes 1994. Ergebnisse einer repräsentativen Bevölkerugsumfrage in den alten und neuen Bundesländern, Mannheim.

Ismayr, Wolfgang (1992): Der Deutsche Bundestag. Funktionen, Willensbildung, Reformansätze, Opladen.

Jachtenfuchs, Markus/Christian Hey/Michael Strübel (1993): Umweltpolitik in der Europäischen Gemeinschaft, in: Volker von Prittwitz (Hrsg.): Umweltpolitik als Modernisierungsprozeß. Politikwissenschaftliche Umweltforschung und -lehre in der Bundesrepublik, Opladen, S. 137ff.

Jachtenfuchs, Markus (1996): Umweltpolitik, in: Dieter Nohlen (Hrsg.): Lexikon der Politik, Band 5: Die Europäische Union, München, S. 254ff.

Jahns-Böhm, Jutta/Siegfried Breier (1992): Die umweltrechtliche Querschnittsklausel des Art. 130r II 2 EWGV, in: EuZW, Nr. 2, S. 49ff.

Jänicke, Martin (1986): Staatsversagen. Die Ohnmacht der Politik in der Industriegesellschaft, München.

Jänicke, Martin (1989): Umweltpolitisches Staatsversagen im Realen Sozialismus, in: Helmut Schreiber (Hrsg.): Umweltprobleme in Mittel- und Osteuropa, Frankfurt/Main, New York, S. 43ff.

Jänicke, Martin (1990): Erfolgsbedingungen von Umweltpolitik im internationalen Vergleich, in: Zeitschrift für Umweltpolitik und Umweltrecht, H. 3, S. 213ff.

Jänicke, Martin (1996): Erfolgsbedingungen von Umweltpolitik, in: ders. (Hrsg.): Umweltpolitik der Industrieländer. Entwicklung, Bilanz, Erfolgsbedingungen, Berlin, S. 9ff.

Jänicke, Martin/Helmut Weidner (Eds.) (1995): Successful environmental policy. A critical evaluation of 24 cases, Berlin.

Jann, Werner (1981): Die Vorbereitung von Gesetzen in Schweden, in: ZParl, H. 3, S. 377ff.

Jann, Werner (1994): Moderner Staat und effiziente Verwaltung. Zur Reform des öffentlichen Sektors in Deutschland, Bonn.

Jarras, Hans Dieter/Frank Schreiber (1994): Entfaltung des Subsidiaritätsprinzips im Umweltrecht, in: Hans Dieter Jarras/Lothar F. Neumann (Hrsg.): Leistungen und Grenzen des EG-Umweltschutzes, Bonn, S. 124ff.

Jörgens, Helge (1996): Die Institutionalisierung von Umweltpolitik im internationalen Vergleich, in: Martin Jänicke (Hrsg.): Umweltpolitik der Industrieländer. Entwicklung, Bilanz, Erfolgsbedingungen, Berlin, S. 59ff.

Kaltefleiter, Werner/Karl-Heinz Naßmacher (1994): Das Parteiengesetz 1994 - Reform der kleinen Schritte, in: ZParl, H. 2, S. 253.

Kammler, Hans/Ellen Wallenhorst/Joachim Wiesner (1967): Standing Order 78 und Artikel 113 GG, in: Verfassung und Verfassungswirklichkeit, Jahrbuch 1967, Teil 1, Köln und Opladen, S. 46ff.

Kennedy, William V./Rüdiger Lummert (1981): Umweltverträglichkeitsprüfung im Fernstraßenbau, in: Zeitschrift für Umweltpolitik und Umweltrecht, H. 4, S. 455ff.

Kiel, Thomas (1993): Stellungnahme aus Sicht des Naturschutzes, in: Zentralinstitut für Raumplanung und Umweltforschung der Technischen Universität München: Wohnbaulandgesetz contra Naturschutz?, München, S. 16ff.

Kimminich, Otto (1994): Umweltverfassungsrecht, in: Otto Kimminich u.a. (Hrsg.): Handwörterbuch des Umweltrechts, 2. Aufl., Berlin, S. 2462ff.

Klatt, Hartmut (1987): Interföderale Beziehungen im kooperativen Bundesstaat. Kooperation und Koordination auf der politischen Leitungsebene, in: Verwaltungsarchiv H.2, S. 186ff.

Kloepfer, Michael (1995): Verfassungsänderung statt Verfassungsreform. Zur Arbeit der Gemeinsamen Verfassungskommission, Berlin.

König, Herbert (1994): Berlin als Regierungssitz - Chancen einer umfassenden Reform, in: Werner Süß (Hrsg.): Hauptstadt Berlin, Band 1, Berlin, S. 123ff.

König, Klaus (1989): Vom Umgang mit Komplexität in Organisationen: Das Bundeskanzleramt, in: Der Staat, H. 1, S. 49ff.

König, Klaus (1990): Organisation: Voraussetzung und Folge des Regierens, in: Hans-Hermann Hartwich/Göttrik Wewer (Hrsg.): Regieren in der Bundesrepublik I: Konzeptionelle Grundlagen und Perspektiven der Forschung, Opladen, S. 105ff.

König, Manfred (1997): Leitungsorganisation der Verwaltung, in: Klaus König/Heinrich Siedentopf (Hrsg): Öffentliche Verwaltung in Deutschland, 2. Aufl., Baden-Baden, S. 597ff.

Kraemer, R. Andreas (1995): Das Fünfte Umweltaktionsprogramm der Europäischen Union, in: Jahrbuch Ökologie 1996, München, S. 218.

Kramer, Rainer (1994): Umweltinformationsgesetz, Öko-Audit-Verordnung, Umweltzeichenverordnung: Kommentar zum Umweltinformationsgesetz, Stuttgart/Berlin/Köln.

Krämer, Ludwig (1996): Defizite im Vollzug des EG-Umweltrechts und ihre Ursachen, in: Gertrude Lübbe-Wolff (Hrsg.): Defizite im Vollzug des europäischen Umweltrechts, Berlin, S. 7ff.

Kropp, Sabine (1997): Die Länder in der bundesstaatlichen Ordnung, in: Oscar W. Gabriel/Everhard Holtmann (Hrsg.): Handbuch politisches System der Bundesrepublik, München/Wien, S. 245ff.

Kroppenstedt, Franz (1995): Organisation und Kommunikation zwischen Berlin und Bonn, in: Werner Süß (Hrsg.): Hauptstadt Berlin, Band 2, Berlin, S. 117ff.

Kugele, Dieter (1978): Der politische Beamte. Entwicklung, Bewährung und Reform einer politisch-administrativen Reform, 2. Aufl., München.

Kunz, Wolfgang (1979): Umweltministerium - ja oder nein? Zur Zweckmäßigkeit einer Einrichtung auf Landesebene, Frankfurt/Main.

Ladeur, Karl-Heinz (1993): Kann es eine "Umwelt-Verfassung" geben? Zur Diskussion um ein Staatsziel "Umweltschutz" im Grundgesetz, in: Jahrbuch Ökologie 1994, München, S. 166ff.

Laufer, Heinz/Ursula Münch (1997): Das föderative System der Bundesrepublik Deutschland, 7. Aufl., Bonn.

Lehmbruch, Gerhard (1987): Administrative Interessenvermittlung, in: Adrienne Windhoff-Héritier (Hrsg.): Verwaltung und ihre Umwelt. Festschrift für Thomas Ellwein, Opladen, S. 11 ff.

Lehmbruch, Gerhard (1995): Intermediäre Interessen und die Hauptstadtfunktion in einer polyzentrischen Gesellschaft, in: Werner Süß (Hrsg.): Hauptstadt Berlin, Band 2, Berlin, S. 223ff.

Lerche, Clemens/Jörg Preusser (1997): The Bavarian perspective on the subsidiarity principle - with particular reference to implications for EC environmental policy, in: Collier, Ute/-Jonathan Golub/Alexander Kreher (Eds.): Subsidiarity and Shared Responsibility: New Challenges for EU Environmental Policy, Baden-Baden, S. 79ff.

Lerche, Peter (1992): Artikel 87, in: Maunz/Dürig/Herzog: Grundgesetzkommentar München (Loseblattsammlung).

Lersner, Heinrich von (1991): Die ökologische Wende, Berlin.

List, Martin (1992): Buchbesprechung: Volker von Prittwitz: Das Katastrophenparadox, in: Neue Politische Literatur, H. 1, S. 142f.

Lottmann, Jürgen H. (1979): Umweltfragen im Bundestag. Überlegungen zur Verbesserung aus parlamentarischer Sicht, in: ZParl. H. 2, S. 233 ff.

Lübbe-Wolff, Gertrude (1991): Verfassungsrechtliche Fragen der Normsetzung und Normkonkretisierung im Umweltrecht, in: Zeitschrift für Gesetzgebung, H. 3, S. 219ff.

Lübbe-Wolff, Gertrude (1996): Das Umweltauditgesetz, in: Natur und Recht, H. 5, S. 217ff.

Malunat, Bernd M. (1994): Die Umweltpolitik der Bundesrepublik Deutschland, in: Aus Politik und Zeitgeschichte B 49, S. 3ff.

Mann, Siegfried (1994): Macht und Ohnmacht der Verbände. Das Beispiel des Bundesverbandes der Deutschen Industrie e.V. (BDI) aus empirisch-analytischer Sicht, Baden-Baden.

Mauritz, Markus (1995): Natur und Politik. Die Politisierung des Umweltschutzes in Bayern. Eine empirische Untersuchung, Neutraubling.

Mayda, Jaro (1994): Vereinigte Staaten von Amerika, in: Otto Kimminich u.a. (Hrsg.): Handwörterbuch des Umweltrechts, 2. Aufl., Berlin, S. 2593ff.

Mayntz, Renate u.a. (1978): Vollzugsprobleme der Umweltpolitik, Stuttgart.

Mayntz, Renate (1985), Soziologie der öffentlichen Verwaltung, 3. Aufl., Heidelberg.

Mayntz, Renate (1987): Politische Steuerung und gesellschaftliche Steuerungsprobleme - Anmerkungen zu einem theoretischen Paradigma, in: Jahrbuch zur Staats- und Verwaltungswissenschaft, Band 1, Baden-Baden, S. 89ff.

Mayntz, Renate (1993): Policy-Netzwerke und die Logik von Verhandlungssystemen, in: Adrienne Héritier (Hrsg.): Policy-Analyse. Kritik und Neuorientierung, PVS-Sonderheft 24, S. 39ff.

Mayntz, Renate/Fritz W. Scharpf (1973): Vorschläge zur Reform der Ministerialreform, in: dies. (Hrsg.): Planungsorganisation. Die Diskussion um die Reform von Regierung und Verwaltung des Bundes, München, S. 201ff.

Mayntz, Renate/Fritz W. Scharpf (1995): Gesellschaftliche Selbstregelung und politische Steuerung, Frankfurt/New York.

Mertes, Michael/ Helmut G. Müller (1987): Der Aufbau des Bundesumweltministeriums, in: Verwaltungsarchiv H. 4, S. 459ff.

Michelsen, Gerd (1979): Kompetenzfragen der Umweltpolitik in der Bundesrepublik Deutschland, Frankfurt/Main 1979.

Mitlacher, Günter (1996): Akzeptanz des Naturschutzes - Rolle der Verbände (im Auftrag des Bundesministeriums für Umwelt, Naturschutz und Reaktorsicherheit), Bonn.

Müller, Edda (1984): Umweltpolitik der sozial-liberalen Koalition, in: Zeitschrift für Umweltpolitik, H.2, S. 115ff.

Müller, Edda (1986): Innenwelt der Umweltpolitik. Sozial-liberale Umweltpolitik - (Ohn)-macht durch Organisation?, Opladen.

Müller, Edda (1989): Sozial-liberale Umweltpolitik. Von der Karriere eines neuen Politikbereichs, in: Aus Politik und Zeitgeschichte, B 47/48, S. 3ff.

Müller, Edda (1990): Umweltreparatur oder Umweltvorsorge? Bewältigung von Querschnittsaufgaben der Verwaltung am Beispiel des Umweltschutzes, in: Zeitschrift für Beamtenrecht, H. 6, S. 165ff.

Müller, Edda (1994a): Zur Verwendung wissenschaftlicher Ergebnisse in der Umweltpolitik. Ein Kommentar aus der Regierungspraxis, in: Axel Murswieck (Hrsg.): Regieren und Politikberatung, Opladen, S. 49ff.

Müller, Edda (1994b): Organisation, in: Carl Böhret/Hermann Hill (Hrsg): Ökologisierung des Rechts- und Verwaltungssystems, Baden-Baden, S. 31ff.

Müller, Edda (1994c): Das Bundesumweltministerium - "Randbereich der Bundesregierung? Organisationsreform mit dem Taschenrechner, in: ZParl, H.4, S. 611ff.

Müller-Brandeck-Bocquet, Gisela (1993): Von der Fähigkeit des deutschen Föderalismus zur Umweltpolitik, in: Volker von Prittwitz (Hrsg.): Umweltpolitik als Modernisierungsprozeß. Opladen, S. 103ff.

Müller-Brandeck-Bocquet, Gisela (1996): Die institutionelle Dimension der Umweltpolitik. Eine vergleichende Untersuchung zu Frankreich, Deutschland und der Europäischen Union, Baden-Baden.

Neumann, Lothar F./Hans-Joachim von der Ruhr (1994): Dezentrale europäische Umweltpolitik im Lichte der ökonomischen Theorie des Föderalismus, in: Hans D. Jarras/Lothar F. Neumann (Hrsg): Leistungen und Grenzen des EG-Umweltschutzes, Bonn, S. 80ff.

Nordvig Rasmussen, Lise/Mikael Skou Andersen (1996): An Institutional Analysis of the Policy-Making Process in the Council: The Case of EU Environmental Policy, Aarhus.

OECD (1993): OECD Environmental Performance Reviews: Germany, Paris.

Offe, Claus (1969): Politische Herrschaft und Klassenstrukturen, in: Gerhard Kress/ Dieter Senghaas (Hrsg.): Politikwissenschaft, Frankfurt/Main, S. 155ff.

Offe, Claus (1975): Berufsbildungsreform. Eine Fallstudie über Reformpolitik, Frankfurt/Main

Oldiges, Martin (1983): Die Bundesregierung als Kollegium. Eine Studie zur Regierungsorganisation nach dem Grundgesetz, Hamburg.

Olson, Mancur Jr. (1968): Die Logik des kollektiven Handelns, Tübingen.

Patzelt, Werner J. (1995): Abgeordnete und ihr Beruf. Interviews, Umfragen, Analysen, Berlin.

Pehle, Heinrich (1988a): Das Bundesumweltministerium: Neue Chancen für den Umweltschutz? Zur Neuorganisation der Umweltpolitik des Bundes, in: Verwaltungsarchiv, H. 2, S. 184ff.

Pehle, Heinrich (1988b): Das Bundesministerium für Umwelt, Naturschutz und Reaktorsicherheit (BMU) - alte Politik im neuen Gewand?, in: Gegenwartskunde, H. 2, S. 259ff.

Pehle, Heinrich (1991a): Umweltpolitik, in: Politiklexikon, hrsg. von Everhard Holtmann unter Mitarbeit von Heinz Ulrich Brinkmann und Heinrich Pehle, München/Wien, S. 635ff.

Pehle, Heinrich (1991b): Umweltpolitische Institutionen, Organisationen und Verfahren auf nationaler und internationaler Ebene: Wirkungsvoll oder symbolisch, in: Politische Bildung, H. 2, S. 48ff.

Pehle, Heinrich (1991c): Umweltpolitik in Schweden und Deutschland, in: Nordeuropa-Forum, H. 2, S. 17ff.

Pehle, Heinrich (1993): Umweltpolitik im internationalen Vergleich, in: Volker von Prittwitz (Hrsg.): Umweltpolitik als Modernisierungsprozeß, Opladen, S. 113ff.

Pehle, Heinrich (1997): Verkehrspolitik, in: Gabriel, Oscar W./Everhard Holtmann (Hrsg.): Handbuch des politischen Systems der Bundesrepublik Deutschland, München/Wien, S. 715ff.

Posse, Achim Ulrich (1986): Föderative Politikverflechtung in der Umweltpolitik, München.

Pötzl, Norbert F. (1982): Riesenhaft dimensioniertes Stückwerk. Die Umweltpolitik der sozialliberalen Koalition, in: Wolfram Bickerich (Hrsg.): Die dreizehn Jahre. Bilanz der sozialliberalen Koalition, Reinbeck b. Hamburg, S. 103ff.

Prior, Harm (1968): Die Interministeriellen Ausschüsse der Bundesministerien. Eine Untersuchung zum Problem der Koordinierung heutiger Regierungsarbeit, Stuttgart.

Prittwitz, Volker von (1990a): Das Katastrophenparadox. Elemente einer Theorie der Umweltpolitik, Opladen.

Prittwitz, Volker von (1990b): Das Katastrophenparadox. Elemente einer Theorie der Umweltpolitik, in WZB-Mitteilungen 49, S. 7ff.

PRVR (1969): Projektgruppe Regierungs- und Verwaltungsreform: Erster Bericht zur Reform der Struktur von Bundesregierung und Bundesverwaltung, Bonn.

Puhe, Henry/ H. Gerd Würzberg (1989): Lust und Frust. Das Informationsverhalten des deutschen Abgeordneten, Köln.

Rehbinder, Eckard (1988): Vorsorgeprinzip im Umweltrecht und präventive Umweltpolitik, in: Udo Ernst Simonis (Hrsg.): Präventive Umweltpolitik, Frankfurt/Main, New York, S. 129ff.

Rehbinder, Eckhard (1994): Verbandklage, in: Otto Kimminich u.a. (Hrsg.): Handwörterbuchbuch des Umweltrechts, 2. Aufl., Berlin, S. 2559ff.

Renzsch, Wolfgang (1995): "Mit blauem Auge" - "auf Grund gesetzt". Über den Zusammenhang von Staatsmodernisierung und Grundgesetzreform nach der deutschen Einheit, in: Politische Bildung, H.2, S.7ff.

Ress, Georg (1992): Umweltrecht und Umweltpolitik der Europäischen Gemeinschaft nach dem Vertrag über die Europäische Union, in: Universität des Saarlandes, Vorträge, Reden und Berichte aus dem Europa-Institut Nr. 291, S. 3ff.

Ronge, Volker (1992): Vom Verbändegesetz zur Sozialverträglichkeit - Die öffentliche und verbandliche Diskussion über den Gemeinwohlbezug von Verbänden in den 80er Jahren, in: Renate Mayntz (Hrsg.): Verbände zwischen Mitgliederinteressen und Gemeinwohl, Gütersloh, S. 36ff.

Rose-Ackermann, Susan (1995): Umweltrecht und -politik in den Vereinigten Staaten und der Bundesrepublik Deutschland, Baden-Baden.

Roßnagel, Alexander (1996): Reformperspektiven im Umweltrecht - Einführung und Überblick, in: ders./Uwe Neuser (Hrsg.): Reformperspektiven im Umweltrecht, Baden-Baden, S. 9ff.

Roth, Reinhold (1987): Die niedersächsische Landtagswahl vom 15. Juni 1986: in ZParl H. 1, S. 5ff.

Rudzio, Wolfgang (1991): Das politische System der Bundesrepublik Deutschland. Eine Einführung, 3. Aufl., Opladen.

Rudzio, Wolfgang (1996): Das politische System der Bundesrepublik Deutschland. Eine Einführung, 4. Aufl., Opladen.

Sabatier, Paul A. (1993): Advocacy-Koalitionen, Policy-Wandel und Policy-Lernen: Eine Alternative zur Phasenheuristik, in: Adrienne Héritier (Hrsg.): Policy-Analyse. Kritik und Neuorientierung, PVS-Sonderheft 24, S. 116ff.

Salzwedel, Jürgen (1994): Wasserrecht, in: Otto Kimminich u.a. (Hrsg): Handwörterbuch des Umweltrechts, 2. Aufl., Berlin, S. 2725ff.

Sandhövel, Armin (1994): Marktorientierte Instrumente der Umweltpolitik. Die Durchsetzbarkeit von Mengen- und Preislösungen am Beispiel der Abfallpolitik, Opladen.

Sandhövel, Armin (1996): Handlungsrealitäten im Politikfeld "Umwelt", in: Irene Gerlach/ Norbert Konegen/Armin Sandhövel: Der verzagte Staat. Policy-Analyen. Sozialpolitik, Staatsfinanzen, Umwelt, Opladen.

Schäfer, Friedrich (1975): Der Bundestag. Eine Darstellung seiner Aufgaben und seiner Arbeitsweise, 2. Aufl., Opladen.

Scharpf, Fritz W. (1973): Fallstudien zu Entscheidungsprozessen in der Bundesregierung, in: Renate Mayntz/ Fritz Scharpf (Hrsg.): Planungsorganisation. Die Diskussion um die Reform von Regierung und Verwaltung des Bundes, München, S. 68ff.

Scharpf, Fritz W. (1979): Die Rolle des Staates im westlichen Wirtschaftssystem. Zwischen Krise und Neuorientierung, in: Carl Christian von Weizsäcker (Hrsg.): Staat und Wirtschaft, Berlin, S. 15ff.

Scharpf, Fritz W. (1985a): Plädoyer für einen aufgeklärten Institutionalismus, in: Hans-Hermann Hartwich (Hrsg.): Policy-Forschung in der Bundesrepublik Deutschland. Ihr Selbstverständnis und ihr Verhältnis zu den Grundfragen der Politikwissenschaft, Opladen, S. 164ff.

Scharpf, Fritz W. (1985b): Die Politikverfechtungs-Falle: Europäische Integration und deutscher Föderalismus im Vergleich, in: PVS H. 4, S. 323ff.

Scharpf, Fritz W. (1989): Der Bundesrat und die Koordination auf der "dritten Ebene", in: Bundesrat (Hrsg.): Vierzig Jahre Bundesrat, Baden-Baden, S. 121ff.

Scharpf, Fritz W. (1991): Die Handlungsfähigkeit des Staates am Ende des zwanzigsten Jahrhunderts, in: PVS, H. 4, S. 621ff.

Scharpf, Fritz W. (1993): Positive und negative Koordination in Verhandlungssystemen, in: Adrienne Héritier (Hrsg.): Policy-Analyse. Kritik und Neuorientierung, PVS Sonderheft 24, Opladen, S. 57ff.

Scharpf, Fritz W. (1993/94): Europäisches Demokratiedefizit und deutscher Föderalismus, in: Thomas Ellwein u.a. (Hrsg.): Jahrbuch zur Staats- und Verwaltungswissenschaft, Band 6, Baden-Baden, S. 165ff.

Scharpf, Fritz W. (1995): Autonomieschonend und gemeinschaftsverträglich. Zur Logik einer europäischen Mehrebenen-Politik, in: Werner Weidenfeld (Hrsg.): Reform der Europäischen Union. Materialien zur Revision des Masstrichter Vertrages, 2. Aufl., Gütersloh, S. 75ff.

Schenkluhn, Brigitte (1990): Umweltverbände und Umweltpolitik, in: Schreiber, Helmut/ Gerhard Timm (Hrsg.): Im Dienste der Umwelt und der Politik. Zur Kritik der Arbeit des Sachverständigenrates für Umweltfragen, Berlin, S. 129ff.

Schindler, Peter (1995): Deutscher Bundestag 1976-1994: Parlaments- und Wahlstatistik, in: ZParl, H. 4, S. 561ff.

Schink, Alexander (1997): Umweltschutz als Staatsziel, in: Die Öffentliche Verwaltung, H. 6, S. 221ff.

Schmeken, Werner/Wolfgang Schwade (1991): Verordnung über die Vermeidung von Verpackungsabfällen, 2. Aufl., Düsseldorf.

Schmidt, Eberhard/ Sabine Spelthahn (Hrsg.) (1994): Umweltpolitik in der Defensive. Umweltschutz trotz Wirtschaftskrise, Frankfurt/Main.

Schmidt, Manfred G. (1992): Regieren in der Bundesrepublik Deutschland, Opladen.

Schmidt, Manfred G. (1993): Theorien in der international vergleichenden Staatstätigkeitsforschung, in: Adrienne Héritier (Hrsg.): Policy-Analyse. Kritik und Neuorientierung, PVS-Sonderheft 24, S. 371ff.

Schmitter, Philippe C. (1979): in: Philippe C. Schmitter/Gerhard Lehmbruch (Eds.): Trends Toward Corporatist Intermediation, Berverley Hills/London.

Schneider, Volker (1992): Informelle Austauschbeziehungen in der Politikformulierung. Das Beispiel des Chemikaliengesetzes, in: Arthur Benz/Wolfgang Seibel (Hrsg.): Zwischen Kooperation und Korruption: Abweichendes Verhalten in der Verwaltung, Baden-Baden, S. 111ff.

Schneider, Hans-Peter/Wolfgang Zeh (1989): Koalitionen, Kanzlerwahl und Kabinettsbildung, in: dies. (Hrsg.): Parlamentsrecht und Parlamentspraxis in der Bundesrepublik Deutschland. Ein Handbuch, Berlin/New York, S. 1297ff.

Schreckenberger, Waldemar (1994): Informelle Verfahren der Entscheidungsvorbereitung zwischen der Bundesregierung und den Mehrheitsfraktionen: Koalitionsgespräche und Koalitionsrunden, in: ZParl, H. 3, S. 329ff.

Schubert, Klaus (1995): Struktur-, Akteurs- und Innovationslogik: Netzwerkkonzeptionen und die Analyse von Politikfeldern, in: Jansen, Dorothea/ Klaus Schubert (Hrsg.): Netzwerke und Politikproduktion. Konzepte, Methoden, Perspektiven, Marburg.

Schuldt, Nicola (1996): Föderative Aspekte vorsorgender Umweltpolitik, in: Dieter Postlep (Hrsg.): Aktuelle Fragen zum Föderalismus. Ausgewählte Probleme aus Theorie und Praxis des Föderalismus, Marburg, S. 205ff.

Seibel, Wolfgang (1991): Erfolgreich scheiternde Organisationen. Zur politischen Ökonomie des Organisationsversagens, in: PVS, H. 3, S. 479ff.

Seiters, Rudolf (1995): Die Kabinettsarbeit in Bonn und Berlin, in: Werner Süß (Hrsg.): Hauptstadt Berlin, Band 2, Berlin, S. 181ff.

Sontheimer, Kurt (1989): Grundzüge des politischen Systems der Bundesrepublik Deutschland, 12. Aufl., München/Zürich.

Sprenger, Rolf Ulrich (1991): Ökonomische Anreize für die Umweltpolitik (in) der Europäischen Gemeinschaft: "Brüsseler Instrumenten-Eintopf" oder "Vielfalt der regionalen Rezepte"?, in: Umwelt Europa - der Ausbau zur ökologischen Marktwirtschaft (Strategien und Optionen für die Zukunft Europas, Grundlagen 6), Gütersloh, S. 187ff.

SRU (1974): Umweltgutachten 1974 des Rates von Sachverständigen für Umweltfragen, Bundestag-Drucksache 7/2802.

SRU (1978): Umweltgutachten 1978 des Rates von Sachverständigen für Umweltfragen, Bundestag-Drucksache 8/1938.

SRU (1994): Umweltgutachten 1994 des Rates von Sachverständigen für Umweltfragen: Für eine dauerhaft-umweltgerechte Entwicklung, Bundestag-Drucksache 12/6995.

SRU (1996): Der Rat von Sachverständigen für Umweltfragen: Umweltgutachten 1996: Zur Umsetzung einer dauerhaft-umweltgerechten Entwicklung, Stuttgart.

Steinkämper, Bärbel (1974): Klassische und politische Bürokraten in der Ministerialverwaltung der Bundesrepublik Deutschland, Köln/Berlin/Bonn/München.

Storm, Peter-Christoph (1987): Umweltrecht. Eine Einführung in ein neues Rechtsgebiet, 2. Aufl., Berlin.

Storm, Peter-Christoph (1994): Umweltrecht, in: Otto Kimminich u.a. (Hrsg.): Handwörterbuch des Umweltrechts, 2. Aufl. Berlin, S. 2331ff.

Streeck, Wolfgang (1994): Vorwort des Herausgebers. Staat und Verbände: Neue Fragen. Neue Antworten?, in: PVS, Sonderheft 25, S. 7ff.

Sturm, Roland (1989): Haushaltspolitik in westlichen Demokratien. Ein Vergleich des haushaltspolitischen Entscheidungsprozesses in der Bundesrepublik Deutschland, Frankreich, Großbritannien, Kanada und den USA, Baden-Baden.

Sturm, Roland (1996): Strategien intergouvernementalen Handelns. Zu neueren Tendenzen des Föderalismus in Deutschland und den USA, Tübingen (Europäisches Zentrum für Föderalismusforschung: Occasional Papers Nr. 11).

Thieme, Werner (1984): Verwaltungslehre, 4. Aufl., Köln/Berlin/Köln/München.

Thränhardt, Dietrich (1995): Bundesregierung, in: Uwe Andersen/Wichard Woyke (Hrsg.): Handwörterbuch des politischen Systems der Bundesrepublik Deutschland, Opladen, 2. Aufl., S. 62ff.

Tomerius, Stephan (1995): Informelle Projektabsprachen im Umweltrecht, Baden-Baden.

Töpfer, Klaus (1988): Umweltpolitik im Energiebereich, in: Energiewirtschaftliche Tagesfragen, Nr. 2, S. 83ff.

Truman, David B. (1951): The Governmental Process. Political Interests and Public Opinion, New York.

Tsuru, Shigeto (1985): Zur Geschichte der Umweltpolitik in Japan, in: Shigeto Tsuru/ Helmut Weidner: Ein Modell für uns: Die Erfolge der japanischen Umweltpolitik, Köln, S. 13ff.

Ullmann, Hans-Peter (1988): Interessenverbände in Deutschland, Frankfurt/Main.

Umwelt. Eine Information des Bundesumweltministeriums (bis Nr. 5/1986 des Bundesinnenministeriums), verschiedene Ausgaben.

Umweltbundesamt (1993): Umweltschutz - ein Wirtschaftsfaktor, Berlin.

Unfried, Martin: Regierungspolitik gegen Klimakatastrophe. Die deutschen CO_2-Minderungsbeschlüsse von 1990/91 und die Schwierigkeiten einer querschnittsorientierten Umweltpolitik, unveröffentlichte Magisterarbeit, Erlangen.

van den Daele, Wolfgang (1994): Natur und Verfassung. Vom Versuch, dem Umweltschutz mit einer Staatszielbestimmung auf die Sprünge zu helfen, in: Jürgen Gebhardt/ Rainer Schmalz-Bruns (Hrsg.): Demokratie, Verfassung und Nation. Die politische Integration moderner Gesellschaften, Baden-Baden, S. 364ff.

Vetter, Erwin (1995): Deutschland: Die Sicht der deutschen Länder, in: Rudolf Hrbek (Hrsg.): Die Anwendung des Subsidiaritätsprinzips in der Europäischen Union - Erfahrungen und Perspektiven, Baden-Baden, S. 9ff.

Vierhaus, Hans-Peter (1994): Umweltbewußtsein von oben. Zum Verfassungsgebot demokratischer Willensbildung, Berlin.

Voelzkow, Helmut/Josef Hilbert/Rolf. G. Heinze (1987): "Regierung durch Verbände" -am Beispiel der umweltschutzbezogenen Techniksteuerung, in: PVS, H.1, S. 80ff.

Vogel, Bernhard (1991): Formelle und informelle Komponenten des Regierens - Erfahrungen aus der Praxis, in: Hans-Hermann Hartwich/Göttrik Wewer (Hrsg.): Regieren in der Bundesrepublik II, Opladen, S. 97ff.

Voigt, Rüdiger (Hrsg.) (1983): Verrechtlichung, Königstein/Ts.

Voigt, Rüdiger (1995): Der kooperative Staat: Auf der Suche nach einem neuen Steuerungsmodus, in: ders. (Hrsg.): Der kooperative Staat. Krisenbewältigung durch Verhandlung, Baden-Baden, S. 33ff.

Waechter, Kay (1996): Umweltschutz als Staatsziel, in: Natur und Recht, H.7, S. 321ff.

Wallace, Helen/Fiona Hayes-Renshaw (1996): Ministerrat, in: Dieter Nohlen (Hrsg.): Lexikon der Politik, Band 5: Die Europäische Union, München, S. 192ff.

Weale, Albert/Geoffrey Pridham/Andrea Williams/Martin Porter (1996): Environmental Administration in six european States: Secular Convergence or national Distinctivness?, in: Public Administration Vol. 74, S. 255ff.

Weber, Max (1956): Wirtschaft und Gesellschaft. Grundriß der verstehenden Soziologie, hrsg. von Johannes Winckelmann, 4. Aufl., 1. Halbband, Tübingen.

Weber, Jürgen (1976): Interessengruppen im politischen System der Bundesrepublik Deutschland, 2. Aufl., München.

Weidner, Helmut (1989): Die Umweltpolitik der konservativ-liberalen Regierung. Eine vorläufige Bilanz, in: Aus Politik und Zeitgeschichte, B. 47/48, S. 16ff.

Weidner, Helmut (1991): Umweltpolitik - Auf altem Weg zu einer internationalen Spitzenstellung, in: Werner Süß (Hrsg.): Die Bundesrepublik in den achtziger Jahren. Innenpolitik, Politische Kultur, Außenpolitik, Opladen, S. 137ff.

Weidner, Helmut (1996a): Basiselemente einer erfolgreichen Umweltpolitik. Eine Analyse und Evaluation der Instrumente der japanischen Umweltpolitik, Berlin.

Weidner, Helmut (1996b): Umweltkooperation und alternative Konfliktregelungsverfahren in Deutschland. Zur Entstehung eines neuen Politiknetzwerkes, Wissenschaftszentrum Berlin für Sozialwissenschaften FS II 96-302.

Welz, Wolfgang (1988): Ressortverantwortung im Leistungsstaat. Zur Organisation, Koordination und Kontrolle der selbständigen Bundesoberbehörden unter besonderer Berücksichtigung des Bundesamtes für Wirtschaft, Baden-Baden.

Weßels, Bernhard (1989): Politik, Industrie und Umweltschutz in der Bundesrepublik: Konsens und Konflikt in einem Politikfeld 1960-1986, in: Dietrich Herzog/Bernhard Weßels (Hrsg.): Konfliktpotentiale und Konsensstrategien. Beiträge zur politischen Soziologie der Bundesrepublik, Opladen, S. 269ff.

Wessels, Wolfgang (1996): Verwaltung im EG-Mehrebenensystem: Auf dem Weg zur Megabürokratie, in: Markus Jachtenfuchs/Beate Kohler-Koch (Hrsg.): Europäische Integration, Opladen, S. 165ff.

Wilkinson, David/ Clare Coffey (1995): The State of Action to Protect the Environment in Europe (European Environment Agency Expert's Corner Number 1995/1), Kopenhagen.

Wolf, Rainer (1995): Grundrechtseingriff durch Information? Der steinige Weg zu einer ökologischen Kommunikationsverfassung, in: Kritische Justiz, H. 3, S. 340ff.

Zeh, Wolfgang (1995): Das Parlament zwischen Berlin und Bonn, in: Werner Süß (Hrsg.): Hauptstadt Berlin, Band 2, Berlin, S. 141ff.

Zippelius, Reinhold (1994): Recht und Gerechtigkeit in der offenen Gesellschaft, Berlin.

MIX
Papier aus verantwortungsvollen Quellen
Paper from responsible sources
FSC® C105338

If you have any concerns about our products,
you can contact us on
ProductSafety@springernature.com

In case Publisher is established outside the EU,
the EU authorized representative is:
**Springer Nature Customer Service Center GmbH
Europaplatz 3, 69115 Heidelberg, Germany**

Printed by Libri Plureos GmbH
in Hamburg, Germany